天然气开发物联网技术及实践

主　编：赵　伟
副主编：汪　波　易　军　李　骞　沈大均

石油工业出版社

内 容 提 要

本书系统地总结和梳理了物联网技术在天然气开发应用中的经验和最新的研究成果，主要内容包括物联网技术在油气田的应用背景和基本架构，以及物联网在气田生产应用中的关键技术，如数据感知、传输、集成、应用和安全等，并详细阐述了相应环节的典型应用场景。

本书适用于从事油气田信息化、数字化、智能化的石油工程、信息类专业的科研人员和技术工作者阅读参考。

图书在版编目（CIP）数据

天然气开发物联网技术及实践 / 赵伟主编．—北京：石油工业出版社，2023.10

ISBN 978-7-5183-6116-8

Ⅰ.①天… Ⅱ.①赵… Ⅲ.①物联网－应用－采气 Ⅳ.①TE37-39

中国国家版本馆CIP数据核字（2023）第124968号

出版发行：石油工业出版社
（北京安定门外安华里2区1号 100011）
网　　址：www.petropub.com
编辑部：（010）64523535　图书营销中心：（010）64523633
经　　销：全国新华书店
印　　刷：北京中石油彩色印刷有限责任公司

2023年10月第1版　2023年10月第1次印刷
787×1092毫米　开本：1/16　印张：18.75
字数：440千字

定价：126.00元
（如出现印装质量问题，我社图书营销中心负责调换）
版权所有，翻印必究

《天然气开发物联网技术及实践》

·编委会·

主　编：赵　伟
副主编：汪　波　易　军　李　骞　沈大均
成　员：邓　松　梁　兵　舟丰华　李　博　彭　聪
　　　　黄静才　杨江海　屈　彦　贺文广　杨　凯
　　　　张　波　张运生　徐建新　李　青　陈智勇
　　　　陈艺才　韩光谱　刘　辉　左应祥　胡璐瑶
　　　　任玉清　陈界学　赵　勇　周　伟　赵　猛
　　　　范劲松

前言

　　物联网是新一代信息技术的重要组成部分。它通过射频识别、红外感应器、全球定位系统、激光扫描器等信息传感设备，按约定的协议把任何物体与互联网相连接进行信息交换和通信，以实现对物体的智能化识别、定位、跟踪、监控和管理。通过物联网技术构建的数字化天然气气田，是专门针对天然气生产特点开发的，用来满足气田日常生产运行、生产管理、生产监控、设备管理、成果展示等需求的一套集天然气勘探开发生产信息的采集、传输、存储、处理、分析、管理和应用于一体的全新数字化生产经营综合应用系统。随着大数据、云计算、人工智能、5G、区块链等新兴技术的出现，物联网技术正在逐步和这些技术进行深度融合，促使天然气气田生产管理从数字化气田向智能化气田蜕变。

　　重庆气矿是中国陆上石油最早使用自动化控制油气生产的单位之一，自1995年开始进行信息化建设以来，先后经历了"探索起步、单项应用、集中建设和集成应用"四个阶段，逐步形成了较为完整的面向天然气开发的物联网技术应用成果和经验。

　　本书内容聚焦物联网技术在天然气气田开发生产运营过程中的关键技术，包括数据采集、传输、集成、智能应用和安全等，以合理有效地利用各种气田资源，提高资源利用率和经济效益为出发点，总结和梳理在天然气领域应用的经验和最新的研究成果，为我国数字化气田的建设提供案例和思路。

　　本书具有以下特色：

　　（1）从物联网分层架构进行组织，从感知层的数据感知，到网络层的数据传输，再到应用层的数据集成与应用等，便于读者对物联网体系有一个总体把握。

（2）尽可能涵盖近年来物联网技术在天然气开发领域应用的方方面面，不少智能应用具有一定创新性，为同行和油气田未来建设提供了新的思路。

本书共分为7章。第1章阐述了本著作的研究背景和意义，简单介绍了物联网体系架构、研究现状和在油气田的应用框架。第2章阐述了物联网的基础架构，传感器采集，数据传输、集成与应用等关键技术，并总结和分析了现有技术在天然气气田的应用现状及存在的问题，为后续章节的详细介绍奠定基础。第3章介绍各级场站重要生产参数的采集设施、控制工艺、配套软件等技术。第4章介绍天然气田相关的有线和无线传输架构和实现技术、通信协议等。第5章重点介绍天然气开发管理中各种异构数据的融合与治理。第6章介绍智能开关井、泡排智能加注等技术的典型应用。第7章主要介绍近年来的人工智能等新兴技术，以及与物联网技术结合的智能化应用场景。

本书第1章和第2章由赵伟编写，第3章由汪波、易军、邓松、梁兵、冉丰华、李博编写，第4章由李骞、彭聪、黄静才、杨江海、屈彦、贺文广、杨凯编写，第5章由沈大均、张波、张运生、徐建新、李青、陈智勇编写，第6章由陈艺才、韩光谱、刘辉、左应祥、胡璐瑶编写，第7章由任玉清、陈界学、赵勇、周伟、赵猛、范劲松编写。全书由赵伟统编定稿。

由于作者水平有限，书中难免存在不足之处，敬请广大读者批评指正。

目录 CONTENTS

第1章　绪论 ·· 1
 1.1　物联网技术在油气行业的发展现状 ·· 2
 1.2　重庆气矿数字化气田建设与实践 ··· 4

第2章　天然气开发物联网相关技术 ·· 8
 2.1　天然气开发物联网架构 ·· 8
 2.2　天然气开发物联网数据采集与传输技术 ······································ 14
 2.3　天然气开发物联网生产信息化管理 ·· 16

第3章　物联网感知技术与实践 ·· 19
 3.1　天然气开发数据感知概述 ·· 19
 3.2　生产控制类数据感知仪器 ·· 20
 3.3　安防类数据感知技术 ··· 32
 3.4　设备类数据感知技术 ··· 37
 3.5　天然气数据采集控制系统 ·· 45
 3.6　天然气物联网感知技术 ··· 50

第4章　物联网传输技术与实践 ·· 53
 4.1　数据传输相关技术 ··· 53
 4.2　西南油气田公司物联网传输技术应用 ··· 71
 4.3　重庆气矿物联网传输技术应用 ·· 80
 4.4　重庆气矿生产网络传输系统 ··· 87

第 5 章　物联网数据融合技术与实践 94

5.1　天然气生产数据融合需求 94

5.2　数据集成技术 96

5.3　基于 ESB 的天然气生产数据融合平台 101

5.4　数据安全 113

第 6 章　物联网应用技术与实践 128

6.1　天然气生产应用 128

6.2　业务管理应用 208

第 7 章　智能化气田展望 284

7.1　典型人工智能算法在油气生产中的应用 285

7.2　"物联网 + 人工智能"技术在油气生产中典型应用展望 287

参考文献 289

第1章 绪论

　　物联网是新一代信息技术的重要组成部分。它是通过射频识别、红外感应器、全球定位系统和激光扫描器等信息传感设备，按约定的协议，把任何物体与互联网相连接，进行信息交换和通信，以实现对物体的智能化识别、定位、跟踪、监控和管理的一种网络。物联网把新一代信息技术充分运用在各行各业之中，并与现有的互联网整合起来，实现人类社会与物理系统的联结和映射，利用能力超级强大的中心计算机群，能够对整合网络内的人员、机器、设备和基础设施实施实时的管理和控制。在此基础上，人类可以以更加精细和动态的方式管理生产和生活，达到"智慧"状态，提高资源利用率和生产力水平，改善人与自然间的关系。

　　油气生产物联网系统是近几年来随着信息技术与油气生产管理业务深度融合而发展出现的一项新技术，在油气田的信息化管理决策中发挥着越来越重要的作用。油气生产物联网系统使油气田生产管理中一些复杂的工作流程简单化并且使得各个相关部门进行团队合作，从而合理有效地利用各种油气田资源，以提高资源利用率和经济效益。油气生产物联网系统应具有信息数据集成化、支持决策、跨区域跨部门、信息共享、数据安全可靠和海量数据存储能力等特点。

　　物联网技术在油气田领域的应用，将对生产过程面临的点多、线长、面广等特点进行优化，从而深刻地改变油气田企业生产的组织方式。例如在油田生产设备和井口上安装传感器，采集生产过程数据，并在抽油机上实施变频控制，通过变频控制减少用电量。具体而言，在抽油机上安装位移、荷载传感器采集数据形成示功图，工程技术人员在远程根据示功图诊断结果，可以对有"病灶"的油井及时发现、及时作业，减少抽油机空抽、少抽，解决"大马力，少拉、不拉货"的问题。对一些低产井进行远程控制，采取对应措施，实施间隙采油，可以大大降低能耗。

　　显然，利用物联网技术可以优化操作流程，减少人工操作缓慢、不到位、风险大等问题。传统的管理模式显然已经无法满足"大油气田管理、大规模建设"的需要。如何更好地体现以人为本，彻底转变不适应的生产方式，进一步改善员工的工作生活环境，降低工作强度，提高生产管理效率，考验着油气田决策层的智慧。毋庸置疑，油气田物联网技术是最好的选择。

　　当油气田物联网建成后，油气田企业的管理中心发生了变化，"前端"和"后端"成为点对点的关系，决策指挥调动中心可以直接对前端的油气井做远程的控制，"前端"以基本生产单元过程控制为核心，"后端"以油气藏研究为中心，可以有更多的精力研究地下地质、油气藏的问题，并辐射到经营管理与决策支持，有效地提升了油气田企业的高效管理。

1.1 物联网技术在油气行业的发展现状

数字化油气田系统是近几年来随着信息技术的飞速发展，石油需求的急剧增加和经济信息全球化的逐步加深而出现的一项新技术。它在油气田的信息交流和管理决策中发挥着越来越重要的作用，然而数字化油气田系统的发展还并不十分完善，尤其在中国起步比较晚，油气田数字化进程比较缓慢，与国外同期水平相比还具有很大的差距，而且数字化油气田系统的实现需要大量的人力、物力和财力来支撑，所以寻求一种经济、高效、可行的数字化油气田系统解决方案十分必要。

运用物联网技术构建数字化油气田，通过信息、基础建设，提高企业对外部各种关键信息及时获取、快速反应的能力。同时，通过企业信息化和数字化油气田的建设，改善区域内部信息沟通、数据整合能力。数字化油气田的核心是为石油企业建立数据和信息资产的共享机制和管理体系，在信息共享的基础上，面向石油勘探、开发、地面建设、储运销售以及企业管理等各生产环节，建立多专业的综合数据体系，并与各专业的应用系统进行高度融合。在建立油气田生产和管理流程优化应用模型的基础上，利用虚拟现实技术对数据实现可视化和多维表达，并且通过智能化分析模型，为企业的经营管理提供良好的信息支撑环境。基于物联网技术的数字化油气田是针对油气田勘探开发信息化管理而专门开发的，以满足油气田日常生产运行、生产管理、生产监控、设备管理、成果展示的需求，是一套集油气勘探开发生产信息的采集、传输、存储、处理、分析、管理和应用于一体，规范、统一、安全、高效的全新现代化生产经营综合数据于一体的管理应用平台。

在物联网技术支持下的数字化油气田是把井场和站库等油气田生产制造现场作为数据采集源点；采用自动化数据采集设备，通过局域光纤网、通用分组无线服务业务/码分多址（GPRS/CDMA）、微波通信网等传输手段，将井下测量的地层和井筒数据、井口测量的设备运行和流体属性数据等海量数据实时采集进入信息管理中心的数据仓库；按照科学的过程如数据模型进行数据的组织与管理，在此基础上通过大量的业务模型进行知识集成，通过应用智能识别、数据融合、移动计算、云计算等技术，进而支持石油地质综合研究、油藏分析等科学研究和在线模拟，完成生产实时诊断，科学研究的成果支持油气田生产的综合决策，决策信息反馈到生产制造现场，进而完成环境监测、单元整合、过程模拟、参数优化和控制。运用物联网技术构建数字化油气田，不仅可以实现跨地域协同工作，紧密连接生产经营的各个环节，还可以实现油气田业务与技术的整合、油气田数据集成、油气田状态自动监测以及地面建设全面信息化。同时，还可以建立虚拟的数字地质模型，实现油藏描述的可视化和互动性。

国内石油企业面对信息化时代的到来，认识到了信息化和数字化是生产力和油气田核心竞争力之一，是石油企业发展的重要保障和支撑，纷纷推进数字油气田建设。

1.1.1 长庆油田

长庆油田树立"用最少的人管理最大的油田，用最低的成本生产获取最多的油"的理念和企业愿景，对油田生产现场实施全面监控和自动化管理，实现对生产现场出现的隐患"感知—分析—预警—处理"的智能管理。长庆油田在管理上实现集生产指挥、综合分析决策、措施方案自动生成于一体的数字化管理系统。在新油气区，建立按流程管理的"作业区（联合站）—增压点（注水站）—井组（岗位）"新型劳动组织模式；在老油区，以数字化管理为平台，逐步撤销现有井区，推行劳动组织结构扁平化。通过对生产工艺过程、生产管理流程的分析，集中开展针对性集成试验、技术攻关，包括远程抽油机启停、自动投球装置、自动收球装置、井场语音警示、集成橇装增压装置。通过在输油管道关键部位、油气区重点路段和井场、井站安装视频监控、设置电子视频跟踪锁定及传声警示等电子遥控系统，实现异常情况自动报警，监控出入油区的车辆、人员。加快建设现代化的自动报表生成、智能预警、管理决策辅助系统，从而大幅度提高了以现场管理为起点的管理效率，实现了单井电子巡井、井场数据实时采集、自动化控制和视频监控；实现了增压站、接转站、联合站等的压力、温度和流量控制的数字化。

1.1.2 胜利油田

胜利油田共建成包括勘探信息系统、油气开发信息系统、油气钻井信息系统、地面建设信息系统、采油信息系统、物资供应信息系统、技术检测及标准化信息系统和综合管理信息系统等在内的八大系统。胜利油田成为国内第二大地震资料处理中心，具备了整装大油气田的全油藏整体模拟能力，实现了千米以下油井生产参数动态监测，百公里以外输油管线、供电管网运行状态尽收眼底。

实现了关键生产环节的自动控制。已有70多个海上原油生产单井平台实现无人值守，生产装置遥测遥控；9座原油站库实现油气水自动计量，电量、燃油量等能耗数据自动监测，机泵自动控制。油气田利用信息技术对机采、注水、集输等系统进行整体优化，通过工艺流程自动监控、设备运行预警保护、生产参数动态优化的配套应用，使机采系统效率提高6.6%，注水系统效率提高13.7%，输油泵机组平均运效提高12.1%。

1.1.3 大港油田

2005年，大港油田开始研究油水井生产数据自动采集系统。2009年，在册生产的5000余口油水井全部实现自动采集、远程调控，结束了生产数据人工录入的历史，减轻了员工劳动强度，成为全部实现油水井数字化的典型。2015年，大港油田建成第一个数字化油田——王徐庄油田，依托中小场站无人值守、大型场站少人值守，不仅劳动生产率提高48%，而且优化用工103人，大大降低了人工成本。2017年，大港油田按下了"王徐庄模式"的"快进键"：围绕地面建设标准化，全面推广"王徐庄模式"，利用3年时间全面完成地面集成数字化建设，加强管道和站场完整性管理，试验应用新型高效一体化集成工艺，不断提升地面建设管理水平，全力助推提质增效。截至目前，大港油田又依托A11项目，将"王徐庄模式"复制到4个采油厂，年内将实现5个联合站少人值守、19个自然站无人值守。

1.1.4 西南油气田

"十二五"以来，西南油气田公司信息化工作持续以深化信息化和工业化"两化融合"作为管理创新的强有力抓手，以数据整合、应用集成创新为手段，以服务勘探开发生产为主线，大力推进数字化气田建设步伐，场站数字化系统、监控和数据采集控制（SCADA）系统全面建成，数据服务系统和部分专业应用系统上线运行，应用逐步深入。

（1）基本建成"云网端"基础设施系统，场站数字化覆盖率达到82%，为气田初步实现"单井无人值守+中心井站集中控制+远程支持协作"的生产管理方式提供有力的技术支撑。

（2）建成基于SOA技术架构的公司级数据整合与应用集成平台，实现全面的数据服务和技术支撑，为数字化气田建设、深化应用和运维管理水平的提升奠定了扎实的基础。

（3）中国石油总部统建的A1（2.0）、企业资源计划ERP（2.0）、A5等系统和西南油气田自建的工程技术管理、设备综合管理等专业系统上线运行，全面建成龙王庙特大气藏和长宁页岩气藏两大数字化气田示范工程，开启了数字化办公、智能化管理新模式。

（4）以ERP为核心的经营管理系统的深化应用，实现物资供应链、设备、开发项目、油气价值链等的全生命周期管理，促进了经营业务从分散管理向集中管控和应用集成转变，西南油气田公司经营管理水平再上新台阶。

（5）西南油气田公司信息安全管控能力持续增强，主干网连通率达99.5%，应用系统正常运行率达99.92%，信息系统实现7×24h安全稳定高效运行。

"十三五"期间，西南油气田公司数字化气田建设开始跨入集成应用阶段，已启动油气生产物联网完善、作业区数字化管理平台、勘探开发生产动态管理平台、勘探开发一体化协同研究及应用平台等10余项建设工程项目。目前已全面建成物联网系统和数据整合应用平台，建立好覆盖勘探、开发、生产运行、经营管理、项目协同研究以及综合移动办公等全业务的信息支撑平台，不断提升自动化生产、数字化办公、智能化管理水平，为建成$300×10^8m^3$战略大气区提供强有力的信息化支撑。

纵观国内数字油气田的建设，不管是从技术层面还是管理层面上看，仍存在不少难题，尤其是业务流程革新、多元异构数据整合以及专业技术软件的开发将在相当长一段时间内困扰数字油气田的发展。而油气工业的各种工作流程和技术与地下油藏、油井生产监控和地面控制系统的数据流的整合更是一个极大的挑战。目前，按照"两化融合"思想的指导，将油气田生产的自动化与信息化相结合，将物联网和云计算技术应用到油气生产流程中，已经成为国内数字油气田建设的主流方向。一个新的构想——"智能油气田"也应运而生。另外，以油藏等地下地质目标为着眼点的"透明油气田"理念也得到广大石油地质工作者的关注，成为数字油气田发展的方向之一。

1.2 重庆气矿数字化气田建设与实践

重庆气矿是中国陆上石油最早使用自动化控制油气生产的单位之一。1995年开始大天池气田 SCADA 系统建设，历经多年信息化基础设施完善，先后经历了探索起步、单项应用、集中建设和集成应用 4 个阶段，重庆气矿逐步从"点、线、面"向大型、区域性信息化系统转变，实现了生产数据实时采集、关键设备远程操控、视频图片实时传播、生产异常及时处理、物联信息远程分析。近年来，随着信息化建设的飞速发展，国家推进"两化融合"战略目标，重庆气矿加快推动了智能化气田建设，在通信基础设施建设、物联网系统优化改造、信息系统集成应用、信息安全建设等方面逐步完善，先后实施了光通信系统建设、SCADA 系统及信息化建设改造、物联网系统优化完善等生产信息化建设；搭建了作业区数字化管理平台、生产网信息基础资源运维等生产经营管理、运维管理系统平台；开展了数字化气田完整性管理、生产信息化系统安全防护策略等研究评估，依托集团公司、分公司以及重庆气矿的各类应用系统进行勘探开发、生产运行、安全管控、经营管理、日常办公等工作。

通过信息化系统完善建设，重庆气矿生产管理由单井有人值守逐步转变为"无人值守站（RTU）—中心站或直管站（SCS）—作业区（RCC）—气矿（DCC）"4 级生产的数字化管理模式，逐步实现了生产数据一次采集、多次应用等系统功能。依托信息化系统，稳步推进生产现场和管理两个层级的"三化"管理，即生产现场的"岗位质量标准化、属地管理规范化和管理数字化"，管理层面的"自动化生产、数字化办公和智能化管理"。

随着信息化和物联网建设的完善，重庆气矿初步建成了数字化气田，实现了"中心井站＋无人值守"管理模式。但一线井站仍然存在数据重复录入、数据应用挖掘不足、智能化管理程度不高等问题，生产一线工作效率未得到质的提升，尚不能完全满足气田生产模式转型发展需求。一是人工干预多，核查耗时费力。实时数据上传至生产数据平台，除日产气量外以瞬时值居多，开发后期场站工艺优化后产生的合并计量、合并输压、轮换计量等生产现状，均导致绝大多数实时数据不能直接作为报表数据，支撑作用不足。实时数据由现场仪表采集，经远程终端单元（RTU）、顺序控制系统（SCS）、远程命令控制、分布式通信控制（DCC）和最优化控制（OPC）等多个环节上传至生产实时数据库，任何一个环节出现问题都会导致数据异常，井站员工采取人工比对、经验判断进行数据质量审查，既费时费力，数据质量又得不到保障。在生产管理方面，气矿所辖井站较多、分布广，无人值守井巡检大多采取周期性巡检，人力、财力耗费大。同时，老气田占比高，间歇生产井多，开关井频繁极大制约了气田开采效益。例如，开州作业区共有 16 口间歇生产井，以无人值守为主，且距中心井站路程较远，日益增加的操作频率与逐年减少的人力资源成为制约老气田开发的重要矛盾。生产现场出现微泄漏，由于固定式气体监测仪精度不高、方式被动、反应滞后，依照传统检测方式不能及时发现泄漏源，为现场安全生产管理管控造成了一定影响。

重庆气矿信息化建设先后完成了生产信息化、光环网、物联网完善建设及作业区数字化管理平台应用推广。按照"强化基础保障、融合创新应用"思路，结合老区实际，开展通信、供电、视频优化改造及数据治理、物联网智能应用、智能开关井创新应用。目前，已全面建成覆盖采、输、集、注、脱、配、增、气田水处理等各个生产单元的生产信息化系统，初步形成"生产过程信息化＋管理体系数字化＋场站管理智能化"的气田数字化运营生态。重庆气矿以"通信网络、视频升级、联合测试"为突破口,健全信息化基础设施建设,为气田生产信息系统稳定运行提供保障。为解决中心站数据录入多、数据采集系统多、数据处理耗时多等生产现状,重庆气矿按照"问题导向、技术攻关、试点验证、快速推广、规范管理"的工作思路开展生产数据治理及整合应用,为减小中心站员工数据比对工作强度、提升工作效率提供了有效支撑。以问题为导向、创新融合为手段,重庆气矿整合联动 SCADA 系统、视频监控、物联数据、泄漏检测系统,开展物联网智能应用,为中心站数字化转型提供先行经验。

以实现"监测感知、优化预测、辅助决策、自动操控"智能化生产为目标,重庆气矿拓宽思路寻突破,创新求变促发展,重点开展间歇生产井、泡排生产井和压缩机组技术攻关,进一步提高老气田开发效益。典型的应用举例如下:

(1)智能开关井技术。针对老气田间歇生产井数量多、开关频率高等问题,在开州作业区自主开展智能开关井技术应用研究,在 MX001-X4 井等 3 口间歇生产井安装智能开关井装置,将专家经验转化为大数据辅助决策方案,实现智能开关井、产量智能调节,切实降低现场人工操作频次,生产制度从经验判断走向智能分析决策。截至 2020 年底,减少人工开关井频次 97 井次,多发挥产能 $52 \times 10^4 m^3/a$。

(2)泡排智能加注技术。通过建立"井筒积液量预测模型"和"大数据回归预测模型",实现数据采集、制度调整、自动加注、实时反馈等功能,泡沫排水采气在线实时智能加注技术在 YH1 井和 YH004-X1 井成功应用。两口井药剂用量下降 30%,产量提高 5%,使有水气井管理从自动化迈向智能化。

(3)压缩机组在线监测与故障诊断技术。在沙坪场增压站开展压缩机组状态预防性检维修试点,通过建立机组状态参数曲线变化趋势故障表,将人工监测 SCADA 系统状态参数值调整为曲线变化趋势。同时,利用在线监测与故障诊断适应性改造和天然气四冲程发动机故障监测诊断方法研究,搭建在线监测与故障诊断系统,实现压缩机组故障自动预警和诊断,诊断成功率达到 77%。2020 年沙坪场增压站实现了连续 193 天无非计划停机,故障停机率仅 0.009%。

(4)甲烷激光监测与视频联动技术。当现场出现天然气泄漏浓度超过报警高限设定时,甲烷激光监测仪会停止移动扫描并报警。物联智能应用系统读取报警数据及视频图像,通过空间信息转换确定报警位置,智能计算现场最佳位置摄像机,立即进行跟踪、放大、对焦,抓拍报警位置的放大图片,在物联网系统中弹出报警画面,辅助操作人员判断泄漏位置。

(5)三甘醇智能脱水装置预防性维护技术。根据三甘醇脱水装置故障传递相关性的运行特点,即针对某一故障,根据参数分类故障与监测参数间具有影响关系,研究基于机器学习的异常识别方法。在参数分类的情况下,以设备为单位分析相应故障。当识别出监测参数的异常后,可通过案例库中的故障案例数据识别故障;同时,也可根据符号有向图(SDG)推理故障路径,识别和定位故障。

(6)高含硫站场虚拟现实(VR)技术。通过利用 Unreal 和 3DSMax 等软件的虚拟现实技术建立起天然气采气场站仿真培训平台,可摆脱实物培训方式的局限,实现在虚拟场景中开展日常巡检培训，能感受到火灾、爆炸等突发事件，在紧张、急迫的虚拟环境中进行事件应急处置，增强员工对于突发事件的应变能力，克服对突发事件的恐惧心理，为企业员工安全培训提供了崭新模式。

（7）基于数字孪生的气田管道完整性管理技术。综合运用计算机可视化技术、地理信息技术、机器学习以及大数据挖掘技术，以管道完整性管理规范为依据，多维度对气田完整性管理过程进行画像、监测和关联分析，将各类数据按照主题和专题进行重新组织，并提供了空间数据分析引擎，如管道缓冲区分析、管道关联分析、影像自动识别、剖面分析等，有效将各类数据进行整合、关联性分析，深入挖掘气矿各类数据，提升数据利用率和价值，增强了气田完整性管理工作的可预见性、针对性和指导性。

（8）作业场所违规行为智能分析与预警技术。在前期已建视频监控系统基础之上，充分利用深度学习和计算机视觉技术，包括运动目标检测技术、目标跟踪技术等，构建实用的行为识别系统，及时识别出天然气生产、作业场所作业人员未正确穿戴工服、未正确佩戴安全帽、高处作业未正确系挂安全带、吸烟、接打手机等违章行为，有助于实现对两个现场作业人员不安全行为的智能视频识别，及时反馈、提醒和制止违章行为，实现安全防范和预警功能，逐步推进气矿的"智能化"安全管理。

（9）天然气生产场站无人巡检系统技术。由于天然气生产场站的安全性要求，尤其是高含硫生产场站的特殊性，利用无人巡检系统这一新兴安全科技手段有效代替人工巡检，通过综合人工智能化和机械智能化的产品参与到天然气生产场站巡检中来，使人工管理更安全、更高效、更稳定。智能巡检系统不仅可以在个人电脑（PC）端显示使用，同时还支持移动端，管理人员在手机上就可以看到设备的各个时间点的工作状态、全球定位系统（GPS）状态、通信状态还有电量等。

应用于天然气开发的物联网技术还有很多，这里不再一一赘述。显然，物联网技术在油气田的应用大大促进了油气生产企业的信息化建设。为了进一步实施油气田从数字化向智能化方向转化，相关企业应当围绕"集成整合、一体化协同、创新应用"的工作思路，以科技创新带动管理创新，引领主营业务和气田管理模式智能化转型，有效降低完全成本、提高劳动生产率，从而实现低成本高质量发展。

"十四五"期间，重庆气矿将大力推进页岩气上产、致密气攻坚等多元业务，在工作量倍增的情况下，自然减员预测将达到1/3。如何以深化"油公司"模式改革为统领，进一步解放思想、破局求变，充分依托信息化技术，强化技术跨界融合创新，优化资源配置推动老气田数字化转型，为高质量发展提供强劲动力、活力，是从业人员当下亟待探索、思考与实践的重要课题。

第 2 章 天然气开发物联网相关技术

随着物联网相关技术在天然气开发领域的深入应用,基于井场、站库等气田生产现场的数据采集、过程控制、数据传输、调度决策等开发生产管理与数字化的结合越发紧密,形成了独特的面向天然气开发流程的物联网系统架构,并衍生出一系列深度融合天然气开发的物联网相关技术。

2.1 天然气开发物联网架构

2.1.1 系统架构

物联网技术架构包括工业物联网+设备感知接入层、基础设施云服务层、平台云服务层、软件云服务层4个层次,以气矿物联网系统为例。气矿天然气开发物联网系统架构一般采用分层分级架构,采用三级控制、五级管理的管控模式。三级控制包括:无人值守站场、中心站、作业区调度室区域控制中心,直管站作为特殊场站,向上直接向作业区调度室区域控制中心传输数据,接收作业区调度室下发的远程控制命令。无人值守站场可以接收中心站或者作业区调度室下发的远程控制命令。五级管理包括:无人值守站场、中心站、作业区调度室区域控制中心(RCC)、气矿/输气处地区调度控制中心(DCC)、西南油气田总控调度控制中心(GMC)。图2.1是生产信息化系统框架结构。

阀室、无人值守站场构成了生产现场层,有人值守站场/中心站监控室及作业区(运销部)区域控制中心构成的监控层,气矿机关办公楼地区调度管理中心及分公司机关总调指挥中心构成的调度层,应用平台及生产指挥管理系统构成应用层。五级生产管理流程框架实现工艺流程和管理流程满足了生产管理需求,提升了天然气生产效率。

油气工业物联网系统框架具备以下特征:
(1)以生产业务为核心,规划生产信息化建设的规范、标准和框架;
(2)统一标准、功能和数据接口的自动化基础平台系统单元;
(3)已建系统经过简单改造就能实现兼容接入,避免重复投资和投资浪费;
(4)稳定的传输网络系统设计,适应框架流程的变更与灵活定制;
(5)分层次、可集成应用的数据视频流框架结构;
(6)模块化、可组装化的系统结构。

2.1.1.1 公司总调度控制中心(GMC)

GMC是西南油气田公司SCADA系统的核心,公司管辖的气田、管道、处理厂的数

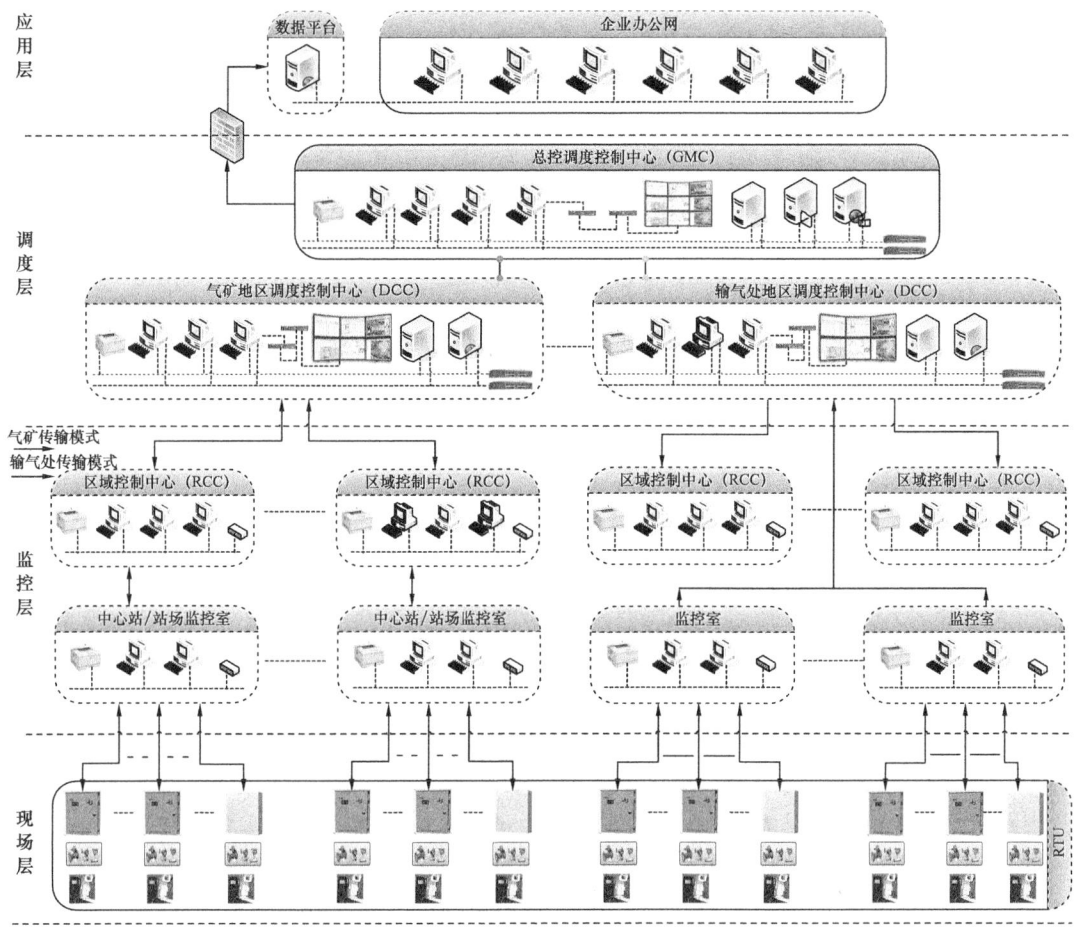

图 2.1 生产信息化系统框架结构示意图

据均要上传至该中心,为调度管理部门提供实时的生产数据。图 2.2 是 GMC 系统的结构示意图。

GMC 作为调度层,其主要功能有:

(1)实现对公司天然气产运销的动态管理。

(2)建立数据库,采集油气田主要生产参数(采气量、输气量、压力等),形成生产报表。

(3)实时监视站场主要生产参数,采集各远端检测的主要过程数据和进行数据处理。

(4)以图形方式显示工艺流程,模拟显示各远端装置和设备的状态。

(5)系统分级报警设置,报警显示、报警管理以及事件的查询、打印。

(6)实时历史数据归档、管理以及趋势图显示。

(7)系统的故障诊断,系统的维护和管理,通信通道监视及管理等。

(8)系统事件记录的完整记录。

(9)系统性能及运行状况的监控管理,可自动生成相关系统性能、状态监控报表。

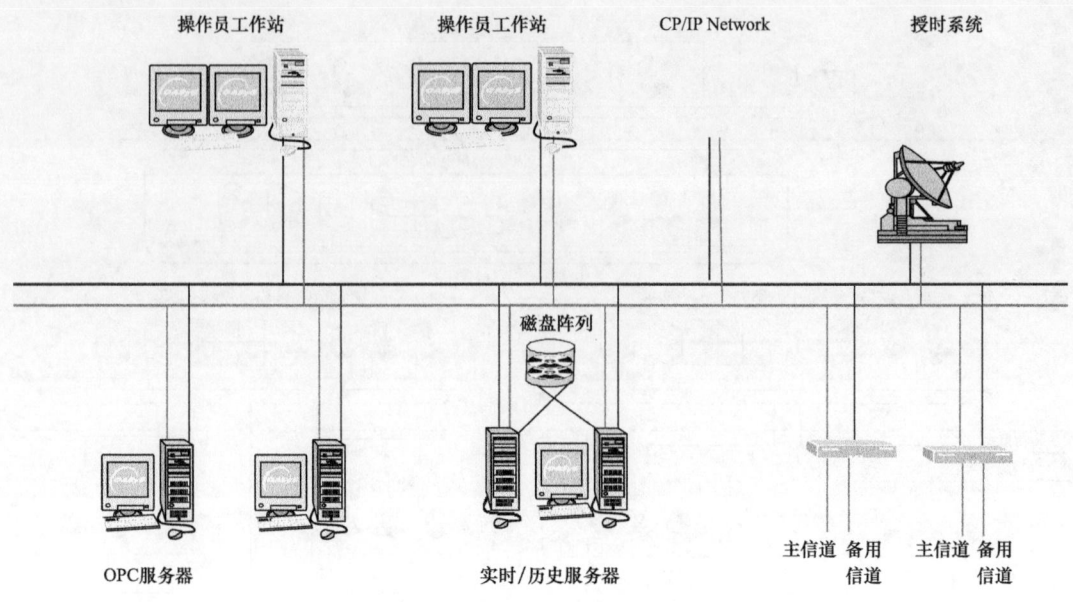

图 2.2 GMC 系统结构示意图

2.1.1.2 气矿调度控制中心（DCC）

气矿调度控制中心作为地区调度管理中心（DCC），是监控天然气生产、管道输送，进行生产运行、调度、管理的区域中枢，对所辖区域场站的设备状态和工艺流程进行实时监视、调度和管理。图 2.3 是 DCC 系统的结构示意图。

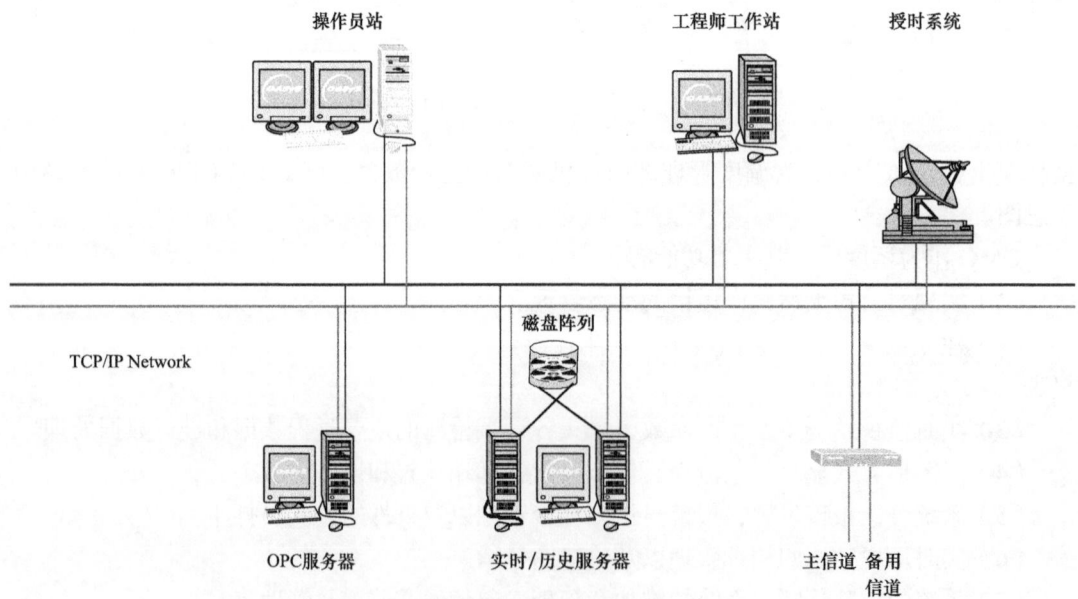

图 2.3 DCC 系统结构示意图

DCC 作为调度层，其主要功能有：采集和存储数据、控制、报警、报表、人机接口 HMI。DCC 的主要功能与 RCC 基本相同，但不具备控制功能。重庆气矿 DCC 系统软件使用的是泰尔文特 OASYS 系统。

2.1.1.3 区域控制中心（RCC）

作业区 RCC 作为监控层，负责所属井站和站场自动化系统监控管理。作业区 RCC 结构示意图如 2.4 所示。

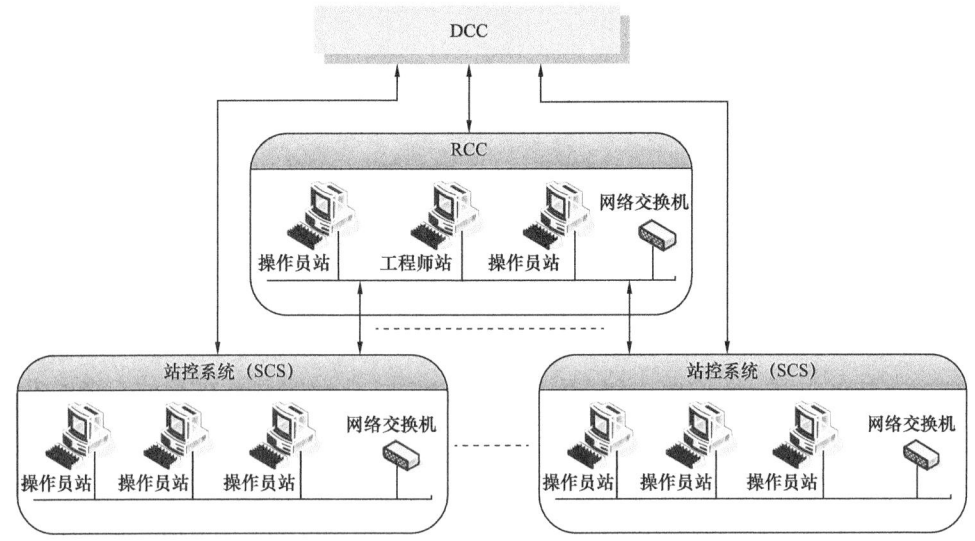

图 2.4 作业区 RCC 结构示意图

作业区 RCC 的主要功能有：采集和存储数据、控制、报警、报表、人机接口 HMI、操作。气矿作业区使用的 RCC 系统主要有泰尔文特 OASYS、GE iFIX、研华 WebAccess 等系统。

（1）支持对远程终端单元/可编程逻辑控制器（RTU/PLC）的带时标的数据轮询，具备对时标数据的有效存储。

（2）操作人员通过 SCADA 系统可了解与 RTU/PLC 的通信状态、何时正常运行以及何时出现故障。

（3）对于历史数据，站控 SCADA 系统支持与中控 SCADA 系统间数据同步及数据补传功能，以保证报表管理的有效性。

（4）显示动态工艺流程。

（5）显示实时趋势曲线和历史曲线。

（6）Excel 形式的报表管理查询系统可对年报、月报和日报加以查询、打印等。

（7）报警支持检索、分类检索、事件等查询以及相关用户定制等功能。

（8）相关控制命令参数下发记录与诊断功能，操作人员可掌握 RTU/PLC 未正确执行命令的相关报警功能。

（9）RTU/PLC 的通信状态与对 RTU/PLC 下发命令的关联功能，当 RTU/PLC 的通信失败时，SCADA 系统不能向 RTU/PLC 下发控制命令。

（10）SCADA 系统支持对现场采集数据的总浏览、分类浏览（按数据类型如压力、流量、温度等及用户定义等）、按特定条件浏览等功能。

（11）SCADA 系统支持对现场数据的统计功能，如一定时间内的最大值、最小值、平均值等。

（12）与顺序控制系统（SCS）之间的控制权切换功能、异常紧急情况下的控制权抢夺功能。

（13）提供与控制中心的通信接口，以便将所有的站场数据、状态及报警信息上传。

（14）流量计量功能。

（15）其他基本相关功能。

2.1.2 系统组成

天然气开发物联网系统主要包括自控仪表、自控设备、下位控制系统、上位控制系统、安防系统、通信网络系统、应用系统等。自控仪表主要包含压力仪表、温度仪表、物位仪表、气体检测仪表以及检测控制盘、流量仪表、增压机组专用自控仪表。自控设备主要包含井口安全系统、气动阀（气动开关阀、气动调节阀）、电动阀（电动开关阀、电动调节阀）、气液联动球阀等。控制系统主要包含上位控制系统、下位控制系统以及相应的配电系统。上位系统主要包括上位控制软件、工控触摸屏显示器（工控 LCD）、工业控制计算机、服务器、存储设备、安全隔离设备、接口设备、空调、温湿度仪、环境动力监控设备、大屏幕展示系统等。下位控制系统主要包括下位控制软件、RTU/PLC、隔离器、浪涌保护器、端子排、仪表开关电源、继电器、信号回路、配电回路、防雷接地设施等。通信网络系统主要包括多业务复用设备（脉冲编码调制，Pulse Code Modulation，PCM）、同步数字体系（Synchronous Digital Hierarchy，SDH）设备、工业以太网交换机、光纤收发器、路由器、防火墙、3G/4G（第三、第四代移动信息系统）无线路由器等。安防系统主要包括被动入侵报警系统（被动入侵探测器、声光报警器、有源喇叭、拾音器）、周界入侵报警系统、视频系统（视频服务器、硬盘录像机、摄像机、流媒体服务器）等。供配电系统主要包括太阳能供电系统、不间断电源系统❶（UPS、UPD、UPAD、EPS 等）。生产管理信息系统主要包括作业区数字化管理平台（含手持终端）、生产运行管理平台、设备综合管理系统（含 RFID❷ 标签）等。单井数据采集架构如图 2.5 所示。

设备采集端以物联网网关为核心，全面采集生产现场设备数据，包括而不仅限于：HART（Highway Addressable Remote Transducer，可寻址远程传感器高速通道的开放通信协议）现场变送器、HART 阀门定位器、三层网络可管理交换机、IP 摄像机、激光云台、红外入侵、智能电表、智能水表等。通过物联网网关的边缘计算能力，及时就地整合、清洗、全面感知生产现场设备运行情况，建立各个数据之间的关联关系，充分挖掘分析数据之间的关联，实现对生产现场的设备运行状况的整体掌握和诊断。中心站数据采集架构如图 2.6 所示。

---

❶ UPS—不间断电源；VPD—直流不间断电源；UPAD—交直流不间断电源；EPS—应急电源。

❷ RFID——一般指射频识别技术。

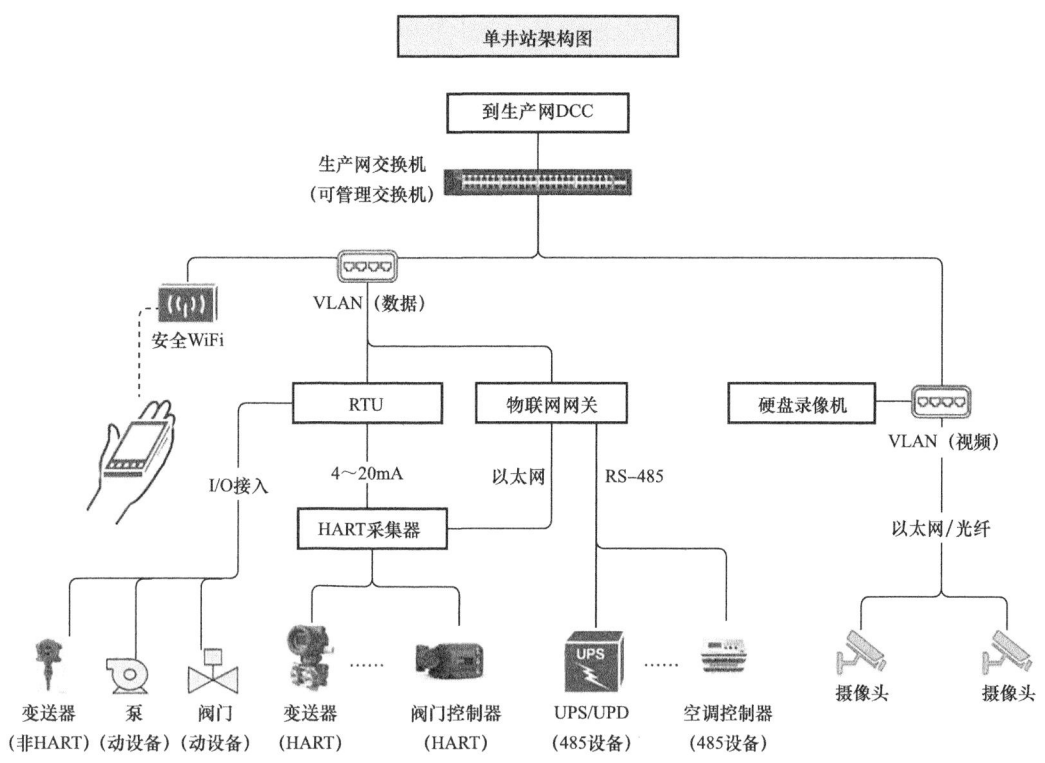

图 2.5 单井数据采集架构

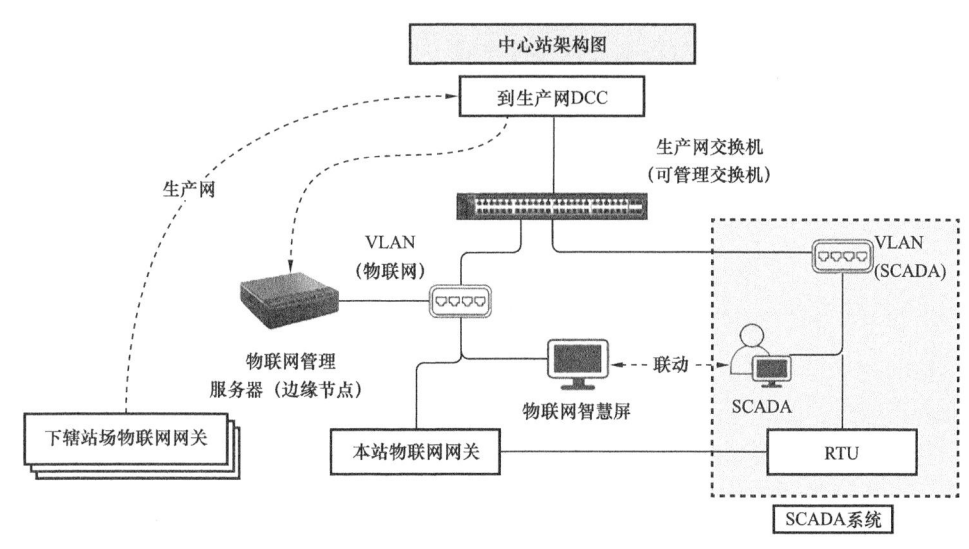

图 2.6 中心站数据采集架构

物联网云端系统核心是工业时序数据库,全面存储所有的生产数据,包含 SCADA、PLC/RTU 等各类自控数据,HART 等智能仪表数据、各种第三方系统的数据以及视频系统数据。工业数据库存储的数据已经通过物联网网关进行数据清洗和打上时间标签,建立数据之间的关联性。物联网云端系统部署在虚拟化服务器中,以便更好地为各种工业应用提供数据支撑，并提供工业标准 WebService 接口和 RESTFul API 接口，可以提供各种数据包括但不限于：实时数据、报警记录、异常记录、设备信息、巡检信息和照片信息，以及以上信息的关联查询。

2.2 天然气开发物联网数据采集与传输技术

天然气开发物联网数据采集系统，结合数字化气田各生产单元实际情况和管理需求，制定对具体采集参数项的标准和要求；确定阀室、井站、站场数据采集的必采参数项与可采参数项，统一数据采集标准，更好地对数据采集系统建设进行指导和规范。

智能数据网络传输需要根据当前实际情况，利用有线、无线等多种形式做好分析与结合，这样能够形成网络和办公之间的传输。在这样的基础上能够构建起比较理想的网络体系，有利于更好地获取数据信息，而且还能保障数据的安全性和稳定性，比以往传统的数据采集方式更加方便。同时，还能满足当前视频监控方式，利用当前网络宽带做好改善，可以利用光纤进行衔接，这样可以确保数据的快速传输。针对一些比较偏远的地区，可以采取无线衔接的方式，如果网络无法覆盖，可以通过终端设备实现数据采集。在油气田生产数据中，井场数据是最重要的基础生产数据。油气田井场大多数分布在山川旷野里，管理方式多为人工每日值守，即巡检人员每天定时检查抽油机的运行状况，记录相关数据，获取井场信息。随着无线传感器网络、RFID、通信网络、云计算等新技术的快速发展，物联网技术逐渐在数字化油气田中得到广泛应用。数字化油气田是现代油气田发展的趋势，井场是数字化油气田最前端和最重要的数据采集部分，对井场设备工作数据的准确获取及工况实时分析和诊断尤为重要，因此智能井场数据传输系统在数字化油气田生产过程中起着举足轻重的作用。

油气田井场数据传输是数字化油气田建设的基础，井场数据传输系统主要是对视频图像、油井井口参数、抽油机工作参数、压力表数据、示功图数据进行采集并传输至数字化监控中心，实现远程监测和控制。基于物联网的数据传输系统主要由数据采集单元、无线传输网络和监控中心数据处理系统构成，如图 2.7 所示。

井场油井数据采集主要是由安装在抽油机上的无线传感器、井口压力和无线一体化网关、高清网络摄像机等构成，井场抽油机远程数据采集点根据实际需要部署。测点之一一般位于井口处，主要测出油管压力和套管压力；测点之二一般位于悬绳处，安装无线示功图模块，获取油井的示功图数据，用于诊断油井工况；测点之三一般位于电动机动力输入处，测出电动机的电参数（电压和电流），实现抽油机运行状态监测和远程启停控制；测点之四一般用于安装摄像机，范围能够覆盖到井场的重点区域，对井场进行实时视频监控、闯入报警和图像抓拍。

数据传输网络采用的是无线网桥组成的通信网络，包括基站中心网桥和远端无线网桥，采用点对多点的无线网桥传输数据，保证了数据的高效传输。压力变送器、电参采集模块通过电缆连接，与 RTU 模块之间传输数据，摄像机和智能视频服务器之间采用

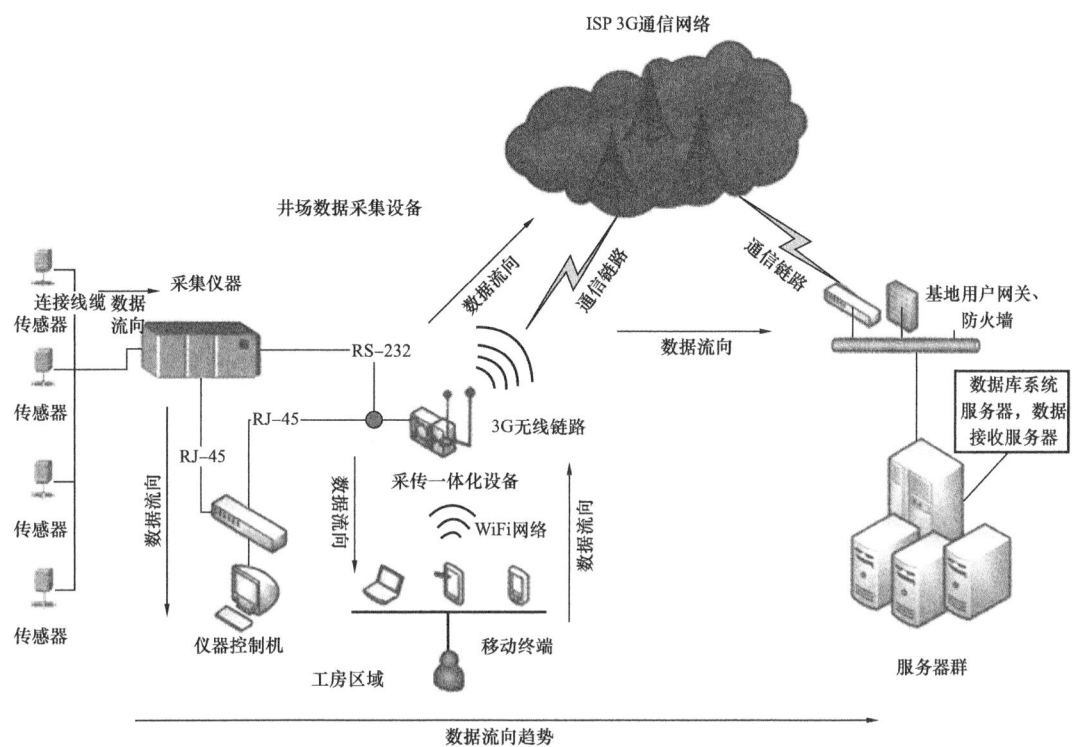

图 2.7 基于物联网的数据传输系统部署图

同轴电缆方式传输视频信息,一体化无线示功图模块采用无线方式传输数据。在进行传输时,油气田测点各种数据通过 RJ45 连接至用户工作区域内的自建网络、通过 RS232 接 VI63 和 USB 接口来连接现场仪器设备,获取相关数据;提供现场具有 ZigBee 协议和 433MHz 协议的无线仪器仪表的连接处理模块;提供小范围 WiFi 覆盖（100in^2）和 AP 覆盖（半径 300m 或者 500m）。目前支持的各类仪器有:SLZ2A、SLZ-ACE、DLS4.5、DLS5.0、ALS2、Advantage、SL-EXPLORE、SKl.4.0.5、SKI.5、SKI.6、CPS2000、CPS3000、CMS、Drillbyte、Wellstar、GWLWD、恒泰系列、海蓝系列、BakerHughes 仪器、Haliburton 仪器、威德福仪器、斯伦贝谢仪器、GE 仪器、基于 4～20 mA 仪表、基于 ZigBee 无线传感器、基于 433 MHz 无线传感器、基于 232 和 485 的各类仪器仪表、基于 WiFi 的仪器仪表等,实现了对各种传感器及设备数据的自动采集。

重庆气矿按照西南油气田 SCADA 系统建设总体技术方案要求,经过多轮信息化建设,建成了无人值守站（RTU 系统）—中心站或直管站（SCS 站控系统）—作业区（RCC 区域控制中心）—气矿（DCC 气矿调度中心）4 级生产管控模式的数字化平台,实现了生产数据自动采集、远程集中监控、关键阀门远程控制、远程视频监控等应用。数据采集与传输流程如图 2.8 所示。

生产实时数据经现场仪表自动采集,逐级上传并且汇集至西南油气田生产数据平台。

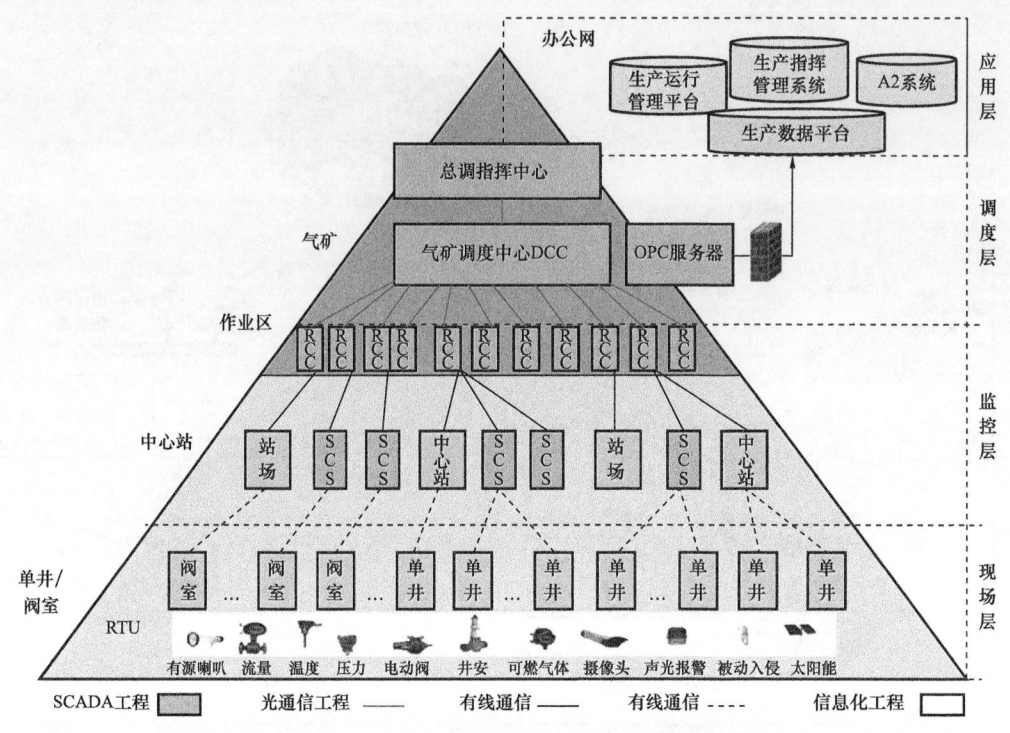

图 2.8 重庆气矿生产数据采集与传输流程图

2.3 天然气开发物联网生产信息化管理

重庆气矿信息化先后经历了自动化—数字化—系统集成（智能化探索）三个阶段，目前处于系统集成（智能化探索）阶段。生产自动化建设与管理贯穿于整个天然气生产全过程业务链条。

伴随着气田滚动开发，1995—2002年经历了大天池气田地面集输工程SCADA系统建设、两线脱水自控系统建设、气田新投产井自动化建设等新区自动化建设；2003—2006年按照西南油气田统一部署开展全川管网重庆气矿SCADA系统建设。2007—2011年开展新建产能井自控系统扩容、场站自控系统扩容、RCC及DCC SCADA系统扩容等工作。2012—2016年开展了老气田生产过程自动化改造、通信系统、视频安防改造工作，2018—2019年完成了物联网完善建设工程建设，探索了自动化智能应用。气矿已经建设了大型自动化控制系统——SCADA系统，主要包括现场自动化控制仪表、自动化控制设备、通信系统、视频安防系统、配电电源系统（不间断电源系统和太阳能供电系统）等。

2.3.1 生产管理系统建设目标

建设覆盖分公司全部现役场站的网络（作业区以下至单井站）及统一的数据采集平台，实现一线生产单元各类日常生产、管理数据和视频图片的采集、传输、存储、转换；有效解决基层单位数据重复录入问题；提高数据自动采集能力，统一向上提供原始数据服务，支撑上层各类综合应用的发展，实现一次采集、集中管理、多业务应用。通过对分公司现役场站现有数据采集及通信模式的调研，结合分公司新的井站管理模式，对矿区以下的井站生产数据传输系统、信息网络、语音通信业务进行标准化设计，按照西南油气田公司井站及站场信息化自动化建设技术规范和框架进行建设。

生产管理系统建设内容包括：（1）建设覆盖生产场所的传输网络；（2）建设各类生产单元的自动化数据采集、控制及传输系统；（3）建设各类场站的工业视频监控及传输系统；（4）在各级监控及调度中心实现对现场生产单元的远程监控；（5）在油气矿及分公司建设数据存储、转换平台；（6）在构建基础平台及数据平台的基础上，实现数据的深度应用等。

2.3.2 生产信息化系统应用

生产信息化系统建设应用层是系统应用平台的生产管理指挥系统的重要组成部分，其功能主要通过数据平台系统实现。数据平台通过网络链路在生产网通过分公司和二级单位两级汇聚，然后单向传输至办公网获取生产数据和视频图片，再在办公网通过网络发布功能实现在办公网内对生产数据和视频图片的网络浏览功能。数据图片结构框架图如 2.9 所示。

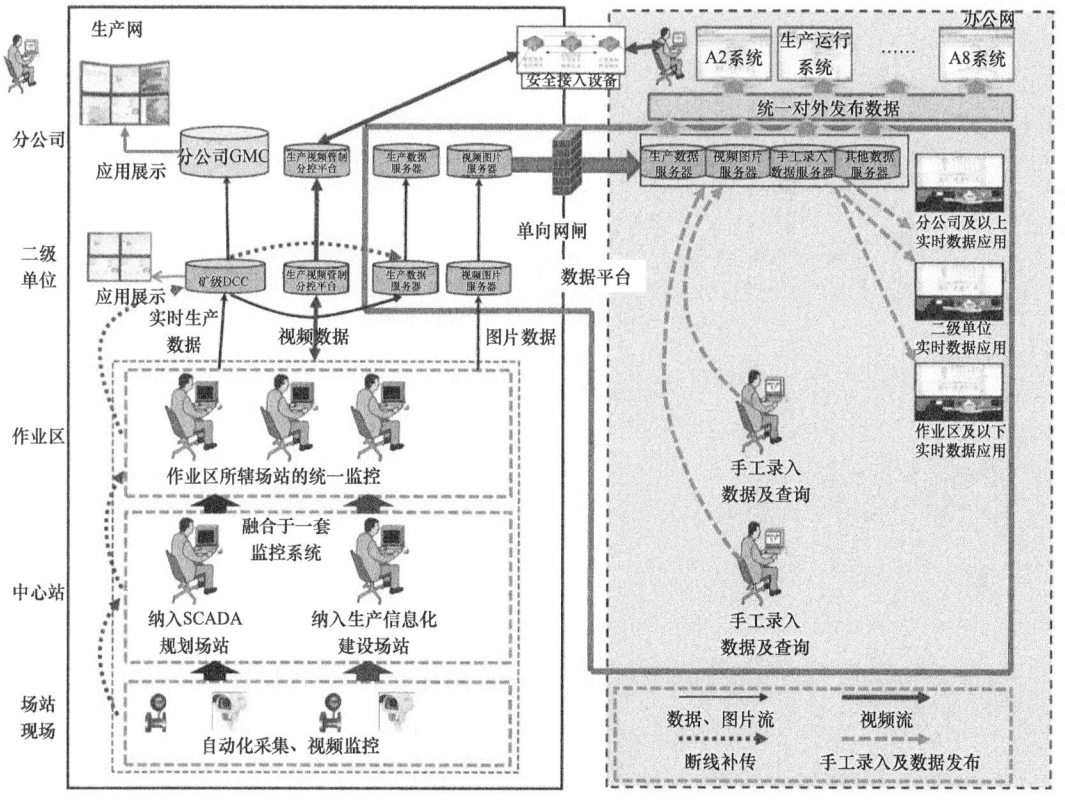

图 2.9　数据图片结构框架图

（1）生产网与办公网相互独立，仅在分公司一级实现生产网到办公网的单向数据传输。

（2）气矿生产数据逐级上传至DCC；自动采集的生产数据全部上传至DCC后，通过OPC服务器汇入二级单位生产数据平台生产网实时数据库。

（3）生产数据及视频图片在分公司生产数据平台实现统一汇聚，单向镜像至办公网进行应用展示。

（4）工业视频监控平台在作业区、气矿和分公司三级部署；通过安全接入设备实现办公网用户的视频点播应用功能。

井站/站场生产信息化系统数据流如图2.10所示。

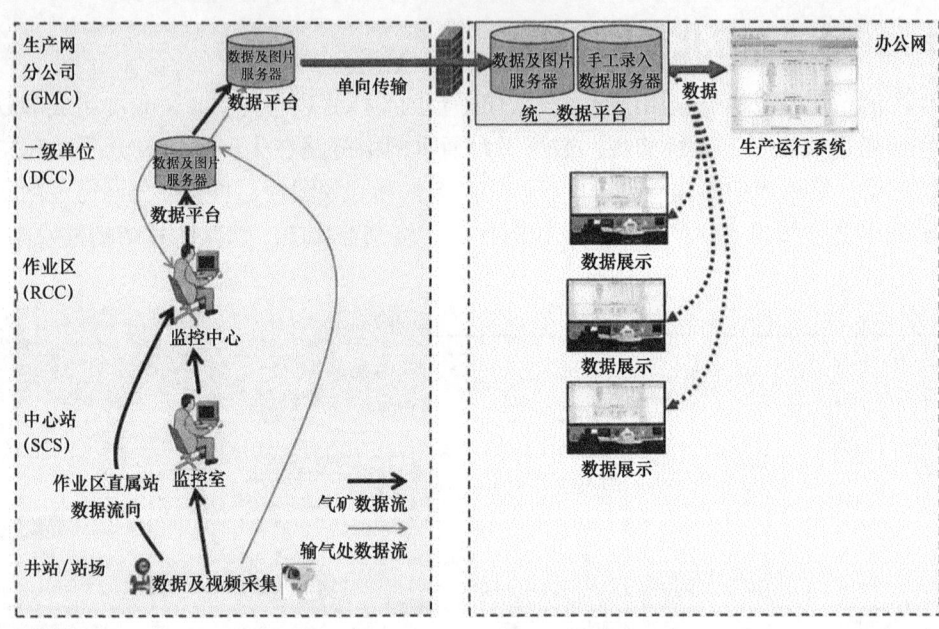

图2.10　井站/站场生产信息化系统数据流

第3章 物联网感知技术与实践

物联网是依靠传感器、无线通信等技术实现非智能设备并网接入为核心的"物物相连"的互联网技术，而物联网数据感知技术是近年来随着信息技术与生产管理业务的深度融合与发展而出现的一项新技术。该技术的主要作用是通过采集信号，获取真实世界的物理变化，再将得到的数据转换成可由计算机识别的数字值，并加以应用。

3.1 天然气开发数据感知概述

天然气开发物联网感知技术可以分为生产控制类感知、安防数据感知、设备类数据感知、控制系统、物联网感知等方面。通过数据感知系统实现对温度、压力、气体流量、气体浓度、电流与电压等数据的采集，数据采集系统的基本结构如图3.1所示。

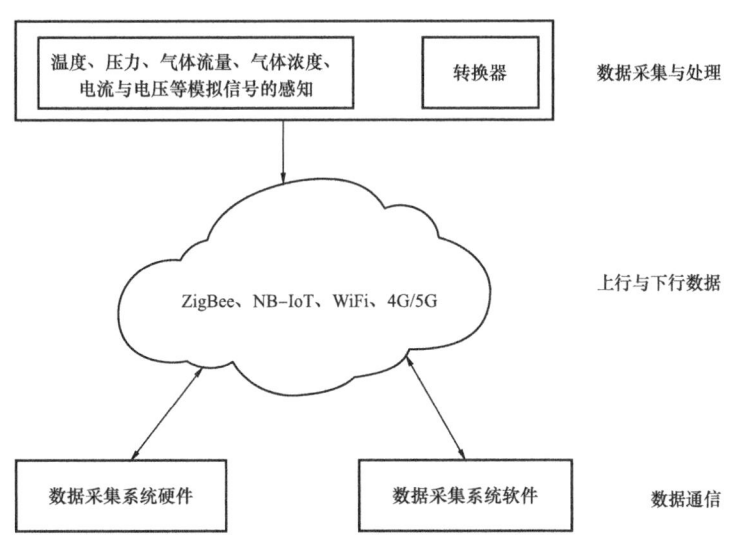

图 3.1 数据采集系统的基本结构

在数据感知系统中，通过传感器感知与转换所需数据，经过数据处理后将数据在通信设备之间进行传递，以达到对相应数据的采集。

物联网数据感知系统的传感器可用于检测各种不同的物理现象，如压力、温度、物位、流量等。传感器的一般组成部分为敏感元件和AD转换器，通过敏感元件获取物理世界中的模拟量，再通过转换电路将其转换成计算机可识别的数字信号。天然气工业中常使用的传感器有温度传感器、压力传感器、气体流量传感器、气体浓度传感器、电流传感器与电压传感器。

随着物联网技术的发展，基于 HART 等通用协议的物联网技术实现了智能仪表和智能设备的设备信息采集与成网，在实现现场设备在线管理的基础上，一大批基于物联网技术的生产指挥智能化应用应运而生。

3.2 生产控制类数据感知仪器

生产控制感知仪器是用以检测、观察、计算各种物理量、物质成分、物性参数等的器具或设备，具有自动控制、报警、信号传递和数据处理等功能。在天然气的开采、处理、输送过程中，需要对天然气的压力、温度、流量及站场有毒有害气体等参数进行测量及控制，以便安全有效地指导气田开发和生产。在采输生产过程中的物联网数据感知主要运用压力仪表、温度仪表、物位仪表、安防仪表、流量仪表等。参与远程控制的压力类仪表为压力变送器；温度仪表包含工业热电阻和热电偶；物位仪表包括浮力式液位计、静压式液位计、雷达式液位计等。既可就地指示，又可附加液位越限报警及信号远传功能，实现远距离的液位报警和监控；安防仪表包括固定式可燃气体检测仪、固定式硫化氢气体检测仪、报警控制柜和火焰探测器；流量仪表包括智能流量计（旋进旋涡流量计、罗茨流量计、涡轮流量计、SGQ 智能流量计）、超声波流量计和差压式孔板流量计等。智能积算流量计具备就地显示功能，它们可通过 RS-485 通信接口（Modbus 协议），在上位组态实现远程实时读取流量。

3.2.1 压力变送器

压力变送器是一种能将压力变量转换为可传输的标准化信号的仪表，其输出信号与压力变量之间有一定的连续函数关系（通常为线性函数）。压力变量包括正压力、负压力、差压和绝对压力。统一输出信号为 0~10mA、4~20mA 或 1~5V 的直流电信号，以及符合各种通信协议要求的数字量信号和具有特殊规定的其他标准化信号。压力变送器通常由两部分组成：感压单元、信号处理和转换单元。有些变送器增加了显示单元，有些还具有现场总线功能。压力变送器主要用于工业过程压力参数的测量和控制，差压变送器常用于流量的测量，是天然气生产中最常见的压力测量仪表之一。

3.2.2 一体化温度变送器

温度测量是用测温仪表对物体的温度作定量测量。温度测量仪表是测量物体冷热程度的工业自动化仪表。正确选择和使用温度测量仪表是实现对温度参数进行正确、有效测控的首要前提。目前的温度测量除单独的热电阻、热电偶和温度变送器以外，一体化趋势变得更加明显。

一体化温度变送器是将一次检测元件与变送器整合在一体的温度测量仪表，以十分简捷的方式把 −200~+1600℃ 范围内的温度信号转换为二线制 4~20mA DC 的电信号传输给显示仪、调节器、记录仪、DCS[1] 等，实现对温度的精确测量和控制。一体化温度变送器

---

[1] DCS——一般指分散控制系统。

具有结构简单、节省引线、输出信号大、抗干扰能力强、线性好、显示仪表简单、固体模块抗震防潮、有反接保护和限流保护、工作可靠等优点。

变送器的线性化电路有两种，均采用反馈方式。对热电阻传感器，用正反馈方式校正；对热电偶传感器，用多段折线逼近法进行校正。一体化数字显示温度变送器有两种显示方式。LCD 显示的温度变送器用两线制方式输出，LED 显示的温度变送器用三线制方式输出。产品的安装接线方式如图 3.2 和图 3.3 所示。

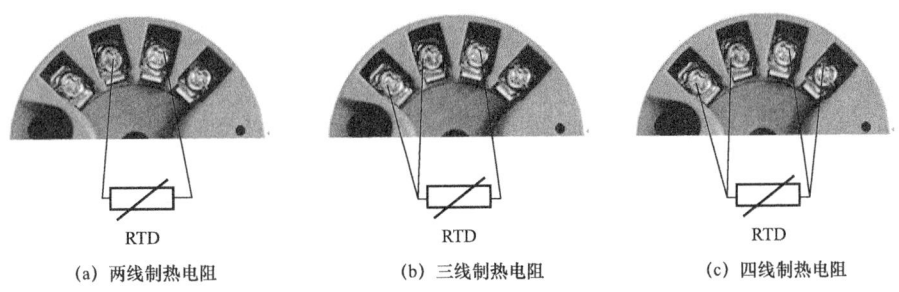

(a) 两线制热电阻　　　(b) 三线制热电阻　　　(c) 四线制热电阻

图 3.2　热电阻和电阻的接线方式

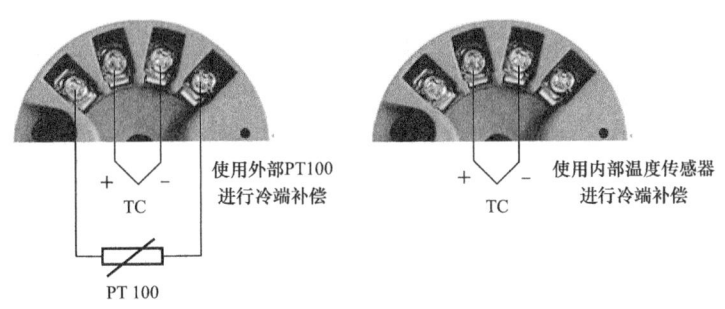

图 3.3　热电偶 mV 信号的接线方式

一体化温度变送器是现代工业现场、科研院所温度测控的更新换代产品，是集散系统和数字总线系统的必备产品。一体化温度变送器又分为热电阻型和热电偶型两种类型。

3.2.2.1　热电阻一体化温度变送器

热电阻温度计是基于金属或半导体的电阻随温度的变化而变化，当测出金属或半导体的电阻值时，就可以获得与之对应的温度值。

热电阻温度变送器是由基准单元、R/V 转换单元、线性电路、反接保护、限流保护、V/I 转换单元等组成的。测温热电阻信号转换放大后，再由线性电路对温度与电阻的非线性关系进行补偿，经 V/I 转换电路后输出一个与被测温度呈线性关系的 4～20mA 的恒流信号。

3.2.2.2　热电偶一体化温度变送器

热电偶一体化温度变送器一般由基准源、冷端补偿、放大单元、线性化处理、V/I 转换、断偶处理、反接保护、限流保护等电路单元组成。它是将热电偶产生的热电势经冷端补偿放大后，再由线性电路消除热电势与温度的非线性误差，最后放大转换为 4～20mA

电流输出信号。为防止热电偶测量中由于电偶断丝而使控温失效造成事故，变送器中还设有断电保护电路。当热电偶断丝或接触不良时，变送器会输出最大值（28mA）以使仪表切断电源。

工作原理：将热电偶传感器被测温度转换成电信号，再将该信号送入变送器的输入网络，该网络包含调零和热电偶补偿等相关电路。经调零后的信号输入到运算放大器进行信号放大，放大的信号一路经 V/I 转换器计算处理后以 4~20mA 直流电流输出；另一路经 A/D 转换器处理后至表头显示。

3.2.2.3 带显示一体化温度变送器

温度变送器和显示表串联在电气回路中，现场施工接线只需要接电源线即可。下面以 LCDD-03（图 3.4）现场显示控制单元为例进行说明。

图 3.4 LCDD-03

LCDD-03 现场显示控制单元适合所有在工业上测量各类非电物理量如压力、差压、温度、流量、pH 值和加速度等的二线制变送器。它还支持各种单位的选择，菜单提示清晰明了，其内置可编程微处理器，通过三按键编程，实现零点、满量程、单位、小数点、阻尼时间、显示模式、开关报警及报警方向设定，而无须通过电位器调整。带高亮背光，方便黑暗的环境下进度条及时反映实测值百分比，并有数字化功能。

3.2.3 物位测量计

物位测量是指储存在容器或生产设备里的液体、固体和气体的高度或位置。液体液面的高度或位置称为液位，固体粉末或颗粒固体的堆积高度或表面位置称为料位，气—气、液—液、液—固等分界面称为界位，液位、料位和界位统称为物位。物位检查是对设备和容器中物料储量多少的度量，对物位进行测量、指示和控制的仪表统称为物位检测仪表，物位检测是为保证生产过程的正常运行，如调节物料平衡、掌握物料消耗数量、确定产品产量等提供可靠依据。在现代工业生产自动化过程监控中物位检测占有重要的地位。

3.2.4 流量仪

流体流过一定截面的量称为流量。流量有瞬时流量和累积流量之分。流量测量在工业生产过程中显得十分重要，生产过程中各种流动介质，如液体、气体或蒸汽、固体粉末等的流量反映了生产过程中物料、工质或能量的产生和传输的量，因此连续测量流量可保证设备的安全、经济运行，为管理和控制生产过程提供依据。测量流量的器具称为流量计，通常由一次装置和二次装置组成。一次装置是指产生流量信号的装置。根据所采用的原理，一次装置可在管道内部或外部。例如，对差压式流量计，一次装置包括测量管、节流装置及取压孔；对超声波流量计，一次装置包括测量管和超声波换能器。二次装置是接受来自一次装置的信号并显示、记录、转换和（或）传送该信号以得到流量值的装置。输出信号是指二次装置的输出,该信号是流量的函数。

3.2.4.1 智能旋进(旋涡)流量计

智能旋进(旋涡)流量计是集流量、温度和压力检测功能于一体,并能进行温度、压力、压缩因子自动补偿。直接检测气体的标准体积流量和标准体积总量。具备两线制和三线制 4~20mA 标准电流信号输出。采用数据存储技术,具备历史数据的存贮与查询功能。采用 RS-485 接口与上位机联网,采用 RS-485 接口与数据采集器配套,可通过电话网络或宽带网络构成自动读表与管理系统。

(1)结构。

智能旋进(旋涡)流量计结构如图 3.5 所示。

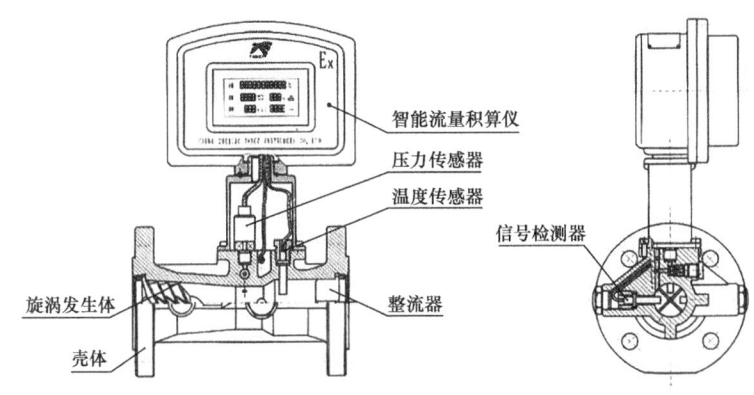

图 3.5 智能旋进(旋涡)流量计结构示意图

(2)类别。

按照智能旋进(旋涡)流量计对压力和温度是否有补偿,智能旋进(旋涡)流量计分为 LUX 型智能旋进(旋涡)流量计和 TDS 型智能旋进(旋涡)流量计,其中 LUX 型智能旋进(旋涡)流量计不能对检测的流体压力和温度进行补偿,TDS 型智能旋进(旋涡)流量计则可以对检测的流体压力和温度进行补偿,如图 3.6 所示。

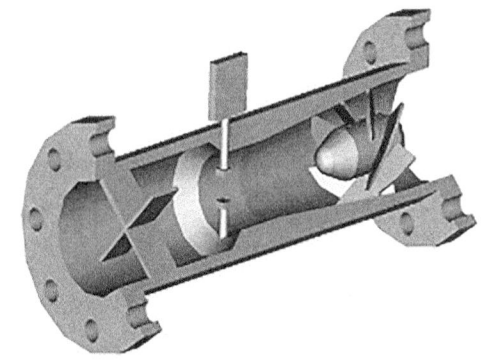

图 3.6 旋涡发生体结构图

(3)工作原理。

流量计采用了旋涡进动频率与流量相关的工作原理。流体通过旋涡发生体时被强制围绕表体的中心线旋转,产生的旋涡流经过收缩段的节流作用后得以加速,当旋涡流到达扩散段时,因突然减速导致压力上升,从而产生回流,促使旋涡中心沿一锥形螺旋线形成陀螺式的旋涡进动现象,流体到达下游整流器阻止流体旋转。旋涡进动频率与流量大小成正比。旋涡进动频率由压电传感器检测,压电传感器的检测信号经放大器放大整形后输入流量积算仪,经流量积算仪计算得到流体流量。

流量积算仪由温度和压力检测模拟通道、流量传感器通道以及微处理单元组成，并配有外输接口，输出各种信号。流量计中的微处理器按照气态方程进行温压补偿，并自动进行压缩因子修正。

3.2.4.2 罗茨流量计

气体腰轮流量计是一种容积式流量计，由于从罗茨风机演变而来，故习惯叫作罗茨流量计。流量计主要由固定腔体内壁围成的一个刚性测量空间以及其间的旋转元件和其他元件组成。元件每旋转一周，就会排除固定量的气体，不断累加并记录其容积，并由指示设备显示出来。它具有压力损失小、准确度高、始动流量低、量程比大、抗震与抗脉动流性能好等特点。已被广泛使用于贸易计量。

（1）结构。

罗茨流量计主要由流量计表体、旋转元件和电子显示装置或机械显示装置组成，如图3.7所示。

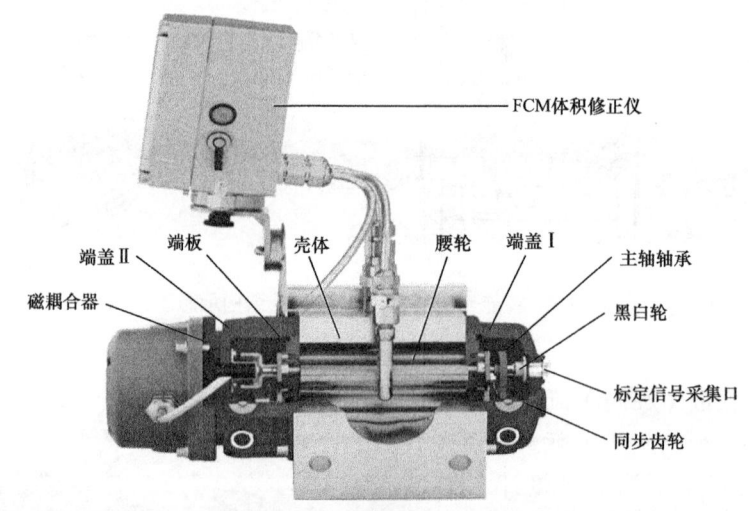

图3.7 罗茨流量计结构图

（2）工作原理。

在流量计的壳体内有一个计量室，计量室内有一对可以相切旋转的旋转元件，在流量计壳体外面与两个旋转元件同轴安装了一对驱动齿轮，它们相互啮合使两个旋转元件可以相互联动，就不断有流体被测量元件分隔并从进口流到出口。根据计量室空间的容积（周期体积），记录旋转元件的转动次数，即可得到流经流量计的气体体积。

3.2.4.3 涡轮流量计

涡轮流量计是速度式流量计中的一种，距今已有100余年的历史，在欧美国家的天然气流量计量中被广泛应用，在我国也已经成功应用多年，并有相应标准可循，它具有结构简单、质量轻、准确度高、压力损失小、量程范围宽、振动小、抗脉动流性能较好等特点，可适应高参数（如高温、高压）情况下的测量。涡轮流量计的输出是频率调制式信号,不仅提高了检测电路的抗干扰性,而且简化了流量检测系统。它的量程比可达1∶30~1∶10,在这个范围内准确度可达±0.2%~±1.0%。惯性小而且尺寸小的涡轮流量计的时间常数可达0.01s。在欧洲和美国,涡轮流量计是继孔板流量计之后的第二种法定天然气流量计,已经发展为多品种、全系列、多规格、批量生产规模的天然气流量计。标准规范亦十分完备,但也有不足之处:测量部件为可动部件,易损坏,对气流洁净度要求较高,要求气流平缓,不适合冲击性气流。

(1)结构。

典型的涡轮流量计由涡轮流量传感器(也称变送器)、前置放大器和显示仪表所组成。

涡轮流量传感器主要由仪表壳体、导流器、涡轮、轴与轴承、磁电转换器、前置放大器等组成(图3.8)。

气体涡轮流量计以轴流式为例,其结构主要包括壳体、前导流器、倒流圈、涡轮(叶轮)、防尘迷宫件、轴承、主轴、内载式储油管、后导流器、加油系统、信号发生器、信号感染器、压力传感器、温度传感器、内藏式四通阀组件等。

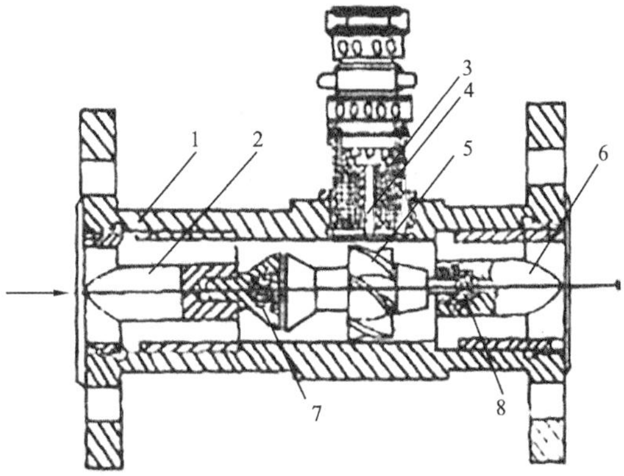

图3.8 涡轮流量传感器结构图
1—壳体;2—导流器;3—前置放大器;4—磁电转换器;
5—斜叶轮;6—导流器;7—轴承;8—轴承

(2)工作原理。

当被测流体通过涡轮流量传感器时,流体通过导流器冲击涡轮叶片。由于涡轮的叶片与流体流向成一定角度,流体的冲击力对涡轮产生转动力矩,使涡轮克服流体阻力矩和机械摩擦阻力矩后而转动。在一定的流量范围内,对于一定的流体介质黏度,涡轮的旋转角速度与通过涡轮的流量成正比,所以通过测量涡轮的旋转角速度就可测量流体的流量。

涡轮的旋转角速度一般都是通过安装在传感器壳体外面的信号检测放大器用磁电感应的原理来测量转换的。当涡轮旋转时,涡轮上由导磁不锈钢制成的螺旋形叶片依次接近和远离开处于管壁处的磁电感应线圈,周期性地改变感应线圈磁回路的磁阻,使通过线圈的磁通量发生周期性变化而产生与流量成正比的脉冲电信号。此脉冲电信号经信号检测放大器放大整形后送至显示仪表(或计算机)显示出流体的流量。

(3)分类。

涡轮流量计按显示方式的不同分为电远传式和就地显示式两种。

① 电远传式涡轮流量计。

电远传式涡轮流量计的结构如图3.9所示。电远传涡轮流量计由涡轮变送器和显示仪表组成。涡轮流量计是一种速度式流量仪表。当被测气体冲击涡轮叶片时,涡轮旋转,涡轮的旋转速度随流量的变化而不同,涡轮将流量 Q 转换成涡轮的转数 ω,磁电转换装置又把此转数 ω 变换成电脉冲信号,送入显示仪表进行计数和显示,由单位时间的脉冲数和累计脉冲数就可反映出瞬时流量和累积流量。

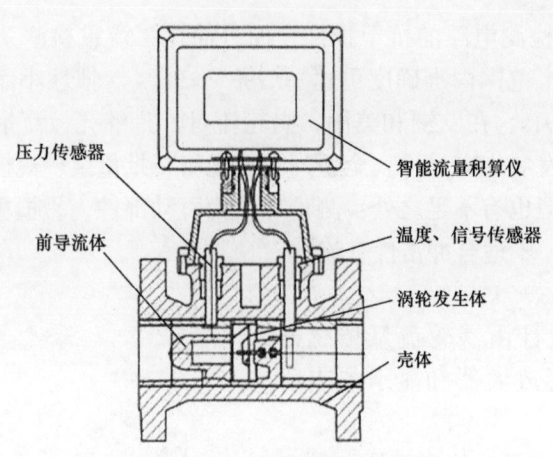

图 3.9 电远传涡轮流量计的结构

② 就地显示式涡轮流量计。

当气体流经流量计时，驱动叶轮转动，其转数与流量成正比，叶轮的转动通过机械传动传到计数器上，计数器把叶轮的转数累计成对应的气体体积流量直接显示出来。就地显示式仪表设备少，不需要电源，适应于计量点分散，只需计量累计流量的场合。

3.2.4.4 SGQ 智能差压流量计

SGQ 智能差压流量计（简称 SGQ）是配合标准孔板节流装置使用的一种天然气流量计。它是集静压和差压复合传感器、流量积算器、显示器、键盘、电源和通信单元等于一体的一体化流量计。它是一种二次仪表，具有计量精度高、性能可靠、单向过载能力强、功耗低、结构紧凑、安装方便、报表和日志记录完善、校准方式简捷、差压和压力量程自适应、量程比宽、差压小信号切除等优点，外观结构如图 3.10 所示。SGQ 广泛应用于天然气流量计量领域。

（1）工作原理。

SGQ 智能差压流量计采用高精度单晶硅谐振式复合传感器，实时测量天然气流经孔板时的差压和压力，利用铂热电阻温度传感器测量计量装置天然气流的实时温度，并根据"流体的流量与其流经节流装置所产生的压差的平方根成正比"的基本原理，依据 GB/T 21446《用标准孔板流量计测量天然气流量》自动计算天然气流量。一方面，就地显示实时采集的差压值、压力值和温度值，经温压补偿后计算出来的瞬时流量和累计流量，以及流量计的电池电量、工作状态和当前时间等技术参数，并将计量数据和工作日志保存在本表上；另一方面，

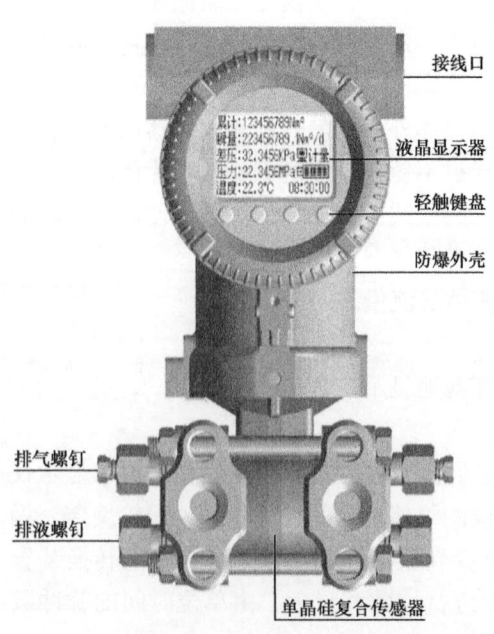

图 3.10 SGQ 智能差压流量计外观结构示意图

可将这些数据和工作日志利用有线和无线的方式上传至控制室的 PC 机（上位机）进行远程管理。SGQ 智能差压流量计结构如图 3.11 所示。

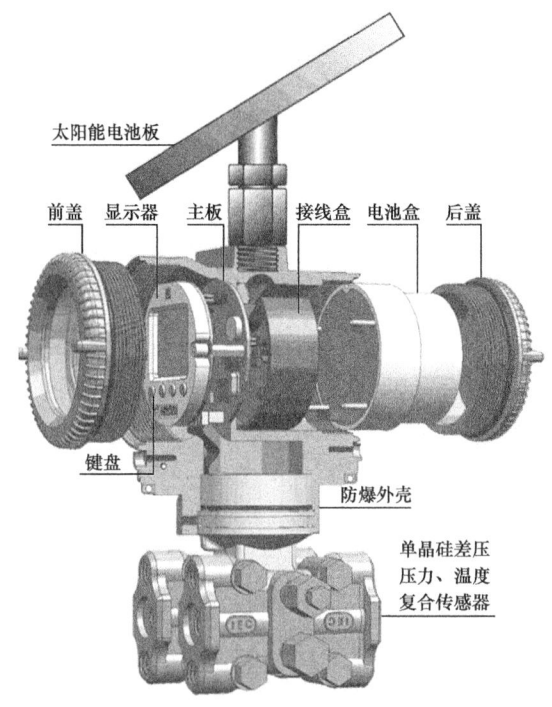

图 3.11　SGQ 智能差压流量计结构示意图

（2）屏幕显示。

SGQ 每 3s 动态刷新实时测量的差压、压力和温度信号，每 3s 动态刷新瞬时流量和累计流量。SGQ 智能差压流量计正常工作时主窗口显示的内容如图 3.12 所示。

累计——历史总累计流量（单位：m^3），交替显示昨日累计、8 点累计、累计，显示 9 位整数。昨日累计表示流量计昨日 08：00 至今日 08：00 一天的累计流量；8 点累计表示流量计从投运开始至当天 8 点的累计流量；累计表示流量计从投运开始至当前时间的累计流量。

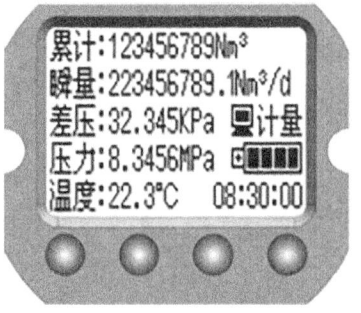

图 3.12　SGQ 智能差压流量计正常工作时主窗口显示图

瞬量——瞬时流量（默认单位为 m^3/d，另有 m^3/h 和 Nm^3/min 供用户选择）。显示 10 位数，含 9 位整数和 1 位小数。

差压——实时测量的流体压差（单位：kPa），显示 6 位数，含 3 位整数和 3 位小数。

压力——实时测量的流体上游压力（单位：MPa），显示 6 位数。含 2 位整数和 4 位小数。显示值为上游表压力，参与计算时由软件自动加上当地大气压（当地大气压出厂为默认值 98.1kPa，启用时需根据实际值在 SGQ 表头手动更改）。

温度——实时测量的流体温度（单位：℃），显示 1 位符号 3 位数字（含 1 位小数）。

▇▇——通信图标,流量计开启通信时屏幕显示该图标,当流量计关闭通信时(无线通信)屏幕不显示该图标。

计量——表示流量计当前所处的工作状态,SGQ共有5种工作状态分别是:"计量""清洗""检表""换电""停表"。

▇▇——电池电量图标,共显示4格电量,每格的电量值为总电量的25%。

时钟——24h制实时时钟。显示格式为时、分、秒。

3.2.4.5 超声波流量计

超声波流量计是利用超声波在流体中传播的特性来测量流量的流量计。超声波流量计适用于各种管径的流体计量,管径越大,计量精度越高,超声波流量计能实现双向流量计量,无压力损耗,不受气质流态、压力、温度和气体组分等变化的影响,系统的信号接收完全数字化,可将每个脉冲与预设标准进行对比,检测信号质量可获得高质量的检测结果。

(1)结构(以美国爱默生公司丹尼尔气体超声波流量计为例)。

气体超声波流量计主要由流量计表体、超声换能器及其安装部件、信号处理单元组成。对于现场接触式和外夹式流量计,安装换能器处的管道可作表体使用。接触式流量计的换能器直接与被测流体接触,外夹式流量计的换能器紧密安装在管道外壁,如图3.13所示。压力变送器、温度变送器、色谱分析仪和流量计算机等属于辅助仪表,主要用于将工况流量转换为标况流量。也有制造厂将信号处理单元和流量计算机制造成一个整体,从信号处理单元能够直接得到标况流量。

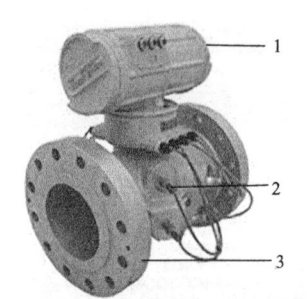

图3.13 超声波流量计结构图
1—流量计表体;2—超声换能器;
3—信号处理单元

① 流量计表体:安装超声换能器和测压接头等部件,并经过特殊制造,在各方面都符合有关标准规定的被测气体通过的管段。

② 超声换能器:把声能转换成电信号或反过来把电信号转换成声能的组件,一般都是成对安装,并同时工作。

③ 信号处理单元:流量计的一部分,由电子组件和微处理器系统组成。它接受超声换能器信号,且具有处理测量信号和显示、输出及记录测量结果等功能。位于现场的电信号处理及转换部分安装在转换器内。

(2)工作原理。

传播时间差法气体超声波流量计是通过测量高频声脉冲传播时间得出气体流量的速度式流量计。传播时间是通过在管道外或管道内成对的换能器之间传送和接收到的声脉冲进行测量的。声脉冲沿斜线方向传播,顺流传送的声脉冲被气流加速,而逆流传送的声脉冲则会被减速。其传播时间差与气体的轴向平均流速有关,从而使用数值计算技术计算出在工作条件下通过气体超声波流量计的气体轴向平均流速和流量。只有一个声道的流量计称为单声道气体超声波流量计,有两个或两个以上声道的流量计称为多声道气体超声波流量计。超声换能器与气体直接接触时,称为插入式;超声换能器不与气体直接接触时,称为外夹式,如图 3.14 所示。顺流和逆流传播时间与各量之间的关系。

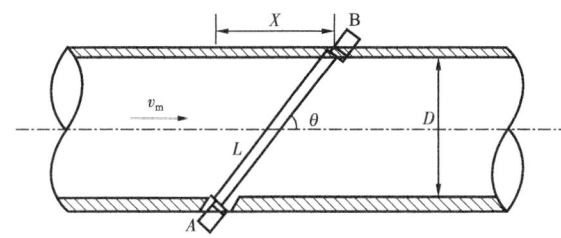

图 3.14 超声波流量计原理图

v_m—介质流速;X—安装距离;θ—声束与流体流动方向的夹角;L—声束传播距离;D—管内直径;
A—上游传感器;B—下游传感器

(3)分类。

① 按测量原理分类。按测量原理,超声波流量计可分为传播速度差法(包括时差法、相位差法和声循环频差法)超声波流量计、波束偏移法超声波流量计、多普勒法超声波流量计、互相关法超声波流量计、空间滤法超声波流量计及噪声法超声波流量计等。目前,天然气生产现场使用较多的是以时差法为原理的气体超声波流量计。我国颁布的 GB/T 18604 就是以时差法为原理的气体超声流量计测量天然气流量的标准。

② 按换能器安装方式分类。按换能器安装方式,超声波流量计有固定式超声波流量计和便携式超声波流量计两种。固定式超声波流量计的换能器安装方式又可分为:

a. 管段式超声波流量计,换能器和测量管组成一体的。

b. 外夹式超声波流量计,换能器夹装在测量管外壁的。

c. 插入式超声波流量计,换能器穿过管道外壁直接和介质接触的。

d. 换能器贴在大管道内壁的内贴式超声波流量计。

③ 按传播声道分类。按传播声道分,超声波流量计可分为单声道超声波流量计和多声道超声波流量计。

3.2.4.6 标准孔板节流装置

差压式流量计是目前比较常用的流量测量仪表之一。差压式流量计基于流体流动的节流原理,利用流体流经节流元件时产生的压力差与流量间的对应关系,通过测量压差实现对流量的测量。差压式流量计多用于油气田注水和天然气流量的测量。

差压式流量计由节流装置、信号引线和二次仪表系统三部分组成。

节流装置是使流体产生局部收缩的节流元件、节流元件前后的取压装置及前后一段直管段(测量管)的总称。节流元件有孔板、喷嘴、文丘里管等。

由于孔板形状简单、易于加工,因此标准孔板流量计成为应用最为广泛的差压式流量计之一。

(1)标准孔板流量计。

标准孔板流量计属于差压式流量计,技术非常成熟。孔板流量计无内部电子元件,不受现场电磁干扰影响。无可动部件,重复性较高。可更换性及可扩程能力强,用户有对二次表选择的权利和机会，二次表、一次元件可任意更换，差压变送器并联扩宽量程，可对二次表单独校准，也容易实现一体化。适用面宽，使用场合灵活（液/气/蒸气、高温/中温/低温、高压/中压/低压、高流速/中流速/低流速、洁净流体/脏污流体、大管径/中管径/小管径）。标准化程度最高；测量准确度有保证。与速度式流量计（如电磁流量计、涡街流量计、涡轮流量计、超声流量计）相比，密度变化所带来的误差较小。容易检定（只要保持流体动力学相似和几何相似，流出系数可以复现）。有多种形式、多种材料的一次元件可供选择，可加装保温（伴热）装置，以实现液体减黏，可按使用环境要求分类和分级，容易满足防爆要求。

① 标准孔板流量计的测量原理。天然气流经节流装置时，流束在孔板处形成局部收缩，从而使流速增加，静压力降低，在孔板前后产生静压力差（差压），气流的流速越大，孔板前后产生的差压也越大，从而可通过测量差压来衡量天然气流过节流装置的流量大小，这种测量流量的方法是以能量守恒定律和流动连续性方程为基础的。

在图 3.15 中，以速度 v_1 轴向流动的流体在接近孔板时受到孔板的阻挡，使靠近管壁处的流体流速降低，因而使一部分动压能转换为静压能，其压力由 p_1' 增加至 p_1 并大于管中心的压力，形成径向压差。这一径向压差使流体产生径向附加速度，流体质点流向朝管道中心倾斜，形成了流束的收缩运动。此时，管中心处的流速增加、静压减小。经过孔板后，流体的流通面积增大，但由于流体运动的惯性，流速会继续收缩，在图中孔板后的 Ⅱ—Ⅱ 截面处，流速截面收缩至最小。这时，流体的流速达到最大，静压最低为 p_2'。之后，流速开始逐渐扩大直至满全管。同时，流速逐渐减小，静压逐渐增加。但是在流体经过孔板时。流体的摩擦、扰动及旋涡造成了能量损失，使流体静压能不能完全恢复，产生了一定的久压力损失 δp。

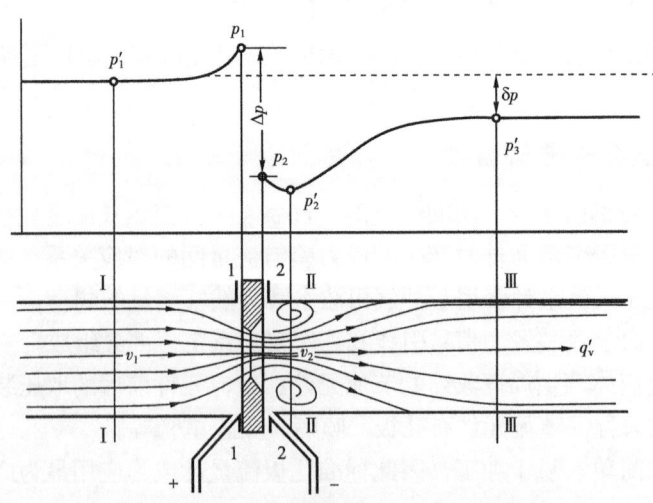

图 3.15　标准孔板流量计的测量原理示意图

通过上述分析可以看出，流体在通过节流孔板时产生了静压差 $\Delta p' = p_1' - p_2'$，并且流体的流量越大，流束的局部收缩与动压能、静压能的转化越显著，孔板前后的静压差也就越大。因而，只要测出孔板前后的静压差，即可求出被测流量的大小。这就是利用节流原理测量流量的基本原理。

需要指出的是，流束的最小收缩截面位置是随流量而变的，p_2'位置不定。实际测量时，要准确地测量管中心静压力p_1'和p_2'是有困难的。因此，通常是在孔板前后两个固定位置上测量近管壁处的压力差，取代上述静压差。例如，可以取孔板前后端面处的静压差$\Delta p = p_1 - p_2$代替$\Delta p'$。

② 标准孔板流量计的使用条件。若使用 GB/T 21446《用标准孔板流量计测量天然气流量》测量天然气流量，标准孔板流量计的使用条件应符合该标准中的所有技术要求，其使用限制条件规定见表 3.1。

表 3.1 孔径、管内径、直径比、雷诺数限值表

物理量	限 值	
	法兰取压	角接取压
孔径（孔板开孔直径）d（mm）	$d \geqslant 12.5$	
测量管内径 D（mm）	$50 \leqslant D \leqslant 1000$	
直径比 β	$0.1 \leqslant \beta \leqslant 0.75$	
管径雷诺数 Re_D	$Re_D \geqslant 5000$ 及 $Re_D \geqslant 170\beta^2 D$	$Re_D \geqslant 5000$，用于 $0.1 \leqslant \beta \leqslant 0.56$
		$Re_D \geqslant 16000\beta^2$，用于 $\beta > 0.56$（D 以 mm 计）

③ 节流装置。使管道中流动的流体产生静压力差的一套装置。整套节流装置由标准孔板、取压装置和上下游直管段所组成。

标准孔板（简称孔板）是由机械加工获得的一块圆形穿孔的薄板。它的节流孔圆筒型柱面与孔板上游端面垂直，其边缘是尖锐的，孔板厚与孔板直径相比是比较小的。它应该按照 GB/T 21446 规定范围内所提供的数据和要求进行设计、制造、安装和使用。

④ 阀式孔板节流装置。阀式孔板取压装置，取压方式为法兰取压，分简易、普通、高级三种。其特点是操作简单，更换孔板无须动管线，特别是高级型节流装置，不需停止介质输送即可在 3～5min 之内在线检查或更换孔板。

⑤ 测量管。测量管是指孔板上下游所规定直管段长度的一部分，各横截面面积相等、形状相同、轴线重合且邻近孔板，按技术指标进行特殊加工的一段直管。

（2）测量管。

内壁不应有沉淀、污垢、严重腐蚀、损伤等缺陷，按照企业管理规定要求定期清洗检查测量管内壁。

用 0.02 级游标卡尺在孔板上下游 0.5D 内取大致相等角距 4 个内径单测值的平均值，应与铭牌上标注的 D_{20} 值、流量计算机参数设置的 D 值三者一致。

孔板阀与上下游测量管连接法兰之间、测量管与第二直管段连接法兰之间的密封垫片不能有深入管段内现象。

（3）信号引线。

① 信号引线也叫导压管，是连接节流装置与差压计的管线，是传输压力、差压信号

的通道。通常导压管上安装有取压阀（取压开关）及其他附属器件。

②导压管的安装要求。导压管的长度和管径应按照表3.2的规定选用。

表3.2 导压管长度和内径规格表

导压管长度（m）	<16	16~45	45~90
导压管内径（mm）	7~9	10	13

在安装导压管的时候，正、负导压管应平行并列，按最短距离铺设；如果是压力变送器的导压管，长度一般不超过5m；导压管的弯曲处应圆滑，弯曲半径不小于导压管外径的5倍；导压管对接时不应有焊瘤突入和内径错位。

③导压管使用注意事项。按照企业管理规定的要求定期对导压管进行吹扫和排污；巡回检查过程中注意观察导压管各接头、放空阀不能有外漏现象。

（4）二次仪表。

差压计用来测量压差信号，并把此压差转换成流量指示记录下来。常用差压计有双波纹管差压计、差压变送器等。

3.3 安防类数据感知技术

天然气生产场所，属于易燃易爆的高危场所。安防仪表的正常运行，对确保安全生产，避免和控制事故发生，保护人员生命安全和国家财产安全，起着举足轻重保驾护航的预警作用。为连续有效地监控生产场所各种有毒有害气体的浓度并实行超限报警，适时监控增压厂房的火灾隐患，重庆气矿在各生产场站设备现场安装了固定式气体检测仪（可燃气体检测仪和硫化氢气体报警器）、报警控制柜、火焰探测器等安防仪表并接入信息化控制系统。

3.3.1 气体检测仪

气体检测仪是一种气体浓度检测的仪器仪表工具。气体检测仪的关键部件是气体传感器。它是检测仪的基础、核心部件，传感器将空气或作业环境中有害有毒气体的含量转换成电信号，产生的电信号经电子线路处理、放大，再转化为数字信号后，实现有害有毒气体含量的显示和报警。根据传感器探头的不同，可检测硫化氢、一氧化碳、氧气、二氧化硫、磷化氢、氨气、二氧化氮、氰化氢、氯气、二氧化氯、臭氧和可燃气体等多种气体，广泛应用在石化、煤炭、冶金、化工、市政燃气、环境监测等多种领域和场所现场检测。

重庆气矿生产现场安装的气体检测仪为固定式可燃气体检测仪和固定式硫化氢气体检测仪。其中涉及的生产厂家主要有梅思安（中国）安全设备有限公司、无锡格林通安全装备有限公司、成都安可信电子股份有限公司、哈尔滨东方报警设备开发有限公司等4家，加上使用数量较少的英思科传感仪器（上海）有限公司、北京科尔康安全设备制造有限公司、华瑞科学仪器（上海）有限公司、盛思锐贸易（深圳）有限公司（Sensirion）、深圳市特安电子有限公司等5家生产厂家的产品，产品型号多达几十种。下面简要介绍一下气体检测仪的分类及气矿常用的几种固定式气体检测仪表。

3.3.1.1 气体检测仪的分类

（1）按使用方法分：有便携式和固定式两类。

① 便携式气体检测仪，体积小巧，便于随身携带进入生产现场，开机后自动检测相应的有毒有害气体，超限自动报警；根据其体内安装的探头数，有单气体检测仪、二合一气体检测仪、三合一多气体检测仪及四合一复合式检测仪。

便携式气体检测仪通过其抽样原理可分为扩散式和泵吸式。所谓的扩散式就是将探头置于检测气体的危险地带，由空间待测定气体扩散到探头之中，而警报器则置于监测室中，进行指示和警报。而泵吸式则是将待测定气体泵吸入检测探头中，吸气泵与气体内置检测器设在一起，是将检测器设在待测气体的危险地点，从而检测执行指示与警报机能。

② 固定式气体检测仪，固定在生产现场，能连续自动检测相应的有毒有害气体，超限自动报警，有的还可自动控制排风机等。

固定式气体检测仪分为一体式和分体式，一般为分体式：由传感器和变送器组成的检测头为一体，安装在检测现场；由电路、电源和显示报警装置组成的二次仪表为一体，安装在安全场所（如控制室），便于监视。在工艺和技术上更适合于固定检测所要求的连续、长时间稳定等特点。重庆气矿固定式气体检测仪安装时均采用的分体式安装。

（2）按被测对象分：有可燃气体检测仪和有毒气体（如 H_2S、CO）检测仪。

（3）按传感器工作原理分：有半导体、催化燃烧式、电化学式、热传导式和红外式传感器等多种类型。

3.3.1.2 可燃气体检测报警器

可燃气体是石油化工等工业场合遇到最多的危险气体，它主要是烷烃（CH_4）等有机气体和某些无机气体。可燃气体检测报警器仪器的检测原理主要有催化燃烧型、红外线吸收型、热导型等，重庆气矿主要采用的是催化燃烧型、红外线吸收型。

（1）结构。

可燃气体检测报警器主要有检测元件、放大电路、报警系统、显示器等组成，用于监测环境中可燃气体的浓度。

（2）工作原理。

① 常用的催化燃烧式可燃气体检测报警器，它的工作原理是一个双路电桥（惠斯通电桥）检测单元（图3.16）。其中的一个铂金丝电桥上涂有催化燃烧物质，不论何种易燃气体，只要它能够被电极引燃，铂金丝电桥的电阻就会随着温度变化发生改变，这种电阻变化与可燃气体的浓度成一定比例，通过仪器的电路系统和微处理机可以计算出可燃气体的浓度。

② 采用红外线吸收型的可燃气体检测报警器，仪表由光源、滤光片、分光镜、视镜、检测器、控制电路等组成。它的工作原理是当无可燃性气体存在时，参比检测输出平衡。一旦

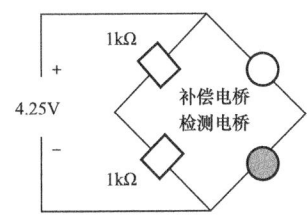

图 3.16 惠斯通电桥结构示意图（LEL）

环境中含有可燃性气体时，检测光线被吸收，检测、参比光线强度不一致，桥路平衡破坏。输出一个与可燃性气体浓度成正比的信号。此信号经放大并送至模数转换器，然后再送到微处理器进行运算、显示。并将实时通过数模转换输出4~20mA DC信号。点式红外原理探测器检测原理如图3.17所示。

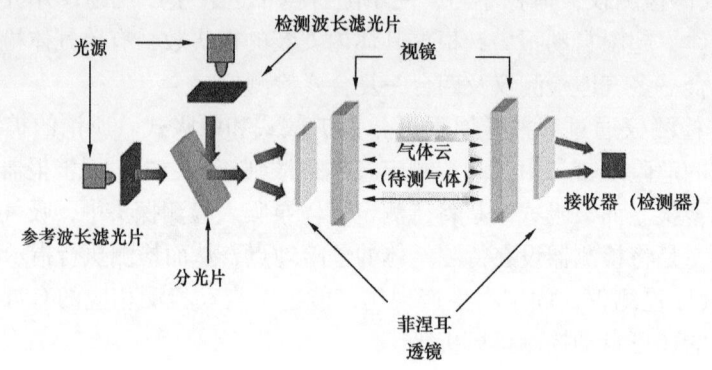

图3.17　点式红外原理探测器检测原理图

3.3.1.3　硫化氢气体检测仪

硫化氢（H_2S）是天然气生产场所常见的有毒气体。可用硫化氢气体检测仪检测其浓度。

（1）结构。

硫化氢气体检测仪主要有电化学传感器或光化学传感器、电子部件和显示部分组成，由传感器将环境中硫化氢气体转换成电信号，并以浓度（摩尔分数）显示出来。

这两种报警仪的工作原理相同，只是外形结构有区别。固定式报警仪的传感器和变送组成的检测单元为一体，安装在检测现场；电路、电源和显示报警装置组成的二次仪表为一体，安装在安全场所（如值班室），便于监视。

（2）工作原理。

① 电化学传感器是将两个反应电极——工作电极和对电极以及一个参比电极放置在特定电解液中（图3.18），然后在反应电极之间加上足够的电压，使透过涂有重金属催化剂薄膜的待测气体进行氧化还原反应，再通过仪器中的电路系统测量气体电解时产生的电流，然后由其中的微处理器计算出气体的浓度。

② 半导体式传感器是利用一些金属氧化物半导体材料，在一定温度下，电导率随着环境气体成分的变化而变化的原理制造的。它利用一种特殊金属氧化物半导体（MOS）的吸附效应来检测硫化氢气体。半导体MOS薄片被放置在两个电极之间的衬片上（图3.19）。

半导体探头传感器在衬片的外圈有一个加热圈，加热圈的温度由热敏电阻测量，放置在传感探头内部的控制电路使

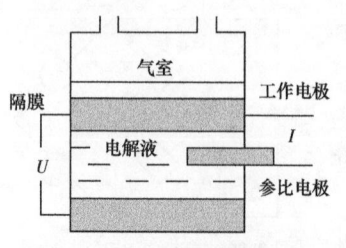

图3.18　电化学传感器原理图
U—电压，V；I—电流，A

加热圈的温度始终保持恒定，保证扩散式金属氧化物半导体吸附型传感探头处于最佳工作状态。当 H_2S 气体没有吸附在 MOS 薄片上时，两电极之间的电阻非常大，一般为兆欧级，而当 H_2S 气体被吸附在 MOS 薄片上时，两电极之间的电阻值减小到千欧级，这种电阻值的减小与所存在的 H_2S 气体浓度呈对数比例关系，仪表测量电路将电阻值的变化转换成电压的变化，并加以放大，经 A/D 转换成数字信号后由微处理器进行数据处理，再经 D/A 转换后产生 4～20mA DC 模拟信号输出，在 CPU 的控制下实时显示被测 H_2S 气体浓度值。

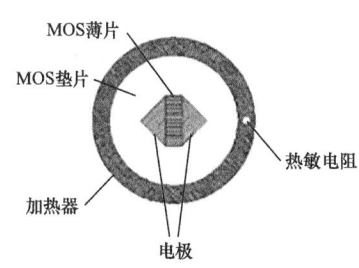

图 3.19 半导体探头传感器原理性示意图

3.3.2 气体报警控制器

气体报警控制系统由气体检测仪与气体报警控制器组成。

气体报警控制器会将现场气体检测仪检测到的气体读数汇总到显示屏幕上显示，如气体浓度达到或超过报警设定值时，气体报警控制器会进行一系列报警动作，如声光报警、排风、断电等。

3.3.2.1 气体报警控制器结构及原理

气体报警控制器由箱体、主控卡、电源卡、通道卡构成。

当空气中有被测气体挥发时，气体检测仪即产生与空气中被测气体浓度成正比的 4～20mA 标准电流信号，电流信号通过输入端子进入气体报警控制器，经过处理后在显示屏（或主控卡及对应通道卡）上同步显示被测浓度。当被测浓度达到或超过报警设定值时，控制器主控卡即发出可区别报警级别的声、光报警信号。

3.3.2.2 气体报警控制器类别

气体报警控制器按工作方式分为：总线制气体报警控制器和多线制气体报警控制器。

（1）总线制气体报警控制器。

总线制气体报警控制器采用的通信方式是 RS-485 通信，总线制气体报警控制器一般采用四线制（2 根电源线、2 根信号线），所有的气体检测仪共用一根总线完成与气体报警控制器的通信。

总线制气体报警控制器的优点为：① 信号统一；② 布线简单，工作量少；③ 携带的检测仪数量较多。

总线制气体报警控制器的缺点为：① 信号延迟；② 危险集中；③ 主机供电能力不足。

（2）多线制气体报警控制器。

多线制气体报警控制器常见采用的通信方式是 4～20mA 标准信号通信，多线制气体报警控制器一般采用的是三线制（2 根电源线、1 根信号线），每个气体检测仪到主机都是一根单独的通信线。

3.3.3 视频监管

油气田中各个采油点分布零散,有的相距几百米,有的则相距数千米,需要对油气田设施运行状况、现场突发事件进行及时、全面的了解和掌握,因此利用摄像头对油井进行远程视频监控广泛应用到各大油气田。

传统的油气田监控系统通过有线方式,随着4G/5G网络的发展,4G/5G远程监控系统在石油天然气行业中快速发展。4G/5G网络技术以其方便快捷的无线通信优势和强大的智能化功能及较低的整体拥有成本而迅速在油井监控中得到应用。

油气田视频监管系统采用高清、智能、物联网、4G/5G应用技术,在"标准化、一体化、智能化"设计原则的指引下,采用标准化行业产品,实现以下功能:

(1)高清视频监控。全面接入720P及以上高清摄像机,提升视频质量和安防水平,满足细节监控(设备状态、仪表读数、脸部特征)需求,支持高清录像存储。

(2)智能分析识别。设备状态分析、行为分析、车牌识别等。

(3)辅助系统融合。除了实现视频监控、安全警卫等系统集成,还能集成环境监测、门禁、智能控制等子系统的集成,各子系统根据预案进行联动。

(4)立体监管模式。实现井场/厂站、作业区、二级单位、分公司/管理局多级垂直监管,固定网络采用C/S、B/S方式进行访问,移动网络通过移动终端(手机、平台等)对现场进行监管。

(5)系统运维管理。IT基础设施管理、视频质量诊断、带宽优化及控制、资产管理、日志管理。

图3.20所示为油气田视频监控架构。

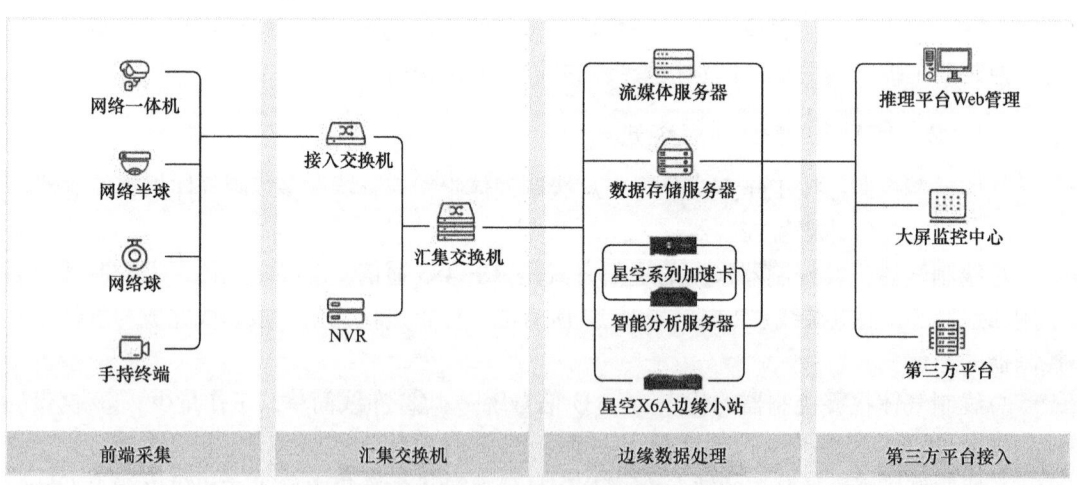

图3.20 油气田视频监控架构

油气田视频监控应用场景主要包括:

(1)在各作业区中转站、联合站、注入站及配置站等站室内主要工作岗位安装集成像、存储、传输为一体的定时抓拍报警网络摄像机,将生产状况进行定时抓拍上传并存档。

（2）在抽油机、计量间、中转站及联合站等室外环境安装室外一体化感应抓拍摄像机，当感应区域有人或车辆进入时，自动触发摄像机抓拍现场照片，照片通过移动、电信、联通三大运营商的 4G 网络发送到后端，第一时间向指挥中心发出告警提示，并向相关负责人发送手机 App 抓拍的照片，同时启动声光报警器播报语音告警。

（3）在油气田污水处理厂部署定时抓拍远程监控摄像机，并外接传感器到处理后的污水中，对含油量、有机物（COD）、悬浮物、硫化物、温度进行实时监测；当传感器传送给摄像机的数值超越摄像机设定的阀值时，摄像机会自动抓拍现场照片上传服务器存档，第一时间向指挥中心发出告警提示；并向相关负责人发送手机 App 抓拍的照片，同时启动声光报警器播报语音告警。

（4）在采油井的关键部位安装网络摄像机，将油压表、流量表、温湿度传感器接入物联网摄像机后，将数据解析后叠加到监控画面中。并在摄像机程序中设定各个传感器的阀值，一旦超越阀值便触发摄像机抓拍现场照片上传服务器存档，第一时间向指挥中心发出告警提示；并向相关负责人发送手机 App 抓拍的照片，同时启动声光报警器播报语音告警。

（5）在输油管道与道路交叉路口安装抓拍报警摄像机，并外接户外型人体热红外 & 雷达双鉴别传感器，当感应区域有行人或车辆经过时，触发摄像机自动抓拍现场照片发送到后端，第一时间向指挥中心发出告警提示；并向相关负责人发送手机 App 抓拍的照片，同时启动声光报警器播报语音告警。

3.4 设备类数据感知技术

3.4.1 管道智能检测技术

重庆气矿启动油气田管道和站场的完整性管理在国内较早，持续开展了一系列试点工程，并配套开展了科研攻关、现场测试等工作，取得了良好的效果，先后开展智能检测 120 段次，检测长度 3000 余千米。经过多年的完整性管理实践，重庆气矿管道失效率与设备故障率明显降低，管道失效率由 2007 年的 8.96 次 $/(10^3 km \cdot a)$ 下降到 2019 年的 0.41 次 $/(10^3 km \cdot a)$，下降了 92.7%。实践证明，油气管道完整性管理是油气田管道和站场提升本质安全、延长使用寿命及提高经济效益的有效手段。

根据对管道信息采集原理的不同，智能检测分为基于漏磁原理、基于超声波原理、基于电磁涡流原理等 3 种检测技术。对于不同的缺陷有不同的内检测技术。智能检测的发展源于检测器的进步，能够针对管道金属损失、裂纹、几何形状三方面进行有效的检测。结合重庆气矿实际情况，目前采用漏磁检测和电磁涡流检测，其中最常用的是漏磁检测。

3.4.1.1 漏磁检测技术

漏磁检测的原理是利用固定磁场和电磁场在管壁上产生轴向磁场，通过传感器测量管壁的漏磁并记录磁通量密度的变化，从而间接显示出壁厚或者是其他异常的变化。按照分辨率的不同,漏磁检测器分为标准分辨率(SR)和高分辨率(HR)。通过磁极使管壁间形成沿轴向的磁力线。金属损失等缺陷导致磁力线的变化,传感器通过探测和测量漏磁量判断缺陷位置和大小等情况。随着检测工具在管道内部不断前进,从而达到磁化整条管道管壁的、采集整条管道本体缺陷的效果(图3.21和图3.22)。

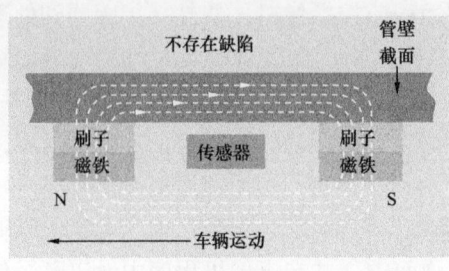 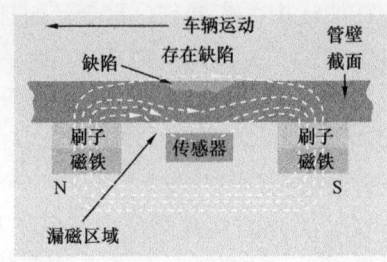

图3.21 管道无缺陷磁感线分布情况　　图3.22 管道有缺陷磁感线分布情况

漏磁节:利用检测工具自身安装的永磁铁形成固定磁场,通过永磁铁上的钢刷接触管道内壁从而达到磁化管壁的效果,通过传感器测量管壁的漏磁并记录磁通量回路密度的变化,从而间接显示出壁厚或者是其他异常的变化。磁铁部分主要与被测管壁形成磁回路,当管壁没有缺陷时,磁力线囿于管壁之内,此时传感器采集到的磁力线是规则平滑的;当管壁存在缺陷时磁力线会穿出管壁,穿出管壁的磁力线会被传感器采集,此时传感器采集到的磁力线是不规则的,并且缺陷的深度和尺寸越大,穿出管壁的磁力线的量就越大。

几何节:随着检测工具在管道中的不断前进,管道内径的变化,会压缩检测工具几何节上所安装的几何传感器,从而识别管道本体变形情况。

里程节:检测工具放入管道后,检测工具里程节上的里程轮处于压缩状态,随着检测工具在管道中的不断前进,里程轮会一直处于滚动状态,通过记录里程轮转动圈数从而计算出管道的里程。

3.4.1.2 电磁涡流技术

电磁涡流检测是以电磁感应为基础,当载有交变电流的线圈靠近导电材料时,由于线圈磁场的作用,材料中会感生出涡流。涡流的大小、相位及流动形式受到材料导电性能的影响,而涡流产生的反作用磁场又使检测线圈的阻抗发生变化。因此通过测定检测线圈阻抗的变化,可以得到被检测材料有无缺陷的结论。涡流检测只适用于导电材料,同时,由于涡流检测是电磁感应产生的,故在检测时不必要求线圈与被检测材料紧密接触,从而容易实现自动化检测。电磁涡流管道智能内检测技术可检测多相流或干气,检测管道内部金属损失、轴向裂纹、环向裂纹、焊缝疲劳裂纹,检测管道结垢、结蜡的位置和程度,检测天然气管道积液的位置和程度,检测沉积物下的内部腐蚀。

3.4.2 光纤振动监测技术

油气管道线路周边环境复杂多样,常有耕种、施工、塌陷、水冲,甚至打孔盗油等蓄意破坏事件发生,威胁管道安全,一旦发生事故,损失巨大。当前,管道线路巡检仍以人力巡护为主,每天1~2次的巡护频率远不能满足安全防护需求,特别是对人力不便靠近的管段或者洪涝灾害发生后的泥泞管段无法有效巡护，不能及时发现和控制管道裸漏、损伤风险。光纤振动监测是油气管道线路安全预警系统中有效的技防手段，利用管道同沟光缆实时感应沿线的振动情况，通过振动信号反演算法实时监测管道沿线的振动信号，及时发现管道沿线周边第三方破坏、自然灾害所引起的危害事件并通知巡线人员赶赴现场查看，制止破坏事件进一步恶化。

3.4.2.1 光纤振动预警原理

基于相位敏感 Φ-OTDR 分布式光纤扰动传感器，采用超窄线宽激光器作为激光光源，将高相干光注入传感光纤，系统输出信号为后向瑞利散射光的相干干涉光强。Φ-OTDR 分布式光纤扰动传感器的传感原理主要是通过检测扰动引起的光纤中后向瑞利散射信号的相干干涉光强来实现扰动定位的目的。与传统的 OTDR（Optical Time Domain Reflectometer，光时域反射仪）技术相比，Φ-OTDR 技术最大的区别在于光源的改进，提高了预警效果。图 3.23 所示为光纤振动预警系统示意图。

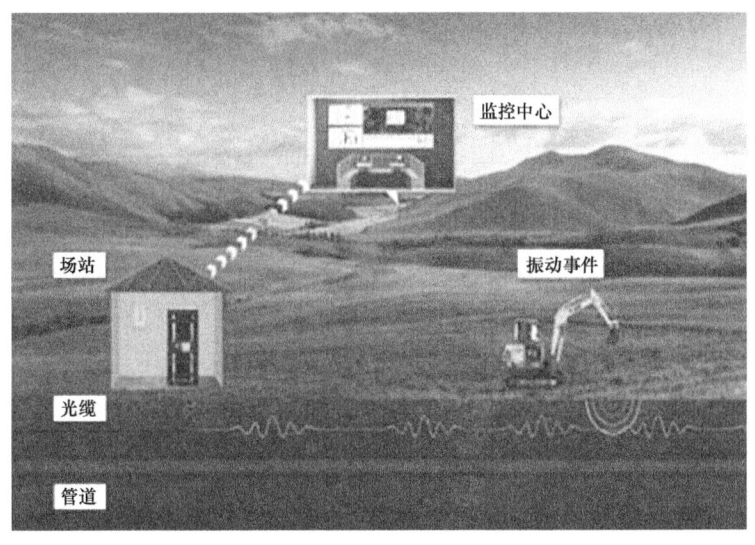

图 3.23 光纤振动预警系统示意图

系统运行时收集管道沿线告警事件及告警数据，建立系统数据库模型特征并分析，系统通过模型对比分析，逐步提高系统告警识别准确率。

3.4.2.2 预警系统功能及特点

系统功能具有告警显示、断缆监测、故障报警、告警处理、辅助分析、运行分析、设备管理、报表统计、巡检管理、清管器跟踪及系统联动等功能，同时支持移动 App 巡检任务和现场照相，支持视频监控系统、声光告警系统的接入及联动控制等。

预警系统特点：管道光纤振动预警智能识别不同振动模式（如人工挖掘、车辆穿越、机械挖掘等），如图 3.24（a）所示，通信光缆光纤芯布置分布式传感器，采集管道光缆沿线的振动信号，光纤资源占用少；预警系统可以多事件同时监测，互不影响，如图 3.24（b）所示。

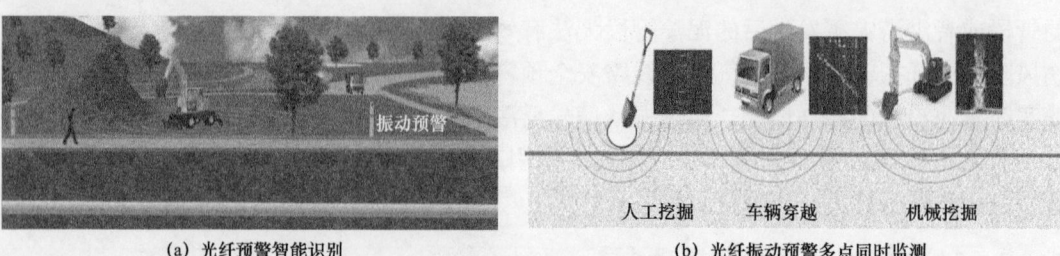

(a) 光纤预警智能识别　　　　　(b) 光纤振动预警多点同时监测

图 3.24　光纤振动预警监测

探测定位精度高，管道探测精度可达 ±10m，并可进行光纤长距离检测，检测距离可达 60km，如图 3.25（a）所示。管道探测灵敏度高，探测过程中可准确探测 5m 范围内的人工挖掘信号及横向 25m 范围内的机械施工，如图 3.25（b）所示。

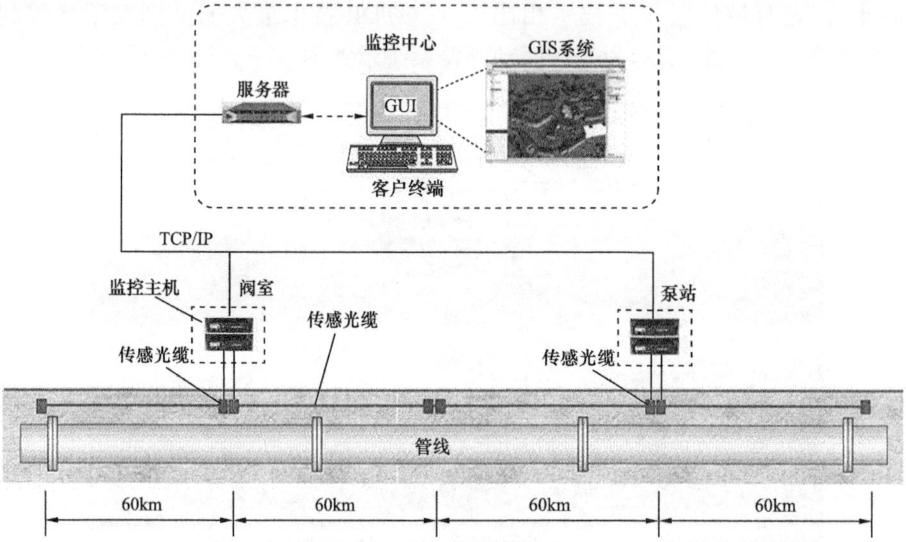

(a) 光纤长距离监测

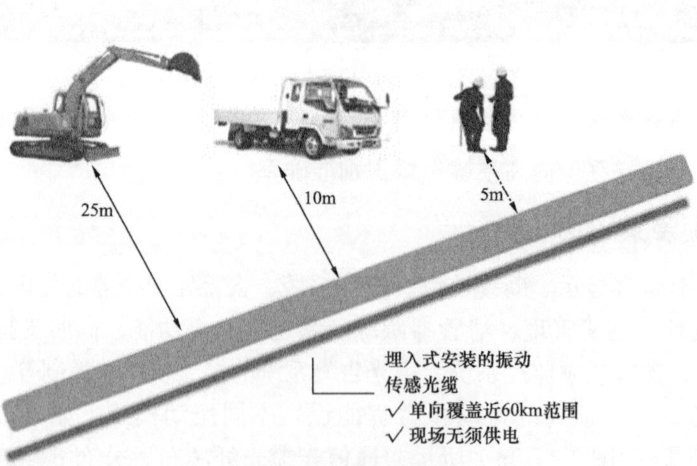

(b) 光纤振动预警高灵敏度

图 3.25　光纤振动预警距离及灵敏度

3.4.2.3 光纤振动预警位置确定

Φ-OTDR 技术是利用超窄线宽激光光源来形成脉冲宽度范围内后向瑞利散射光波的干涉。当扰动作用在传感光纤上时引起光纤内部折射率的变化，导致从扰动位置开始沿着光纤向后传输的光波的相位受到调制。此时，探测器接收到的后向散射光强会发生变化，通过比较扰动发生与扰动未发生条件下光强的变化，可以检测出扰动发生的位置。Φ-OTDR 分布式光纤扰动传感器检测的是扰动引起的干涉光的相位变化导致的光强变化，可以用于检测多点同时扰动（时变）信号。

当有扰动作用在传感光纤上时，受到扰动位置的光相位产生变化，引起对应位置后向散射光的相位发生变化，脉冲宽度内散射光的干涉光强也会发生相应变化，如图 3.26 所示。将 Φ-OTDR 不同时刻的后向瑞利散射光干涉光强曲线做差，差值曲线上光干涉信号发生剧烈变化的位置，就是对应扰动发生的位置，计算方法如下：

$$Z = c\Delta t / 2n$$

式中　Z——扰动发生的位置，m；

　　　c——真空中的光速，m/s；

　　　Δt——系统发出脉冲与探测器接收到后向瑞利散射信号之间的时间差，$\Delta t = t_1 - t_0$，s；

　　　n——折射率。

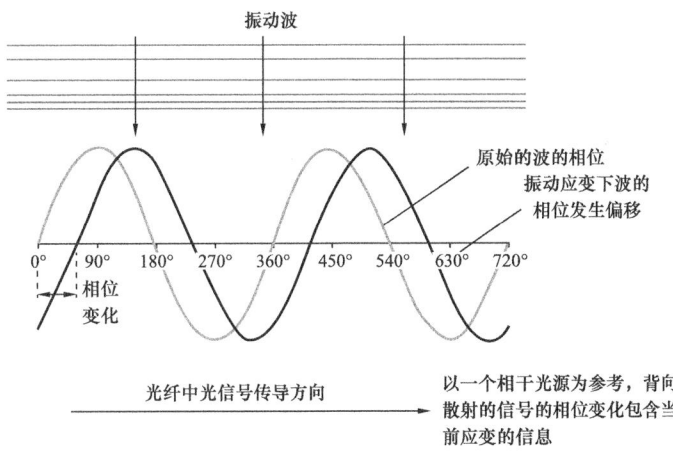

图 3.26　定位原理图

3.4.2.4 技术指标及特点

光纤振动预警系统有效监控距离可达 40km，主要技术指标见表 3.3。

3.4.2.5 光纤振动预警分析

由光纤振动测试原理可知，若没有外界因素对管道内光纤产生干扰，则系统发出的脉冲信号是连续的，探测器接收到的后向瑞利散射信号也是连续的，若出现挖掘、敲击及车辆经过时反馈的曲线，则出现连续或间歇的振动曲线，则可判断有外在因素对管道的地层发生振动的情况，并可由曲线的时域和距离判定敲击等振动出现的时间间隔及位置，由此

表 3.3　光纤振动预警系统主要技术指标

序号	指标	性能
1	监控距离	≥40km
2	告警精度	±10m
3	灵敏度	人工挖掘≤5m，机械挖掘≤25m（典型值）
4	响应时间	≤3s
5	漏报率	0
6	误报率	≤10%
7	事件并发	同时满足以上指标

对现场的检测进行预警，并通知相关人员现场查看和干预，有效地避免外界干扰对管道运行的进一步破坏。

3.4.3　次声波管道泄漏监测技术

石油天然气行业管道输送介质是目前油气集输的主要方式，而管道自身随着工况及自然环境的改变，随自身服役年限的增加，安全隐患渐渐凸显出来，一旦出现管道泄漏，将带来一系列不可估计的严重后果，造成巨大的经济损失甚至人员伤亡。管道泄漏将会发出低频噪声信号，采用次声波原理对管道泄漏情况进行检测，是当前成功应用的成熟的管道泄漏检测技术。管道发生泄漏的瞬间，管道内介质在管道压力作用下迅速涌向泄漏处，从泄漏点喷射而出，喷射出的介质与破损的管壁高速摩擦，在泄漏处形成振动，该振动在泄漏处以次声波的形式向管道两端传播。由于次声波频率较低、传播衰减小、传播距离远、信号不失真的特点，采用在泄漏点两侧安装传感器采集到信号，通过信号分析判定管道运行的安全状态及泄漏情况。

3.4.3.1　次声波泄漏监测原理

管道两端分别安装次声波传感器，当管道发生泄漏时，泄漏点压力降低、密度减小，在压差的作用下，泄漏点邻近的区域内介质会向泄漏点处流动，形成次声波，次声波沿着管道向首站和末站传播。泄漏点距离管道两端次声波传感器的距离不同，同一波形到达管道两端存在时间差。数字化仪器将传感器采集的数据进行处理后上传中心站，结合声速及时间差进行泄漏位置判定，通过客户端软件发布报警并提供泄漏位置的 GIS 地图定位。根据声波传播特性，高频声波信号在管道和流体里传播衰减速率快，迅速淹没到环境噪声中而无法有效监测，而频率较低的声波信号随着管道和介质传播到很远的距离。泄漏处振动信号以次声波的形式向管道两端传播，管道两端的次声波传感器捕获该信号，经主站系统计算泄漏信号到达相邻两个分站的时间差，准确计算泄漏位置。管道介质理想和工况理想情况下，次声波检测技术最长可监测 50km 管道。泄漏点位置定位原理如图 3.27 所示。

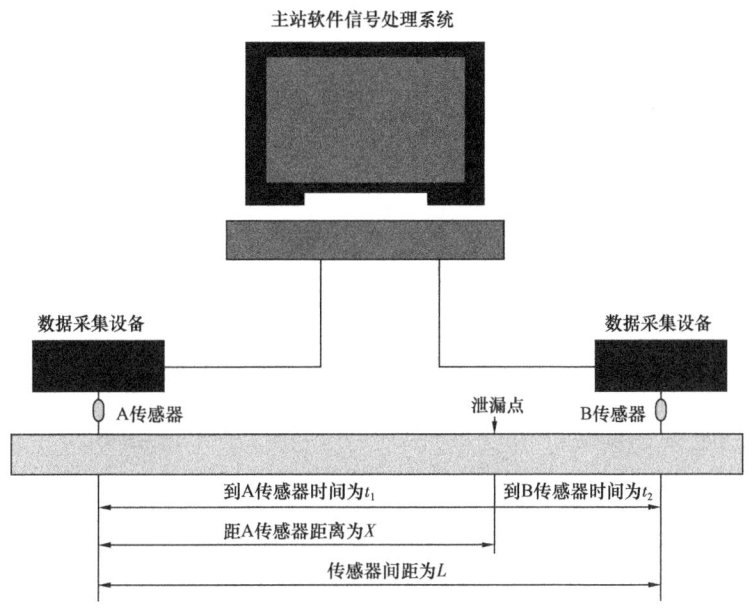

图 3.27　管道泄漏点定位原理图

设泄漏点离上游传感器 A 的距离为 X，L 为传感器 A 至传感器 B 之间的距离，t_1 和 t_2 分别是传感器 A 和 B 收到泄漏信号的时间，C 为次声波在天然气中的传播速度，则泄漏点计算公式为：

$$X = \frac{L + (t_1 - t_2)C}{2}$$

式中　X——泄漏点到传感器的距离，m；

　　　L——传感器布控距离，m；

　　　t_1，t_2——泄漏点的声波到达传感器的时间，s；

　　　C——声速，m/s。

3.4.3.2　次声波监测功能特点

（1）监测技术功能。

次声波管道泄漏监测系统（图 3.28）由主站主机、次声波泄漏监测软件、次声波传感器、数据采集处理设备及相关附件组成，并通过网络通信。该系统具有以下功能：接收/存储管道次声波数据，有效识别管道泄漏位置；分析接收的数据，声像图泄漏分析，管网实时监测；泄漏时自动弹出报警窗，显示泄漏位置及管线名称，并能通过声光、短信、App 等进行报警；系统对故障自动诊断、备份原始数据且支持历史数据回放；定时自检设备工作状态；信息储存在数据库，随时可以查询/筛选/打印；显示泄漏点坐标及泄漏点与首末站距离，用 GIS 地图直观精确提示泄漏点位置；外部端口与站控系统通信，数据与报警信号实时传输。

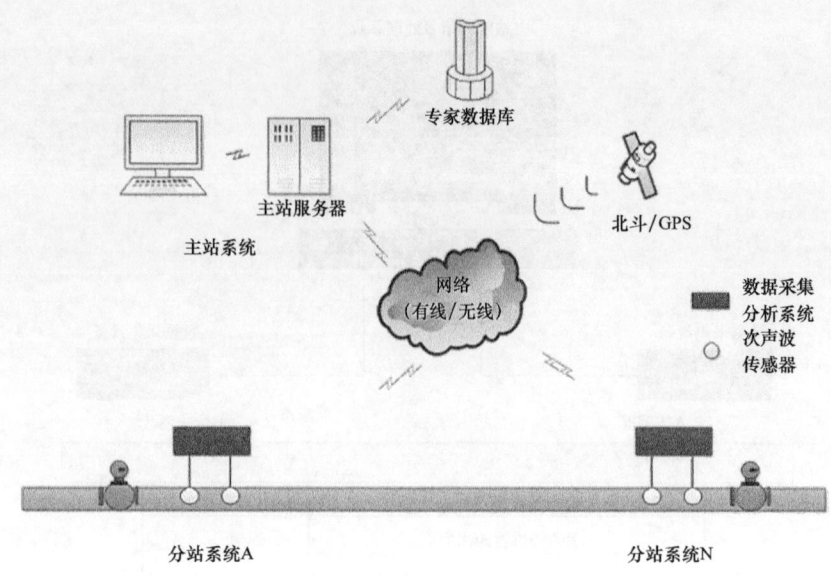

图 3.28 次声波管道泄漏监测系统图

(2) 监测技术特点。

① 次声波传感器连续高精度数据采集。正常运行过程中，管道内次声波信号的低频性能及灵敏度尤为重要，保证采集到的信号精准可靠。次声波传感器根据工况情况具有广泛的适应性，如针对液相介质的面向次声波传感器，针对气相介质（可含少量液相介质）的多向次声波传感器，针对固相介质的外贴式次声波传感器，如图 3.29 所示。

图 3.29 次声波传感器

② 数据采集处理系统。数据采集灵活方便，通过声场数据采集，可做到一条管线建立一套完备的动态声态模型，与专家数据库实时通信，保证数据精准。次声波检测目前基本可涵盖国内所有类型，包括天然气集输管道、长输管道等极复杂工况（多相介质、穿越架空、走向落差极大、河流冲刷埋藏等）管道的声学数据模型，广泛用于指导现场管道声学数据分析与后期系统自主学习。

a. 报警准确率。泄漏定位采用通过两端传感器采集到泄漏信号的时间差，计算泄漏位置准确，系统采用高精度的北斗/GPS 双模授时方式，校时精准，将系统定位误差控制在极小范围内，从而保障了泄漏定位的精准。

b. 清管器跟踪定位。次声波泄漏监测系统衍生清管器跟踪定位技术，次声波泄漏监测系统的管道上可实现清管器的跟踪和定位，精确反应清管器运行位置，以及精确发现卡堵定位，为下一步采取处理措施提供准确位置信息，以保障管道安全运行。

③ 泄漏问题分析。次声波管道泄漏监测系统能够第一时间发现管道突发性泄漏问题，并准确定位泄漏位置，为事后抢险赢得宝贵时间，监测预警效率高。可准确监测以下类型

的问题：

a. 监测管道遭外力破坏，可通过次声波检测出具体泄漏类型及位置。例如施工破坏、地质沉降、自然灾害、焊缝开裂，如图 3.30 所示。

b. 监测管道遭受人为凿孔造成的泄漏，以防遭受打孔偷盗，如图 3.31 所示。

c. 监测管道腐蚀穿孔（管道内腐蚀、管道外腐蚀），以免对管道运行造成更大损失，如图 3.32 所示。

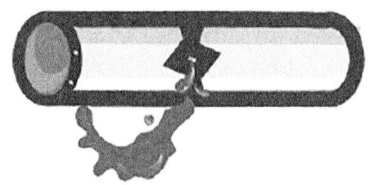

图 3.30　管道外力破坏

图 3.31　管道被凿孔

图 3.32　管道腐蚀穿孔

次声波管道泄漏监测系统的应用，可实现自动管道泄漏监测，减轻管道的巡查工作压力，减少盲目巡查工作量，提高科学管理水平，有效地对管道运行状态实施监控，降低人员劳动强度，提高劳动生产率。

3.5　天然气数据采集控制系统

现场自控仪表的 4～20mA 电流信号、自控阀门等开关量信号通过信号电缆传输至机柜间（控制室）端子柜，首先通过浪涌保护器对可能存在的电涌脉冲进行抑制、分流，再传输至隔离器进行信号隔离处理（模拟量信号），最后传输到 RTU 的 I/O 模块进行 A/D 转换，并由 CPU 进行运算等处理，实现数据及阀门状态采集，RTU 采集的数据可在控制室工控机、LCD 等上位系统进行监视、报警等。数据采集过程如图 3.33 所示。

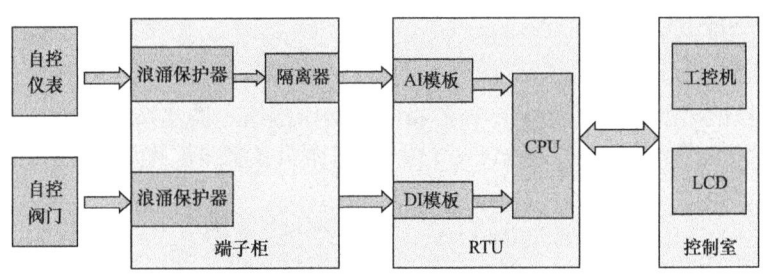

图 3.33　数据采集过程示意图

天然气生产现场下位系统主要安装在机柜间（控制室）的中间端子柜、RTU 机柜内，主要由开关电源、电源分配器、回路（保险）开关、RTU/PLC、信号隔离器、浪涌保护器

（控制室端）、接线端子、继电器、物联网网关、HART 数据采集器、WiFi 网关等设备组成。下位系统是上位系统与现场自控设备之间的重要枢纽，是实现天然气生产数据实时采集、远程控制、安全联锁保护的重要系统。

3.5.1 RTU/PLC

3.5.1.1 RTU/PLC 作用及组成

RTU/PLC 是实现天然气生产过程数据实时采集、远程控制、安全联锁保护的最底层媒介。通常由信号 AI 模块、AO 模块、DI 模块、DO 模块、微处理器 CPU、有线/无线通信模块、电源模块及机架等组成。

3.5.1.2 RTU 与 PLC 的区别

RTU 英文全称 Remote Terminal Unit，中文全称远程终端控制单元。RTU 通常要具有优良的通信能力和更大的存储容量，适用于恶劣的温度和湿度环境，提供更多的符合专有标准的计算功能，稳定性较强，但运算能力、速率相对 PLC 而言稍弱，它更适用于恶劣的现场环境，主要用于单井站、阀室等环境较为恶劣的生产现场。图 3.34 和图 3.35 所示为 MOTOROLA RTU 外观和其 CPU 接口。

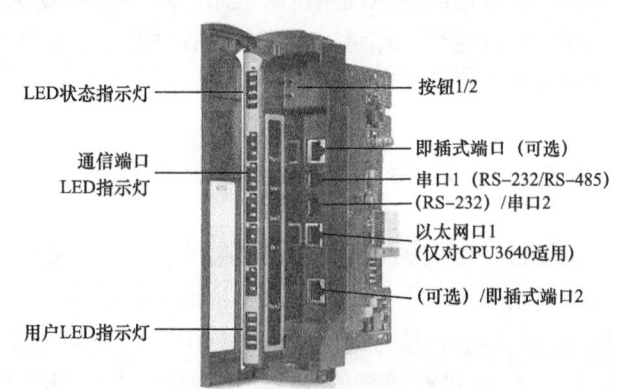

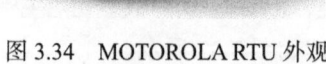

图 3.34　MOTOROLA RTU 外观　　　　图 3.35　MOTOROLA RTU CPU 接口

PLC 英文全称 Programmable Logic Controller（图 3.36），中文全称可编程逻辑控制器。PLC 对温度和湿度等环境要求更高，其运算能力、数据处理能力比 RTU 而更强，它更适用于对运算处理能力要求较强的地方，主要用于增压机组、脱水装置等的生产现场。

随着电子技术的飞速发展，RTU 和 PLC 的差别越来越小，在气矿生产现场大多数场合下，两者均可使用。

3.5.2 信号隔离器

3.5.2.1 信号隔离器原理

隔离器就是破坏干扰途径、切断干扰耦合通道，从而达到抑制干扰的一种技术措施。

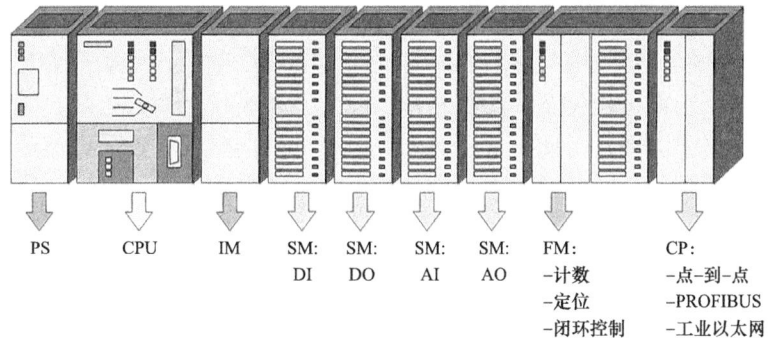

图 3.36 西门子 PLC 结构图

PS—电源模块；CPU—中央处理器；IM—接口模块；SM: DI—数字信号输入模块；SM: DO—数字信号输出模块；SM: AI—模拟信号输入模块；SM: AO—模拟信号输出模块；FM—功能模块；CP—通信模块；PROFIBUS—以太网通信

信号隔离器将现场压力、温度和液位等变送器或仪表输出信号，通过半导体器件调制变换，再通过光感或磁感器件进行隔离转换，然后进行解调变换回隔离前原信号，同时对隔离后信号的供电电源进行隔离处理。保证变换后的信号、电源、地之间绝对独立。其作用原理如图 3.37 所示。

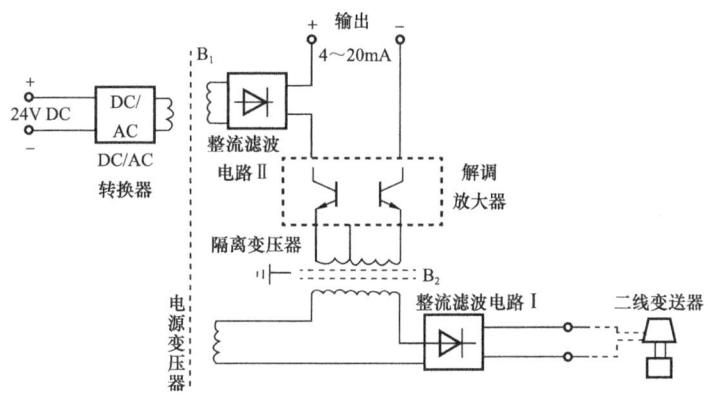

图 3.37 信号隔离器作用原理图

3.5.2.2 信号隔离器作用

隔离器除主要的隔离抗干扰作用外，还具备信号变换（如将温度 RTD 传感器信号转换为标准信号），配电（向现场两线制变送器或三线制变送器提供工作电源），信号分配（输出两路或多路信号，实现多路信号采集），以及信号分离（将 HART 信号和 4～20mA 信号分开）等功能。

3.5.3 浪涌保护器

3.5.3.1 浪涌保护器原理

浪涌保护器，又称电涌保护器（Surge Protection Device，SPD）。电涌保护器是指用于限制瞬态过电压和泄放浪涌电流的装置，它至少应包含一个非线性元件。电涌保护器并联在被保护设备两端，通过泄放浪涌电流限制浪涌电压来保护电子设备。泄放雷电流、限制浪涌电压这两个作用都是由其非线性元件（一个非线性电阻，或是一个开关元件）完成的。在被保护电路正常工作瞬态浪涌未到来以前此元件呈现极高的电阻，对被保护电路没有影响；而当瞬态浪涌到来时此元件迅速转变为很低的电阻，将浪涌电流旁路，并将被保护设备两端的电压限制在较低的水平。到浪涌结束，该非线性元件又迅速自动地恢复为极高电阻。如果这个动作与恢复的过程能迅速而顺利地完成，被保护设备和电路就不会遭受雷电或操作浪涌的危害，其工作也不会中断。浪涌保护器由火花电压泄放部件、电压箝位部件和抗阻三大部分所组成，如图3.38所示，浪涌保护器保护示意图如图3.39所示。

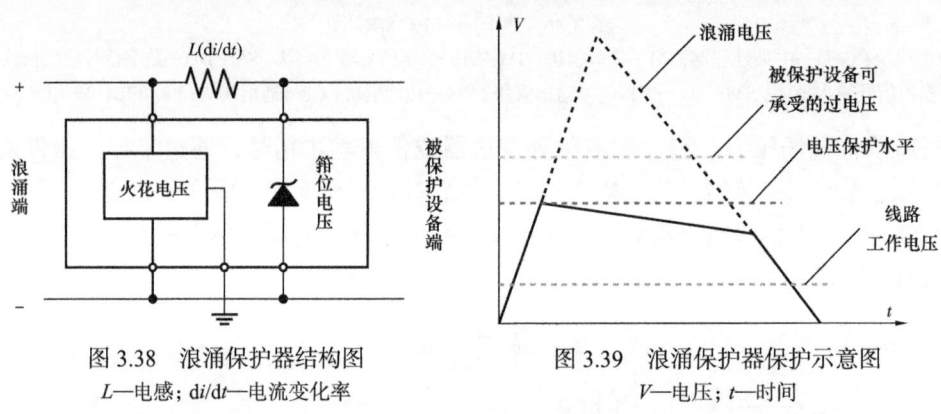

图3.38　浪涌保护器结构图　　　　图3.39　浪涌保护器保护示意图
L—电感；di/dt—电流变化率　　　　V—电压；t—时间

3.5.3.2　浪涌保护器作用

浪涌保护器作为一种安装在电源、控制信号或通信网络线路上的设备，当雷击发生时，它能够有效地泄放过高的浪涌电流，限制过高的浪涌电压，保护生产设施免遭雷击损坏。安装在线路中的浪涌保护器不会对原有信号产生影响，浪涌保护器动作时仅吸收浪涌，而对信号不会造成干扰；当浪涌保护器泄放单元失效后，泄放单元将自动从线路上断开而不影响线路信号。

3.5.4　站控系统

站控系统主要由工控机（服务器）站控组态软件构成。工控机（服务器）是站控系统最基础的显示媒介，组态软件是实现数据采集、工业控制、物联网设备管理实现的工具。

3.5.4.1　工控机

（1）工控机的定义。

工控机（Industrial Personal Computer，IPC）即工业控制计算机（图3.40），是一种采用总线结构，对生产过程及机电设备、工艺装备进行检测与控制的工具总称。工控机具有重要的计算机属性和特征，如具有计算机主板、中央处理器、硬盘、内存、外设及接口，并有操作系统、控制网络和协议、计算能力及友好的人机界面，为各行业提供稳定、可靠、嵌入式、智能化的工业控制基础。

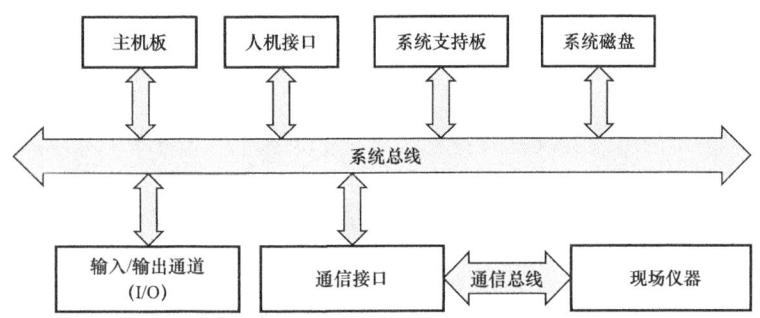

图 3.40 工控机系统结构图

（2）工控机的组成。

① 外部构成。工控机的机箱一般采用对称设计，并用较厚钢板构成。机箱外壳上分布有散热孔，并配有可更换的滤网，使工控机能在高温/低温、冲击、振动、电磁干扰、潮湿和粉尘等环境下连续运行。

② 内部构成。工控机的内部具有重要计算机的组件，如无源底板、工业电源、CPU、主板、内存、硬盘、显卡、风扇等。

a. 无源底板。工控机无源底板插槽由 ISA 和 PCI 总线的多个插槽组成，为各种板块包括主板卡、显卡、声卡、网卡等提供电源。该板有 4 层结构，中间两层分别为地层和电源层，可以减少外界的干扰。

b. 主板。工控机主板包含 IDE、FDD、VGA、RJ45、USB、PS2、CPU 和内存等的插槽接口，接口广泛，性能好，易更换，专为在恶劣环境中长时间运行而设计。

c. 工业电源。工控机一般使用 ATX 电源，自身带有开关和电源接口，支持冗余电源，平均故障间隔时间 MTBF（Mean Time Between Failure）可达到 250000h，为工业生产提供了可靠的条件。

d. 中央处理器。中央处理器即 CPU（Central Processing Unit），是工控机的运算和控制核心，是信息处理、程序运行的最终执行单元。其功能主要是读取计算机指令，对指令译码并执行指令。中央处理器主要包括两个部分，即控制器、运算器，其中还包括高速缓冲存储器及实现它们之间联系的数据和控制的总线。

e. 内存。内存是工控机重要部件之一，它是与 CPU 进行沟通的桥梁。其作用是用于暂时存放 CPU 中的运算数据，以及与硬盘等外部存储器交换的数据。只要计算机在运行中，CPU 就会把需要运算的数据调到内存中进行运算，当运算完成后 CPU 再将结果传送出来，内存的运行也决定了计算机的稳定运行，内存的频率越高，运行速度也就越快。内存是由内存芯片、电路板、金手指等部分组成的。

f. 硬盘。硬盘是工控机最主要的存储设备，分为机械硬盘和固态硬盘。机械硬盘由盘片、磁头、盘片转轴、控制电机等部件组成，上电后硬盘内的盘片以每分钟几千至上万转的速度旋转，磁头可沿盘片的半径方向运动，定位在盘片的指定位置上进行数据的读写操作。机械硬盘具有容量大、性价比高等优点；固态硬盘是用固态电子存储芯片阵列制成的硬盘，通过在存储单元晶体管的栅中注入不同数量的电子，改变栅的导电性能，从而改变晶体管的导通效果，实现对数据的储存。固态硬盘具有防震抗摔、读写速度快等优点。

3.5.4.2 组态软件

天然气行业采用的组态软件品牌众多，常用的有国产三维力控、组态王等，进口的有INTOUCH、IFIX等。现场仪器仪表采集数据、阀门等数据通过RTU采集后以有线、无线等通信网络传输至管理中心，通过组态软件实现数据集中监视、报警、远控、物联设备信息集中管理等功能。主要有以下功能：

（1）支持对RTU/PLC的带时标的数据轮询，具备对时标数据的有效存储。

（2）操作人员通过SCADA系统可了解与RTU/PLC的通信状态，何时正常以及何时故障。

（3）对于历史数据，站控SCADA系统支持与中控SCADA系统间数据同步及数据补传功能，以保证报表管理的有效性。

（4）显示动态工艺流程。

（5）显示实时趋势曲线和历史曲线。

（6）Excel形式报表管理查询系统可对年报、月报和日报加以查询、打印等。

（7）报警支持检索、分类检索、事件等查询以及相关用户定制等功能。

（8）相关控制命令参数下发记录与诊断功能，操作人员可掌握RTU/PLC未正确执行命令的相关报警功能。

（9）RTU/PLC的通信状态与对RTU/PLC下发命令的关联功能，当RTU/PLC的通信失败时，SCADA系统不能向RTU/PLC下发控制命令。

（10）SCADA系统支持对现场采集数据的总浏览、分类浏览（按数据类型如压力、流量、温度等及用户定义等）、按特定条件浏览等功能。

（11）SCADA系统支持对现场数据的统计功能，如一定时间内的最大值、最小值、平均值等。

（12）与SCS之间的控制权切换功能、异常紧急情况下的控制权抢夺功能。

（13）提供与控制中心的通信接口，以便将所有的站场数据、状态及报警信息上传。

（14）流量计量功能。

3.6 天然气物联网感知技术

天然气生产物联网系统在传统自控数据感知回路中串接HART数据采集器，一方面，4~20mA信号通过HART数据采集器电路硬通道继续传输到RTU；另一方面，通过HART数据采集器采集现场智能变送器等设备HART信号并通过网络方式传输至物联网网关，由物联网网关将采集的智能设备的物联信息经过安全隔离后传输至WiFi网关，由经过接入许可认证的手持终端，实现现场数据数据实时展示、智能分析等，物联信息采集过程如图3.41所示。

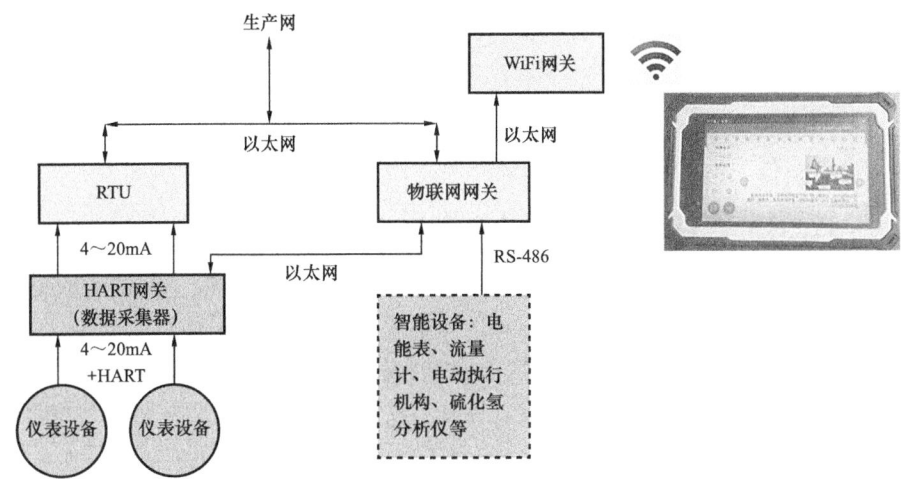

图 3.41 物联信息采集示意图

物联设备信息数据包括设备运行动态数据及设备静态数据。设备运行动态数据包括：压力、温度、阀门开度、电机运转信号、设备状态信息、故障信息等；静态数据包括：设备类型、设备名称、设备 ID、生产厂家、电池更换日期、投用日期维（报）修记录等。动态数据在中心站站控系统中实时采集展示，需要读取静态数据，可以通过站控系统物联网软件调取。

物联网数据感知以自动采集为主，全面采用现场总线等数字化采集方式，充分利用已建两线制仪表和传输电缆，基于传统 4～20mA 模拟信号回路开展数据采集。数据总线主要分为两类：

（1）HART 现场总线。支持 HART 现场仪表、阀门等设备的双向通信功能，支持 HART 设备数据读写功能，具备仪表状态等各类属性数据感知和设备检查、诊断和调校功能，主要包括：门限设定、零位设定、输出电流设定、标签设定、设备描述设定、设备自检、设备重启。

（2）Modbus 数据总线。相对复杂的智能设备大多支持 Modbus 通信接口，例如：电动执行机构、可燃/有毒气体探测仪、流量计（天信仪表集团有限公司、苍南仪表集团有限公司）、成套设备控制盘（如增压、脱水、软启动、供配电、UPS、UPD 等）。物联网系统均应支持这些设备物联数据感知要求。

重庆气矿物联网系统目前主要读取的是现场具有 HART 通信协议的智能压力变送器、温度变送器、液位变送器、气体检测仪、UPS、物联网数据服务（TDS）、智能电表等设备 HART 信号。随着现场智能设备的推广实施，将会有更多设备信息接入物联网系统。HART 数据采集器是一种对现场智能仪表 HART 信号进行读取、传输的数据采集器。HART 数据采集器一方面将现场 4～20mA 信号通过 HART 数据采集器电路硬通道继续传输到 RTU，另一方面将 HART 设备的 HART 信息采集以后通过 TCP/IP 模式传送到物联网网关。HART 数据采集器支持全部通用 HART 命令，具备自动扫描 HART 设备功能，并根据扫描结果自动识别 HART 命令，并自动匹配到正确通道，实现透明转发。HART 数据采集器支持与外部 HART 设备 8 通道并行通信的功能。能高效地读取现场 HART 智能设备传过来的 HART 信号，不影响 4~20mA 的模拟信号，对原 RTU 系统不产生任何影响；因 HART 采集器 4~20mA 信号直接通过电路硬通道连接，正常工作时及该设备停电时均不影响原信息化采集回路 4~20mA 信号传输，不影响原 SCADA 系统数据采集及控制。

3.6.1 HART 数据采集器原理及作用

HART 数据采集器是一种对现场智能仪表 HART 信号进行读取、传输的数据采集器。HART 数据采集器一方面将现场 4~20mA 信号通过 HART 数据采集器电路硬通道继续传输到 RTU，另一方面将 HART 设备的 HART 信息采集以后通过 TCP/IP 模式传送到物联网网关。HART 采集器支持全部通用 HART 命令，具备自动扫描 HART 设备功能，并根据扫描结果自动识别 HART 命令，并自动匹配到正确通道，实现透明转发。

HART 数据采集器支持与外部 HART 设备 32 通道并行通信的功能。能高效地读取现场 HART 智能设备传过来的 HART 信号，不影响 4~20mA 的模拟信号，对原 RTU 系统不产生任何影响；因 HART 采集器 4~20mA 信号直接通过电路硬通道连接，正常工作时及该设备停电时均不影响原信息化采集回路 4~20mA 信号传输，不影响原 SCADA 系统数据采集及控制。

3.6.2 物联网网关

物联网安全网关是基于 Linux 操作系统的低功耗物联网核心数据处理设备。数据采集器所采集的 HART-IP 信号通过以太网传输至物联网网关处理，从而提供给手持终端读取，同时，物联网网关集成有 RS-485 端口，可读取具有 RS-485 通信接口的智能设备数据，例如智能电表、TDS 流量计等。物联网网关采用嵌入式 Linux 操作系统、集成 2 个独立（隔离）的以太网口，内置网络防火墙，实现生产网的与 WiFi 网关安全隔离。

3.6.3 工业 WiFi 网关

WiFi 网关安装于生产网内，用于将物联网网关采集的数据通过无线 WiFi 的方式传输给手持终端。WiFi 网关安装有一个启动按钮开关，站场员工巡检时手动按下开关方才启动 WiFi 功能，巡检结束或一段时间无设备连接时自动断开 WiFi；WiFi 网关具有 MAC 地址过滤功能，需要在配置模式下预先设置接入手持终端的 MAC 地址，手持终端方能连接 WiFi；WiFi 网关同时只允许一个设备接入等。通过以上技术手段，保障信息安全。

第 4 章 物联网传输技术与实践

我国天然气田通常处于复杂的地理环境，具有气井分布广、数据传输量大、实时性要求高、现场干扰多等特点。在天然气生产管理中，数据的实时、可靠传输是保证系统正常运行的重要因素，因此对数据传输网络的选择是至关重要的。为了适应气田的地理特点和满足系统要求，多种先进的物联网数据传输技术被采用。

4.1 数据传输相关技术

4.1.1 PWE3 技术

PWE3（Pseudo Wire Edge to Edge Emulation，端到端的伪线仿真）是一种端到端的二层业务承载技术[1]。

PW 是一种通过分组交换网（PSN）把一个承载业务的关键要素从一个提供商边缘（PE）运载到另一个或多个提供商边缘（PEs）的机制。通过 PSN 网络上的一个隧道（IP/L2TP/MPLS）对多种业务（ATM、FR、HDLC、PPP、TDM、Ethernet）进行仿真❶，PSN 可以传输多种业务的数据净荷[2]。

PWE3 业务网络的基本传输构件包括：

（1）接入链路（Attachment Circuit，AC）；
（2）伪线（Pseudo Wire，PW）；
（3）转发器（Forwarders）；
（4）隧道（Tunnels）；
（5）封装（Encapsulation）；
（6）PW 信令协议（Pseudo Wire Signaling）；
（7）服务质量（Quality of Service）。

4.1.2 QoS 技术

QoS（Quality of Service，服务质量）技术包含了关于时延、带宽和抖动等各个方面的内容，而不同的业务对于 QoS 的要求也会有所不同，根据不同的业务需求，对于 QoS 当中的不同指标提出不一样的要求。例如对于电信网、计算机网和有线电视网三网合一后的

---

❶ IP—互联网协议；L2TP—第二层隧道协议；MPLS—多协议标记交换；ATM—异步传输模式；FR—帧中继；HDLC—高级数据链路协议；PPP—点对点协议；TDM—时分复用；Ethernet—以太网。

视频和语音的数据,对相关指标要求也非常严格[3]。这就要求网络能够提供相应的 QoS 保证,来保证质量的交付这些应用。

QoS 技术必须在以下方面提供质量保证:
(1) 对于 IP 网络当中的拥塞提供拥塞管理;
(2) 降低传送过程中的丢包率;
(3) 对于网络中的 IP 流量进行控制;
(4) 如果网络当中有特定的业务或者用户,可以为其提供专用的带宽;
(5) 提供实时业务支持。

从本质上说,QoS 其实是对于业务质量的一种技术化描述,通常情况下,使用以下的几个指标来对 QoS 进行描述。

4.1.2.1 可用带宽

所谓可用带宽,实质上是指在网络当中的两个节点。在处理特定业务时,业务流在两个节点间传送的平均速率,一般使用可用带宽对用户的业务数据获取能力进行衡量,对于所有的实时业务而言,带宽是对于业务质量保证中不可或缺的因素。例如视频服务当中,一旦带宽小于视频编码速率,那么就无法对于图像的质量提供有效的保障。

4.1.2.2 时延

当一个数据包在网络的两个节点之间进行传送时,数据包会有一个两节点之间的平均往返时间,这个往返时间就被称为时延[3]。对于实时业务而言,时延过大会造成巨大的影响,例如 IP 电话(VoIP)业务,如果时延很大的话,通话质量将不能接受。

4.1.2.3 丢包率

丢包率是一个用来衡量网络转发能力的指标,通常是指网络在报文传送的过程中发生丢包的百分比。对于不同的业务,对于丢包率能够容许的程度不尽相同。

4.1.2.4 抖动

抖动是用来衡量时延变化的指标。对于数据业务而言,对于时延抖动并不敏感,但对于视频语音等 IP 多业务而言,时延抖动的影响很大。例如在语音业务中,小小的时延抖动都会引起通话质量的下降。

4.1.2.5 误码率

误码率是指在报文网络传输过程中出现错误的百分比,这个指标一般对于加密业务的影响较大[4]。

除上面提到的指标之外,QoS 还有一些其他的用于衡量业务质量的指标,例如网络可用性等。通常情况下,对于一个业务的服务质量的衡量和保障不仅仅包括上面所提到的指标,服务质量还会与链路质量,终端性能等有密切的关系,而这些都会影响到用户对于业务的使用。因此,网络系统具有良好的 QoS 保障,业务系统也要能够提供完备的质量保障,两者结合才能够真正意义上实现对于业务质量的保证。

4.1.3 MPLS-TP 技术

4.1.3.1 MPLS-TP 定义

MPLS-TP[5]是国际电信联盟（ITU-T）标准化的一种分组传送网（PTN）技术，多协议标记交换（MPLS）在传送网中的应用，它对 MPLS 数据转发面的某些复杂功能进行了简化，去掉了基于 IP 的无连接转发特性，并增加了传送风格的面向连接的操作管理和维护（OAM）和保护恢复的功能，并将自动交换光网络（ASON）/通用多协议标签交换（GMPLS）作为其控制平面[6]。

MPLS-TP 网络中数据的转发是首先建立 PE1-PE2 的 MPLS-TP 双层标签转发路径（LSP），其中需要经过 P 节点，包括通道层和通路层两层，其中通道层对于与客户信号特征进行仿真，并且对连接特征进行指示，通路层指示分组转发的隧道，对于双层标签转发路径的建立可以使用网络管理系统或者动态的控制平面（ASON/GMPLS），MPLS-TP LSP 可以承载在以太网物理层中，也可以在同步数字系列（SDH）虚通道组（VCG）中，还可以承载在密集波分复用（DWDM）/光过渡节点（OTN）的波长通道上[7]。下面以图 4.1 为例，说明分组业务在 MPLS-TP 网络中的转发。

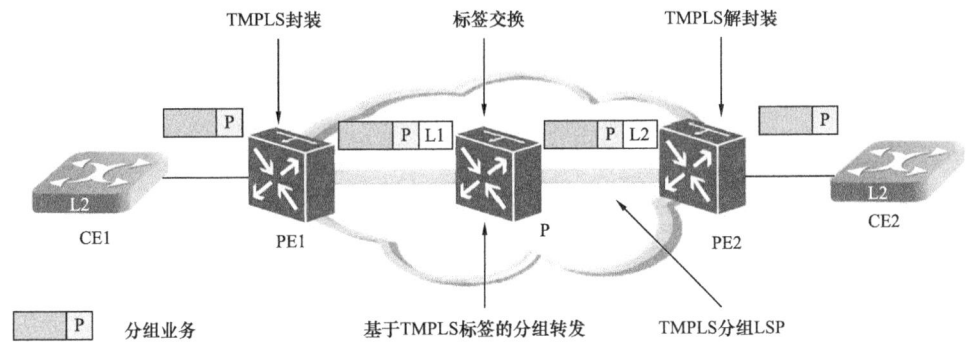

图 4.1 分组在 MPLS-TP 网络中的转发[8]

TMPLS—面向连接的多协议标签转换；CE—用户边缘设备；PE—服务商边缘设备；P—报文；L—标签；LSP—标签交换路径

MPLS-TP 和 MPLS 的差在于 MPLS-TP 作为 MPLS 的一个子集，为了支持面向连接的端到端的 OAM 模型，排除了 MPLS 很多无连接的特性[9]。MPLS-TP 和 MPLS 相比，它们的差别见表 4.1。

MPLS-TP 和 MPLS 的关系如图 4.2 所示。

4.1.3.2 MPLS-TP 网络结构

MPLS-TP 作为面向连接的传送网技术，也满足 ITU-T G.805 定义的分层结构，MPLS-TP 层网络可以分为[11]：

（1）媒质层；

（2）段层；

（3）通路层（通道层）；

（4）通道层（电路层）。

表 4.1 MPLS-TP 和 MPLS 的差别

采用集中的网络管理配置或 ASON/GMPLS 控制面[10]	采用 IETF 定义的 MPLS 控制信令，包括 RSVP/LDP 和 OSPF 等[10]
使用双向的 LSP，提供双向的连接	使用单向 LSP[10]
不支持倒数第二跳弹出（PHP）[10]	支持倒数第二跳弹出（PHP）[10]
不支持 LSP 的聚合	支持 LSP 的聚合
支持端到端的 OAM 机制	OAM 机制为 IETF 定义的 VCCV 和 Ping 等
支持端到端的保护倒换，支持线性保护倒换和环网保护	支持本地保护技术 FRR

注：ASON—自动交换光网络；GMPLS—通用多协议标签交换；LSP—标签交换路径；PHP—一次末弹出机制；OAM—操作管理和维护；IETF—互联网工程任务组；MPLS—多协议标记交换；RSVP—资源预留协议；LDP—资源预留协议；OSPF—开放式最短路径优先（协议）；VCCV—虚电路连接验证；Ping—因特网包探索命令；FRR—本地保护技术。

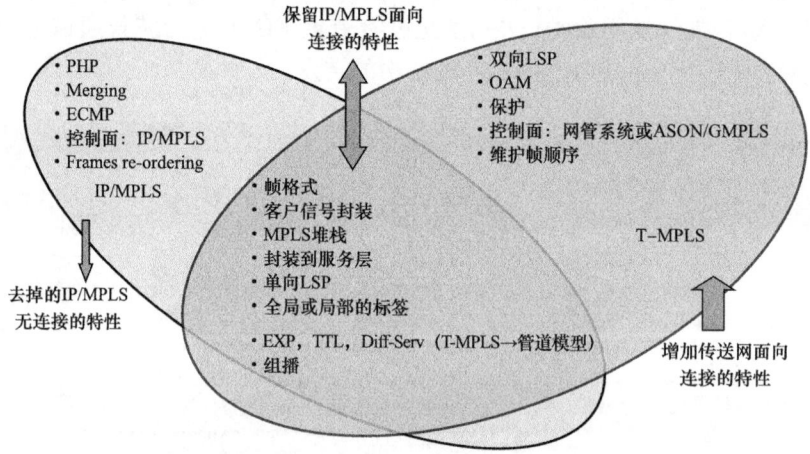

图 4.2 MPLS 和 MPLS-TP 的关系示意图[10]

PHP—一次末弹出机制；Merging—标签合并；ECMP—等价多路径；IP/MPLS—互联网协议/多协议标记交换；Frames re-ordering—帧重排序；LSP—标签交换路径；OAM—操作管理和维护；ASON—自动交换光网络；GMPLS—通用多协议标签交换；T-MPLS—面向连接的多协议标签转换；EXP—利用系统漏洞攻击；TTL—生存时间；Diff-Serv—区分服务

MPLS-TP 网络的垂直分层结构[11]如图 4.3 所示。

4.1.4 PTN 技术

4.1.4.1 PTN 的定义

分组传送网（PTN）是一种传送分组信息的网络架构和具体的实现技术[12]：

（1）针对分组业务自身的流量突发特性，在 IP 业务层和底层的光传输媒质之间增加一层，也借此满足统计复用的传送要求。

（2）为达到业务承载目标，信息传送都是以分组形式实现。

（3）总体使用成本（TCO）较低。

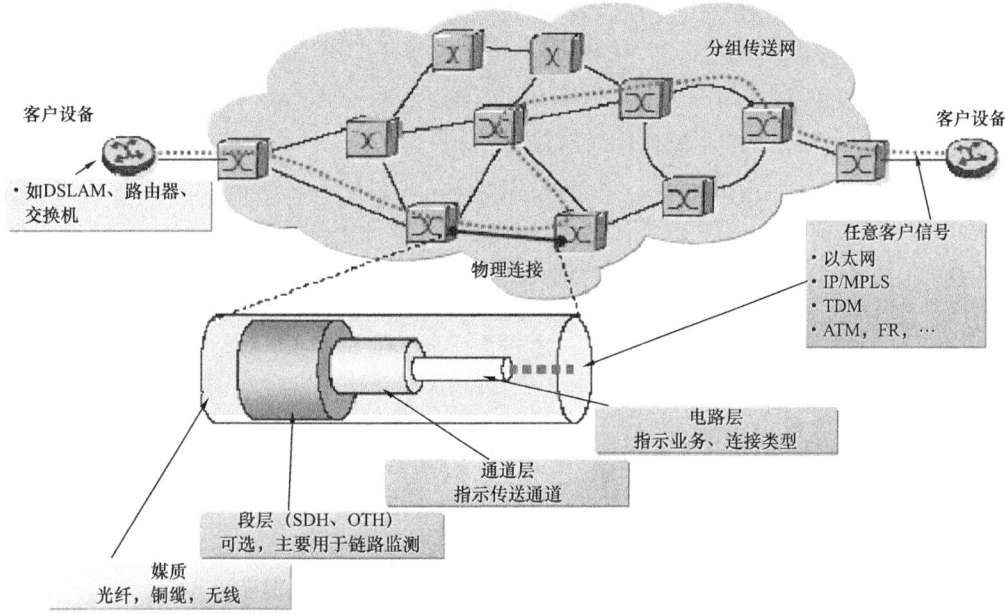

图 4.3　MPLS-TP 网络的垂直分层结构

IP—互联网协议；MPLS—多协议标记交换；TDM—时分复用；ATM—异步传输模式；FR—帧中继；
SDH—同步数字系列；OTN—光过渡节点；OAM—操作管理和维护；DSLAM—数字用户线接入复用器

（4）光传输的传统优势得以延续下来，这些优势包括：
① 可用性和可靠性较高；
② 具备带宽管理、流量工程机制；
③ OAM、网管功能丰富；
④ 扩展性强；
⑤ 安全性较高。

4.1.4.2　PTN 的发展背景

目前移动业务发展比较迅速，宽带需求不断增长、无线业务正在向 IP 业务演化、商业客户的虚拟自有网络业务发展等，这些变化对承载网的要求越来越高[13]，不管是在带宽、成本还是质量方面，都需要进行极大的改进。传统的 SDH 网络是基于电路交叉技术的网络，它的成本很高，带宽的利用率也比较低，不能灵活分配带宽，浪费现象严重，运营商需要大量的资金去建设维护网络，但是占用大量带宽的业务并没有收到更高的收益。然而传统的 IP 网络和产品具有非连接的特性，不能保证重要业务的传送质量，因此已经不再适合电信级别的业务承载[14]。现有的传送网的弊端总结为以下几条：

（1）使用 TDM（Time Division Multiplex，分时复用）的业务的范围正随着时间推移逐步减小。

（2）由于需要处理的数据业务量的直线上升，基于 MSTP（Multi-Service Transport Platform，多业务传送平台）的设备已经无法提供满足业务所要求的数据交换能力[15]。

（3）基于 MSTP 的设备一般采用刚性传送管道，无法适应分组业务的突发特性，同时刚性传输管道的承载效率伴随着突发性增高而降低。

（4）目前的科技发展和社会需求对于业务电信级提出了更高的要求，要求网络可以提供质量保证服务和时钟同步性，具备良好的可拓展性、可靠性以及OAM，这都是传统的以太网、ATM以及MPLS技术的网络无法满足的。

基于以上原因，运营商急需一种新的IP传送网，这种新的IP传送网一方面可以将传统的语音业务和电信级业务有机融合，另一方面具有更好的OPEX（Operating Expenditure，经营性支出）和CAPEX（Capital Expenditure，资本性支出）性能，以此来构建更符合现代社会需求的智能化的、可持续发展的电信级网络。

4.1.4.3 分组传送网（PTN）的起源

目前，电信业务逐步向IP化转变，在这一转变的推动之下，传送网所需要承载传送的业务也从原本的以TDM为主转向以IP为主，这些业务中既包含传统服务中的固网数据，也包含了近些年快速崛起的3G/4G服务业务。然而目前电信业务中的传送网则是由SDH/MSTP、以太网交换机、路由器等多个网络构成，其中不同的网络负责承载不同的业务[16]，不同的网络分开进行维护，这与目前电信业务的发展需求并不相符，这样的传送网无法完成多业务统一承载，并且运营维护成本很高。综上所述，为了进一步适应电信业务IP化的转变，传送网必须能够提供高效灵活，易于维护，成本低廉的业务承载，以此来满足全业务统一承载传送和网络融合的发展需求，分组传送平台（PTN）由此出现[17]。

目前最为典型的PTN技术为MPLS-TP（Multi-Protocol Label Switching-Transport Profile，多协议标签交换传输配置文件），MPLS-TP融合了IP/MPLS或以太网承载技术和传送网技术，展现出了以下的特性：

（1）MPLS-TP是一种面向连接的分组交换网络技术。

（2）高效灵活。

（3）具有以下5个基本特性：

①业务标准化；

②严格的QoS；

③可靠性；

④运营级别的OAM；

⑤可扩展性。

4.1.4.4 PTN网络的特点

通过将以太网承载技术、IP/MPLS和传送网技术相互融合可以构建出一个PTN网络，作为上述三种技术的结合产物，PTN展现出了面向连接的传送特点，提供了更加适合于IP业务特性的"柔性"传输管道，可以广泛地应用于电信级业务的各个领域，例如无线回传网络、L2 VPN、以太网专线、网络电视等[18]。

一般来说，一个PTN网络具有以下特点：

（1）PTN采用了全IP分组内核。

（2）PTN继承了SDH技术操作，采用端到端连接，传送过程具有高性能、高可靠、易部署、易维护的特点，同时具有极其优异的网络管理能力[19]。

（3）PTN 融合了 IP/MPLS 技术，在提供灵活性的同时，保证了网络高带宽、高性能、可扩展、可统计复用的特点。

（4）PTN 的体系架构具有层次性，各个层次之间通过标准接口进行交互，这使 PTN 具备了良好的可扩展性，适用于大规模的组网。

（5）PTN 使用 PWE3 技术来对多业务承载进行仿真适配。

（6）PTN 网络使用了优化的面向连接服务，通过这种服务有效地增强了以太网以及 IP/MPLS 传送效率[20]。

（7）PTN 网络提供了符合 IP 流量特征的传送层服务，对于网络当中 L3（三层）/L2（二层）乃至 L1（一层）用户而言，都能够享受这种传送服务，因此，PTN 网络可以构建在以太网物理层或者光网络之上。

（8）PTN 网络拥有电信级的 OAM 能力，可以为多层次的 OAM 及其嵌套提供有效的支持[21]，并且对于业务而言具备性能及故障管理能力。

（9）PTN 网络具备完善的服务质量保障体系，结合了 ATM、IP 以及 SDH 技术当中对于 QoS 的支持技术，包含了服务优先级划分、时钟同步、保证带宽等；以此为 IP 业务的传送提供有效的 QoS 保障。

目前 PTN 技术大多使用于城域的汇聚接入层，因此对于该技术在网络当中的定位必须能够有效地解决以下的需求：

（1）完善的 QoS。

由于网络需要承载多业务，其中带宽数据业务峰值流量极大并且具有很强的突发性特征，而 TDM/ATM 和高等级数据业务需要低时延、低抖动和高带宽保证，用于网络的技术应该具备良好完善的 QoS 能力，例如，有效的拥塞控制机制、完善的优先级调度原则、带宽控制和管理等。

（2）电信级可靠性。

对于城域业务而言，网络可靠性是十分重要的，因此要求网络能够提供可靠的、面向连接的电信级承载，同时保证端到端的 OAM 能力和网络保护能力[22]。

（3）低成本控制。

目前在我国大中型城市，现存的传送网络往往会有数以千计的业务接入点和数以百计的业务汇聚节点，这意味着网络必须提供低成本控制，并且能够统一管理[23]。

4.1.4.5 PTN 的组网应用

PTN 网络的应用领域主要分为两部分：一部分是城域接入汇聚，另一部分是核心网的高速转发。

移动 BACKHAUL 回程线路业务承载。PTN 针对移动 2G/3G/4G 业务，提供丰富的业务接口 TDM/ATM/IMA E1/STMn/POS/FE/GE，通过 PWE3 伪线仿真承载 TDM、ATM 和 Ethernet 业务，并将业务传送至移动核心网一侧，如图 4.4 所示。

PTN 在核心网高速转发的应用如图 4.5 所示。

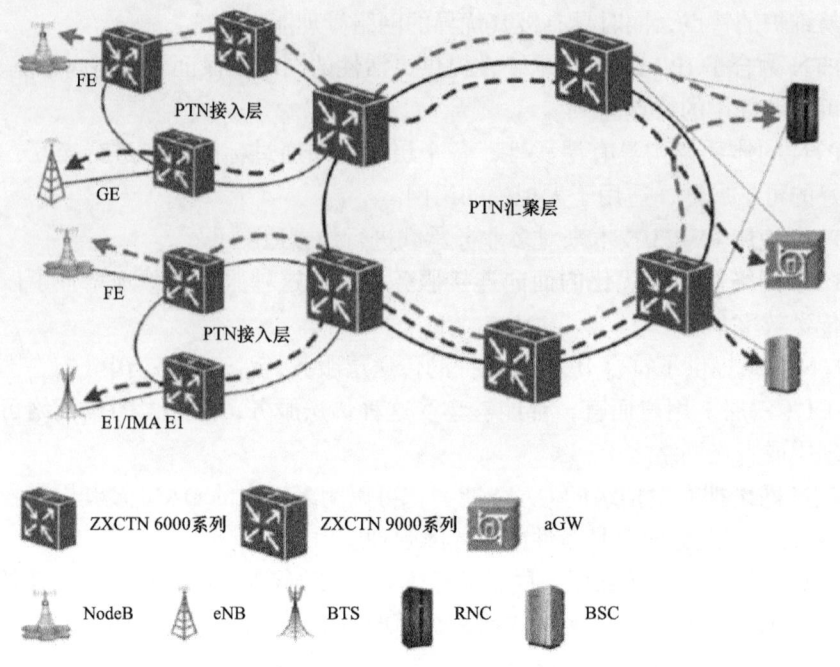

图 4.4 PTN 移动 BACKHAUL 应用示意图[17]

PTN—分组传送网；E1—欧洲的 30 路脉码调制 PCM 标准；GE—千兆以太网；FE—百兆以太网；
ZXCTN 6000 / 9000—中兴系列光端机；NodeB—WCDMA RAN 系统的基站；eNB—演进型基站；
BTS—基站发信站点；RNC—无线网络控制器；BSC—基站控制器

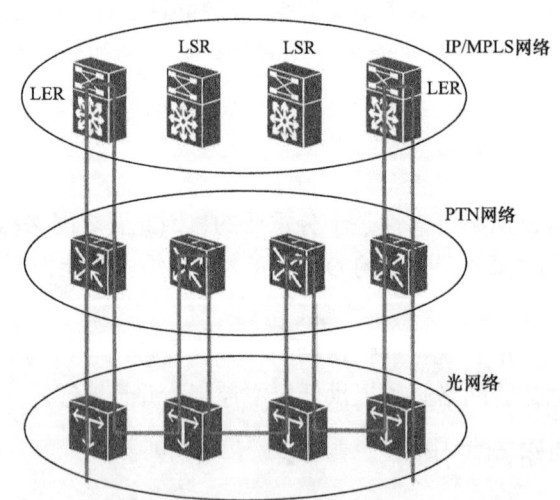

图 4.5 PTN 在核心网高速转发的应用示意图[17]

LER—标签交换路由器；LSR—标签交换路由器；IP/MPLS—互联网协议 / 多协议标记交换

  核心网由 IP/MPLS 路由器组成，对于中间路由器 LSR（Label Switched Router，标记交换路由器），通常使用其完成 IP 数据包的转发功能。一般来说，IP 包的转发是一种三层的功能，因此协议处理过程相当复杂，如果使用 PTN 替代中间路由器来完成 IP 包的分组转发功能，可以降低协议处理层次，从而有效地提高转发的效率[24]。此外，基于 IP/

MPLS 技术的承载网，对于带宽的要求较高，同时对于光缆的消耗比较严重，在应对未来业务发展中将面临极大的挑战，而 PTN 网络能够很好地解决这些问题，提高链路的利用率，显著降低网络建设成本。

4.1.5 光传输技术

光传输网络的发展经历了 PDH（Plesiochronous Digital Hierarchy，准同步数字传输体制）、SDH（Synchronous Digital Hierarchy，同步数字传输网）、MSTP（Multi-Service Transport Platform，多业务传送平台）、WDM（Wavelength Division Multiplexing，波分复用）、PTN（Packet Transport Network，分组传送网）、OTN（Optical Transmission Network，光传送网）、MS-OTN（Multi-Service OTN，多业务光传送网）和 Liquid OTN（灵动 OTN）。

光传输技术的发展如图 4.6 所示。

波分光传输技术的发展如图 4.7 所示。

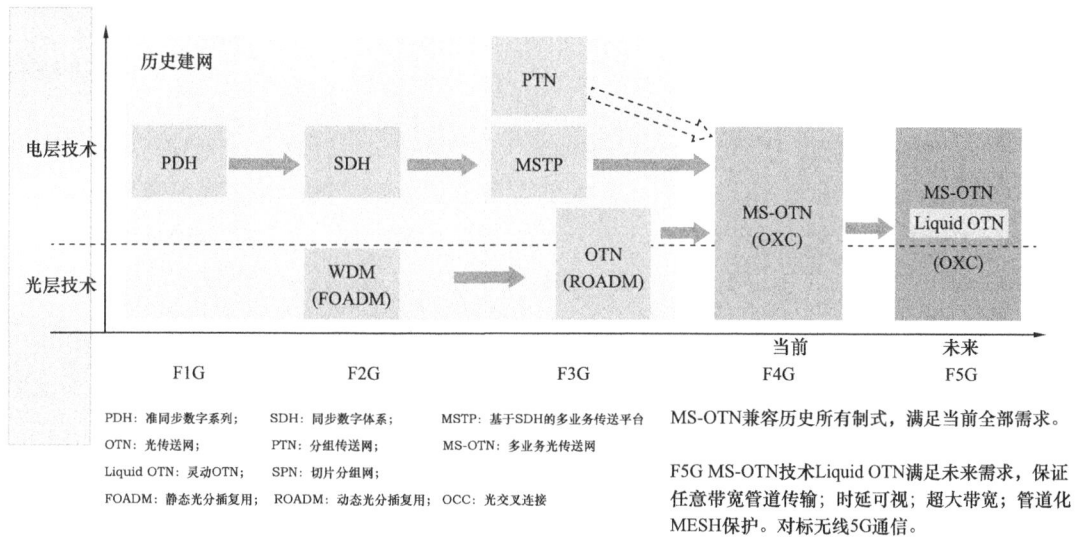

图 4.6　光传输技术的发展

4.1.5.1　OTN 技术

光传送网（OTN）就是在 WDM 基础上，融合了 SDH 的一些优点，如丰富的 OAM 开销、灵活的业务调度、完善的保护方式等，OTN 对业务的调度分为：光层调度和电层调度；光层调度可以理解为是 WDM 的范畴；电层调度可以理解为 SDH 的范畴。OTN 最简单的方程式为：OTN=SDH+WDM。但由于 SDH 不能兼容以太业务，采用的是虚通道（VC）交叉的方式进行传输，以太网（ETH）是纯分组业务，跟踪设备下一跳，封装虚拟局域网（VLAN）进行业务传输，VC 交叉不能和 ETH 的 VLAN 互通，带来 OTN 也不能兼容以太业务，因此导致了 EoO（承载于 OTN 管道的 ETH 业务）技术的诞生，将以太信号封装到 ODUk 管道中，使用 OTN 承载以太业务。

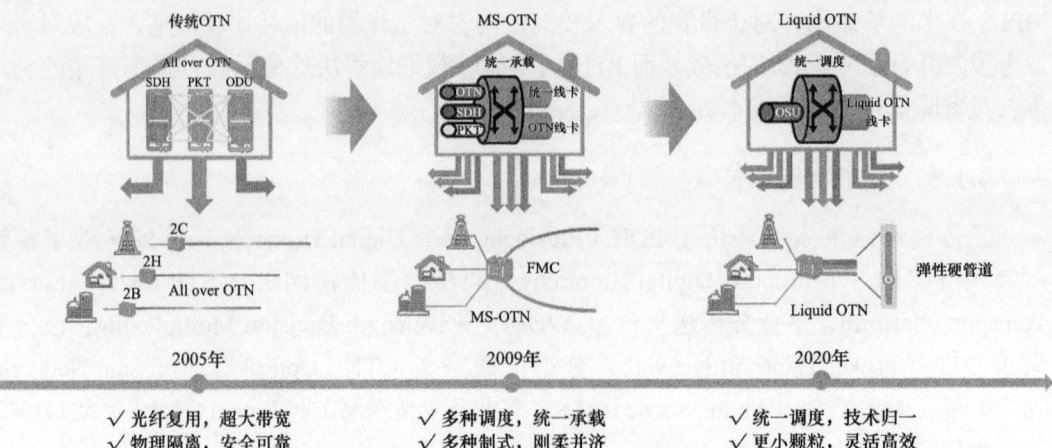

图4.7 波分光传输技术的发展

OTN—光传送网；All over OTN—所有业务都在光传送网上进行；2C/2B/2H—个人/企业/家庭；MS-OTN—多业务光传送网；FMC—固定网络与移动网络融合；Liquid OTN—硬管道传输技术

4.1.5.2 MS-OTN技术

由于ODUk颗粒度过大，最小为ODU0，而实际应用中存在大量低速业务（E1/T1/FE）等接口，因此任何一种单一技术层次的设备总是顾此失彼，无法真正满足需求。业界的普遍共识是传送设备需要融合L0（光层）/L1（TDM层）/L2（ETH/MPLS层），取众家之长并专注于提升传送效率，方能提供更大带宽、更高品质和更低成本的传送网络。

定义：

$$MS\text{-}OTN=OTN+MSTP$$

融合MSTP/MSTP+对小颗粒业务承载的优势。

MPLS-TP技术提升管理能力。

MS-OTN特点：

（1）多业务接入。能够接入任意速率的任意业务（SDH, SONET, PDH, ETH, FC, SDI, PON, SAN, CPRI）❶。

（2）统一交叉。融合L0+L1+L2技术，可提供基于PKT（分组）、ODU和VC的统一交叉调度。

（3）统一传送。各种业务可以映射到最匹配的管道中，任意汇聚到大容量的波长中统一传送。

（4）统一维护。统一的网络管理系统，对L0、L1和L2实现统一的可视化运维。

（5）业务支持。能够综合承载分组业务、SDH业务和OTN业务。

（6）统一电交叉&线卡。

从传送管道角度看，L0、L1和L2各具特点：

---

❶ SDH—同步数字系列；SONE—同步光纤网；PDH—准同步数字系列；ETH—以太网；FC—光纤信道；SDI—位置分集接口；PON—无源光网络；SAN—卫星接入点；CPRI—通用公共无线接口。

L0 层和 L1 层提供以波长和 ODUk 为代表的刚性"硬"管道，大带宽是其主要优势。L2 层能够提供弹性的"软"管道，管道带宽与业务完全匹配且随业务流量的变化而变化，灵活是其主要优势。

随着 MPLS-TP 技术的成熟，L2 在面向传送网时的可管理性差等问题也已迎刃而解。因此，在 L0 和 L1 的基础上再融合以 MPLS-TP 为核心的 L2，充分利用各层次传送技术的优势，形成 L0+L1+L2 的传送网方案已成为现实。L0+L1+L2 的传送网方案能够通过一套设备提供"软硬"兼备、刚柔并济的传送管道，全面满足未来的业务传送需求。

4.1.5.3 Liquid OTN 技术

Liquid OTN 采用了定长帧，灵活时隙复接，将 ODU 划分成更小的带宽颗粒；

管道粒度：$N \times 2.4$Mbit/s，1000 切片 /OTU4，单根光纤可提供 48 万个硬切片；

本质是提供可变容器大小，满足不同速率业务需求。借鉴 IP（网际互连协议）报文的可变速度，但限制了调整粒度。

Liquid OTN 优点：

（1）采用高速相干传输技术，单波容量可达 100Gbit/s/200Gbit/s，超长距离传输；

（2）中间节点，不必按照交换网最大时延固定缓存数据，获得绝对时延优势；

（3）极简架构，统一业务承载，统一的管道资源分配，智能化业务调度；

（4）泛连接，2Mbit/s 至 100Gbit/s 全速率接入，海量连接，带宽调整无损伤。

相较于传统的 OTN，Liquid OTN 在复接映射路径上做了优化，光用户单元（OSU）直接映射到高阶管道上，更加匹配不同业务带宽需求。

4.1.5.4 波分传输网络建设方案

目前，波分传输网络主要有 OTN（Optical Transmission Network，光传送网）、MS-OTN（Multi-Service OTN，多业务光传送网）和 Liquid OTN（灵动 OTN）。

波分传输网络升级方案对比详见表 4.2。

4.1.5.5 大容量光传输系统现状及分析

目前，随着全球宽带业务量的增长，100Gbit/s 传输网和相关设备已规模化商用，大容量光传输系统在国内外均得到了广泛的部署应用，随着 200Gbit/s 技术的逐渐成熟，也逐步在国内外现网中实施了部署，但是在实际应用中，还是需要依据实际业务需求，注意相关系统应用制式的选择。

（1）80/96 波系统。

随着移动网络向 LTE（Long Term Evolution，长期演进）发展，以及固定宽带用户网络电视（IPTV）、8K 分辨率页面视频直播、云计算等新业务的开展，传输网络的传输能力需要进一步提升。

96 波光传输系统即利用扩展 C 波段，在固定频谱间隔 50GHz 条件下，系统最大波数可从 80 波扩展到 96 波，系统容量提升了 20%，可更好地满足大容量传输系统的演进需求。

表 4.2 波分传输网络升级方案对比

序号	项目	方案对比			结论
		方案一：传统 OTN	方案二：MS-OTN	方案三：Liquid OTN	
1	技术特点	OTN 是以波分复用技术为基础，在光层组织网络的传送网，是下一代的骨干传送网。OTN 是通过传输协议的所规范的新一代"数字传送体系"和"光传送体系"，解决传统 WDM 网络业务调度能力弱、组网能力差、保护能力弱等问题	MS-OTN 顺应传送网络的发展趋势，融合 OTN、SDH 和分组（PKT）三个平面的技术，使三平面协同工作，可完全满足带宽、品质与成本方面的综合要求，是构建面向未来的传送网络的理想选择	与原来的 OTN 的帧相比，Liquid OTN 在封装协议上再抽象出一层，容器 OSUflex，可以承载各类固定速率（CBR）和可变速率（VBR）业务	通过比选，同等建设成本的条件下，Liquid OTN 有更小的业务颗粒，同时，数据业务只有一次 OSU 的封装方式，时延更低的封装方式，技术更先进，因此推荐方案三 Liquid OTN
2	功能	OTN 技术作为一种新型组网技术，相对已有的传送组网技术，其主要优势如下： （1）多种客户信号封装和透明传输 （2）大颗粒的带宽复用、交叉和配置； （3）强大的开销和维护管理能力； （4）增强了组网和保护能力	MS-OTN 的核心理念是"All in One"。简单来说，有四大优点： （1）多业务接入：能够接入任意速率的任意业务； （2）统一交叉：融合 L0+L1+L2 技术，基于三平面的统一交叉调度； （3）统一传送：各种业务可以映射到最匹配的管道中，任意汇聚到大容量的波长中统一传送，对 L0、L1 和 L2 实统一的网络管理系统，统一维护一统一的可视化运维	Liquid OTN 是基于传统 OTN 业务协议制定的，做到更小颗粒粒度、带宽可调整，时延等优势特点	
3	业务颗粒	最小业务颗粒千兆	最小业务颗粒 2Mbit/s，所有业务的二次封装	最小业务颗粒 2Mbit/s，采用 OSU 的封装方式，业务一次封装，时延更低	
4	价格	三种方案价格相同			

扩展 C 波段是在传统 C 波段的基础上，扩展使用的一个频谱段，96 波频谱示意图如图 4.8 所示。

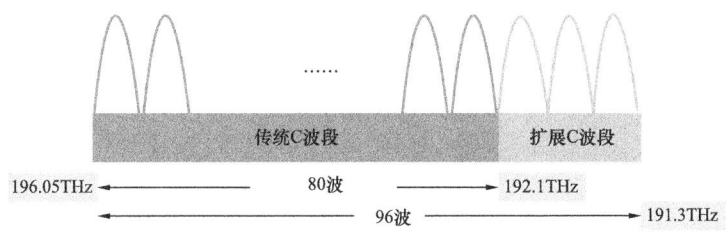

图 4.8　96 波频谱示意图

96 波系统与 80 波系统相同点：
① 96 波和 80 波系统均是 50GHz 间隔的系统；
② 96 波的 1～80 波和 80 波的 1～80 波长频率完全一样；
③ 96 波的 1～80 波可以在 80 波系统中传输；
④ 纯相干单板的 80 波可以在 96 波系统中传输；
⑤ 纯相干单板的 96 波系统兼容 80 波系统，可以和 80 波系统无缝对接。

96 波系统与 80 波系统不同点：
① 96 波比 80 波多使用了扩展 C 波段，即波长的第 81～第 96 波；
② 96 波的第 81～第 96 波不能在 80 波的系统中传输，因为 80 波的光放板不支持扩展 C 波段的放大；
③ 96 波的光放板无断续模式（DCM）抽头，所以 96 波系统只能使用纯相干单板传输（即不支持 10Gbit/s，40Gbit/s 等非相干单板传输），80 波系统可以用于 DCM/相干混传。

80/96 波系统方案对比详见表 4.3。

表 4.3　80/96 波系统方案对比

序号	项目	方案对比		结论
		方案一：80 波系统	方案二：96 波系统	
1	技术特点	密集波分，主流 DWDM 应用集中在 C 波段（C 波段衰减最小）。40 波系统波长间隔 0.8nm，80 波系统波长间隔 0.4nm。标准 C 波段	标准 C 波段 + 扩展 C 波段，增加 192.05～191.30THz，编号增加第 81～第 96 波	通过比选，建设成本一致的情况下，96 波系统可以承载更大的业务，因此推荐方案二 96 波系统
2	优点	目前使用的普通光纤可传输的带宽是很宽的，但其利用率还很低。使用 DWDM 技术可以使一根光纤的传输容量比单波长传输容量增加几倍、几十倍乃至几百倍	目前使用的普通光纤可传输的带宽是很宽的，但其利用率还很低。使用 DWDM 技术可以使一根光纤的传输容量比单波长传输容量增加几倍、几十倍乃至几百倍	
3	最大容量	最大容量 80 波	最大容量 96 波	
4	价格	2 种方案价格相同		

注：DWDM—密集波分复用。

（2）单波 100Gbit/s/200Gbit/s 速率选择。

随大视频、高性能专线业务的迅猛发展，以及网络云化带来的互联网数据中心（IDC）互联需求日益增长，光网络带宽需求呈现指数级增长态势，以单载波 200Gbit/s 为代表的超 100Gbit/s 相干传输成为焦点。

200Gbit/s 四相相移键控信号（QPSK）传输距离稍弱于 100Gbit/s QPSK，现网应用需增加中继站点，但 200Gbit/s QPSK 采用 75GHz 频率间隔，与 100Gbit/s QPSK 采用的 50GHz 频率间隔不匹配，如果和 100Gbit/s 系统同步进行部署，将产生大量频谱碎片，给规划和运维带来挑战。

频谱碎片示意如图 4.9 所示。

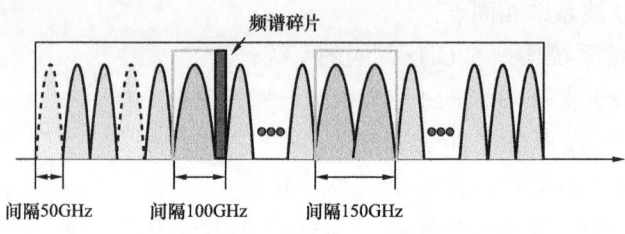

图 4.9　频谱碎片示意图

如果采用 200Gbit/s 16QAM 技术，虽然 200Gbit/s 16QAM 采用 50GHz 间隔，但传输距离远低于 100Gbit/s QPSK，需新增大量中继，且恢复中继与 100Gbit/s 无法共用，则投资需求增加。

目前主流 100Gbit/s/200Gbit/s 波分设备最大开通能力有 48×100Gbit/s/200Gbit/s 和 96×100Gbit/s/200Gbit/s 两种，考虑到价格因素，推荐选用最大开通 48×100Gbit/s/200Gbit/s 的波分设备。

单波 100Gbit/s/200Gbit/s 方案对比详见表 4.4。

表 4.4　单波 100Gbit/s/200Gbit/s 方案对比

序号	项目	方案对比		结论
		方案一：单波 100G bit/s	方案二：单波 200Gbit/s	
1	技术特点	相干检测的关键优势在于光波相位信息可以传递到数字领域，因而可以利用强大的电子色散补偿（EDC）能力，使用非常低的代价清理信号失真。因此，通过使用 100Gbit/s 偏振复用正交相移键控（PM-QPSK）与 EDC，相干检测的技术可以获得 6dB 的改善［与直接检测开关键控（OOK）相比］；利用高编码增益前向差错控制（FEC）可得 2~3dB 的改善；由于减少色散色度（CD）和偏振模色散（PMD）的传输代价，再有 1~2dB 的改善。这样，总改善能达到 9~11dB，使得 100Gbit/s PM-QPSK 接近 10Gbit/s OOK 系统光信噪比的灵敏度	同 100Gbit/s，端口速率提高，单波容量更大，单波容量为 200Gbit/s	通过比选，方案一单波 100Gbit/s 和方案二单波 200Gbit/s 均满足西南片区中长期通信业务需求，但考虑到单波 200Gbit/s 价格高，因此推荐方案一单波 100Gbit/s
2	波道	可开通 48×100Gbit/s，满足西南片区中长期通信业务需求	可开通 48×200Gbit/s，满足西南片区中长期通信业务需求	
3	价格	方案二单 200Gbit/s 的容量是方案一单波 100Gbit/s 的双倍，由于集成度更高，单波 200Gbit/s 的价格大于 2 个单波 100Gbit/s 的价格		

4.1.6 ZigBee 技术

ZigBee 技术是一种低数据速率、低功耗、低成本、面向自动化和远程控制应用的无线网络协议[25]。ZigBee 看起来很像蓝牙，但更简单，数据速率更低，而且大部分时间都处于休眠状态。这一特性意味着 ZigBee 网络中的节点仅用两节 AA 电池就可以运行 6 个月到 2 年。ZigBee 与蓝牙的主要区别如下：

（1）ZigBee 的工作范围为 10～75m，而蓝牙的工作范围为 10m（不含功率放大器）。

（2）ZigBee 的数据速率低于蓝牙。ZigBee 的数据传输速率在 2.4GHz 时为 250kbit/s，915MHz 时为 40kbit/s，868MHz 时为 20kbit/s，而蓝牙的数据传输速率为 1Mbit/s。

（3）ZigBee 使用一种基本的主从配置，适用于静态星型网络，该网络由许多不经常使用的设备组成，通过小数据包进行通信。它最多允许 254 个节点。蓝牙的协议更为复杂，因为它是面向在 Ad Hoc 网络中处理语音、图像和文件传输。蓝牙设备可以支持多个较小的非同步网络（微微网）的分散网络。在一个基本的主从 Piconet❶ 设置中，它最多允许 8 个从节点。

（4）当 ZigBee 节点断电时，它可以在 15ms 左右唤醒并得到一个包，而蓝牙设备将需要大约 3s 唤醒和响应。

（5）ZigBee 有望为那些需要数月至数年电池续航时间，但不需要像蓝牙那样高的数据传输速率的设备提供低成本、低功耗的连接。

（6）此外，ZigBee 可以在比蓝牙更大的网状网络中实现。根据射频环境和特定应用所需的功率输出消耗，符合 ZigBee 标准的无线设备预计传输距离为 10～75m，并将在全球无许可证的射频中运行。

ZigBee 根据网络结构可分为星状拓扑网络、树状拓扑网络和网状拓扑网络三种。星状拓扑网络是一种很简单的集中式通信方案，该拓扑结构的最大特点就是任意两个节点的通信都需要依赖协调器的辅助转发才能完成通信，即便是两个节点十分靠近。树状拓扑网络的典型特点就是，终端节点只能向它的父节点发送数据，而路由器与外部其他节点（该节点不是路由器自己的子节点）进行通信时，只能继续将数据向其父节点发送，直到遇到目的节点的父节点之一。网状拓扑又名 Mesh 拓扑，相比树状拓扑，具有更加灵活的信息路由规则，在可能的情况下，路由节点之间可直接通信。这种路由机制使得信息的通信变得更有效率，而且意味着一旦一个路由路径出现了问题，信息可以自动地沿着其他的路由路径进行传输。ZigBee 网络的三种拓扑结构示意图如图 4.10 所示。

4.1.7 NB-IoT 技术

窄带物联网（NB-IoT）技术是一种低功耗广域网（LPWAN）技术。与其他蜂窝技术相比，NB-IoT 覆盖范围更广，它的高容量基于其通道带宽为 180kHz。同时，NB-IoT 具有长达 10 年的长电池寿命、低设备复杂性与低设备成本，NB-IoT 的应用场景如图 4.11 所示。

---

❶ Piconet 是指用蓝牙（Blue Tooth）技术把小范围（10～100m）内装有蓝牙单元（即在支持蓝牙技术的各种电器设备中嵌入的蓝牙模块）的各种电器组成的微型网络，俗称微微网。

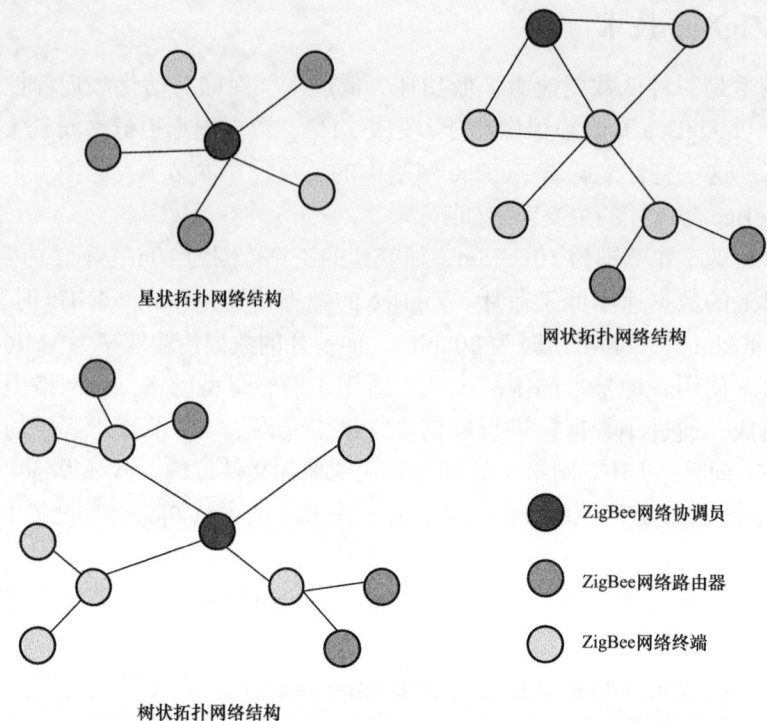

图 4.10 ZigBee 网络的三种拓扑网络结构示意图

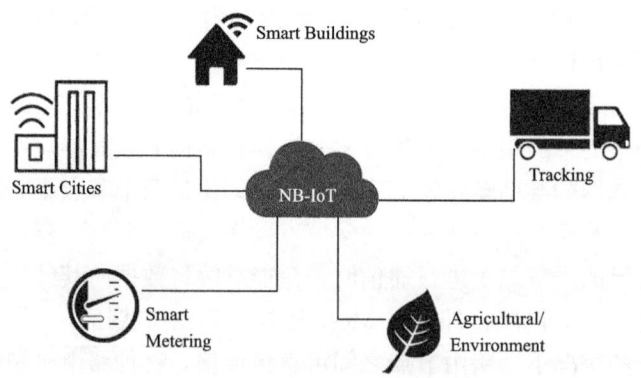

图 4.11 NBIoT 的应用场景

NB-IoT—窄带物联网；Smart Buildings—智慧建筑；Smart Cities—智慧城市；Smart Metering—智慧抄表；Tracking—物流跟踪；Agricultural / Environment—农业 / 环境

NB-IoT 可以部署在三种不同的选项之一，即独立部署、带内部署与保护带部署模式。在物联网行业中，NB-IoT 的这些特性非常有用，广泛应用于健康、智慧城市、农业、无线传感器网络等环境。NB-IoT 可以用来实现最大可能的频谱效率，从而增加网络的容量[26]。

NB-IoT 技术有以下几点优势[27]：

（1）低功耗。作为低功耗广域网络的核心技术，NB-IoT 的通信模块可以实现一直在线，在 PSM 工作模式下通过减少不必要的指令进入 PSM 状态，降低功耗满足低功耗要求。5W·h 容量的电池可以提供长达 10 年的工作周期。

（2）广信号覆盖。在同样的频段下，NB-IoT 比现有的网络增益 20dB，相当于增强了 100 倍覆盖区域的能力。相对于地下场所，信号薄弱的地域，NB-IoT 的通信能力比传统 GPRS 通信技术更强。

（3）低成本。无论是模块成本、供电成本以及通信的运营成本，NB-IoT 模块的成本都比目前其他无线装置的通信成本要低。

（4）低流量特性。NB-IoT 技术的传输速率较低，上下行的峰值速率不超过 250kbit/s。因此，NB-IoT 成为低流量、低移动性的固定节点设备通信技术首选。

4.1.8　WiFi 技术

WiFi 是无线局域网的无线以太网 802.11b 标准的流行名称[28]。WiFi 技术指的是围绕着从互联网连接到主机无线传输互联网协议数据的技术。大多数情况下，互联网连接是高速的，如卫星、数字用户线路（DSL）或电缆，而不是较慢的拨号连接。WiFi 本质上是将 PC 端与互联网进行无线连接。

IEEE802.11 标准是 WiFi 网络物理层和 MAC 层的通信标准，定义了多种网络结构，包括 IBSS、BSS、ES 和 MBSS。在不同的网络结构下，网络设备的功能集不同，它们形成通信链路的方式也不同。其中，BSS 是 WiFi 最常用的网络结构，WiFi 的 BSS 网络结构如图 4.12 所示。

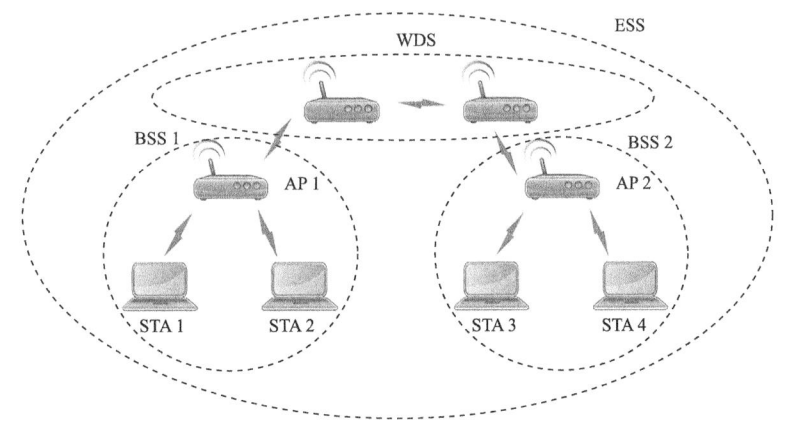

图 4.12　WiFi 的 BSS 网络结构
ESS—扩展服务集；WDS—无线分布式系统；BSS—基础服务集；AP—访问接入点；STA—工作站

4.1.9　4G/5G 技术

4G 移动系统专注于无缝集成现有的无线技术，包括全球移动通信系统（Global System for Mobile Communications，GSM）、无线局域网和蓝牙[29]。在 4G 技术的基础上，5G 及技术跨越了几个前所未有的需求、服务和应用，预计不仅将实现超数字化，还将为经济工业增长提供新的途径。5G 移动通信系统从根本上改变了电信技术在社会中的作用，使其成为一个普遍连接的社会[30]。

根据相关研究数据显示，中国的 5G 网络的部署成本大约是 4G 的 3 倍[30]。但这不代表 5G 将会在短时间内彻底取代 4G。中国移动通信集团董事长杨杰在 2019 年业绩发布会上曾说："目前正在使用的 4G 不会快速被淘汰，将和 5G 网络长期共存。"4G 与 5G 的对比如图 4.13 所示。

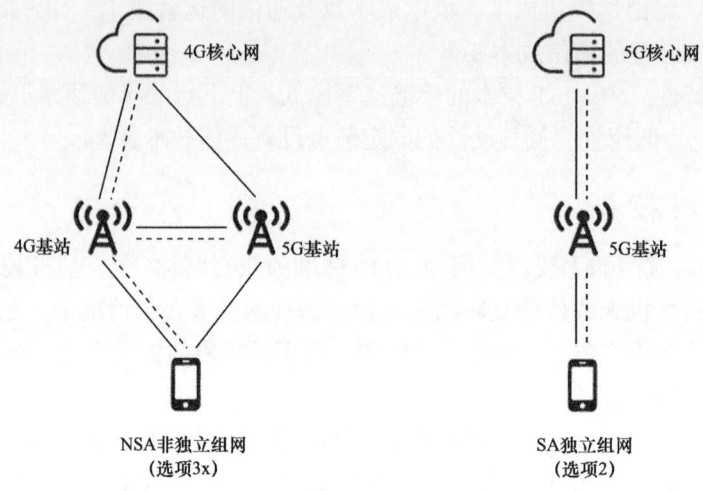

图 4.13　4G 与 5G 对比图

二者的差别有以下几点：

（1）从组网网络架构方面来看，4G 网络采用了扁平化的 2 级网络架构，即 eNB—核心网（EPC）。5G 虽然采用 3 级网络架构，即 DU—CU—核心网（5GC），其中 DU 和 CU 共同组成 gNB，但整体硬件结构仍然是 BBU+RRU/AAU 拉远覆盖组网方式❶。

（2）从网络提升性能方面来看，以 MIMO 为例，MIMO 应用在 LTE 时代就已经有，5G 时代继续发扬光大，变成了加强版的规模 MIMO。如 5G 网络的先行军 3D-MIMO，通过更为精准的波束成形能力与多用户复用系统多流能力，实现了频谱效率的大幅提升，这正是 5G MIMO 技术 4G 化的有效利用。同样，早在 LTE 时代广泛使用的 QPSK、16QAM、64QAM、256QAM 调制解调技术，同样使用于 5G NR 网络中❷。

（3）4G 时代，1.8GHz、2.1GHz 和 2.6GHz 是运营商使用的主力频段。其中，2.1GHz 和 2.6GHz 将通过频率重耕应用于 5G 覆盖。据不完全统计，某省 4G 网络中支持 2.1GHz 和 2.6GHz 频段的 RRU 在全网占比分别高达 45% 和 52%，该存量 RRU 超 90% 支持通过 4G 站点更换不支持 5G 的 BBU、增加 5G 单板后实现 5G 的平滑演进。

---

❶ eNB—演进式基站；EPC—演进的分组核心网；DU—分布式单元；CU—集中式单元；5GC—5G 核心网；gNB—下一代基站；BBU—室内基带处理单元；RRU—射频拉远单元；AAU—大规模有源天线单元。

❷ MIMO—Multiple-Input Multiple-Output，指通过使用多个天线在同一信道上同时发送和接收多个数据流来提升数据传输速率；LTE—长期演进；QPSK—四相相移键控信号；16QAM—正交幅度调制；64QAM—相正交振幅调制；256QAM—16 进制数字信号正交调幅；5G NR—基于 OFDM 的全新空口设计的全球性 5G 标准。

4.2 西南油气田公司物联网传输技术应用

4.2.1 网络建设现状

西南油气田公司依托自建光通信建成生产网和办公网两套核心网络，该公司办公网络目前采用双核心分布式网络架构，生产网由 GMC 节点和 BGMC 节点的 4 台核心路由器通过 OSPF 动态路由协议形成交叉互联构成核心层。西南油气田数字化场站覆盖 92% 生产现场，实现 1379 口生产井、1189 座场站各类生产及物联数据的自动采集。

西南油气田公司生产网和办公网依托成都网闸实现数据互通。

西南油气田公司生产网和办公网数据互通如图 4.14 所示。

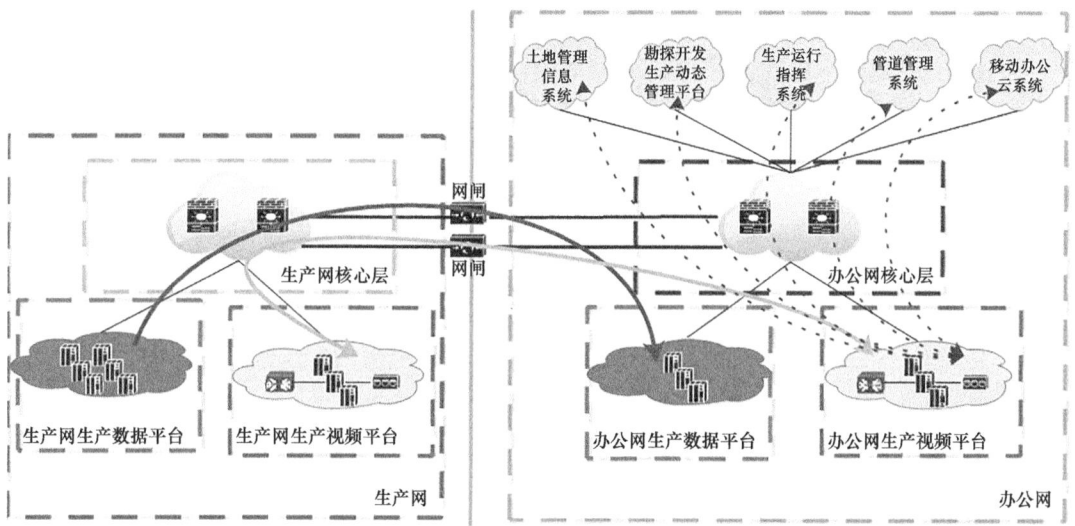

图 4.14　西南油气田公司生产网和办公网数据互通

4.2.1.1 生产网现状

西南油气田公司生产网核心是通过 2 台 NE40-X8 到五矿一处等二级单位，其中主用线路采用自有管道光纤，备用线路采用租用运营商线路构成，核心交换机由 2 台虚拟化堆叠的华为 CE12808 交换机构成，服务器交换机由 2 台华为 S7706 构成。

西南油气田公司生产网现状如图 4.15 所示。

现场的生产视频都接入生产网内，按照西南油气田生产视频的三层架构进行视频数据流的流转。

生产视频监控系统总体架构如图 4.16 所示。

4.2.1.2 办公网现状

办公网依托自建光通信传输链路，采用双核心分布式广域网络架构，以"虚拟化堆叠＋链路聚合"的组网技术形成了可靠性高、性能强的办公网核心网络，实现公司机

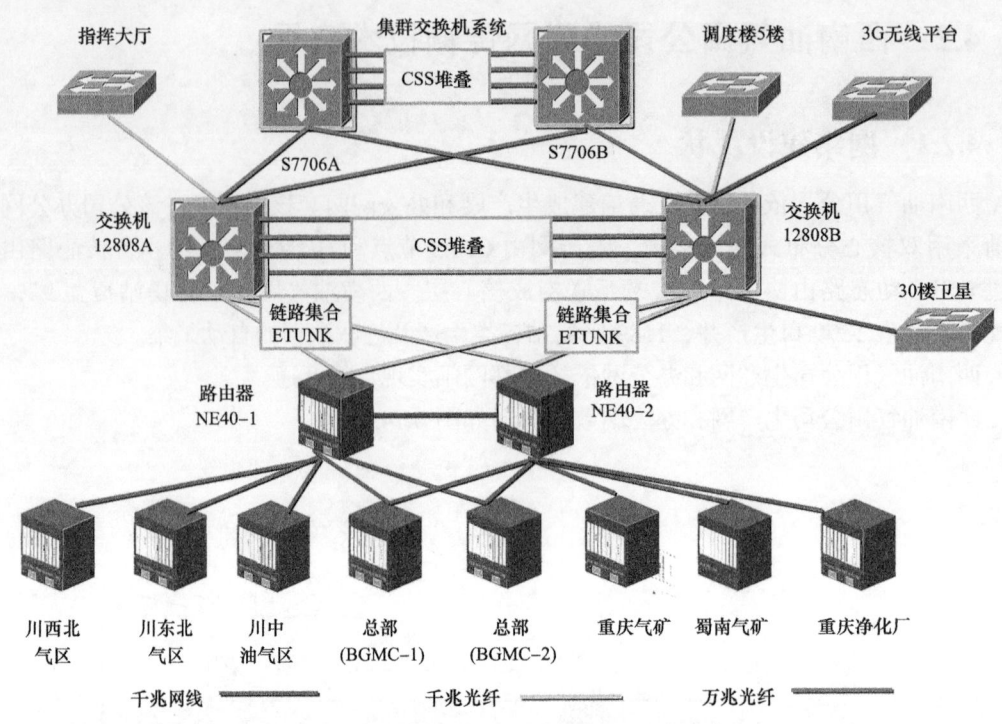

图 4.15 西南油气田公司生产网现状

关—二级单位—三级单位—站场的全面覆盖，满足公司范围内生产经营办公和视频会议等业务需求。

西南油气田办公网核心是通过 2 台 NE40-X3 上联集团公司西南区域网络中心，网络传输速率以一条万兆级的为主用和另一条千兆级的为备用，下联设备由 2 台 NE40-X8 到五矿一处等二级单位，其中主用线路采用自有管道光纤，备用线路采用租用运营商线路构成，核心交换机为 2 台虚拟化化堆叠的 12808 构成，服务器交换机由两台 7706 构成；华阳机房核心也为 2 台虚拟化化堆叠的 12808 构成，上联分公司核心也是一主一备两个条线路组成，带宽也是以一条万兆级的为主用，另一条千兆级的为备用线路。

西南油气田公司办公网现状如图 4.17 所示。

4.2.2　西南油气田光通信网络应用

西南油气田公司光通信骨干网络主要由骨干层网络、汇聚层网络和接入层网络组成。

（1）骨干层网络。

骨干层网络采用 OTN（波分）组网，完成核心节点到成都核心的大颗粒业务调度及提供汇聚层组网所需的大颗粒带宽。主要骨干节点分别位于成都、华阳、江油、遂宁、达州、重庆大石坝和泸州等共 7 个光终端复用器（OTM）业务骨干汇聚节点（一级 OTM 站点）。一级 OTM 站点主要选择原则为西南油气田公司总部、西南区域数据中心和 5 大主力生产气矿。

第 4 章 物联网传输技术与实践

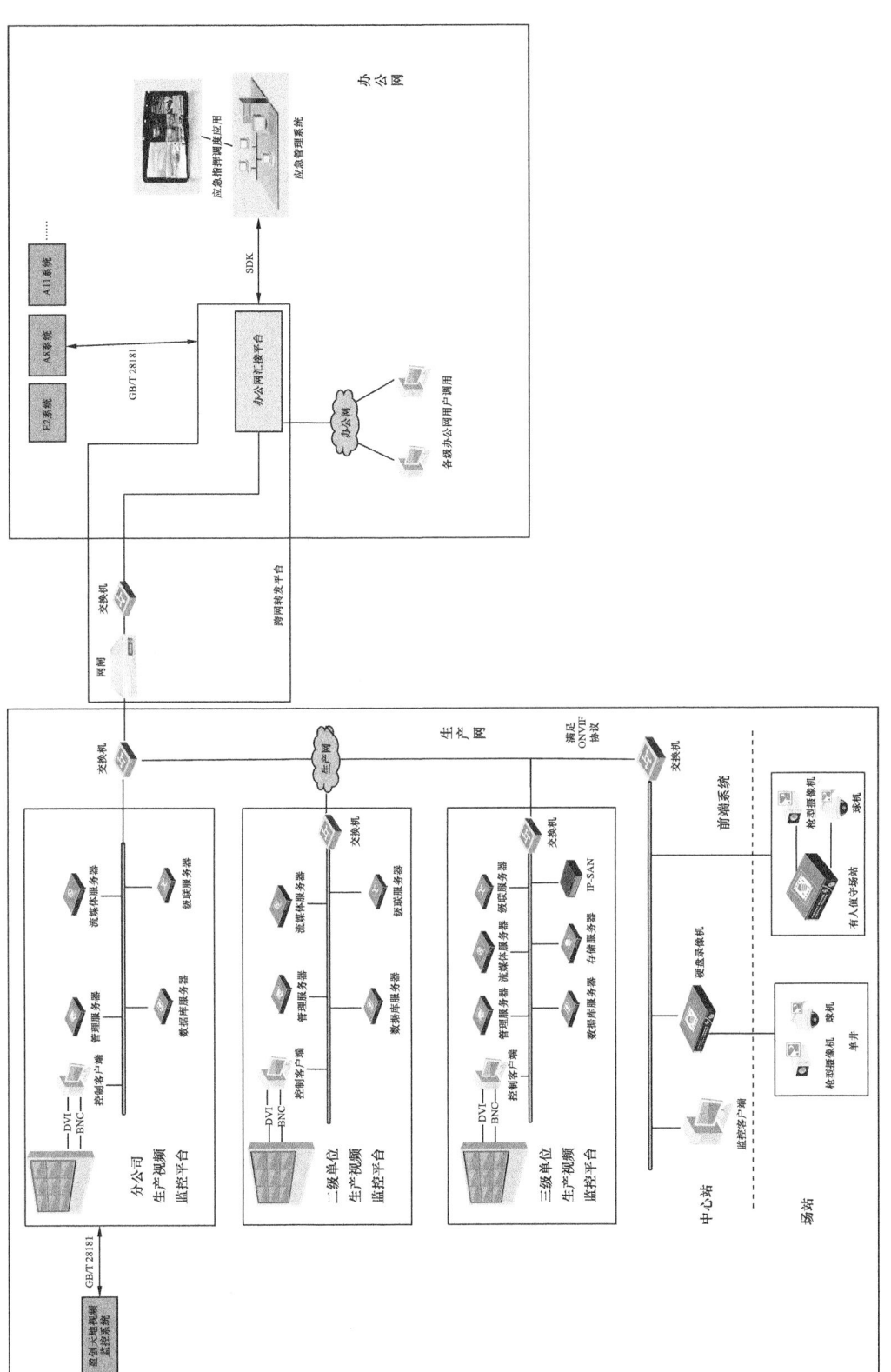

图 4.16 生产视频监控系统总体架构

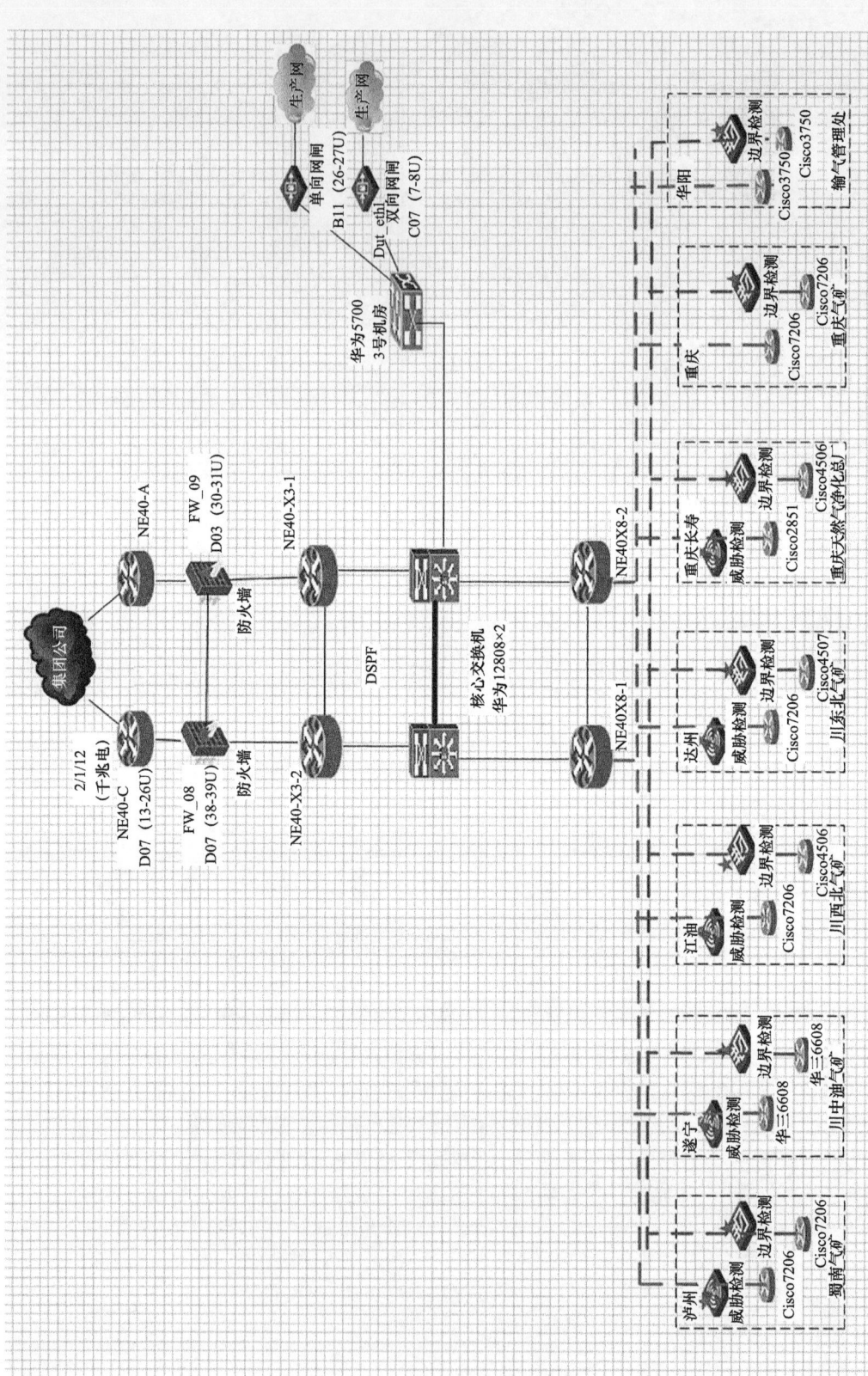

图 4.17 西南油气田公司办公网现状

(2)汇聚层网络。

汇聚层网络采用 SDH 组网,汇聚层网络将区域内各单位就近接入汇聚点,汇聚层网络的汇聚点同时也为 OTN 骨干层网络的 OTM 站点,汇聚层 SDH 网络在 OTM 站点进入 OTN 骨干层网络。

(3)接入层网络。

接入层网络主要采用数据网络设备,实现数据的接入和落地。接入层网络以西南油气田分公司总部(成都)核心节点为中心(成都一级 OTM 站点),以华阳、江油、遂宁、泸州、重庆和达州的 6 个节点为数据通信区域网络中心(其余 6 个一级 OTM 站点),长寿作为子区域汇聚中心(长寿二级 OTM 站点)。

西南油气田光通信网络总体网络架构如图 4.18 所示。

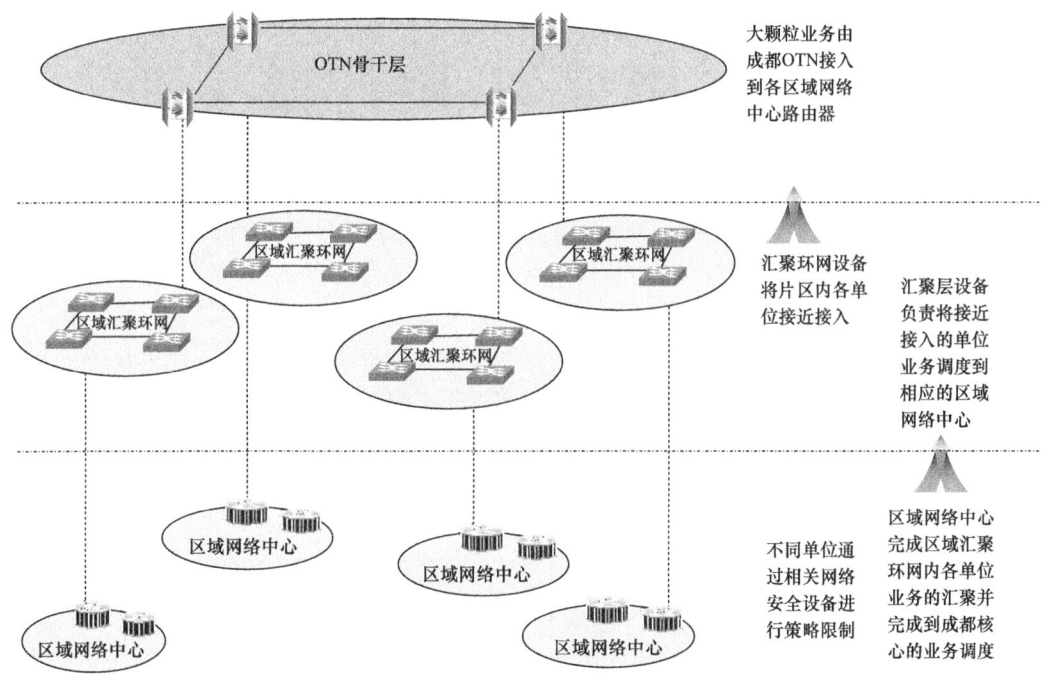

图 4.18 西南油气田光通信网络总体网络架构

(4)传输系统网络结构。

传输系统采用 OTN 和 SDH 混合组网方式,统一业务加载。以 OTN 设备作为骨干层网络,连接分公司机关与主要二级单位,构建高带宽骨干层传输通道;以 SDH 设备作为汇聚层网络,连接二级单位至三级单位,构建支线接入传输通道,SDH 设备汇聚层网络在 OTN 骨干层网络的站点进入 OTN 骨干层网络。实现公司所属二级单位和主要三级单位自有光通信网络全覆盖。

光通信网络已实现主要二级单位千兆级以太网接入、作业区百兆级以太网接入,基本实现了川渝地区光通信 2.5G 交叉环网,成为西南油气田公司生产办公业务的主要传输方式,为生产经营管理、综合办公、生产单元的数据传输、语音通信、生产控制提供了稳定的传输通道,支撑了油气田物联网系统建设和信息系统应用。

4.2.2.1 OTN 传输系统

（1）中国石油 OTN 传输系统。

在中国石油网络架构一期工程中，建设了一套 40×10Gbit/s 的波分系统，先期开通了 4 波，一期共建设了 11 个 OTN 电交叉设备站（OTM）、4 个电中继站（REG）、69 个光放大站（OLA）。

中国石油主结构一期工程 OTN 光传输系统如图 4.19 所示。

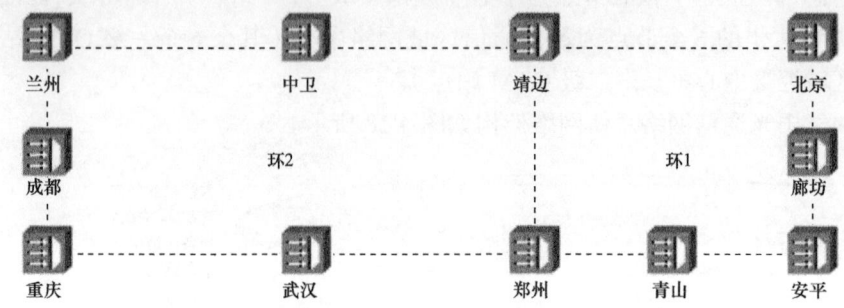

图 4.19 中国石油网络架构一期工程 OTN 光传输系统示意图

根据中国石油网络架构二期方案设计，OTN 环 1、OTN 环 2、OTN 环 3 和 OTN 环 4 已经形成环网结构，并且 OTN 环 1 和 OTN 环 2 根据环上多条路由各形成 2 个子环。OTN 环 5 目前为兰州—乌鲁木齐的单链结构，待西四线或其他管道工程光缆连通乌鲁木齐—中卫后，可形成 OTN 环 5 环网。OTN 环 6 目前为吉林—北京的单链结构，已考虑通过华北石油通信公司在东北区域建设的波分系统对 OTN 环 6 的部分业务进行保护，待中俄东线或其他管道工程光缆形成第 2 条进京管道光缆路由，可形成 OTN 环 6 环网。

中国石油主结构二期工程 OTN 光传输系统如图 4.20 所示。

（2）西南油气田公司 OTN 骨干层网络。

OTN 传输系统作为骨干层网络，骨干层完成汇聚层到成都通信中心的大颗粒业务调度及提供汇聚层组网所需的大颗粒带宽。OTN 骨干层网络由 11 个 OTM 站点（光复用/解复用单元）和 9 个 OLA 站点（光纤连接放大器）组成，包括 1 个大环网和 2 条支链，大环网为成都 OTM—玉城 OTM—磨溪 OTM—肖溪 OTM—长寿 OTM—重庆 OTM—隆昌 OTM—成都 OTM，支链为玉城 OTM—成佳 OTM—纳溪西 OTM—泸州 OTM—隆昌 OTM、成都 OTM—西南数据中心 OTM。

OTN 骨干网层只提供光层的数据交换，不进行电层交换（除波道交叉穿通外），所有的业务上下和保护方式都在 SDH（同步数字传输网）层面进行。

OTN 骨干层网络现状如图 4.21 所示。

（3）西南油气田公司 OTN 骨干层网络波分设备。

OTN 骨干层网络主要由 OSN8800 和 OSN6800 波分设备组网，具备最大开通 40×10Gbit/s 能力，全网网元数量为 20 个（11 个 OTM 站点和 9 个 OLA 站点），OSN8800 主要用作业务交叉用，OSN6800 主要用作波道开通用。

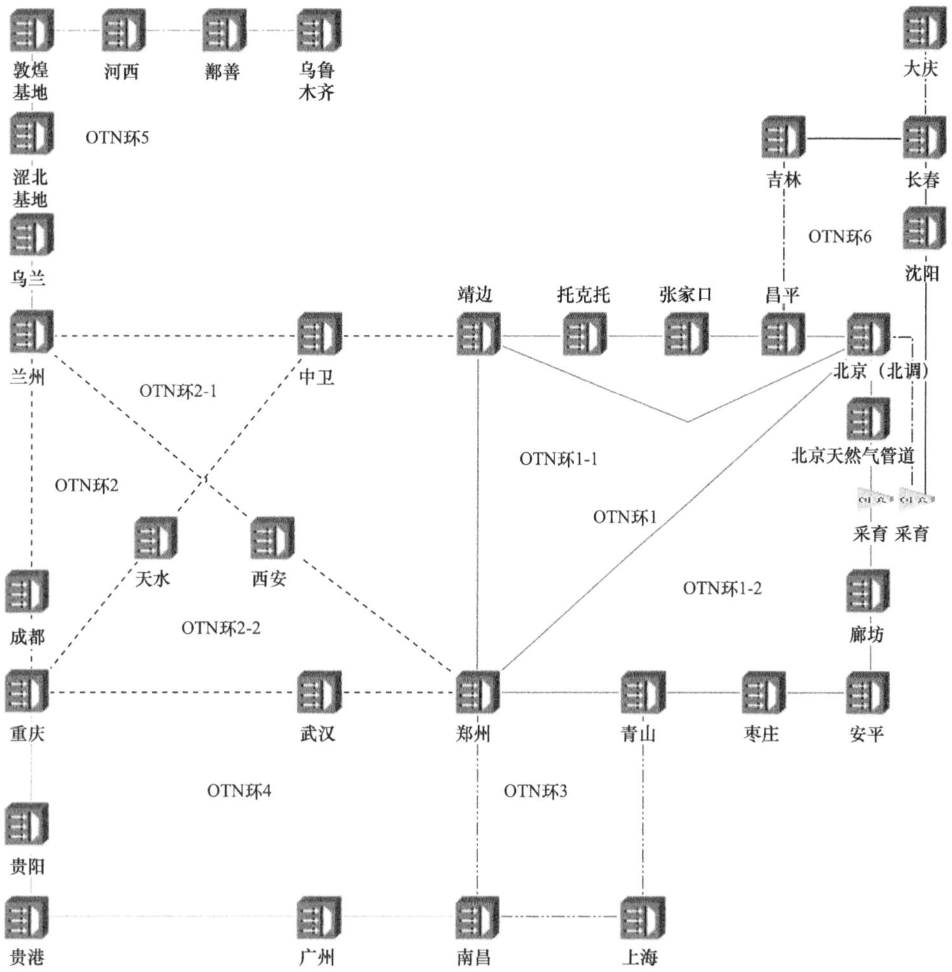

第 4 章 物联网传输技术与实践

图 4.20 中国石油网络架构二期工程 OTN 光传输系统示意图

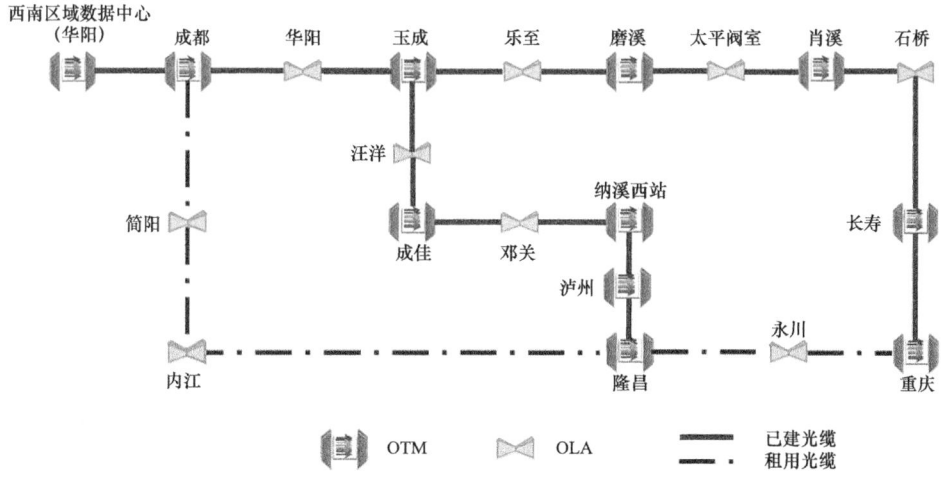

图 4.21 OTN 骨干层网络现状

OTN 骨干层网络波分设备现状详见表 4.5。

表 4.5 OTN 骨干层网络波分设备现状

序号	站点	站点类型	OSN8800	OSN6800
1	成都	OTM	1	3
2	西南区域数据中心（华阳）	OTM		1
3	华阳	OLA		1
4	玉成	OTM	1	3
5	乐至	OLA		1
6	磨溪	OTM	1	2
7	太平	OLA		1
8	肖溪	OTM	1	1
9	石桥	OLA		1
10	长寿	OTM	1	1
11	重庆（重庆大石坝）	OTM	1	1
12	永川	OLA	1	2
13	隆昌	OTM	1	2
14	内江	OLA		1
15	简阳	OLA		1
16	泸州	OTM	1	2
17	纳溪西	OTM		1
18	邓关	OLA		1
19	成佳	OTM	1	1
20	汪洋	OLA		1
合计			10	28

（4）西南油气田公司 OTN 骨干层网络波道配置。

OTN 骨干层网络最大具备开通 40 波能力，单波容量为 10Gbit/s。目前除成都 OTM—玉成 OTM 和隆昌 OTM—成都 OTM 配置 4 个 10Gbit/s 波道外，其他段落均为配置 2 个 10Gbit/s 波道。

OTN 骨干层网络波道配置现状如图 4.22 所示。

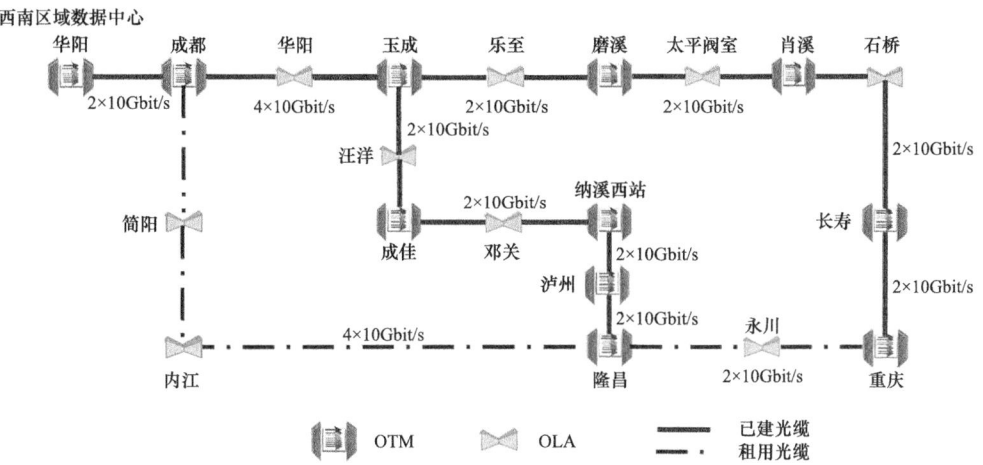

图 4.22 OTN 骨干层网络波道配置现状

OTN 骨干层网络波道配置统计详见表 4.6。

表 4.6 OTN 骨干层网络波道配置统计

序号	起止段落	段长（km）	衰耗（dB）	设备型号	单波长速率（Gbit/s）	波道 已配置	波道 已使用	占用光缆名称
1	西南区域数据中心—成都	36.00	12.96		10	2	2	北内环干线光缆
2	成都—玉成	55.90	18.72		10	4	4	北内环干线光缆
3	玉成—磨溪	171.70	39.35		10	2	2	北内环干线光缆
4	磨溪—肖溪	169.53	51.85		10	2	2	北内环干线光缆
5	肖溪—长寿	140.00	39.20		10	2	2	肖石线、卧长线
6	长寿—重庆大石坝	115.60	30.33	OSN 8800、OSN 6800	10	2	2	卧忠线
7	重庆大石坝—隆昌	168.00	47.04		10	2	2	卧忠线、兰成渝
8	隆昌—成都	253.20	70.90		10	4	4	兰成渝
9	玉成—成佳	145.48	49.20		10	2	2	南干线西段
10	成佳—泸州	145.00	40.60		10	2	2	南干线西段
11	泸州—隆昌	65.00	18.20		10	2	2	

(5) 西南油气田公司 OTN 骨干层网络业务开通现状。

西南油气田公司 OTN 骨干层网络开通 2 个 2.5Gbit/s 子波环网,成都 OTM—玉城 OTM—磨溪 OTM—肖溪 OTM—长寿 OTM—重庆 OTM—成都 OTM,其余均为点对点子波业务。

OTN 骨干层网络业务环网如图 4.23 所示。

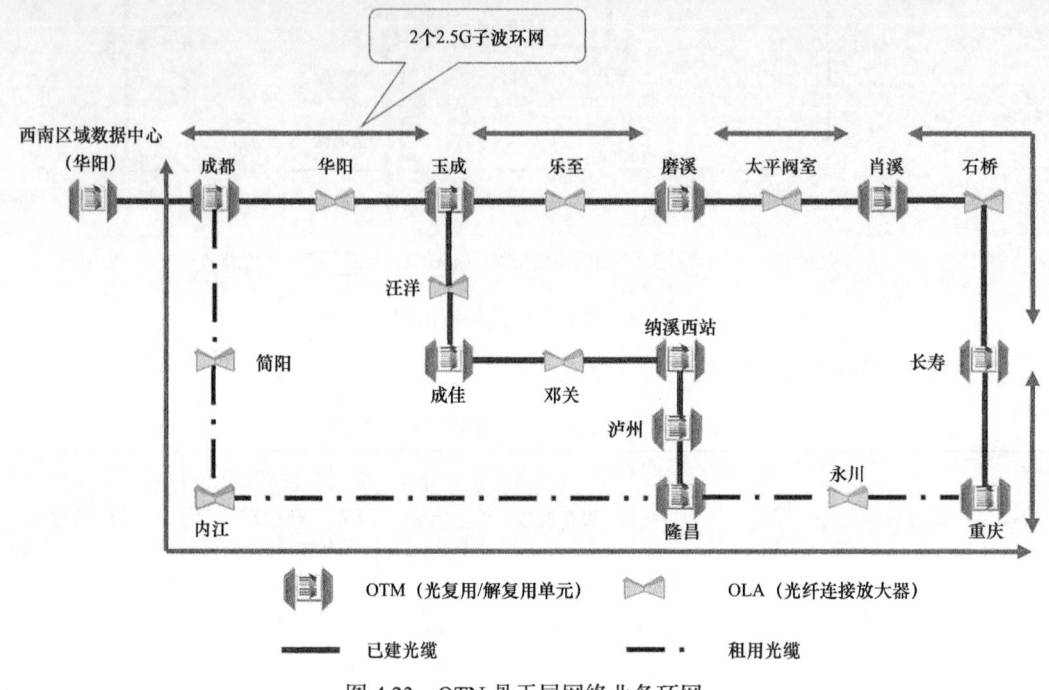

图 4.23 OTN 骨干层网络业务环网

4.2.2.2 SDH 传输系统

SDH(同步数字体系)作为汇聚层网络,主要连接二级单位至三级单位,构建支线接入传输通道,实现公司所属二级单位和主要三级单位自有光通信网络覆盖。

SDH 汇聚层网络主要网络现状如图 4.24 所示。

4.3 重庆气矿物联网传输技术应用

4.3.1 气矿网络结构

重庆气矿信息网络(图 4.25)作为重庆片区石油单位接入中国石油天然气集团有限公司内网的主要通道,不仅为自身职能机关、机构、二级单位提供中国石油内网和互联网接入服务,同时还为中国石油其他单位提供中国石油内网和互联网接入功能。

第4章 物联网传输技术与实践

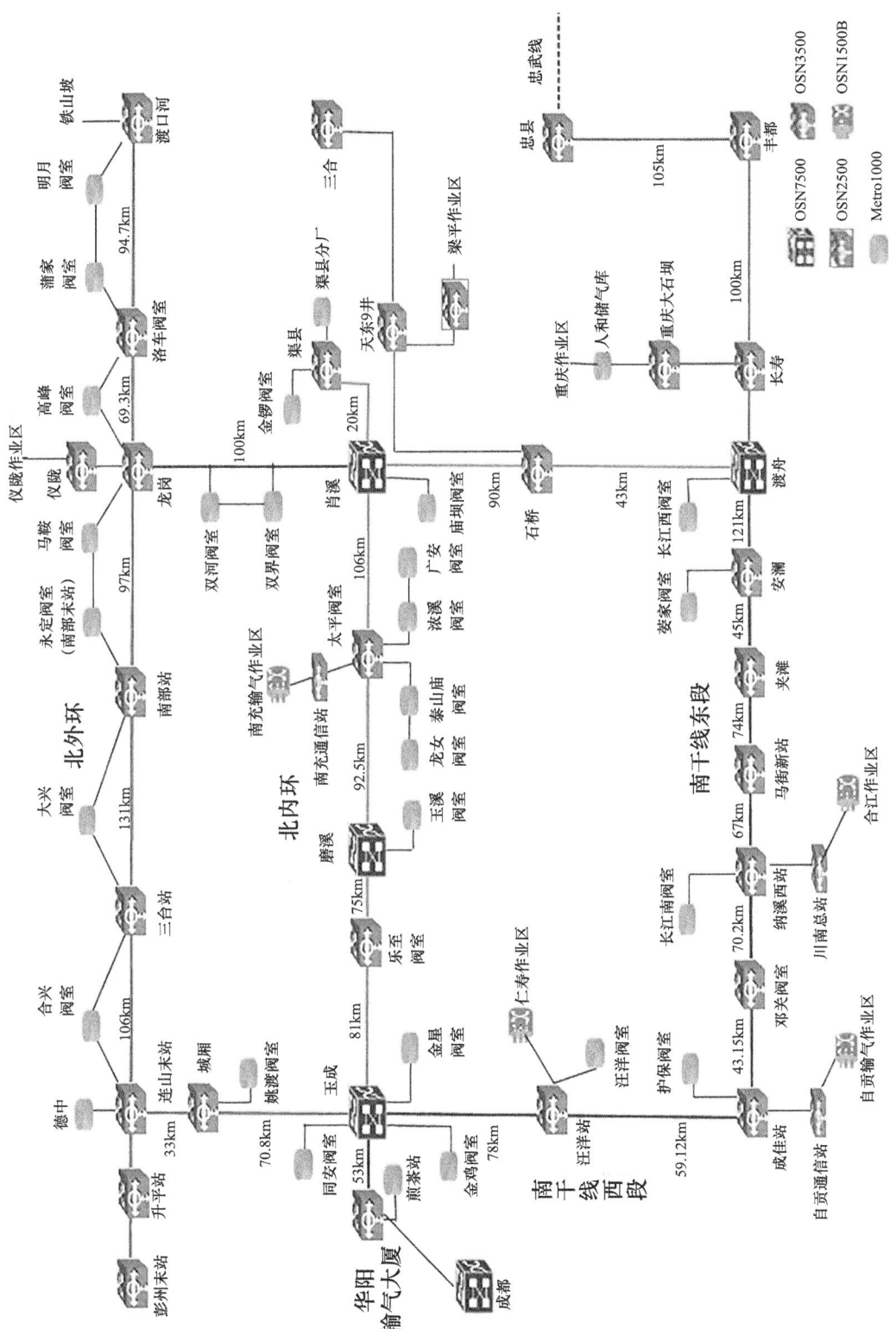

图 4.24 SDH 汇聚层网络主要网络现状

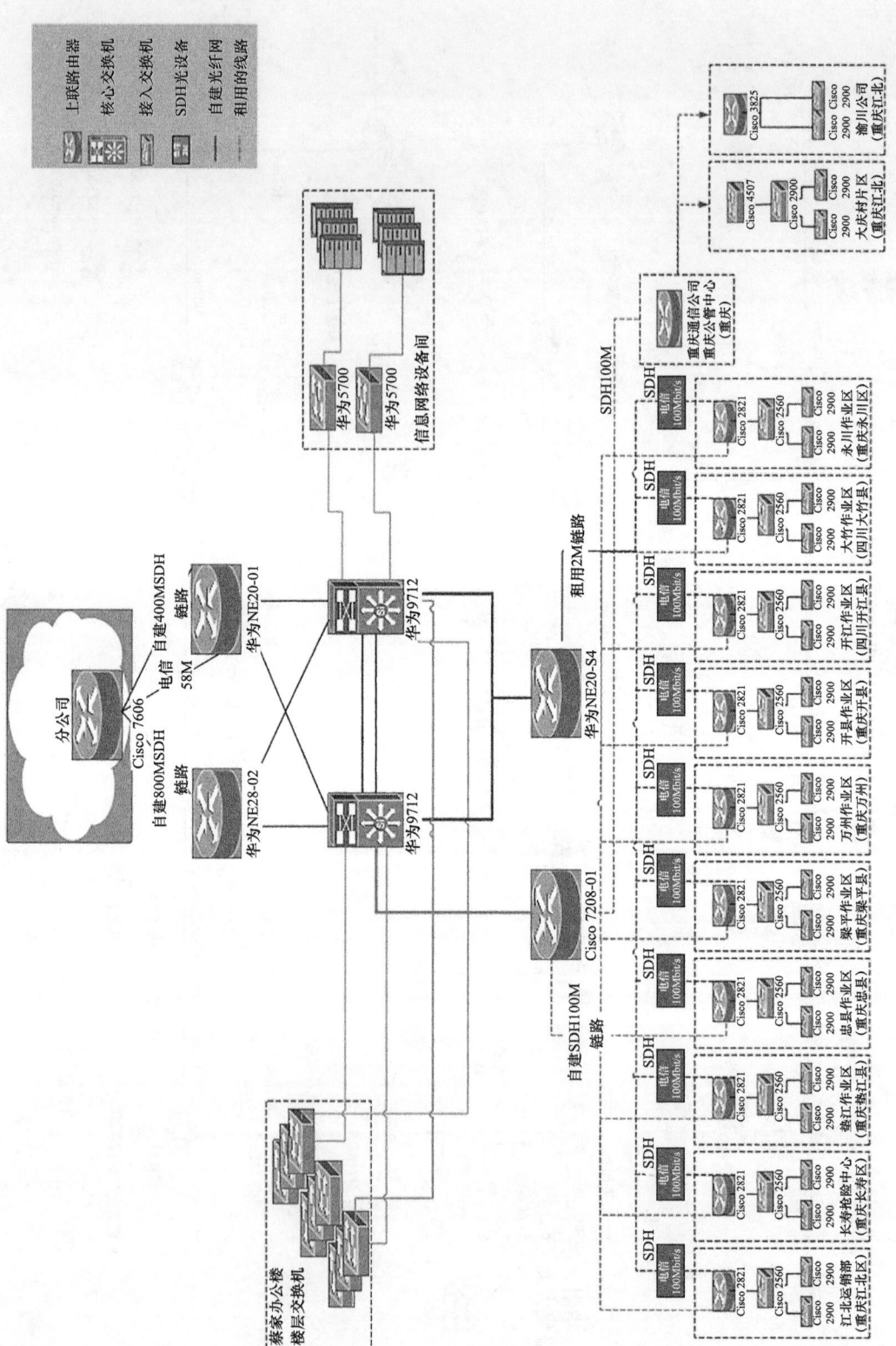

图 4.25 重庆气矿信息网络

通过物联网完善建设、气田内部光传输设备、光缆整改，气矿自建光缆976km、租用电路223条、4G无线通信218个，气矿场站有线通信覆盖率达到74.8%，实现了自建光缆、租用电路互为备用。构建了生产网和办公网相互独立的两张网，生产网"垂直分层、水平分区、边界控制"、办公网关键节点设备冗余、重庆至成都自建光缆成环。气矿网络至成都分别有两条冗余链路分别为400Mbit/s和600Mbit/s及一条备份租用链路电信50Mbit/s，气矿核心网络区域已经实现全部双机虚拟化冗余，各作业区至重庆链路也实现了自建100Mbit/s和租用8Mbit/s的冗余机制。重庆气矿网络采用三层网络架构设计，即网络有三个层次：核心层（网络的高速交换主干）、汇聚层（提供基于策略的连接）、接入层（将工作站接入网络）。

图4.26所示为重庆气矿生产网结构简图，数据流向大致与办公网类似。

重庆气矿所使用的网络通信设备主要生产商家包括：华为技术有限公司、思科系统（中国）网络技术有限公司、中兴通讯股份有限公司、德国西门子股份公司、新华三技术有限公司、瑞斯康达科技发展有限公司等；网络安全设备主要来自：华为技术有限公司、天融信科技集团、启明星辰信息技术集团股份有限公司等；服务器硬件主要生产厂家包括：IBM、中国惠普有限公司、戴尔（中国）有限公司、联想集团有限公司、浪潮集团有限公司等；安防监控设备主要采用大华（集团）有限公司、杭州海康威视数字技术股份有限公司等生产厂家；通信链路主要租用中国电信集团有限公司、中国移动通信集团有限公司、中国联合网络通信集团有限公司等，也有部分自建光纤链路。

随着通信网络技术深入广泛的应用，重庆气矿信息化建设对高速网络数据的需求快速增长，原有通信网络条件已经和实际需求不相匹配，随着井站信息化建设的全面普及，气矿加快了通信网络的建设，实现了生产站场通信网络全覆盖，为生产数据实时传输、安全管控提供了基本保障。重庆气矿近5年来先后实施"重庆气矿忠县、江北、大竹采输气作业区光通信接入工程""重庆气矿忠县、江北、大竹采输气作业区光通信接入工程""万州作业区云安厂及高峰场气田通信系统大修"等建设项目9个，安装、更换通信设备102台（套）、新建作业区内部通信线路148km、主干光缆401km。通过持续建设、改造，气矿作业区主要生产井站实现光纤覆盖，增大了作业区内部通信网络带宽，满足数字化气田建设对生产数据传输、语音传输、视频图像传输的要求，提高了通信网络的可靠性和稳定性。

4.3.1.1 主用通信网络

重庆气矿已建成干线通信光缆503.5km，覆盖全部11个作业区（运销部），干线通信设备为华为MSTP光传输设备，实现办公网和生产网物理隔离，各作业区至气矿办公网、生产网带宽为各100Mbit/s；各作业区（运销部）支线通信光缆472.5km，覆盖197座生产场站，主要采用工业以太网组网，各场站到作业区办公网、生产网合计带宽1000Mbit/s。气矿光缆通信网络以心形和树状结构为主，网络接入方式灵活，增加场站方便；部分作业区建成光纤环网，极大地提高了通信系统的可靠性、安全性。通信系统带宽较大，完全满足现有SCADA系统数据、双向语音、视频监视的可靠传输，同时，能够满足物联网系统建成后各种应用系统业务的开展，为西南油气田公司"十三五"信息化建设、发展提供有力的支撑。

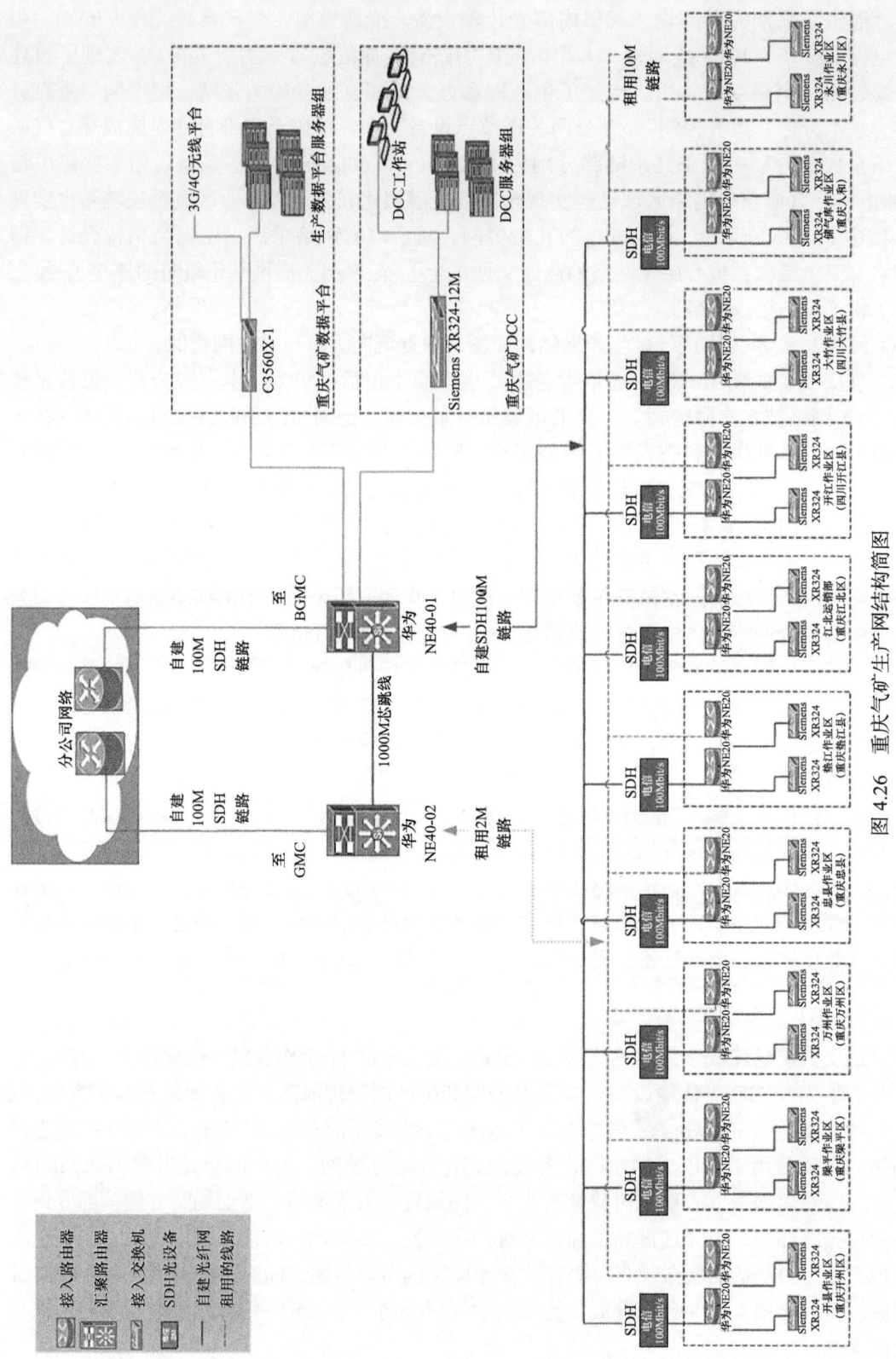

图 4.26 重庆气矿生产网结构简图

4.3.1.2 备用通信网络

气矿各作业区（运销部）调度室分别租用 2 个不同运营商 2Mbit/s 电路作为生产和办公网络备用链路，通信维护单位每周对租用电路进行测试，在自建光缆中断后自动切换到备用链路，保证气矿生产和办公数据的正常传输；中心站采用 3G 无线通信作为备用链路，保证井站生产数据传输不中断。气矿的通信备用链路完善，通信系统安全性、可靠性高，2017 年以来，未出现作业区至气矿通信完全中断事件。

4.3.2 场站生产网络架构

物联网网关为核心，所有底层基础数据由物联网网关进行采集、打包、分发至各生产管理系统，让专业的系统做专业的事。场站生产网络架构图如图 4.27 所示。

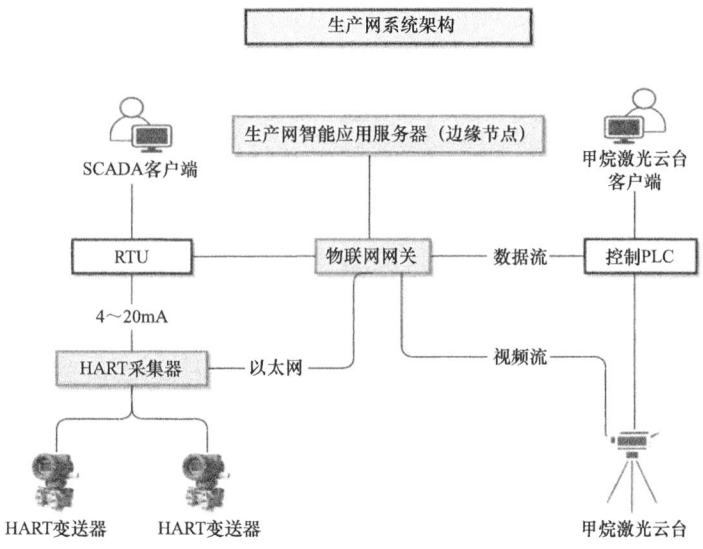

图 4.27　场站生产网络架构图

（1）SCADA 系统。突出系统生产管控作用，弱化其分析和集成作用。SCADA 系统是生产调度管理的专业系统，重要功能是生产过程数据的采集、过程报警、远程控制、区域连锁，实现生产过程安全管控。现在的 SCADA 系统集成了太多数据，包括电源、通信、腐蚀监测等，仅做展示，部分有简单报警，无法进行大数据分析、智能处理，因此应逐步弱化 SCADA 系统的辅助数据集成、报表等功能，保障系统在生产管控上的稳定性、可靠性。

（2）智能应用系统。增加生产网智能应用服务器，将中心站层级作为气田智能应用的边缘节点（相对与 RCC 的汇集节点、DCC 的核心节点），其功能为：① 本层级辅助系统数据集成、分析、展示；② 本层级智能应用集成、展示；③ 本层级独立系统融合接入、控制、分析、展示；④ 上层级智能应用数据边缘处理后打包上传。

（3）独立应用系统。各独立系统，独立工作，数据融合至生产网智能应用服务器，作为智能应用系统的子系统（或功能模块），增加系统辅助分析、处理功能，实现既独立工作，又融合展示，集中管控。

4.3.3 重庆气矿通信业务

重庆气矿是西南油气田公司的天然气主要生产单位,其生产场站多分布于川渝两地的崇山峻岭里,交通极其不便,其中80%的场站都是无人值守场站,并随着西南油气田公司大力推进"智慧油气田"的建设,场站工业自动化控制系统在生产运行中的地位越来越高,而作为油气场站工业自动化控制基础的石油通信网络系统的重要性就不言而喻。

重庆气矿现通信业务主要是两大类,即语音通信业务和数据通信业务。

4.3.3.1 语音通信业务

语音通信业务主要是保障重庆气矿的生产办公语音通信和视频通信的需求,主要有软交换通信、程控交换通信、卫星电话通信。

(1)软交换通信:是网络演进以及下一代分组网络的核心之一,它独立于传送网络,主要完成呼叫控制、资源分配、协议处理、路由、认证、计费等主要功能,同时可以向用户提供现有电路交换机所能提供的所有业务,并向第三方提供可编程能力,在同一个网上实现语音、数据、多媒体视频流等业务,实现通信业务的融合。软交换通信已经基本覆盖了重庆气矿整个矿区。

(2)程控交换通信:程控交换机也称程控数字交换机或数字程控交换机。程控交换机通常专指用于电话交换网的交换设备,它以计算机程序控制电话的接续。程控交换机是利用现代计算机技术,完成控制、接续等工作的电话交换机。属于淘汰技术,现重庆气矿只有个别三级单位在使用。

(3)卫星电话通信:卫星电话是基于卫星通信系统来传输信息的通话器,也就是卫星中继通话器,主要用于应急救援等紧急情况。

4.3.3.2 数据通信业务

数据通信业务主要是满足重庆气矿生产和办公网络数据通信的需求,保障重庆气矿天然气的生产安全。其主要有光纤通信、4G/5G无线数传通信、租用数字专线通信和卫星通信4种。

(1)光纤通信:光纤通信是以光波作为信息载体,以光纤作为传输媒介的一种通信方式,具有通信容量大、传输距离远、信号干扰小、保密性能好、寿命长等优点。重庆气矿现有1207.5km光缆(其中管道光缆185km、架空光缆1022.5km)、62个场站阀室及其光通信设备,主要用到SDH(同步数字体系)、PTN(分组传送网)、DWDM(密集波分)以及场站光纤以太网络等光纤通信技术。其中PTN和场站光纤以太网络主要用于场站与作业区(运销部)通信传输,SDH和DWDM主要用于作业区(运销部)与气矿通信传输以及气矿与成都西南油气田公司通信传输。

(2)4G/5G无线数传通信:利用信通中心搭建的无线数传平台,通过在场站安装的4G/5G终端把生产数据和视频安全传送到重庆气矿生产网络。其主要用于实现边远场站(有线网络不可达)与分公司有线生产网络的连通,以实现远程实时数据采集、远程监控等信息化功能。为重要的场站提供"热备"链路,以提高生产网络的稳定性。

（3）租用数字专线通信：通过租用运营商的数字专线电路把石油光纤通信网络不能覆盖的场站或单位接入重庆气矿生产网络和办公网络，主要有两种电路 E1 接口电路、以太网接口电路。其中 E1 接口电路主要是和多业务复用设备 PCM 结合使用，通过 PCM 设备在同一个 E1 传输通道上同时安全的传输办公网和生产网数据，达到节约电路租用费用的效果。

（4）卫星通信：通过在场站建设的地面卫星通信站，利用专用卫星通信频段把场站数据安全传送到重庆气矿生产网络，但由于卫星通信传输带宽窄、费用高、延时大、维护麻烦等不足，地面卫星通信已经越来越不适合场站通信需求，在逐步萎缩淘汰。

4.4 重庆气矿生产网络传输系统

4.4.1 SDH 设备

重庆气矿目前在用的 SDH 传输设备主要来自华为（OSN1500、OSN2500、OSN3500、Optix 155/622H）。下面以 OSN1500 为例做一个简单的介绍。

4.4.1.1 SDH 简介

SDH（同步数字体系）是一种将复接、线路传输及交换功能融为一体，并由统一网管系统操作的综合信息传送网络，适用于光纤、微波和卫星传输。

SDH 采用标准化的信息结构等级，称为 STM-N（N=1，4，16，64），对应速率分别为：155Mbit/s、622Mbit/s、2.5Gbit/s 和 10Gbit/s。

SDH 的核心优点：强大的网管能力、标准的光接口、同步复用。图 4.28 和图 4.29 所示分别为 SDH 设备的基本网元和复用映射结构。

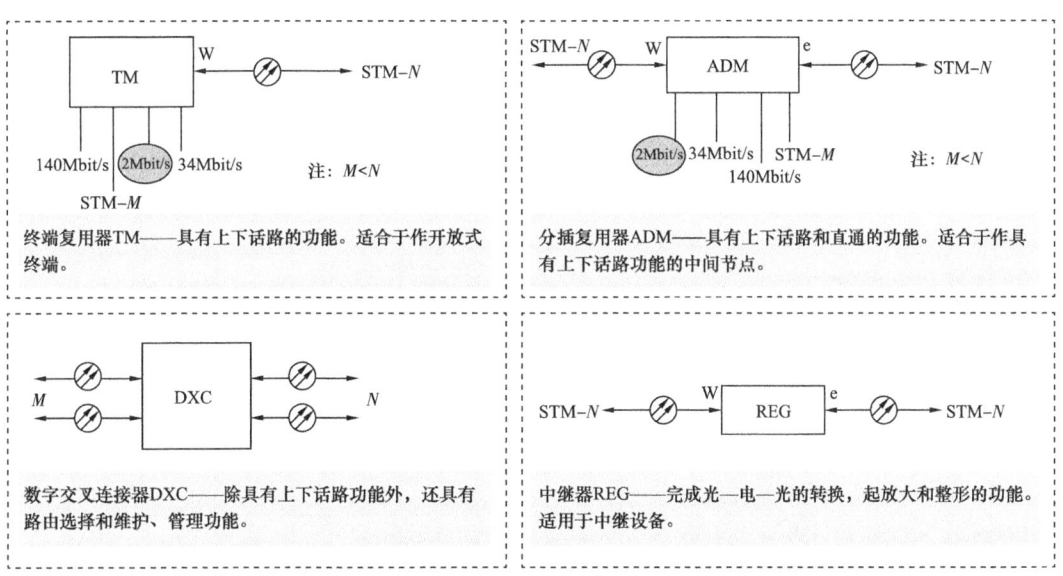

图 4.28　SDH 设备的基本网元

M，N—复用等级；W—西向线路端口；e—东向线路端口；STM-N 同步传输模块 N 级；STM-M— 同步传输模块 M 级

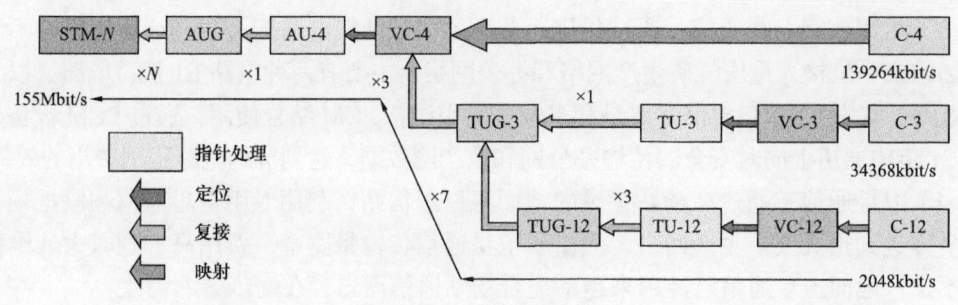

图 4.29　SDH 复用映射结构

OSN1500 配置单板包括：SDH 单元、PDH 单元、以太网单元、ATM 单元、MST 单元、WDM 单元、交叉时钟主控线路单元、辅助单元（图 4.30 和图 4.31）。

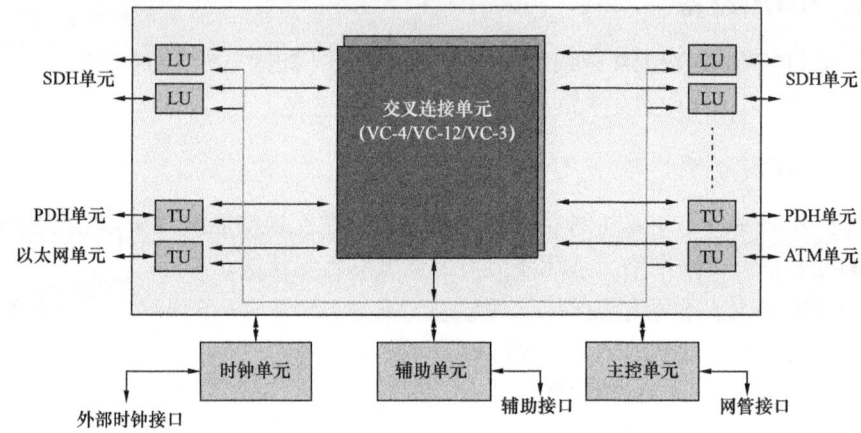

图 4.30　SDH 设备——OSN1500 系统结构

LU—逻辑单元；TU—传输单元；SDH—同步数字系列；PDH—准同步数字系列；ATM—异步传输模式

指示灯	颜色	状态	具体描述
单板硬件状态灯-STAT	绿	绿色亮	工作正常
	红	红色亮	硬件故障
	红	红色100ms亮100ms灭	硬件不匹配
	黑	灭	无电源输入，或者未配置业务
业务激活状态灯-ACT	亮	亮	业务处于激活状态
	黑	灭	业务处于非激活状态
单板软件状态灯-PROG	绿	绿色亮	加载或初始化单板软件正常
	绿	绿色100ms亮100ms灭	正在加载单板软件
	绿	绿色300ms亮300ms灭	正在初始化单板软件
	红	红色亮	丢失单板软件，或加载、初始化单板软件失败
	黑	灭	没有电源输入
业务告警指示灯-SRV	绿	绿色亮	业务正常
	红	红色亮	业务有紧急告警或主要告警
	黄	黄色亮	业务有次要告警或远端告警
	黑	灭	没有配置业务或无电源输入

图 4.31　SDH 设备——OSN1500 的 SDH 单元指示灯含义

4.4.1.2　SDH 常见告警信息

SDH 常见告警信息包括 SDH 单元告警信息和 PDH 单元告警信息，OSN1500 设备的 SDH 单元常见告警如图 4.32 所示，OSN1500 的 PDH 单元常见告警如图 4.33 所示。SDH 设备维护常用仪器仪表包括光功率计、SDH 分析仪、2M 无码仪和光谱分析仪等如图 4.34 所示。

告警级别	颜色	告警名称	告警含义与原因
紧急告警	●	R_LOS	收端无法正常接收信号
主要告警	●	MS_AIS	复用段层为全“1”，可能由于R_LOS等引起
		AU_AIS	由R_LOS等紧急告警引起
			错误的业务配置
			对端站发送部分故障或本端接收部分故障
		POWER_ABNORMAL	单板电源模块故障
次要告警	○	MS_RDI	对端站有R_LOS、R_LOF或MS_AIS 告警
		HP_RDI	对端站接收到AU_AIS、AU_LOP等告警
			对端站接收部分故障或本站发送部分故障
		LOOP_ALM	单板正在执行软件环回

图 4.32　SDH 设备—OSN1500 的 SDH 单元常见告警

PDH单元常见告警

告警级别	颜色	告警名称	告警含义与原因
主要告警	●	ALM_SUBCARD_ABN	接口板与处理板不匹配
		T_ALOS	没有E1信号接入
		TU_AIS	业务配置错误
			PDH或SDH、交叉单元故障
			由更高级别的告警引起，如R_LOS
次要告警	○	LP_RDI	对端网元有TU_AIS或TU_LOP等告警
		LP_REI	对端网元有LP_BBE

PDH单元常见性能事件

性能事件名称	性能事件含义
LPBBE	低阶通道背景块误码
LPFEBBE	低阶通道远端背景块误码
LPES	低阶通道误码秒
LPFEES	低阶通道远端误码秒
TUPJCHIGH	TU指针正调整计数
TUPJCLOW	TU指针负调整计数

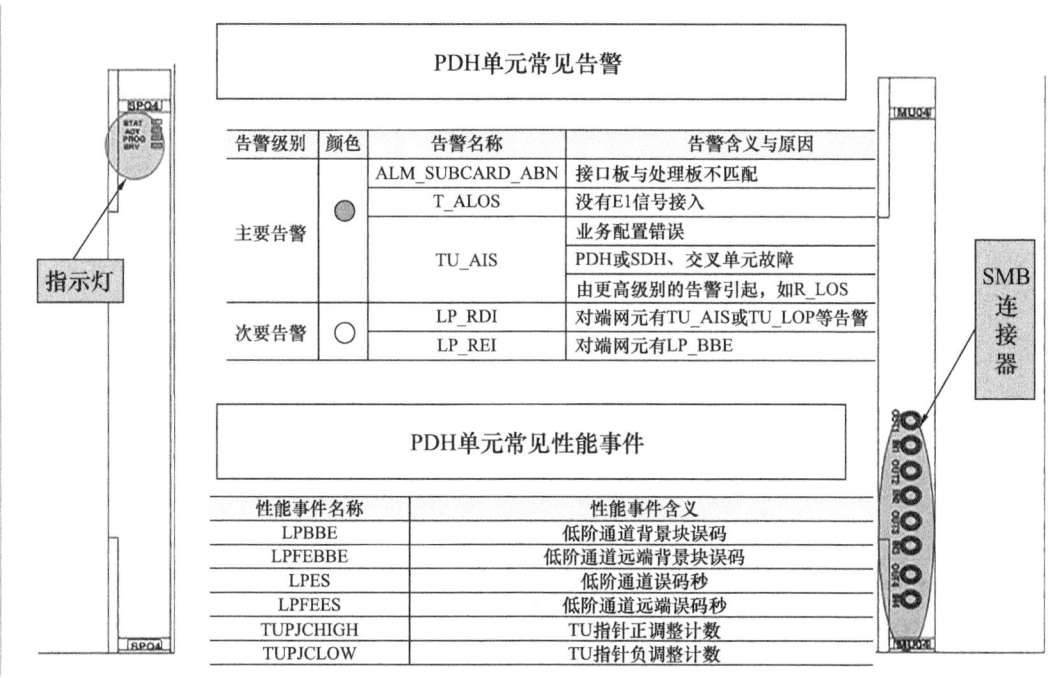

图 4.33　SDH 设备—OSN1500 的 PDH 单元常见告警

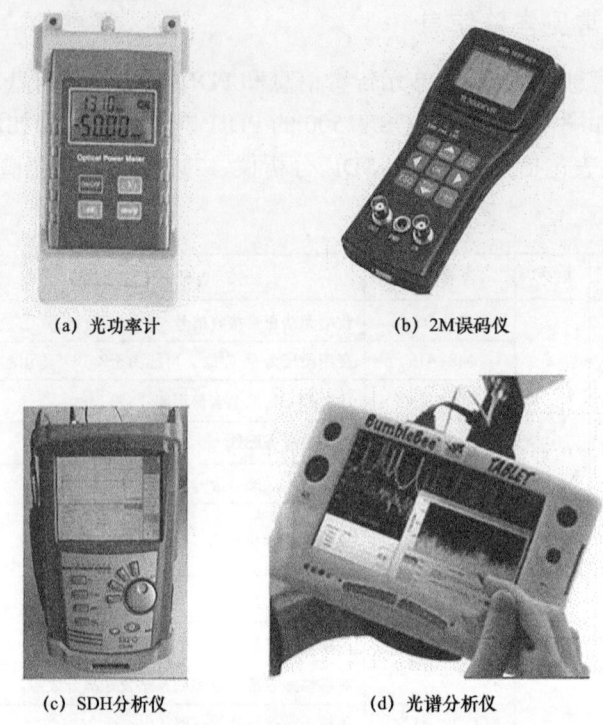

图 4.34 SDH 设备维护常用仪器仪表

4.4.1.3 SDH 设备单板维护注意事项

（1）在设备维护中做好防静电措施，避免损坏设备。由于人体会产生静电电磁场并较长时间地在人体上保存，所以为防止人体静电损坏敏感元器件，在接触设备时必须佩带防静电手环，并将防静电手环的另一端良好接地，单板在不使用时要保存在防静电袋内。

（2）注意单板的防潮处理。备用单板的存放必须注意环境温度和湿度的影响。保存单板的防静电保护袋中一般应放置干燥剂，以保持袋内的干燥。当单板从一个温度较低、较干燥的地方拿到温度较高、较潮湿的地方时，至少要等 30min 以后才能拆封，否则，会导致水汽凝聚在单板表面；损坏器件等 30min 以后才能拆封，否则，会导致水汽凝聚在单板表面，损坏器件。

（3）插拔单板时要小心操作。设备背板上对应每个单板板位有很多插针，如果操作中不慎将插针弄歪、弄倒，可能会影响整个系统的正常运行，严重时会引起短路，造成设备瘫痪。

4.4.1.4 SDH 设备光板维护注意事项

（1）光接口板上未用的光口一定要用防尘帽盖住。这样既可以预防维护人员无意中直视光口损伤眼睛，又能起到对光口防尘的作用，避免灰尘进入光口，影响发光口的输出光功率和收光口的接收灵敏度。

（2）日常维护工作中使用的尾纤在不用时，尾纤接头也要戴上防尘帽。

(3)不要直视光板上的光口,以防激光灼伤眼睛。

(4)清洗光纤头时,应使用无尘纸蘸无水酒精小心清洗,不能使用普通的工业酒精、医用酒精或水。

(5)更换光板时,注意应先拔掉光板上的光纤,再拔光板,不要带纤插拔单板。

4.4.1.5　SDH 网管侧日常监控及故障判断

(1)SDH U2000 网管系统介绍。

U2000 网管系统是所有华为光传输设备统一、融合的管理平台,实现传送、接入、IP 设备(包括交换机和 PTN 设备)的统一管理。U2000 网管系统提供了对网元的各种安全管理功能,可以有效监控网元的登录和运行情况。通过查看拓扑视图,可以实时监控网元的告警情况,进行故障定位。

U2000 网管主拓扑运行图如图 4.35 所示。

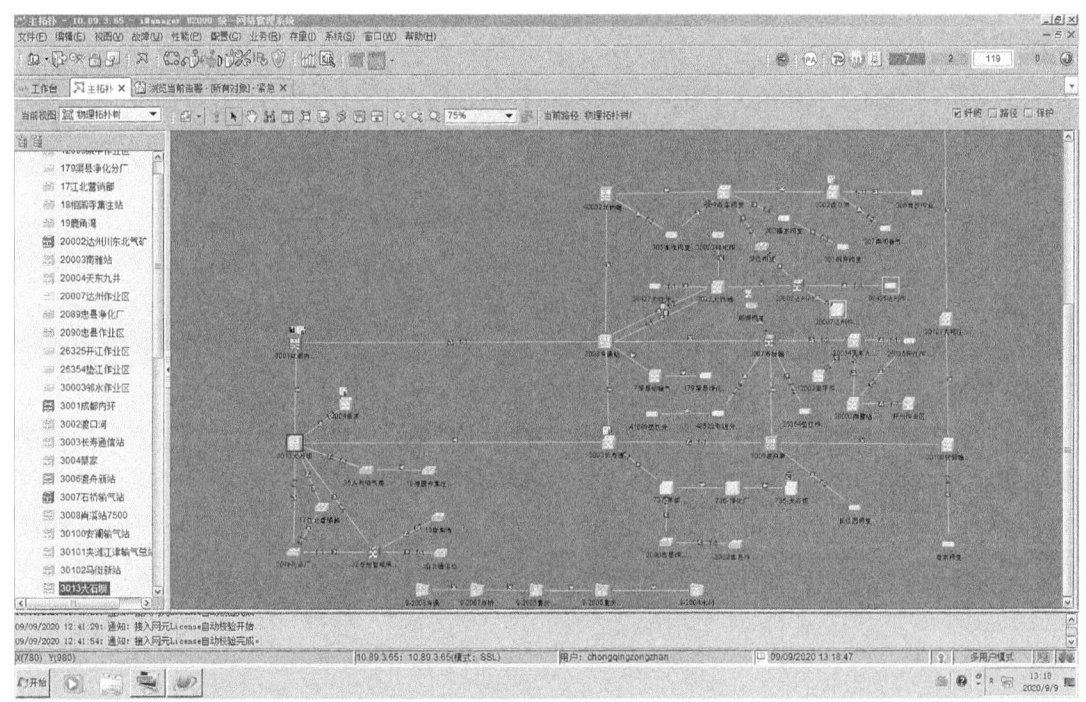

图 4.35　U2000 网管主拓扑运行图

(2)SDH 网管系统故障判断。

告警级别用于标识一条告警的严重程度、重要性和紧迫性,U2000 按严重程度递减的顺序可以将告警分为以下 3 个级别:紧急告警、重要告警、次要告警。

单击 U2000 界面右上方当前紧急告警指示灯 ●(红色),浏览当前全网严重告警;主要告警指示灯 ●(橙色),浏览当前全网主要告警;次要告警指示灯 （黄色),浏览当前全网次要告警。

网管侧告警显示如图 4.36 所示。

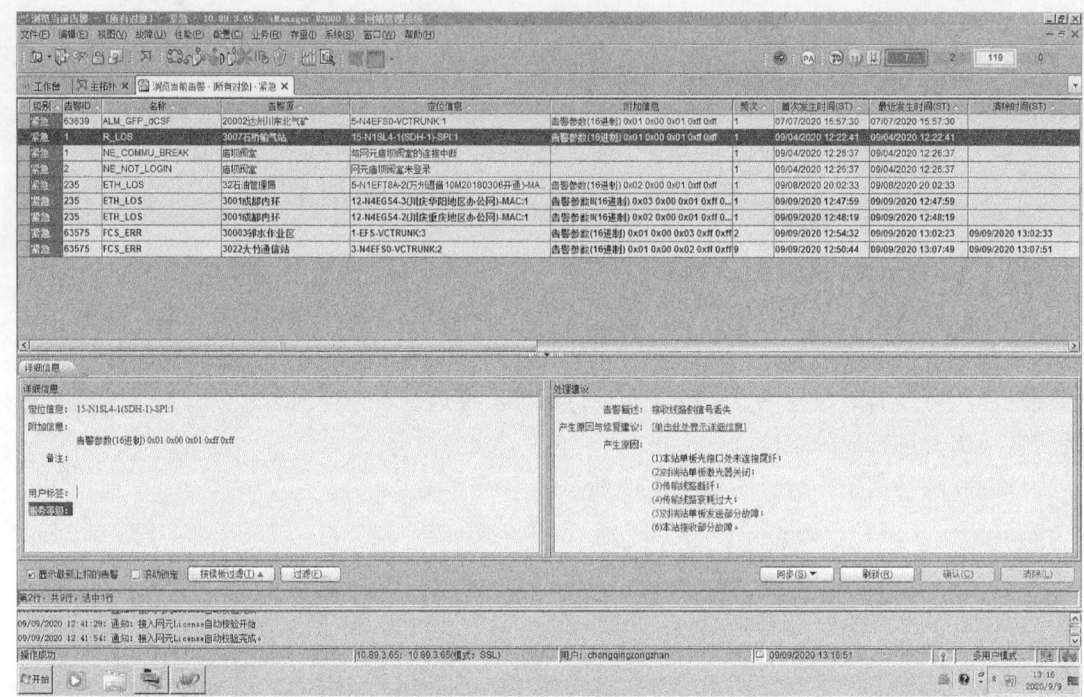

图 4.36　网管侧告警显示

4.4.2　工业以太网交换机

工业以太网交换机，即应用于工业控制领域的以太网交换机设备，由于采用的网络标准开放性好、应用广泛，能适应低温高温环境，抗电磁干扰强，防盐雾，抗震性强。工作原理是：当有一个帧到来时，它会检查其目的地址并对应自己的 MAC 地址表，如果存在目的地址，则转发，如果不存在则广播，广播后如果没有主机的 MAC 地址与帧的目的 MAC 地址相同，则丢弃，若有主机相同，则会将主机的 MAC 自动添加到其 MAC 地址表中。

4.4.2.1　工业以太网交换机特点

（1）快速的恢复时间。

可以保证在网络断开的情况下自动控制系统能在 300ms 时间内恢复正常状态。用于分布式应用的环网耦合功能，在分散式应用时可将一个冗余以太环网分成几个单独的环网，具有更高的灵活性。

（2）智能化网络管理。

事件触发的自动继电器或 E-mail 警告，可以使系统管理员获得实时警告信息。适用于 SCADA 监控系统的 SNMP OPC 服务器，使控制工程师可以从一个现有的、便于观察的控制中心监控网络状态。预防不可预计的网络流量，可以限制不可预计的广播或组播流量。基于 Web 的管理，可以实时监视网络的状态，更好地对工业通信系统进行规划。

（3）工业级的可靠性。

扩展操作温度特性，确保以太网设备能够承受恶劣的环境状况（−40～75℃）。工业强度安全等级，按照 UL/cUL Class1 Div.2 和 ATEX Class 1 Zone 及 CE 标准中描述的危险环境要求来设计产品，可确保以太网设备能够担任关键的工业应用。

4.4.2.2 交换机故障分析方法

不同的故障会有不同的表现形式，故障分析的目的就是要通过分析故障现象，找出故障的原因和确定故障的地点，以对故障进行排除。

为了使故障分析工作有条不紊和有章可循，需要在故障分析中参照故障分类，逐步推进。一些常用的测试方法有：

（1）排除法。

根据故障现象，罗列出故障发生的各种可能性，然后逐个排除。排除时要从简至繁，避免盲目。这种方法的逻辑性较强，可以应对各种各样的故障，但缺点是对维护人员的要求较高，要求维护人员对交换系统有全面深入的了解。

（2）对比法。

在场站系统正常运行的设备和故障设备之间进行对比，找出故障所在。这种方法简单易行，对软件故障的排查尤为有利，但缺点是用途有限，特别是一些故障无法找到有效的对比基准。

（3）替换法。

用正常的设备去替换可疑的设备，这种方法主要用于设备的硬件故障的处理。替换时应注意正常设备的型号、类型及硬件参数是否与欲替换的设备完全相符。

以上几种方法，在实际运用中，有时是交替使用的，目的是迅速准确地找出故障点。

第5章 物联网数据融合技术与实践

随着天然气田信息化的建设，各气矿层级基本已有一些自建系统，如酸性气田管道完整性管理数字化成果应用平台、气矿管道无人机巡检系统、三甘醇脱水系统智能诊断与监控平台、动设备状态监测与故障诊断平台、风险集中管理平台、生产数据集成整合与智能分析系统、环境节能监测中心实验室信息管理系统、设备综合管理系统2.0和地面建设数字化管理移交平台等。然而，由于建设初期没有对各个系统进行统一规划，尚存在以下问题：

（1）决策分析数据口径一致性。各个系统之间相对独立，数据不能共享，数据信息缺乏全局性的统一数据标准，无法保证一致性；同时，信息汇总的渠道和时间有差异，这就需要解决决策分析数据口径一致性的问题。

（2）缺乏综合性统计分析。在信息化建设不断深入和普及的情况下，气矿很多部门为满足业务管理需要，陆续开发有自己独立的业务系统，但均属业务处理系统，业务数据庞杂分散，数据综合性、全局性分析功能难以实现。

（3）数据整合的必要。各系统之间数据互联互通性差，"数据孤岛"现象较为突出，而且由于信息化系统采用的数据源、编码不一致等，以致气矿信息化应用水平整体难以提升，阻碍了气矿信息化的发展，数据资源整合的挑战迫在眉睫。

5.1 天然气生产数据融合需求

5.1.1 应用需求

根据气矿对各系统数据的管理及业务需求，对数据存储方面采用面向对象数据模型设计理念，以"一库"管理为核心，完善天然气生产数据集成平台，满足各业务的数据存储需求，建立数据迁移机制，根据不同数据的频率、类型等进行定时迁移转换，同时提供配套数据访问服务管理工具，辅助气矿中心数据库高效管理，实现数据对外共享。

5.1.2 建设目标

搭建天然气生产数据集成平台（图5.1），参照石油勘探开发数据模型（EPDM）和专业石油数据管理（PPDM）标准规范，按面向服务的体系结构（Service Oriented Architecture，SOA）要求，统一中心数据库的数据结构，形成中心数据库集成应用规范，按规范进行开发地质、生产运行数据建模，集成业务数据，实现数据标准与统一，并提供数据共享服务的能力。

第 5 章 物联网数据融合技术与实践

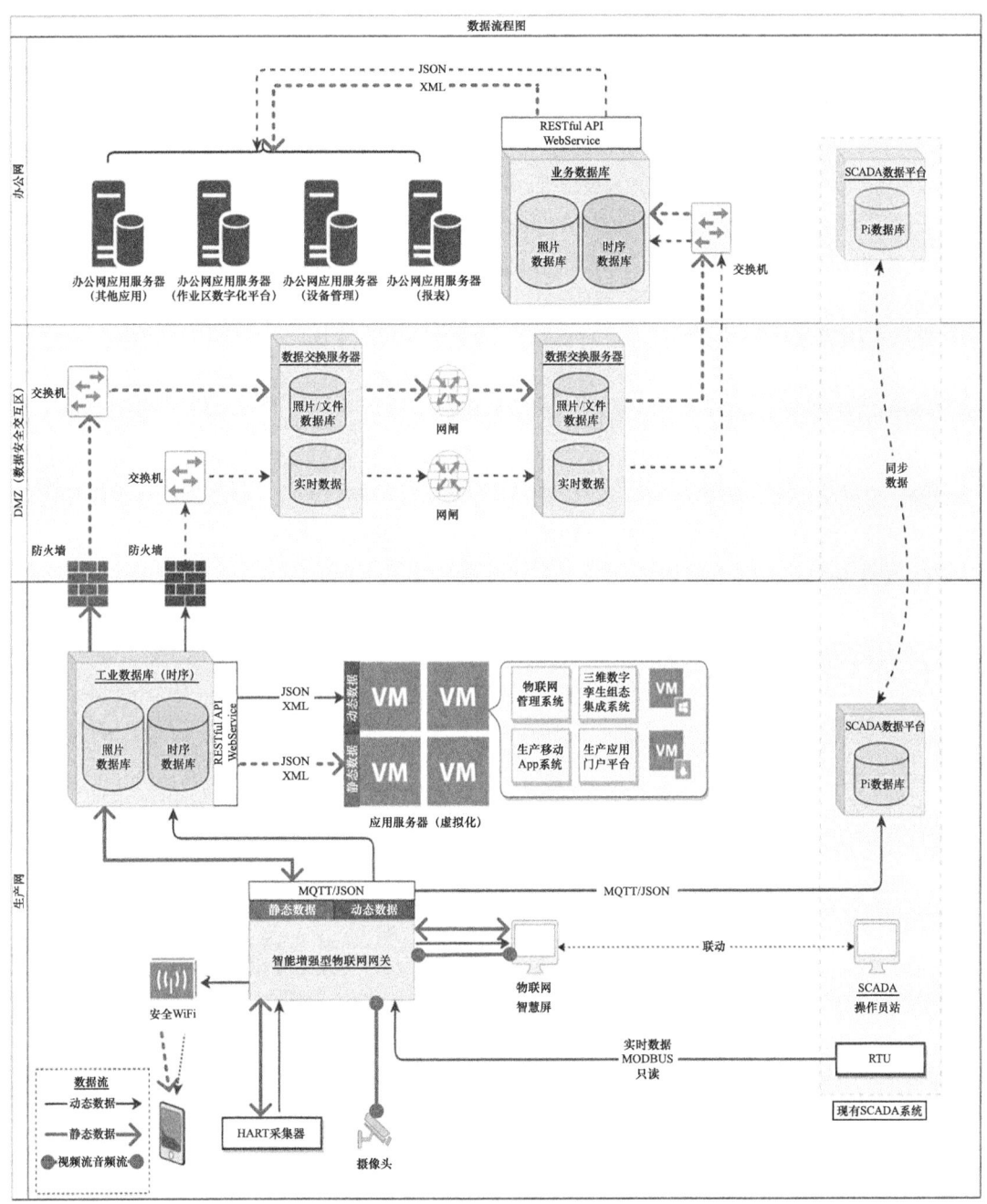

图 5.1 天然气气矿数据流图

JSON—JS 对象简谱；XML—可扩展标记语言；VM—虚拟机；RESTful API—REST 风格的 API，即 REST 是一种架构风格，跟编程语言无关，跟平台无关，采用 HTTP 做传输协议；WebSevice—Web 应用程序；HART—可寻址远程传感器高速通道的开放通信协议；MODBUS——一般指 Modbus 通信协议，是一种串行通信协议，是 Modicon 公司（现在的施耐德电气 Schneider Electric）于 1979 年为使用可编程逻辑控制器（PLC）通信而发表

5.2 数据集成技术

5.2.1 面向服务架构 SOA

面向服务的体系结构（SOA）是为分布式应用程序提供独立于平台和语言的服务的规范和方法。服务是业务流程中的可重复任务，业务任务是服务的组合。SOA 描述了一种基于组件的体系结构的消息传递分类法，该体系结构可根据需要向客户端提供服务。客户端通过传递一条包含以标准格式操作的元数据的消息来访问遵循 SOA 的组件。组件对该消息进行操作，并返回客户机用于自己目的的响应。消息的一个常见示例是通过网络协议（如 SOAP）传输的 XML 文件。

通常，服务提供者和服务使用者之间不会直接传递消息。SOA 使用中间件来扮演事务管理器（或代理）和转换程序的角色。该中间件可以发现和列出可用的服务以及潜在的服务使用者（通常以注册中心的形式），SOA 描述了一种分布式体系结构，安全性和信任服务被直接构建到许多这类产品中以保护通信。中间件产品也可以是业务流程逻辑所在的地方，如通用应用程序、或者是面向特定行业的、私有或公共服务。

中间件被用来管理查找请求。通用描述发现和集成（Universal Description, Discovery and Integration, UDDI）协议是最常用于广播和发现可用 Web 服务的协议，通常使用可扩展标记语言以电子业务的形式传递数据，如 ebXML（e-business Extension Markup Language）格式的文件。服务消费者在代理注册中心中查找 Web 服务，并将其服务请求绑定到该特定服务。如果该代理支持多个 Web 服务，它可以绑定到任何可用的 Web 服务上。

此体系结构不包含需要访问的特定应用程序编辑接口（API）的可执行链接。消息将数据呈现给服务端，服务端再对用户做出响应。由客户端决定服务是否返回适当的结果。SOA 被视为一种方法，用于将一片集成的流程创建为一组链接服务。组件再将自身作为"端点"（"端点"是 SOA 中的一种术语）公开给客户端。

最常用的消息传递格式是使用简单对象访问协议（Simple Object Access Protocol, SOAP）的可扩展标记语言（Extensible Markup Language, XML）文档，但也可以使用更多格式，包括 Web 服务描述语言（WSDL）、Web 服务安全（WSS）和用于 Web 服务的业务流程执行语言（WS-BPEL）。WSDL 通常用于描述服务接口、如何绑定信息以及组件的服务或端点的性质。

服务组件定义语言（Service Component Definition Language, SCDL）被用于定义执行服务的服务组件，它所提供的组件服务信息不属于 Web 服务，因此它不属于 WSDL。

图 5.2 显示了 SOA 体系结构的协议栈，以及这些不同的协议如何执行面向服务体系结构中所需的功能。在图 5.2 中，标签为"其他协议和服务"的框可以包括公共对象请求代理体系结构（Common ObjectRequest Broker Architecture, CORBA）、表征状态转移（Representational State Transfer, REST）、远程过程调用（Remote Procedure Call, RPC）、分布式公共对象模型（Distributed Component Object Model, DCOM）、Java 智能网络基

础设施（Java Intelligent Network Infrastructure，JINI）、数据分布服务（Data Distribution Service，DDS）、Windows 通信基础（Windows Communication Foundation，WCF）以及其他技术和协议，正是这种灵活性和中立性使得 SOA 在设计复杂应用程序时特别有用。这些服务以及它们与 SOA 交互的方式已经由许多标准组织进行了编码。SOA 提供了任何类型的客户机需要使用服务的参与请求——响应所需的框架。在 SOA 中传递消息或处理事件的方式的规范被称为它们的合约（Contract）。这个术语的意思是，客户端在必须以指定方式在管理的任务中使用该服务。在一个真正的系统中，合约可以在实际的纸质合同中明确地对服务质量参数进行说明。通常，SOA 需要使用协调器或代理服务来确保正确地处理消息。SOA 不会对服务的客户端（消费者）或组件（提供者）提出任何其他要求，它只与两者之间的接口或行动边界有关。

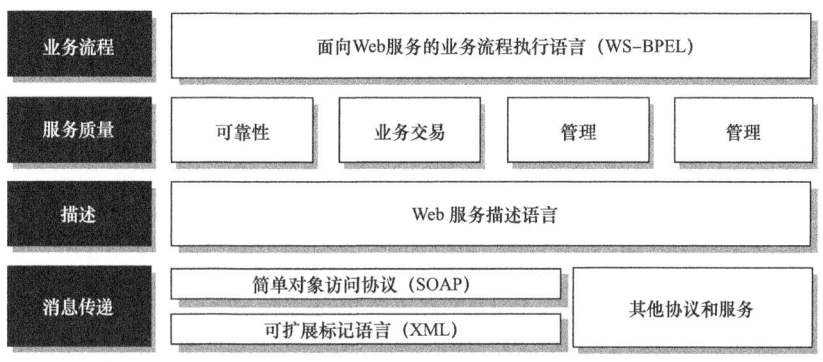

图 5.2　SOA 的协议栈

组件基于它们的服务逻辑和依赖关系编码，建立 QoS，并实例化服务。在 SCA 模型中，数据和消息在服务数据对象（SDO）中交换。这种使用对象和服务的消息传递系统有时被称为数据访问服务（DAS）。图 5.3 显示了不同类型的组件如何使用不同的协议来作为 SOA 的一部分进行通信。

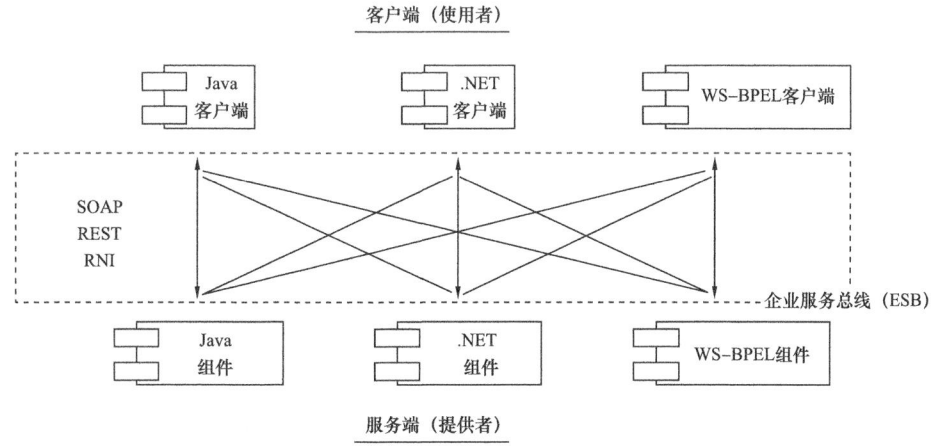

图 5.3　不同类型的组间通信
SOAP—简单对象访问协议；REST—表征状态转移；RNI—远程网络接口

组件的编写通常遵循服务组件体系结构（Service Component Architecture，SCA），这是一种与语言和技术无关的设计规范，具有广泛的行业支持，尽管它不是通用规范。SCA可以使用使用业务流程执行语言（BPEL）、Java、C#编写的组件的服务。NET、XML或Cobol，并可以应用于C++和Fortran，以及动态语言Python、Ruby、PHP和其他。允许以最简单的形式编写组件，以支持组件要服务的业务流程。通过包装用COBOL等语言编写来使用遗留在客户端的数据，SOA极大地延长了许多遗留应用程序的生命周期。

绝大多数成熟的SOA实现更倾向于使用配器法而不是编排法。通过配器法，单个中央服务管理各种流程，并且可以在一个位置对业务逻辑进行更改。与编排法相比，将Web服务集成到体系结构中更容易，因为这些服务不需要了解任何有关业务流程的信息。将业务逻辑集中起来还可以更容易地设计错误处理机制，并更容易地解释、管理和分析发生在业务流程之外、与流程的某个部分相关的事件。事件处理是事件驱动的SOA或SOA2.0的一部分，它扩展了面向服务的体系结构，以包括由业务流程外部的业务流程触发的随机事件和计划事件。

执行配器法的一种方法是使用企业服务总线（ESB）。ESB提供了一个中间件软件层，用于使用消息传递基础设施进行事件管理，它经常用于创建高兼容性和高效的服务体系结构。

总之，SOA通过连接能完成特定任务的独立功能实体实现的一种软件系统架构。SOA指定一组实体（服务提供者、服务消费者、服务注册表、服务条款、服务代理和服务契约），这些实体详细说明了如何提供和消费服务。遵循SOA观点的系统必须要有服务，这些服务是可互操作的、独立的、模块化的、位置明确的、松耦合的，并且可以通过网络查找其地址。

采用SOA技术开发系统的优点主要为：一是在于系统间集成应用时，不必重新开发。面向服务的体系结构可以基于现有的系统投资来发展，而不需要彻底重新创建系统。通过使用适当的SOA框架并使其用于整个企业，可以将业务服务构造成现有组件的集合。使用这种新的服务只需要知道它的接口和名称。二是服务是位置透明的，服务不必与特定的系统和特定的网络相连接。服务是协议独立的，服务间的通信框架使得服务重用成为可能。对于业务需求变化，SOA能够方便组合松耦合的服务，以提供更为优质和快速的响应，允许服务使用者自动发现和连接可用的服务。

自SOA技术在油气生产管理系统开发方面推广以来，系统严格按照SOA架构设计，目前已在生产网基础资源运维管理系统、网络预约办公管理平台、资产管理系统中进行应用，正在开发的行政事务管理系统、概预算管理系统也严格按照SOA架构进行设计，为后期实现数据共享、系统集成提供了基础保障。

5.2.2 企业服务总线 ESB

在图5.4中，前面假设的三个不同的应用程序通过称为企业服务总线（Enterprise Service Bus，ESB）的模块与身份验证模块交互。ESB不是搭建网络通信中使用的物理总线；相反，它是由一组网络服务组成的体系结构模式，这些网络服务在面向服务的体系结构中管理事务。

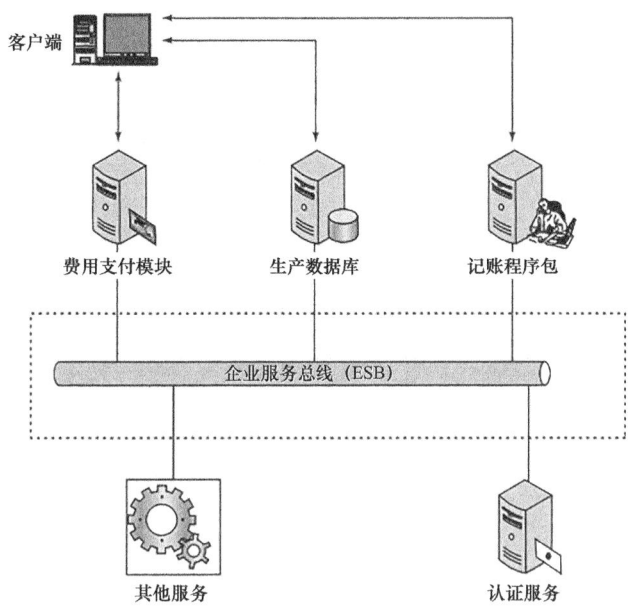

图 5.4　ESB 架构图

ESB 视为一组服务，这些服务基于具体的业务将客户端与组件分离开来，名称中使用"总线"一词表示与系统的高度连接或结构质量。也就是说，系统是松散耦合的。消息通过 ESB 从客户端流到组件，ESB 管理着这些事务，尽管组成 ESB 的服务的位置可能相差很大。

ESB 对于面向服务的体系结构是必要的，但不是必需的，因为典型的业务流程可以跨越大量的消息和事件，而分布式处理本质上是一种不可靠的传输方法。因此，ESB 在 SOA 中扮演事务代理的角色，确保消息到达它们应该到达的地方，并正确地进行操作。服务总线执行中介功能：消息转换、注册、路由、日志记录、审核和管理事务完整性。事务完整性类似于数据库系统的 ACID❶，原子性、一致性、隔离性和持久性，其本质是传输成功或失败并被回滚。

ESB 可以是网络操作系统的一部分，也可以使用一组中间件产品实现。ESB 在发布和访问服务的企业消息传递系统之上创建一个分层的虚拟环境。ESB 可以被视为消息事务系统。IBM 的 WebSphere ESB7.0 是基于开放标准（如 Java EE、EJB、WS-Addressing、WS-Policy 和 Kerberos 安全性）的 ESB，它运行在应用程序服务器（WebSphere Application Server）上。它可以与 Open SCA 互操作。WebSphere ESB 包含一个联合服务管理工具，集成的注册和存储库功能。

这些典型的特性可以在 ESB 中找到，其中包括：

（1）监控服务有助于管理事件。

（2）流程管理服务管理消息事务。

---

❶ ACID—数据库管理系统（DBMS）在写入或更新资料的过程中，为保证事务（Transaction）是正确可靠的，所必须具备的 4 个特性：原子性（Atomicity，或称不可分割性）、一致性（Consistency）、隔离性（Isolation，又称独立性）、持久性（Durability）。

(3)数据存储库或注册中心存储业务逻辑和帮助治理业务流程。

(4)数据服务在客户端和服务之间传递消息。

(5)数据抽象服务根据需要将消息从一种格式转换为另一种格式。

(6)治理是一种监视企业的运营是否符合政府规定的服务,可以根据地方和国家的规章制度来进行变化。

(7)安全服务验证客户端和服务,允许消息从一个点传递到另一个点。

图5.5显示了SOA中的这些不同服务如何相互关联。

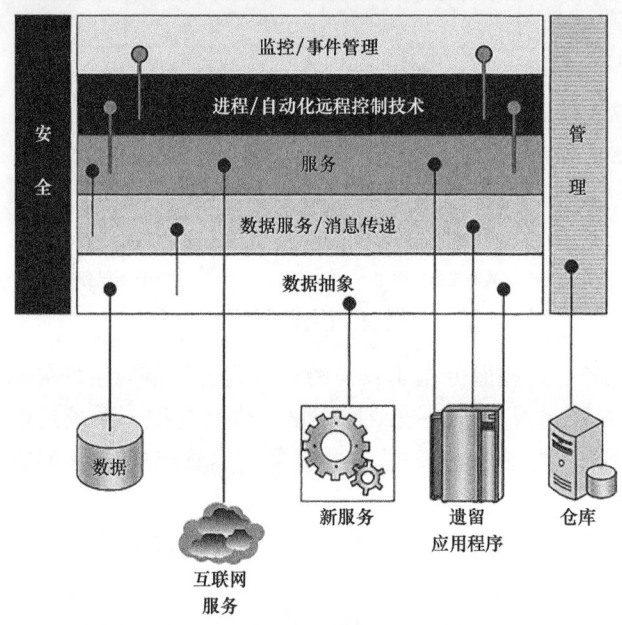

图5.5 服务质量关联

在面向服务体系结构的上下文中,存储库和注册中心之间的差别是微妙的。存储库和注册中心的功能都是数据的存储,但是存储库存储涉及对SOA组件的引用、它们的源代码以及用于提供SOA服务的链接信息。而SOA注册中心则包含对服务的规则、描述和定义的引用,即组件的元数据。

存储库在网络操作系统基础结构中扮演名称服务器的角色,而注册中心则扮演目录服务(域)的角色。服务代理使用SOA注册中心中包含的规则来执行其作为翻译和交付代理的功能。对于开发人员来说,注册中心是存储允许创建复合应用程序的组件描述的中心位置,也是发布服务以供通用使用的位置。

SOA中的这些服务还包括前面提到的提供者接口和网络协议的标准集。开发人员还可以选择创建业务流程编排模块,以协调集成到更大平台中的多个业务应用程序的访问和事务完整性。

在大型SOA实现中查找任何特定的服务和定位服务的需求可能涉及大量的网络系统开销。为了帮助定位服务,SOA基础设施通常包括目录服务。该服务存储以下信息:

(1)有哪些内部和外部服务是正在运行的。

(2)如何使用服务。
(3)应用程序与特定的服务相关的依赖关系。
(4)服务由谁提供以及如何修改服务。
(5)服务的事件历史,包括服务级别、中断等。
服务目录是动态的,并在不断修改。目录服务器具有以下特性:
(1)服务于单个站点的独立目录服务器。
(2)提供全局目录服务的角色,其中合并两个或多个目录服务器以包含多个站点。全局服务通常需要某种类型的同步或更新,以在涉及的服务器之间维护统一的数据存储。
(3)联邦目录服务的一部分,其中两个或多个全局目录服务器可以通过可信查询关系访问彼此的信息。
目录服务对大型系统的性能有巨大的影响,并且随着 SOA 网络系统的发展,目录服务最终会变得非常重要。互联网络是通过合并不同的网络而建立起来的网络,其方式与互联网络是一样的。

5.3 基于 ESB 的天然气生产数据融合平台

5.3.1 平台设计原则

为确保平台的建设成功与可持续发展,在平台的建设与技术方案中,应遵循以下的原则:
(1)先进性。
采用成熟广泛应用的技术为主,如 Oracle、JS 框架、微软操作系统等,确保项目的成功实施。采用 SOA 技术架构,保持项目成果的先进性和充分的发展空间。
(2)可扩展性。
通过标准化组件及模块接口,实现平台的可扩展性的技术基础。通过模块的良好封装性,实现模块之前的低耦合,实现应用的可扩展性。
(3)系统可靠性。
实施过程中应用必需的方法和技术,使程序设计在兼顾用户的各种需求时,在避错、查错、改错、容错等方面全面满足软件的可靠性要求。控制程序的复杂度;使程序具有合理的层次结构。使系统中的各个模块具有最大的独立性。
(4)可配置。
遵循研发规范,可标准化相关接口。通过服务接口提供的服务,可实现模块流程的标准化。通过良好的程序封装,实现关键配置信息的外置,实现可配置化。
(5)模块化。
满足产品的功能属性和环境属性:一方面,可以缩短产品研发与制造周期,增加产品系列,提高产品质量,快速应对需求变化;另一方面,可以减少或消除对环境的不利影响,方便重用、升级、维修和产品废弃后的拆卸、回收和处理。

（6）兼容性。

平台兼容各类应用，包括各种不同的开发语言。平台还应该兼容各类微软的操作系统及 32 位或 64 位系统。

（7）使用方便。

平台是易于使用的，包括从安装、升级、启动各个环节。支持个性化处理，用户可以根据自己的业务、自身的习惯对平台进行功能定制，以符合自身需求。

5.3.2 平台总体架构设计

对于基于 ESB 的天然气生产数据集成平台设计来说，平台的总体架构设计就是把各个业务系统与 ESB 平台集成到一起，以统一操作终端的方式对各个业务系统进行操作，总体来看集成平台分为各层次承担任务如下：

（1）数据存储层，基于分布式架构，支持结构化数据集成存储与共享应用。

（2）服务层，集成业务数据服务，支持应用的研发、管理与获取。

（3）应用层，提供支持跨部门、跨专业的数据服务提供。

基于 ESB 的天然气生产数据集成平台总体架构如图 5.6 所示。

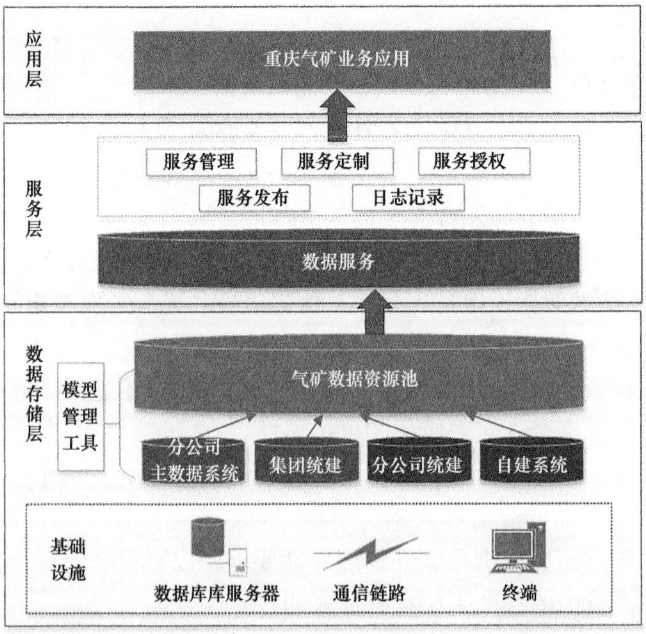

图 5.6 基于 ESB 的天然气生产数据集成平台总体架构设计图

5.3.2.1 数据存储层

通过前端集成技术将信息和服务提供给系统相关用户，并将对外提供规划的公共服务。数据存储层的目的是为用户提供一个统一架构来对各个天然气生产信息系统的生产日报数据、生产用电数据、天然气勘探管理数据进行操作以及对用户进行管理，其中对用户管理而建立的用户授权管理模块是基于 ESB 的天然气生产数据集成平台自有系统，ESB

平台为以后其他应用调用此系统提供服务接口，而其他三个子系统是勘探生产门户独立开发的信息系统，门户终端只是调用了子系统提供的服务接口。基于 ESB 的天然气生产数据集成平台为访问各个天然气生产信息系统的用户提供了一个直观、简洁的操作界面，为用户获取天然气生产数据提供了方便。

5.3.2.2 ESB 服务层

ESB 服务层又称业务服务支撑层，完成与应用服务器集成的方法实现与终端用户的交互，是一种消息和服务集成的中间件平台。ESB 服务层提供的服务流程为：当用户在生产集成平台执行业务请求后，业务流程通过对服务请求的解析，确定请求的是哪个油气生产信息系统的服务，然后分析服务请求者的信息是否符合平台规定，解析完成后把该服务请求提交给 ESB 平台，这时候 ESB 平台启动监听服务，ESB 平台会在服务注册中心查询是否存在此服务，如果服务提供者提供了此服务，那么 ESB 平台进行调用，然后把传递过来的消息解析完成后发送给服务请求者，最后展示到生产数据集成平台，进而完成整个流程。根据以上分析，ESB 服务层作为桥梁连接着业务流程层和基本数据资源层。ESB 层不仅需要提供上述的消息路由功能，而且还要提供消息格式转换、传输协议转换、报文规范设计、服务接口设计和日志服务等功能。

5.3.2.3 应用层

应用层主要包括各种需要集成的应用系统，提供响应的数据和服务接口，对应用系统和数据存储库进行整合集成。基于 ESB 的天然气生产数据集成平台终端里面集成的应用系统有：

（1）生产日报系统。

该系统分为两个模块：生产日报数据汇总模块和生产日报数据管理模块。生产日报数据汇总模块主要记录了气矿历年油、气、水三种类型产量的完成量、年计划以及完成率。生产日报数据管理模块是根据登录用户类型不同所展示的功能不同，普通公司员工登陆进去可以查询油气生产日报数据，用户选择开始日期、截止日期、公司和类型点击查询后就会出现需要的日报数据，管理员登录进去是可以增删改查油气生产日报数据。

（2）油气生产用电系统。

油气生产用电系统分为两个模块：生产用电数据汇总模块和生产用电数据管理模块。生产用电数据汇总模块主要记录了气矿历年的生产油、气、水三种类型产量的用电量情况。生产用电数据管理模块是根据登录用户类型不同所展示的功能不同，普通公司员工登陆进去可以查询油气用电数据，用电数据查询模块是查询生产用电数据，用户选择开始日期、截止日期、公司和类型点击查询后就会出现需要的用电数据，管理员登录进去是可以增、删、改、查油气生产用电数据。

（3）油气勘探管理系统。

油气勘探管理系统主要是记录了近年的气矿油气储量和勘探工作量信息，有新增探明石油地质储量、新增探明天然气地质储量、探井口、预探井、评价井等数据，公司员工登录进去是对数据的查看，管理员登录进去是可以对数据进行增、删、改、查。

5.3.3 多模态数据业务流

以满足气矿管理需求为目标，遵从分公司建模标准，建立气矿级模型，实现模型的应用。按照气矿数字化转型总体方案，按照管理规范和业务需求的建设标准，满足气矿数据资产存储与共享需求，为西南油气田数据湖数据资源汇聚整合提供支撑，整体思路如图5.7所示。

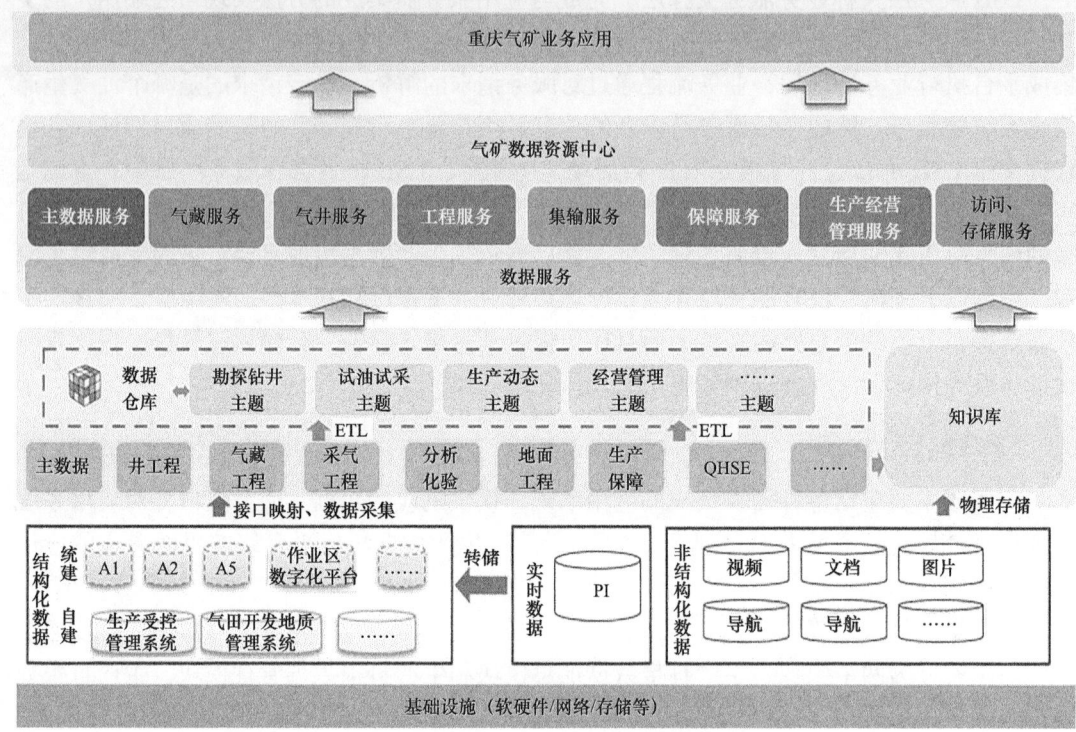

图 5.7 多模态数据整合框架

ETL—Extract-Transform-Load，是一种通用的数据仓库技术，用来描述将数据从来源端经过抽取（Extract）、转换（Transform）、加载（Load）至目的端的过程；A1，A2，A5—不同的应用平台；PI—实时数据库系统（Plant Information System）

按照业务分类，编制气矿级模型规范，搭建气矿数据模型框架，通过可视化的管理工具，进行模型的可视化管理，形成真正的数据资产"钱包"。以业务需求为导向，进行业务数据现状梳理，针对统建、自建已采集的数据进行数据迁移，针对未采集的数据，规划统一建模，进行数据采集；实时数据通过转储库，进行数据分类处理，迁移到关系性数据库中；视频、文档、图片等，通过分布式文件系统（Hadoop Distributed File System，HDFS）方式进行分布式存储，形成气矿级别的知识库。

基于集成整合的气矿数据资产，建立了数据服务接口统一管控机制，通过数据服务接口申请、定制、审批和使用流程化管理，在气矿层面为各级业务应用提供了唯一、全面、高效的数据服务。

5.3.4 ESB 数据模型管理工具

提供可视化模型管理实现对气矿数据资产模型统一管理，包括模型读取、创建、扩展、比对、修正，查看模型的历史版本和修改记录，辅助数据管理人员对模型的有效管理。

模型管理工具建设包括模型信息管理、模型对象管理、模型比对更新、模型导入导出、模型权限管理等。

（1）模型信息管理。

模型信息管理包括模型分类管理、模型信息管理、模型版本管理、数据库连接管理、模型读取。

模型分类管理：对不同类别的模型进行分类，方便后续模型的分类和统计。

模型信息管理：对模型基本信息进行添加、删除、修改。

模型版本管理：对模型进行不同版本的管理。

数据库连接管理：对不同数据库类型进行连接信息独立配置管理。

模型读取：实现不同数据库类型，不同加载方式的模型读取加载，支持将现有业务应用数据模型加载入库，实现不同类型的数据模型识别和统一集中管理。

（2）模型对象管理。

对数据库、表、字段、存储过程、约束、索引等元数据的添加、修改、删除等管理，并对历史修改进行详细记录。

（3）模型比对、更新。

模型比对（图 5.8）：以当前指定的数据模型为基准，与指定的数据库或模型做比对，将其差异分类展示，并可以进行双向修复，同时将比对结果导入 Excel 文件。

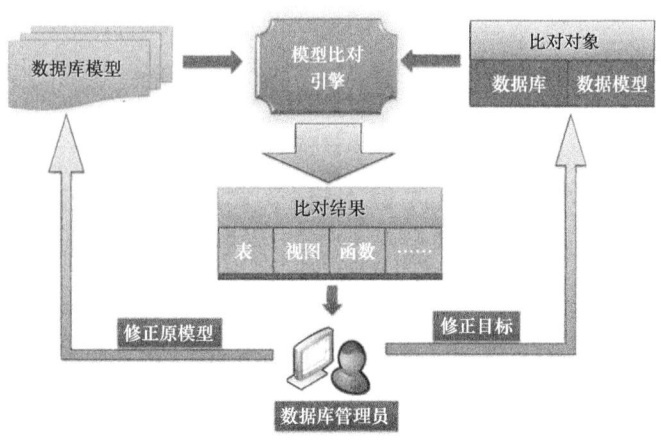

图 5.8　模型对比

模型更新（图 5.9）：根据模型修改变更类型，启动不同模型同步机制，调整所关联数据库结构、数据字典以及数据采集界面，实现模型的自动更新与同步。

（4）模型导入、导出。

将已有的数据模型可进行导入，并可以导出指定文件或者 Excel 文件，方便不同模型

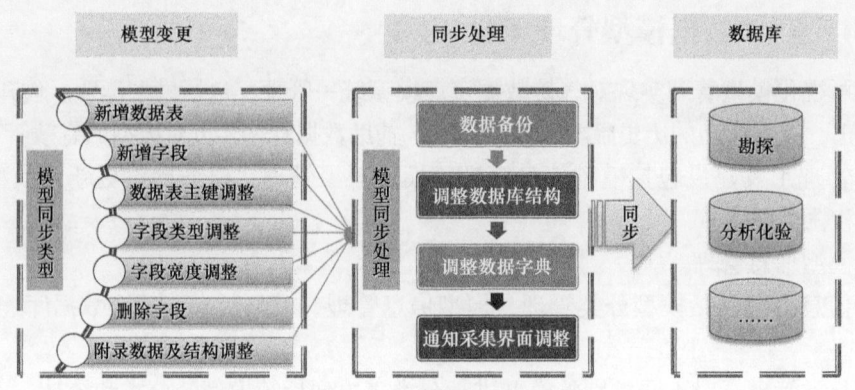

图 5.9 模型更新

之间协调数据及脱离工具对模型进行查看。

（5）模型权限管理。

提供模型授权、日志查询等功能，实现不同模型的分类授权管理。

5.3.5　ESB 数据模型建构

模型建设主要包括模型规范编制、主数据管理、业务数据现状梳理、业务域建模、数据采集及迁移 6 大部分内容。

5.3.5.1　模型规范编制

基于中国石油天然气集团有限公司 EPDM 数据模型和西南油气田公司主数据模型，参照西南油气田公司相关统建系统建模方法及惯例，形成重庆气矿数据库业务模型规范，为后续数据入库提供规范性文件。

5.3.5.2　主数据管理

通过分析梳理现有业务应用产生的数据成果，基于西南油气田公司主数据模型，扩展重庆气矿主数据的模型；扩展思路：规划一套主数据实体的识别清洗流程，从各类业务应用中抽取现有主数据实体内容，最终由业务人员完成确认，扩展气矿主数据的实体内容。

主数据实体设计主要指标见表 5.1。

表 5.1　主数据实体设计主要指标

序号	基本实体	主要指标
1	组织机构	机构名称、机构类型（单位职能）、机构类别（所处级别）、行政区名称、地址、是否是生产单位、机构编码、机构简称、机构类型名称、机构类别名称等
2	人员	单位 ID、用户 ID、用户观察序号、有效标识、生效日期、失效日期、职务、用工形式、系统登录名、系统密码、绑定 IP 地址、全局 ID、备注、来源、用户名称、用户锁定状态（y：锁定 n：未锁定）、性别（m：男 f：女）、超级管理员标识、身份证号、出生日期、工号、业务参与者 ID、地点 ID、联系地址类型、地址来源等

续表

序号	基本实体	主要指标
3	地质单元	所属组织机构、所属地质单元、地质单元名称、类型（地面、潜伏构造，天然气田，含天然气构造）、级别、含天然气类别、圈闭编号、类型名称、级别名称、含天然气类别名称、机构名称等
4	工区	主要地表条件、次要地表条件、物探工区名称、工区类型、勘探方法、勘探类型、地理位置、工区名称缩写、勘探业务类型、机构名称、主要地表名称、次要地表名称、工区类型名称、勘探方法名称、勘探类型名称、勘探业务类型名称、构造或天然气田名称等
5	井	井型、井号、行政区名称、是否平台井、地理位置、构造位置、设计井别、曾用井号、所属作业区、井型名称、设计井别名称、机构名称、物探工区名称、场站名称、构造或天然气田名称、作业区名称等
6	井筒	井号、井筒号、井筒类型、井筒类型名称等
7	地质分层	方案类型、方案名称、方案描述、地层名称、地层简称、地层编码、区域（显示一级构造单元名称）、地层级别、地层单位代码等
8	站库	所属组织机构、上级站库、站库名称、站库名称、站库简称、站库类别、年处理能力（设计能力）、日处理能力（设计能力）、设计规模、设计压力（单位MPa）、站库类别名称、机构名称、上级站库名称等
9	管线	所属组织机构、管线（段）名称、厚度、外径、材质、长度、起点站库名称、终点站库名称、机构名称、起点站库名称、终点站库名称等
10	项目	项目名称、项目级别、项目类型、项目性质、建设单位、项目负责人、项目来源、项目年度、批准日期、项目级别名称、项目类型名称、项目性质名称等
11	设备	所属组织机构、设备名称、设备类型、规格型号、生产日期、设备编码、效用年限、安装位置等
12	属性规范	属性名称、属性代码等

主数据扩展思路主要包括主数据来源梳理、主数据加载清洗、主数据的创建入库。主数据识别创建流程示意图如图5.10所示。

（1）主数据来源梳理。

梳理气矿目前在用业务应用系统，分析各业务应用产生什么主数据、什么方式产生、什么存储形式、采集哪些指标等，形成如图5.11所示的各类主数据实体数据来源明细。

（2）主数据加载清洗。

制定可以识别为同一主数据的关键指标，依据数据来源明细从各类业务应用中将对应的主数据属性内容识别抽取出来。

关键指标定义：根据该指标内容能够识别为同一个对象的（可以是多指标联合）。例如，井：井位坐标、井深；设备：出厂编号；管线：起终点等。

主数据清洗规则示意图如图5.12所示。

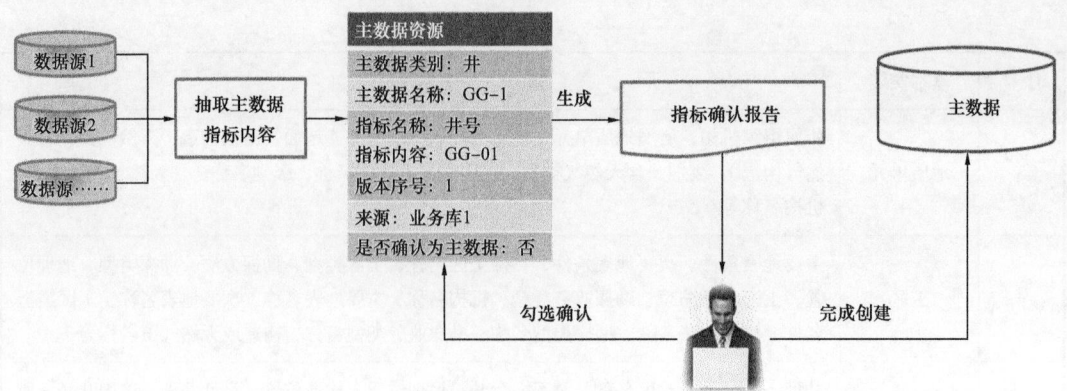

图 5.10　主数据识别创建流程示意图

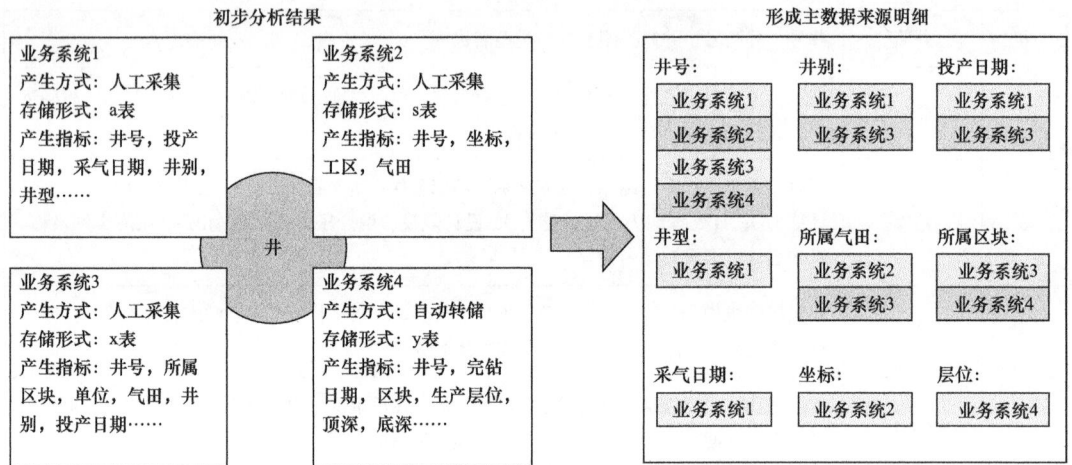

图 5.11　主数据实体来源分析示意图

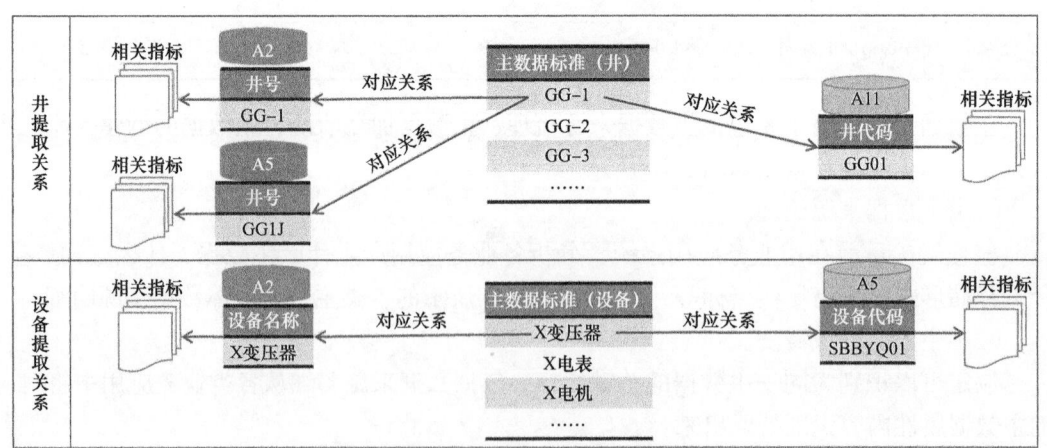

图 5.12　主数据清洗规则示意图

将各业务应用中不同版本的主数据属性通过 ETL 过程初始化主数据资源库，用于生成业务人员可操作的指标确认报告。

主数据加载示意图如图 5.13 所示。

（3）主数据创建入库。

基于主数据资源库，自动生成各类主数据指标确认报告，通过业务人员进行简单的勾选确认，将主数据创建入库。

主数据创建入库如图 5.14 所示。

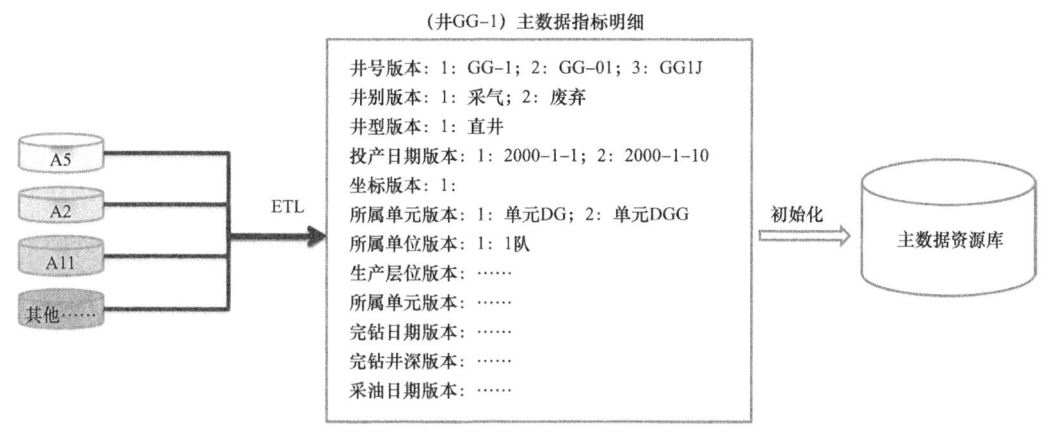

图 5.13　主数据加载示意图

图 5.14　主数据创建入库

5.3.5.3　业务数据现状梳理

业务数据现状梳理需要遵守业务梳理原则，使用业务梳理的基本方法进行业务梳理。

（1）业务梳理原则。

① 以中国石油天然气勘探开发业务域划分规范为基本原则；

② 遵循天然气田勘探开发业务规律和行业特色为准则；

③依据重庆气矿现有成果逐级梳理业务域内各级业务的纽带关系。

（2）业务梳理方法。

以业务需求为导向，充分调研各业务需求与数据利用现状，逐个剖析需求与数据的差异，梳理出业务对象、业务节点、业务活动内容及相互关系，指导气矿级数据资源整合。

5.3.5.4 业务域建模

按照业务管理需要，结合自建系统数据交叉情况，从综合性和全局性分析各业务应用模块展示指标对应的源数据出口，进行全业务的分类。针对地质开发、生产管理业务，详细梳理相关数据项，进行数据模型设计；针对源数据进行比对，建立模型间的对应关系，采用图形化、流程化的配置方式，实现不同数据库间数据抽取、清洗、转换、加载。

5.3.5.5 数据采集及迁移

梳理开发地质、生产运行的数据现状，对已有的数据，直接读取并通过可视化 ETL 工具完成气矿数据映射入库，未采集的数据，按照业务进行定制补充采集，最终形成一套气矿数据资产，对外提供数据共享能力，支撑各级应用。

围绕业务应用对结构化数据查询、回写等应用需求，实现 Restful 风格的数据接口在线定制、集中管理、授权共享、安全访问以及调用操作日志记录。通过服务实现了跨平台、跨应用程序的支持，任何第三方业务应用均可通过调用相关接口服务，实现自身应用的建设。

已有的数据通过数据服务对外提供统一标准的共享能力，主数据缺少的应在一库中进行补充采集。图 5.15 所示为历史数据清洗入库流程示意图。

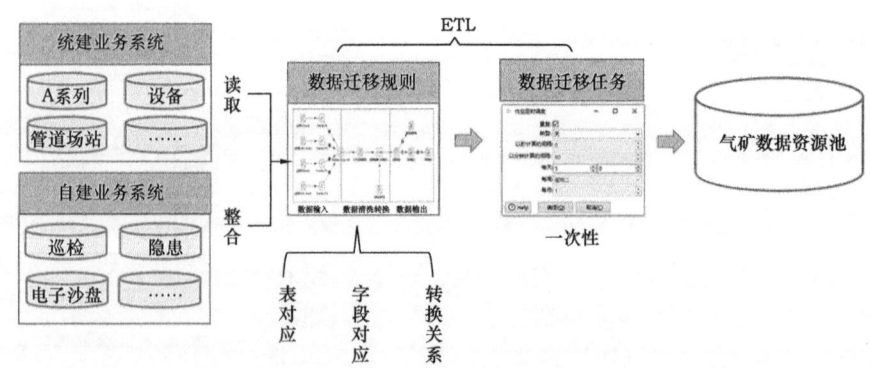

图 5.15　历史数据清洗入库流程示意图

（1）清洗转换规则制定。

按照业务需求分析源库和目标库的数据对应关系，建立表对表，数据项对数据项的迁移转换对应关系，包括简单的一对一、一对多、多对多关系，复杂的函数、过程、动态链接库（dll）等方式进行转换。历史数据清洗规则配置示意图如图 5.16 所示。

第 5 章 物联网数据融合技术与实践

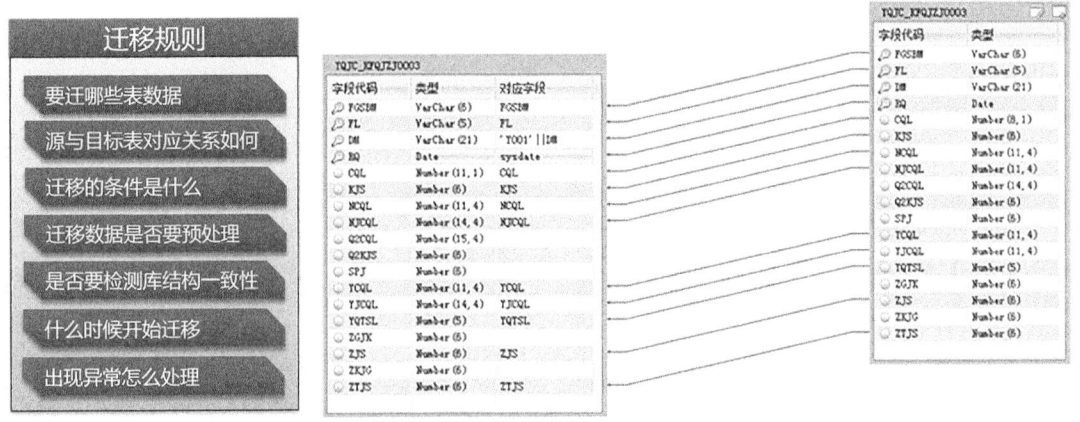

图 5.16 历史数据清洗规则配置示意图

（2）数据迁移任务。

以数据清洗规则为依据，确定数据输入、转换规则、数据输出，配置数据 ETL 流程，实现数据的清洗转换。历史数据迁移任务配置示意图如图 5.17 所示。

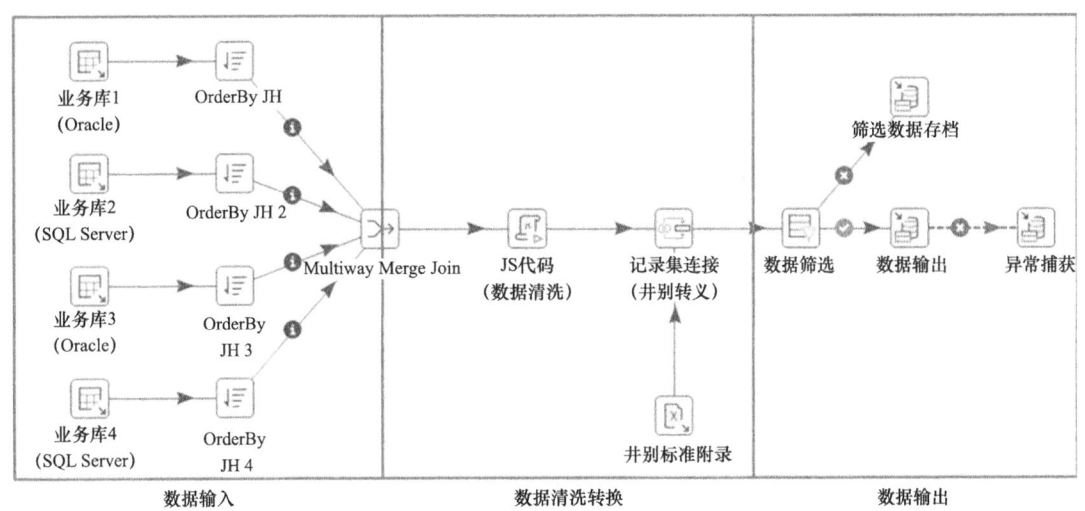

图 5.17 历史数据迁移任务配置示意图

OnderBy—数据库升序排序语句；JH—数据表；Multiway Merge Join—多路数据合并连接；JS—Java Script

① 数据源管理。对源数据库和目标数据库进行管理，数据库的类型包括 Oracle、Sqlserver、Access、Dbf 和 Excel 类型。

② 数据清洗转换规则定制。建立源数据表与目标数据表的关系，设置迁移事件或者行事件产生前后使用的规则，设置源数据表的迁移条件。然后，再设置源数据表与目标数据表的字段对应关系，设置源表字段的迁移条件。

③ 数据 ETL 任务定制与调度。配置执行任务的频率，添加需要迁移的数据表，实现历史数据一次性入库的监控、定时迁移入库。

④ 数据 ETL 日志分析查询。通过查看数据迁移任务的运行日志及每个数据表迁移的

运行日志，对数据迁移是否正常进行分析，可以及时发现并处理不正常的迁移数据。

5.3.6 ESB 数据服务建设

基于 Restful 风格的 Web 服务技术，构建数据服务中心，已有的数据通过数据服务对外提供统一标准的共享能力，主数据缺少的应在一库中进行补充采集。

通过可视化的动态配置数据连接、数据操作描述等信息，利用服务引擎，实现数据接口的动态扩展、安全访问、集中管理、授权共享以及详细的调用操作日志记录。

数据服务主要包括服务定制、服务管理、服务授权、服务发布、日志记录。

5.3.6.1 服务定制

实现数据资源服务接口的可视化定制与发布，根据系统模块使用的数据需求，设计相应的数据服务接口，为模块提供所需数据。

5.3.6.2 服务管理

对气矿数据资源服务进行统一管理，对数据服务类别进行添加、编辑和删除服务分类、服务资源以及服务接口。

5.3.6.3 服务授权

通过数据资源服务授权管理，规范各业务部门数据服务申请与应用流程，通过数据权限管理，保证数据质量和数据安全。数据资源权限管理流程示意图如图 5.18 所示。

图 5.18 数据资源权限管理流程示意图

（1）数据服务接口权限流程。

数据服务接口申请注册流程示意图如图 5.19 所示。

（2）数据服务接口示例。

数据服务接口示意图如图 5.20 所示。

（3）数据服务接口调用。

数据服务的调用需要令牌和授权码双重认证。第一步需要获取令牌，第二步通过令牌和授权码调用接口。

获取令牌有两种方式：第一种是令牌通过参数传递共享；第二种通过认证服务获取。原则上业务应用由应用资源管理体系统一管理，令牌的获取采用第一种方式。

5.3.6.4 服务发布

数据服务接口：对外提供数据服务接口，满足应用服务需求。

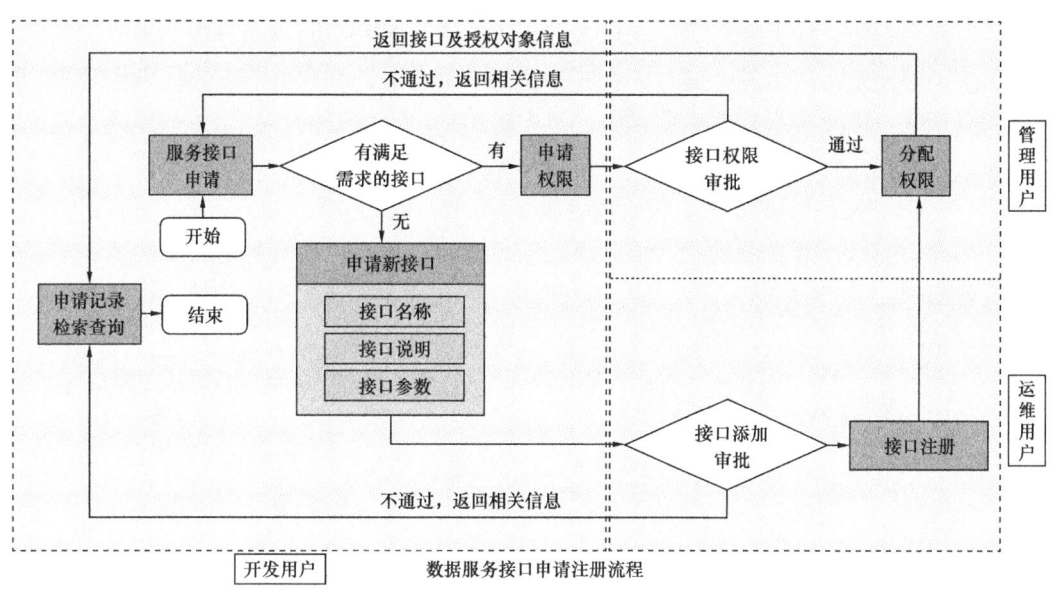

图 5.19　数据服务接口申请注册流程示意图

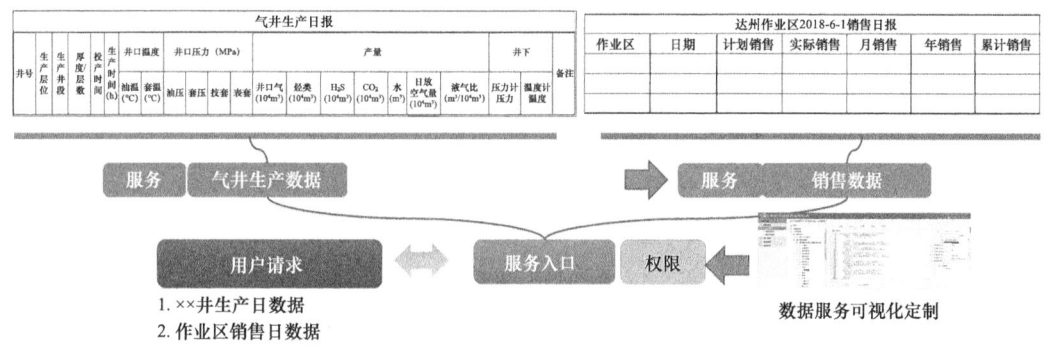

图 5.20　数据服务接口示意图

5.3.6.5　日志记录

对接口使用进行分析，实现接口管理（新增、修改、删除）的留痕，保证接口的应用安全。

5.4　数据安全

信息安全形势日趋严峻，面临的内外部风险日益增加。网络攻击日益多样化、组织化，攻击方式更为隐蔽；恶意软件、木马程序等攻击工具在网上泛滥，易于获取，更容易发起攻击；便携式计算机、大容量移动存储介质在内外网交替使用，管理难度大，极易将外部的风险带入内网。信息安全防护体系仍然薄弱。气矿层面还需完善网络安全态势监测预警平台，提升信息安全漏洞及攻击事件自我发现、自动发现的能力。通过部署入侵检测系统，对恶意扫描、病毒木马等黑客攻击行为，网络资源利用的监测分析，及时探测感知入侵风险、快速锁定攻击源；通过完善基线检查、日志审计、数据防泄密、数据分析、冗灾备份等功能，健全网络安全事前预警、事中防护、事后取证的一体化防护体系。工控系统信息安全需强化管理。生产网和工控系统除部分区域部署边界防火墙外，尚未实施其他信息安全防护措施，信息安全主要依赖各级运维和使用人员自觉遵守"物理隔离""严格移动存储介质接入"等管理规定，缺乏系统的技术防范措施。需要完善区域隔离、病毒防护、工业防火墙、入侵检测、安全审计等功能，制定操作员站、工程师站、服务器和下位系统的安全防护加固策略，逐步构建工控网络安全"白环境"。

5.4.1 网络安全防护架构

气矿网络信息安全防护分为技术防护与人员信息安全意识防护两方面，技术防护包括：网络安全、计算机（工控机）安全、应用系统（工业控制系统）安全等，人员信息安全意识防护主要是员工信息安全意识提升，最终实现能正确使用网络、正确使用计算机及应用系统等。

5.4.1.1 网络安全

气矿网络由办公网和生产网两套独立运行的网络组成，其中，办公网用于各级员工日常办公、信息发布、信息查询等，该网络采用有线延伸至有人站场，安全系统部署在计算机终端（主要有桌面安全系统 2.0 系统、敏感数据审计系统），气矿核心层交换机、路由器、服务器端（主要有防火墙、VRV 网络接入控制系统、日志审计系统等）。生产网用于生产站场数据采集、传输、存储，用于生产过程的监控，用于生产视频监视等，该网络采用有线加无线的方式延伸至一线生产井站，网络安全设备部署在气矿核心层交换机、路由器、服务器端（主要有防火墙、日志审计系统、入侵检测系统等统），工控机防护采用封USB 口、光驱、无线的方式进行物理防护。

5.4.1.2 计算机（工控机）安全

办公网计算机安全防护架构在网络中处于各层级，从有人井站到作业区再到气矿机关均覆盖（图 5.21）。计算机需按照统一的安全标准进行配置：

（1）安装集团公司统一的桌面安全终端管理客户端，按照安全基线进行安全配置。

（2）安装已发布的系统安全补丁。

（3）杜绝所有账号的弱口令、空口令情况，口令必须符合安全基线中对于口令强度的要求（长度 8 位以上；大写字母、小写字母、数字、符号 4 选 3）。

（4）启用操作系统防火墙，默认阻止任何入站访问请求。

（5）禁止使用远程协助类工具，禁止从互联网通过远程访问到内网终端。包括但不限于 Windows 远程桌面功能、QQ 远程协助工具、TeamViewer、VNC 等。

（6）终端用户如收到可疑邮件，及时向本单位网络安全管理员报告情况，慎重点击邮件中的链接网址或下载、打开邮件中的附件。

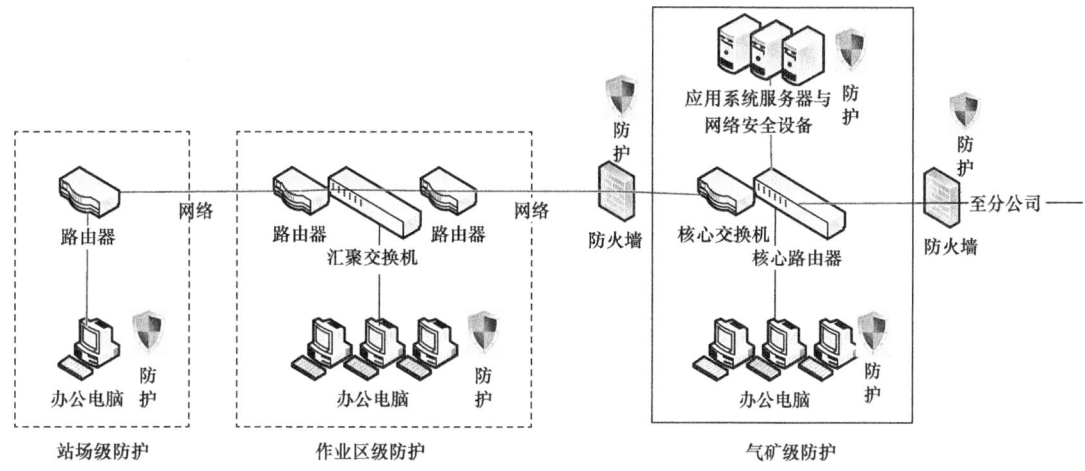

图 5.21　办公网安全防护架构示意图

（7）终端用户不应访问可疑网站，可疑特征包括但不局限于：

① 网址的域名不是以 .com、.cn、.com.cn、.net、.net.cn、.org 结尾的网站；

② 浏览器反馈访问网站证书错误的网站；

③ 域名中符号"."超过 3 个的（如 www.cnpc.com.cn 中"."为 3 个）；

④ 域名过长的网站（一般情况下超过 20 个字符的域名）；

⑤ 域名不是由明显汉语拼音或英文单词组成的网站。

（8）系统运维人员使用的终端计算机应开启终端日志功能，日志应在本地记录并转发至独立的日志服务器，日志应包括源 IP、目的 IP、发生时间、登陆成功、登录失败、操作行为，所有日志必须保存至少 6 个月。

（9）下班离开办公室前关闭终端计算机。

工控机安全防护架构在生产网中也处于各层级，包括：SCS、RCC、DCC 系统（图 5.22）。工控机上安装的控制系统各异，有三维力控、intouch、ifix 等，各控制系统要求设置各异，目前，采用封 USB 口、光驱、无线的方式进行物理防护。

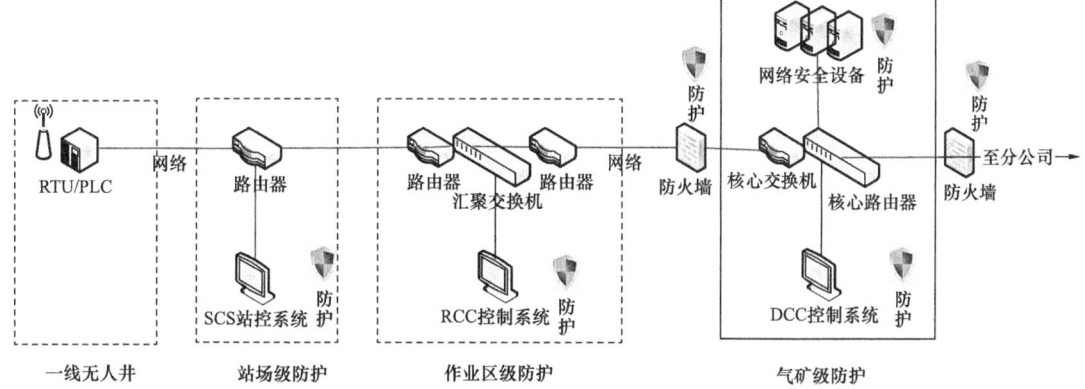

图 5.22　生产网安全防护架构示意图

5.4.1.3 应用系统安全

应用系统包括服务器、数据库,处于气矿核心层(图 5.21),在服务器(数据库)的网络中安装有防火墙、入侵检测系统、日志审计系统等安全系统对其进行防护。应用系统软件采用统一身份认证平台与 SOA 认证平台等身份认证系统进行安全防护。

5.4.1.4 员工信息安全意识防护

员工信息安全意识在网络信息安全防护中贯穿全局,如何正确安全使用计算机、网络、移动介质、邮件等对降低信息安全风险可以起到举足轻重的作用。

5.4.2 安全与灾备设计

系统安全设计有数据安全、网络安全、系统安全和物理安全。保护和防御信息及信息系统,确保其可用性、完整性、保密性、可认证性、不可否认性等特性。系统安全设计如图 5.23 所示。

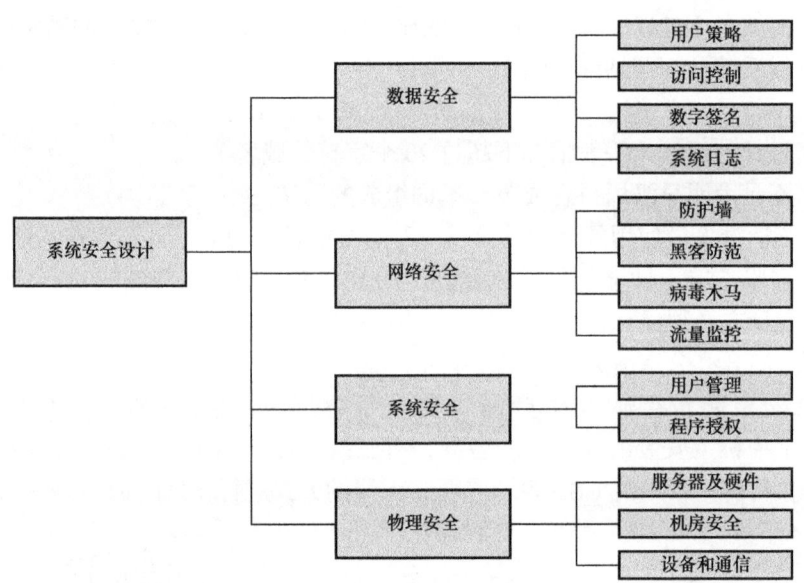

图 5.23 系统安全设计架构图

5.4.2.1 数据安全

油气田相关的井站信息、油气藏等生产动态信息都是非常重要的信息资源,在强调这些重要的信息资源在油气田范围内的开放性、共享性的同时,还必须考虑其安全性和保密性。

从技术层面考虑,需要采用用户注册、授权、身份检查等技术,需要有详细的机制规定用户组、级别、角色及相应的权限,来保证数据的安全性。角色是一组命名的权限集合,一般分为系统角色和用户定义角色。用户能够拥有角色中赋予的权限来使用数据资源。因此,在进行角色授予时,应仔细考虑用户应拥有的权限,进行角色分配。根据用户的实际需要,使用自定义用户角色方式,对用户进行角色授权。如数据维护人员的查询、插入和修改权限自定义为数据维护角色，而将数据浏览人员的查询权限自定义为浏览角色，将这些自定义角色授予相应的用户，实现数据使用权限管理。通过这种方式对用户进行角色授予，避免用户拥有的角色权限过大，对系统产生危害。

5.4.2.2 网络安全

通过在关键节点部署防火墙设备，可以提高系统安全性，防止病毒或黑客攻击。建立漏洞扫描和入侵监测系统，统一部署安装防病毒软件，能有效隔离和防止计算机病毒入侵和黑客攻击，提高企业网运行的安全可靠性。

5.4.2.3 系统安全

系统安全关键是对系统访问的控制。访问是主体对客体实施行为的能力；访问控制是以某种方式限制或授予这种能力。根据对主机访问控制的威胁分析，主要有以下几个方面的威胁：远程入侵、本地入侵、权限提升、欺骗、误操作、非授权访问、拒绝服务攻击、隐蔽通道。

5.4.2.4 物理安全

物理安全又称实体安全（Physical Security），是保护计算机设备、设施（网络及通信线路）免遭地震、水灾、火灾、有害气体和其他环境事故（如电磁污染等）破坏的措施和过程。包括环境安全、电源系统安全、设备安全和通信线路安全。

（1）环境安全：机房具备消防报警、安全照明、不间断供电、温湿度控制系统和防盗报警。

（2）电源系统安全：电源安全主要包括电力能源供应、输电线路安全、保持电源的稳定性等。

（3）设备安全：机房建立健全使用管理规章制度，建立设备运行日志，保证硬件设备随时处于良好的工作状态。同时，注意保护存储媒体的安全性，包括存储媒体自身和数据的安全。

（4）通信线路安全：机房包括防止电磁信息的泄漏、线路截获，以及抗电磁干扰等措施。

5.4.2.5 应急响应设计

需制定专门的《计算机病毒与网络入侵应急响应管理规范》。

（1）预防。

系统管理员对服务器、终端计算机统一安装计算机杀毒软件、补丁升级软件、网络准入控制软件并进行病毒定义码、安全补丁和安全策略升级。同时，建立身份认证和授权管理机制，对服务器、终端计算机重要数据定期进行备份，确定备份数据的可用性，定期进行安全检查。

（2）应急响应。

发生计算机病毒事件或网络入侵事件时，事发单位信息管理部门应先期处理，控制事件发展,根据事件级别分级上报。

按照国家灾备标准 GB/T 20988《信息安全技术 信息系统灾难恢复规范》和中国石油灾难恢复标准 Q/SY 1332《信息系统灾难恢复管理规范》中的规定,实际应用中灾难恢复需求类别应为第二类,恢复能力为三级,采用全备份方式。

搭建备份系统,备份从系统角度也可分为应用备份和数据备份,数据按照日、周、月、年进行增量备份和全备份,每当系统进行更新前必须进行系统备份,系统更新完成后也必须备份。

应用备份主要针对应用服务器的文件系统进行备份,每台服务器都单独进行备份,将操作系统等重要信息备份。

数据备份方案为通过网络,实现双机备份,实现数据的安全性和可靠性。

当某一数据库服务器系统出现故障时,既满足恢复数据库服务器系统时所需的数据,又可实现短时间内相应的数据库服务器接管,保障生产的正常运行。

数据备份有以下几种:

(1)日备份。根据数据管理的实际情况,利用服务器及网络夜间比较空闲的时间,实现自动日增量备份。

(2)数据库系统文件备份。为防止服务器数据库系统文件遭到破坏,使数据库系统不能正常运行,对数据库系统的控制文件、日志文件进行备份。

5.4.3 数据安全保密设计

系统涉及油气田生产的重要信息,如井站数、产量、油气藏信息等,以及相关生产动态信息都是非常重要的信息资源;数据安全保密主要涉及用户认证、权限分配、数据库安全保密、桌面数据安全保密。

(1)用户认证。

按照中国石油天然气集团有限公司用户进行认证,确保系统用户访问本系统,系统定期提请用户修改登录密码。

(2)权限分配。

根据油气田公司业务职能和级别,将经过认证的用户分级授权管理,再将用户级别与业务数据挂接,保证不同级别的授权用户只能查看到与之关联的数据。系统需要有详细的机制规定用户组、级别、角色及相应的权限。

(3)数据库安全保密。

能直接操作数据库的只有系统管理员和数据库管理员,从保密的角度出发通过数据库的操作权限设置,可以屏蔽系统管理员的数据库操作权限,对于数据库管理员必须选择安全保密责任心强的内部员工担任,同时设置数据保密监管员,将数据库操作密码分段设置,由数据库管理员与数据保密监管员分别掌管,操作时同时在场。对于数据库的安全主要是备份和恢复功能。从技术层面考虑,数据库对象(如视图、过程等)可以控制对数据表的操作,视图是一个表或多个表的子集,它可以控制用户请求数据的访问。例如可以建立只读视图,使用户只用拥有对数据表的查询能力,来保护数据安全;也可以将多个数据表中的不同字段组合在一起,建立一个视图,实现用户对数据的读取控制。

① 系统功能要求按用户岗位进行定制,根据岗位赋予用户相应权限,无关的功能不在其功能界面出现,这样既可以提高系统本身的运行速度,也可以方便用户的使用,为此,对用户要进行必要的分类。

② 数据安全保密技术防范。数据库系统使用 Solaris 数据库服务器,使用 Oracle 数据库,因此数据安全防范主要从操作系统级和数据库系统级进行防范,对非审核用户拒绝提供密码口令,在严格限定操作系统和数据库使用用户的前提下,采取以下措施:

a. 不定期修改操作系统和数据库管理员级密码;

b. 不定期修改数据库管理权限口令,如 Oracle、sys、system;

c. 修改的密码字符更改做到不具规律性可循;

d. 密码长度至 12 位;

e. 密码由大小写英文字母、阿拉伯数字和符号穿插组成。

数据安全保密在系统应用中处于十分重要的地位,所有计算机系统的安全只是相对的,所有安全措施都需要人为监管执行,除上述必要的技术手段外,还要考虑以下因素:建立、健全数据安全管理制度;标准化安全管理控制流程;加强系统操作人员信息保密方面的培训,增强业务人员信息安全意识;对系统数据资源提供必要的控制手段等,从制度上保证数据的安全和保密,严格执行现有规章制度与操作流程。

③ 建立全面网络准入机制。

a. 网络准入控制:客户机必须符合定义的安全策略(如安装了指定的防病毒软件、更新了病毒特征代码、安装了最新的微软补丁等)才能够接入网络,实现自动修复以及用户和设备的认证,保证网络上所有终端都是健康的。

b. 应用程序控制:只有指定版本的软件才能够访问网络资源,禁止用户私自安装的软件或木马程序、蠕虫访问网络。

c. 基于用户/组的访问控制策略:根据接入网络人员不同的身份采用不同的网络访问控制策略,如对普通员工、信息管理人员及第三方厂商人员等,可根据实际需求制定相应访问控制策略,构建集中管理的分布式防火墙体系。

④ 移动存储设备的使用管理。

a. 移动存储设备应分密级使用,并必须保证密级文件的安全。

b. 移动存储设备应根据所保存的涉密内容,分级别进行登记和管理;采取技术手段,禁止未经许可的 U 盘在涉密计算机上进行使用,保证经过许可的 U 盘在涉密计算机上能正常使用,保证存储涉密文件的 U 盘丢失后不造成内容泄密。

⑤ 涉密文件安全等级保护。

a. 所有文件只能在内部才能使用。即使被恶意通过互联网发出去,或者通过 U 盘拷贝出去,文件不能被正常读取。

b. 对文件内部的流转进行等级划分。密级文件只能在具备相应或更高密级的计算机上才能被读取。

c. 文件以密文的方式在内部流转,即使在流转过程中被窃取,也不会造成重大泄密。

d. 对加密文件进行解密时，必须得到明确的授权。

e. 文件的整个流转过程具备完整的审计日志。

⑥ 建立完整的网络管理保密制度。

a. 未经己方信息管理员许可，严禁设备厂商通过远程技术手段对已投入运行的网络设备进行访问。如必须，则应在申请获得批准后，在己方人员可视的情况下进行，并在工作完成后及时关闭访问权限；未经批准，严禁向设备厂家或第三方提供已投入运行的网络数据。

b. 对网络设备登录用户名及密码、网络拓扑等相关信息进行严格保密，涉及运行维护和网络设备情况的图纸资料须妥善保存，由专人存档保管，并严格控制技术资料的借阅范围，借阅者不得对外泄密。

c. 要严格控制涉密工作的人员范围，严格控制涉密文件的分布范围。涉密工作人员工作变动时，要做好包括涉密资料在内的工作移交，离岗人员必须删除其涉密文件。

d. 所有运行维护人员必须严格遵守保密纪律，保守数据机密，不得向无关人员泄露有关技术资料。所有机房原始记录，未经允许，不得带出机房。

5.4.4 安全等级保护设计

依据中华人民共和国公安部、国家保密局、国家密码管理局、国务院信息化工作办公室制定的《信息安全等级保护管理办法》规定，国家信息安全等级保护坚持自主定级、自主保护的原则。信息系统的安全保护等级应当根据信息系统在国家安全、经济建设、社会生活中的重要程度，信息系统遭到破坏后对国家安全、社会秩序、公共利益以及公民、法人和其他组织的合法权益的危害程度等因素确定。

信息系统的安全保护等级分为以下5级，1~5级等级逐级增高：

第1级，信息系统受到破坏后，会对公民、法人和其他组织的合法权益造成损害，但不损害国家安全、社会秩序和公共利益。第1级信息系统运营、使用单位应当依据国家有关管理规范和技术标准进行保护。

第2级，信息系统受到破坏后，会对公民、法人和其他组织的合法权益产生严重损害，或者对社会秩序和公共利益造成损害，但不损害国家安全。国家信息安全监管部门对该级信息系统安全等级保护工作进行指导。

第3级，信息系统受到破坏后，会对社会秩序和公共利益造成严重损害，或者对国家安全造成损害。国家信息安全监管部门对该级信息系统安全等级保护工作进行监督、检查。

第4级，信息系统受到破坏后，会对社会秩序和公共利益造成特别严重损害，或者对国家安全造成严重损害。国家信息安全监管部门对该级信息系统安全等级保护工作进行强制监督、检查。

第5级，信息系统受到破坏后，会对国家安全造成特别严重损害。国家信息安全监管部门对该级信息系统安全等级保护工作进行专门监督、检查。

按照信息系统的安全保护等级的分级标准，严格遵循国家对涉密信息系统的安全保密相关规定，遵守集团公司相关安全保密要求。

5.4.5 站场安防保障技术

为保障生产场站的安全监控，达到无人值守场站远程可视化监控的目的，重庆气矿建立以视频监控、入侵报警、声光报警器、语音对讲、后备电源为主的站场安防体系。在重庆气矿无人值守站—中心站—作业区的三级管理模式下，无人值守站配置视频监控、入侵报警、语音对讲、后备电源，实现了无人场站实时监控，外来人员闯入报警提示，语音喊话驱逐等站场安防防范功能。中心站通过视频监控平台、上位监控系统，对无人值守进行24h实时远程监控，作业区调度室集成各中心站数据，实现作业区的总体管控。

5.4.5.1 视频监控

一线生产现场设置需设置远程视频监控点，通过自建光纤、租用电路和无线通信3种方式，接入作业区、气矿视频监控平台，实现气矿和作业区对井站现场的远程视频监视和录像查询功能。随着视频监控技术的不断发展，网络高清摄像机在生产现场逐步应用，移动侦测、热成像、人脸识别等技术的不断成熟，视频监控技术将不断提高井站关键监控信息报警的准确性，提升无人值守站安全管控能力。

5.4.5.2 入侵报警及语音喊话

气矿信息化生产井应安装设置入侵报警装置，被动入侵系统检测到移动物体（人、动物等）进入生产区域时，会对入侵者发出报警，为中心站值班人员提供入侵闯入报警提示，同时，视频系统抓拍入侵图片，并通过下位控制系统将入侵报警信号上传中心站、RCC，提示工作人员"有物入侵"。同时，中心站工作人员可通过语音对讲功能对井站现场进行通话，对外来闯入人员进行驱逐。

5.4.5.3 供电保障

针对不同的场站类型及供电情况气矿生产场站应配置UPS、UPAD、UPD、EPS以及太阳能供电系统5类供电保障设备。不间断电源主要为井站信息化系统和设备提供持续电源，一旦外电停电，不间断电源能瞬间供电，保持信息化系统和设备不停机，数据不中断，并持续提供后备电源，保证现场正常生产。太阳能供电系统主要是为山区、供电难无人值守井提供供电保障。

5.4.6 网络安全管理

应用网络边界及脆弱性扫描技术，实现对无线WiFi、一机双网、私接互联网等危害内网安全行为的检测。应用流量采样与分析技术，实现关键路由器、关键链路流量实时监控、深度分析、可视化展示，及时发现网络流量组成、变化趋势、异常流量，快速定位异常流量来源及目的地址。实施访问控制策略，通过在各级路由器配置严格的访问控制，提前阻断常见的网络病毒传播端口、网络攻击高危端口。应用冗余技术，综合应用堆叠、设备集群、链路捆绑、热备协议等技术，实现关键网络节点设备、板卡、链路多级冗余，保障网络高可靠性。安全架构图如图5.24所示。

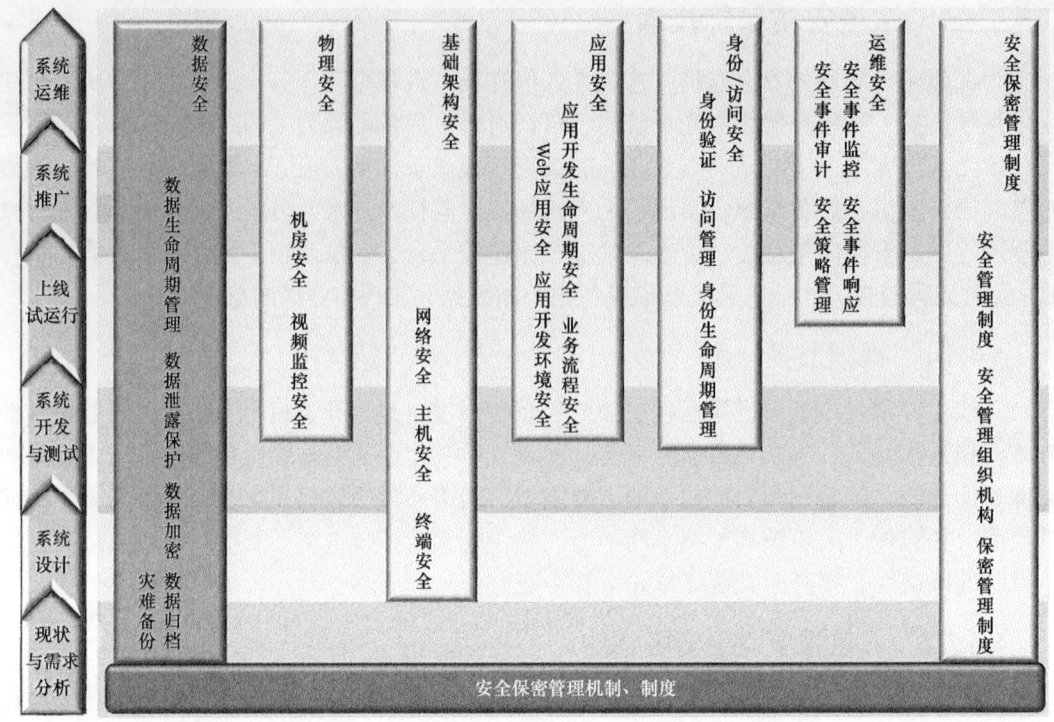

图 5.24 安全架构图

全面推广桌面安全系统 2.0、安全配置基线，实现全矿计算机终端病毒防护、补丁分发、安全策略、违规软件检测、网络准入控制、资产管理等功能，有效提升计算机终端安全防护水平及管控能力。应用漏洞扫描技术，基于漏洞特征库，定期开展漏洞扫描，检测发现系统安全漏洞，客观评估风险等级，及时修补加固，做到防患于未然，实现信息安全主动防范。

5.4.6.1 安全保护等级

依据 GB/T 22240《信息安全技术 信息系统安全等级保护定级指南》，信息系统安全包括业务信息安全和系统服务安全，与之相关的受侵害客体和对客体的侵害程度可能不同，因此，信息系统定级也应由业务信息安全和系统服务安全两方面确定。系统主要是气矿企业内部使用，数据上不涉及硬件的远程自控。若发生信息安全和系统服务受到破坏，从受侵害客体上来看，只涉及公民、法人和其他组织的合法权益，不涉及国家安全、社会秩序和公共利益；从对客体的侵害程度来看，在客观上，会影响行驶工作职能，导致业务能力下降，可能会对其他组织和个人造成经济损失，但不会造成企业内部全局性的业务能力危害。

5.4.6.2 安全管理

依据 GB/T 22240《信息安全技术 信息系统安全等级保护定级指南》要求，实际应用中从技术要求和管理要求两个方面进行。技术要求从物理、网络、主机、应用和数据几个层面考虑系统安全；管理要求从安全管理制度、安全管理机构及人员几个方面考虑系统安全。

安全技术体系主要从物理安全、网络安全、主机安全、应用安全、数据安全5方面进行设计。

（1）物理安全。

对物理环境安全最基本的要求是所有的机房需要达到一定的物理安全标准，包括供电、防火、防潮、防渗漏、防雷击、防静电等，具备温湿度控制设施。实际应用中设备安装在气矿现有机房，满足物理环境要求。

（2）网络安全。

服务器部署在气矿办公网内，按照气矿办公网络管理要求统一管理。

（3）主机安全。

所有的操作系统必须按照安全配置规范进行加固，必须确保系统服务最小化；所有的数据库、应用服务器与中间件必须按照安全配置规范进行加固，必须禁用所有默认账号；必须及时安装安全补丁。

（4）数据安全。

通过数据库级别的冗余，使备用数据库保持为与实时数据库在事务上一致的副本。当实时数据库由于计划中断或意外中断而变得不可用时，备用数据库可切换到生产角色，从而使与中断相关的停机时间减到最少，并防止数据丢失。

5.4.6.3 保密方案

（1）管理制度。

结合中国石油安全管理相关配套规章制度，制定本系统安全管理工作的总体方针和安全策略，说明安全工作目标、范围、原则和安全框架等。

对开展管理活动中的各类管理内容建立安全管理制度。

对管理人员或操作人员执行的日常管理操作建立操作规程。

形成由安全策略、管理制度、操作规程等构成的全面的信息安全管理制度体系。

（2）人员配备。

配备一定数量的系统管理员、网络安全保密管理员、安全审计员等。

配备专职安全审计员，不可兼任。

关键事务岗位应配备多人共同管理。

（3）人员离岗。

严格规范人员离岗过程，及时终止离岗员工的所有访问权限。

取回各种中国石油身份证件、钥匙、信息介质等以及机构提供的软硬件设备。

办理严格的调离手续，关键岗位人员离岗须承诺调离后的保密义务后方可离开。

（4）外部人员访问管理。

确保在外部人员访问系统区域前先提出书面申请，批准后由专人全程陪同或监督，并登记备案。

对外部人员允许访问的区域、系统、设备和信息等内容，应进行书面的规定，并按照规定执行。

平台上线试运行过程中，将按照本保密方案设计进行相关制度规范的编制、培训、落实和执行。

5.4.7 应用安全

5.4.7.1 风险识别与防控策略

为了进一步面向系统应用层面做好系统应用安全工作，对系统架构、各业务子系统、业务应用模块三个层次进行安全风险识别与评估，然后给出相对应的安全防控策略（表5.2至表5.4）。

表 5.2 系统架构安全风险识别与评估内容及防控策略

风险识别与评估子项	防控策略
安全策略	建立系统架构安全管理策略
	建立业务间接口管理策略
身份鉴别	设置登录验证、校验密码复杂度
访问控制	设置访问控制表
通信完整性	数据校验
通信保密性	传输加密
系统间互影响	系统框架松耦合设计策略
实时检测	启用安全监测、漏洞扫描
事后检测	启用安全审计
应急预案	应急等级划分、启动应急预案的条件、应急处理流程、恢复流程
应急演练	应急预案培训、应急演练周期、应急演练审计与更新
风险综合分析	将所有业务系统风险进行综合分析，梳理出共性风险，给出综合性安全建议
风险关联分析	罗列所有业务系统风险，根据业务系统数据接口及网络结构进行风险关联分析

表 5.3 各业务子系统安全风险识别与评估内容及防控策略

风险识别与评估子项	防控策略
各业务子系统安全	建立系统建设管理、系统运维管理、安全制度、人员配备、防假冒策略、防篡改策略、防抵赖策略、防信息泄露策略、防拒绝服务策略、防权限提升策略
身份鉴别	建立登录验证、密码复杂度提醒、登录失败处理措施
访问控制	检查和修改用户权限、默认账号

续表

风险识别与评估子项	防控策略
代码质量	检测跨站漏洞、SQL 漏洞、路径遍历、其他常见的注入、上传漏洞、下载漏洞、溢出漏洞、脚本漏洞、信息泄露
后台安全	加强后台访问控制、防止后台绕过、强化平台安全
通信完整性	增加数据校验措施
通信保密性	传输加密
剩余信息保护	建立过期信息、过期文档处理机制和流程
软件容错	建立出错处理、出错恢复
资源控制	加强登录超时、最大并发、单点登录应对策略
实时检测	启用安全监测、漏洞扫描
事后检测	启用安全审计
应急预案	应急等级划分、启动应急预案的条件、应急处理流程、恢复流程
应急演练	应急预案培训、应急演练周期、应急演练审计与更新
存储备份	本地代码和程序备份与恢复功能、异地代码和程序备份功能、备份方式、存储介质和保存期、备份频率

表 5.4 业务应用模块安全风险识别与评估内容及防控策略

风险识别与评估子项	防控策略
输入验证	验证所有输入数据
	检测攻击者是否可以把命令或恶意数据注入应用程序中
	当数据在单独的信任边界间传递的时候，核查是否验证了数据（由接收者入口点验证）
	检测数据库中的数据信任度
身份验证	建立使用强账户策略
	执行强密码策略
	使用凭据
	用户密码使用了密码检验程序（使用单向散列）
授权	在应用程序入口点处使用网关守卫程序
	增加数据库中授权执行策略
	采用深度防护策略

续表

风险识别与评估子项	防控策略
加密技术	使用加密算法和加密技术
	启用密钥保护
	应用程序实施自身的加密技术
	设置密钥循环周期
配置管理	增强应用程序支持的管理界面
	进行配置管理保护
	对远程管理进行保护
	对配置存储区进行保护
敏感数据	加强应用程序处理敏感数据管理策略
	使用泛化技术处理敏感数据
	使用加密技术，保护密钥
会话管理	会话 cookie 的管理策略
	保护会话不被劫持
	保护持久会话状态
	保护经过网络时的会话状态
	加强对会话存储区的应用程序身份验证
参数操作	增强应用程序的检测到被篡改的参数能力
	应用程序应能验证了窗体字段、视图状态、cookie 数据以及 HTTP 标头中所有参数
异常管理	加强应用程序的处理错误情形的能力
	允许异常传播回客户端
	检测是否使用了不含可利用信息的一般错误消息
审核和日志记录	应用程序的审核活动应遍及所有服务器上的所有层
	增强保护日志文件的策略

5.4.7.2 数据访问授权

系统应启用访问控制功能，依据安全策略控制用户对资源的访问；应根据管理用户的角色分配权限，实现管理用户的权限分离，仅授予管理用户所需的最小权限；根据系统应用和架构方案，为系统设置系统管理员、网络安全保密管理员和安全审计员三个安全账号：系统管理员负责系统整个安全和保密方案的设计执行，网络安全保密管理员则从资源访问和大数据内部管理机制角度配置保密策略。应严格限制默认账户的访问权限，重命名系统默认账户，修改这些账户的默认口令；应及时删除多余的、过期的账户，避免共享账户的存在。应对重要信息资源设置敏感标记；应依据安全策略严格控制用户对有敏感标记重要信息资源的操作。

在三员分立的基础上，应控制对大数据的访问，并对已通过验证的用户提供数据访问授权，并通过基于角色的授权，将访问同一数据集的不同特权级别授予多个组与角色。安全授权可以控制数据访问，并对已通过验证的用户提供数据访问特权。

通过基于角色的授权简化了管理，可将访问同一数据集的不同特权级别授予多个组与角色。对不同数据集设置权限，进行数据库级别的权限管理，可以分配查看所有列的特权。在平台授权管理方面，以业务为主导，由业务主管部门负责业务领域内的功能模块授权管理。

5.4.7.3 统一认证管理

实际应用中采用集中统一的 AD 域认证授权管理，访问权限将严格依据角色，按企业数据防外泄治理体系的职责授权。

安全认证与 AD 域认证进行对接，遵守国家和企业内控的合规要求，遵循中国石油"六统一"（统一调配管理、统一绩效考核、统一培训管理、统一保障服务、统一合同条款、统一权责履职）的原则，利用现有集中身份管理与统一认证平台为系统提供的账号管理、用户认证、应用授权等功能，实现用户访问控制、单点登录。

实际应用中安全接口是在现有安全架构下进行的安全功能细化和完善，与现有的身份认证、数字认证、签名验签的接口设计如下：

用户的身份管理访问控制与现有集中身份管理与统一认证平台进行对接，实现应用用户的账号管理、用户认证、应用授权等功能，实现用户访问控制、单点登录。

第 6 章 物联网应用技术与实践

天然气开发物联网应用按主要功能分为两大部分：一部分生产应用对气井、计量站、中转站、增压站、注入站、联合站、集输管网等生产运行参数进行采集，实现相关控制功能；另一部分业务管理应用实现数据存储、处理、综合分析、安全预警、应急抢险等功能，并为生产应用提供数据支持。

6.1 天然气生产应用

通过建立业务应用共享平台，实现气矿业务系统集成共享，深化应用。基于平台环境，一方面，实现从地下到地面，跨专业贯穿协同；另一方面，从开发、生产、安全、集输等业务流程，实现跨部门协作协同、一体化联动。同时，通过规范化、服务化，解决技术的差异性、研发的重叠与低效，提升应用研发效率，降低平台运维复杂度。集成协同与一体化联动形式如图 6.1 所示。

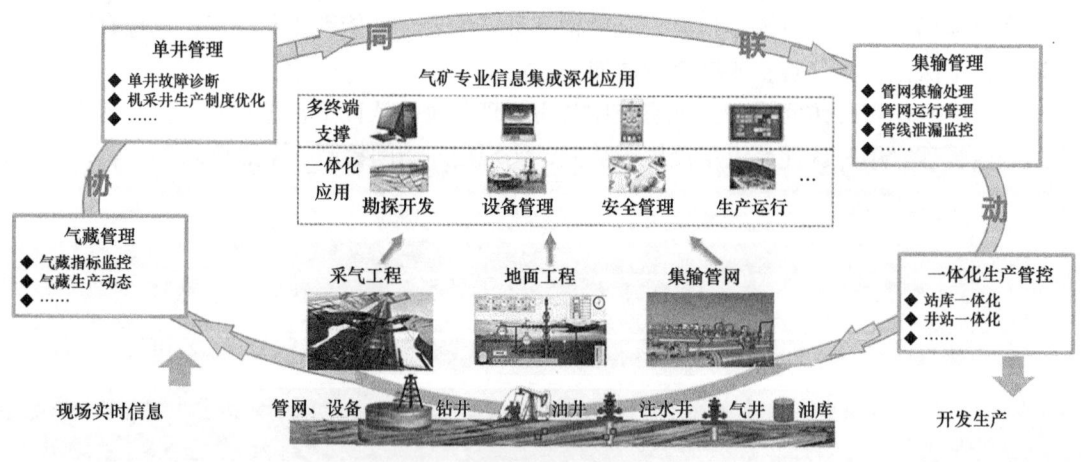

图 6.1 集成协同与一体化联动

6.1.1 天然气场站温压仪表数字化应用

为了更贴近工作实际需求，现场实际应用选择在外销用户计量点多的场站来实验。选择的理由有三点：第一是计量装置使用仪表类型较多，有利于分析实现总线制仪表的优劣；第二是外销计量站点配置的上位计量系统均设置了冗余计量通道，便于下步计量组态工作；第三是外销计量用户用气量较为稳定，有利于比较现场仪表改造后流量计量变化情况。

6.1.1.1 试验现场情况简介

（1）江北运销部大石坝配气站。

大石坝配气站位于重庆市江北区大石坝大庆村，于 1973 年 8 月建成投产，建成后曾对站场进行搬迁扩建改造，1989 年底新站正式建成投产（图 6.2）。大石坝配气站是碳大线上的一个重要的大型集输配气场站，站场面积约 6000m^2。该站设计压力 4.0MPa，设计处理能力为 $200 \times 10^4 m^3/d$，整个站场共有两级调压，分别是站场汇 2 前设计压力 4.0MPa，汇 2 至汇 3 之间设计压差为 0.8MPa，汇 3 至汇 4 之后设计压差为 0.6MPa。现输气量为 $20 \times 10^4 m^3/d$ 左右，出站压力为 0.1～0.6MPa。

图 6.2 大石坝配气站

该站来气一部分经过汇集、分离、除尘、过滤、调压和计量后输送给各用户；另一部分经过汇集、分离、除尘、调压后，经过贺家湾、红岩村输往九宫庙（暂停运），因而该站共有外销用户七户、集输计量两套。整个场站共涉及压力变送器 32 台（含差压变送器 12 台）、温度变送器 12 只；控制室内有端子控制柜（600mm×600mm×2000mm）两个；上位控制系统 3 套。本次实验将改造 3 套外销计量用户和 6 个出站压力控制。

（2）渝北运销部旱土配气站。

重庆气矿渝北运销部旱土配气站位于重庆市渝北区玉峰山镇双井村（图 6.3），于 2011 年 11 月建成。该站外销输配工艺区设计压力 4.0MPa，输气能力为 $800 \times 10^4 m^3/d$，占地面积约 8000m^2，该站为一类井站，主要功能为：接收渡旱线、卧旱线上游来气，经分离、计量和调压后输往下游旱两线，同时承担着向重庆燃气集团股份有限公司、重庆华润凯源燃气有限公司、双佳线供气的任务。由于相国寺储气库建设，2013 年对原旱土配气站进行了扩建，储气库配套工艺区设计压力 6.3MPa，输气能力为 $1700 \times 10^4 m^3/d$，该区进气管线为相旱线，出气管线为旱白线，于 2013 年 8 月 20 日投产。外销输配工艺区渡旱线进站压力 2.8MPa，输气量 $200 \times 10^4 m^3/d$ 左右；卧旱线进站压力 2.8MPa，输气量 $120 \times 10^4 m^3/d$ 左右。该站目前处理能力为 $320 \times 10^4 m^3/d$，出站压力为 0.9～2.0MPa。

图 6.3 旱土配气站

该站用户主要是外销大户，共有外销计量装置 7 套，交接集输计量 4 套。涉及压力变送器 48 台（含差压变送器 11 台）、温度变送器 14 只；控制室内有控制柜 4 个；上位控制系统 4 套。由于该站用户日均用气量较大且稳定，有利于实验过程中计量数据的比对工作。

6.1.1.2 现场设备设施安装

（1）安装位置及仪表配置。

在站内现场工艺区范围内，不影响正产生产的情况下，选取 6 个用户的压力和温度等 12 个节点进行现场试验。其中选了 6 个压力点，用 6 台单参量数字压力计代替原来的压力变送器；3 个温度点，用 3 台一体化数字温度计代替原来的 3 台温度变送器；为了在现场试验期间不影响天然气的正常计量，用 3 台多参量数字压力计（同时测量静压和差压）与原来节流装置上下游压力变送器同时运行。现场勘探情况如图 6.4 所示。

图 6.4 现场勘察

使用的 12 台现场仪表是以 CAN 总线研发的智能压力计，采用的硬件接口均与在用的压力变送器一致，电气接口上沿用现有控制柜通用 24V 直流电压输出口，减少对控制柜的改造工作量。由于项目为实验，所以在压力管道上采用了与原装置设备并联的模式，通过这种模式不影响原有计量装置的实际工作状态，又能同时和新设备同步比较。图 6.5 所示为节流装置导压管现场并联安装模式。

图 6.5 节流装置导压管现场并联安装

（2）布线方式。

采用 CAN 通信协议进行远距离通信，不规范的布线方式会导致通信的可靠性、稳定性和传输数据准确性的明显下降。因此严格采用 CAN 网络布线规范进行工程施工，以降低后期的维护工作量。CAN 总线的布线方式有直线型和星型拓扑结构。直线型拓扑结构可采用"手牵手"式和"T"形分支式，不同的拓扑结构适用于不同场合。CAN 联网布线规范如下：根据总线型结构要求，图 6.6（a）（c）（e）所示的三种布线安装方式不正确，正确的应按图 6.6（b）（d）（f）所示的三种布线安装方式。不恰当的网络连接在近距离、低速率的情况下可能能够正常工作，但如果通信距离加长、速率提高，其不良影响会越来越严重。

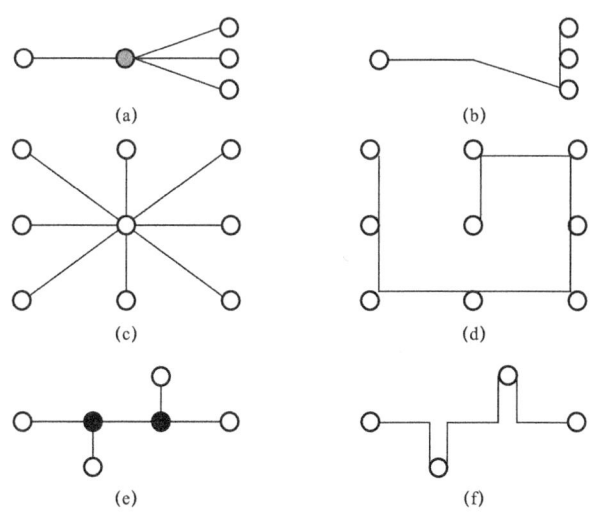

图 6.6 布线安装方式

通过对现场实际状况和现场工作量的确认，项目组认为应采用直线"T"形拓扑结构，该结构是CAN总线布线规范中最为常用的，即从主干线上分支出支线到各个节点，主干的两端配置合适的终端电阻以实现阻抗匹配，如图6.6（b）（d）两种布线安装方式。全程通信线规格采用带屏蔽层的2芯双绞线；单股线横截面积0.75mm^{2}以上。在接线方法上则将双绞线接CAN的CAN_H线和CAN_L线，屏蔽层接地；总线长度在1500m范围内，最好没有分支。若必须加分支则支线长度应小于3m；总线上所有的线要用同一种线，因为两种线的电阻不同，信号到两种线的接头处会反射碰撞产生干扰。总线安装结构如图6.7所示。

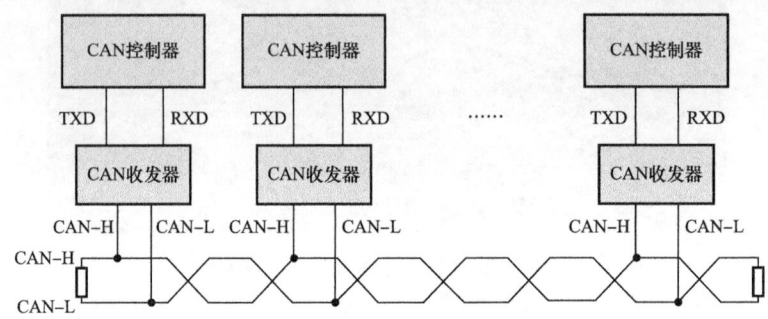

图6.7 总线安装结构图

TXD，RXD—串行通信中使用的术语。TXD代表发送数据，RXD代表接收数据。它们用于描述串行通信系统中数据流的方向。TXD是来自发送设备的输出，并且连接到接收设备的输入；RXD是接收设备的输入，并连接到发送设备的输出

总线两端视情况各接一个约120Ω匹配电阻，如图6.8所示，与电源线并行时要视情况CAN线屏蔽层要接地；支线如没接终端，应将其去掉（会反射信号产生干扰）。

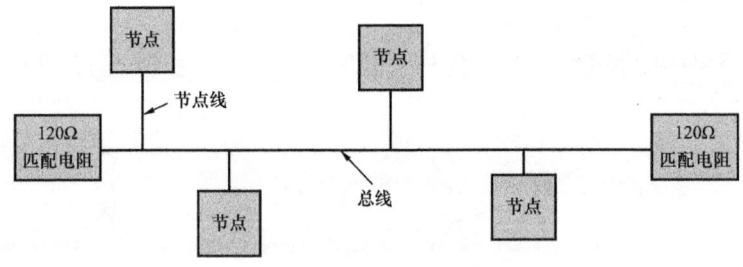

图6.8 总线匹配电阻安装

尽量减少线路中的接点；接点处焊接良好、包扎紧密，避免松动和氧化；检验布线是否合格，采用电阻测量法进行判定：断电时每个分节点线间电阻为60~80Ω方为合格。由于在天然气场站实际生产现场，需要采集的参数非常多，CAN总线的节点分支不可避免，所以试验采用直线型拓扑结构中的"T"形分支连接，通过一条CAN总线，沿途将12个节点串接起来，在总线首末两端分别配置阻值为120Ω的电阻实现阻抗匹配。整个现场安装布局图如图6.9所示。

由图6.9可以看出，在12个节点上都只采用了一组双绞线来完成全部节点的连接，总线整个回路未产生断点，与支线的连接采用专用防爆接线盒挂接即可。总双绞线全程距离小于250m。

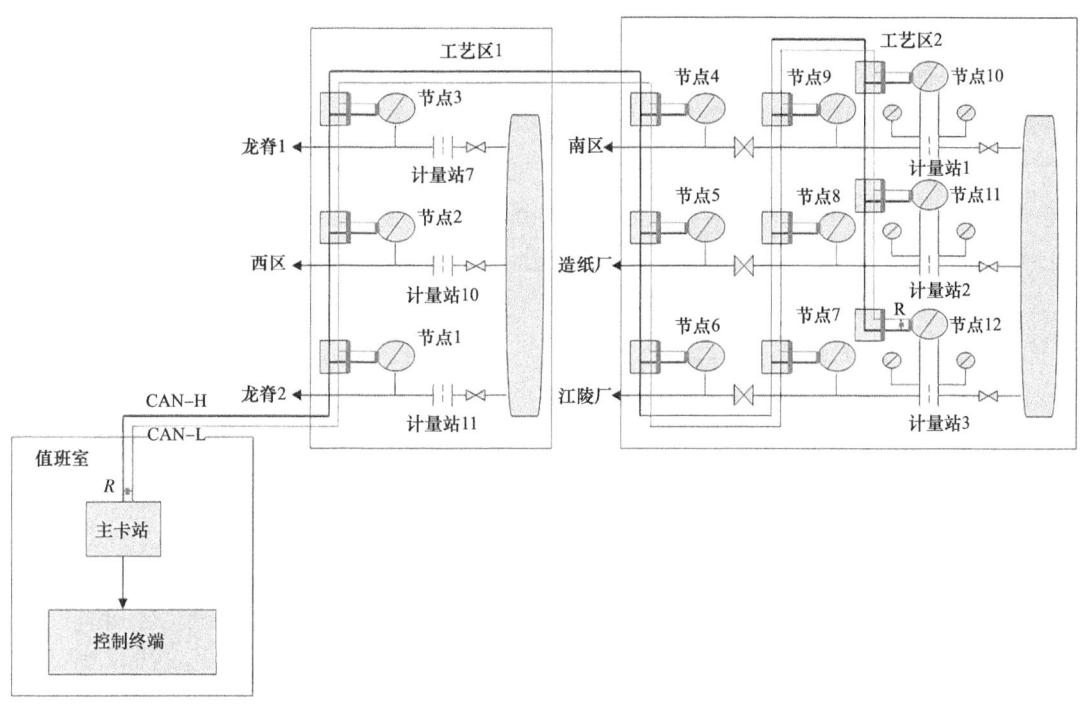

图 6.9 总线接线布局图

（3）总线配置。

一套完整的 CAN 总线配置至少包含一个主站卡、一根 CAN 总线、两个匹配电阻和若干防爆接线盒等。该站的主站卡是一个多协议转换装置，设置有不同的协议转换接口供不同的协议使用，并兼具检测当地大气压功能。总线接口为 CAN 总线经典的 5 孔线接口，包括 2 孔接电源线、2 孔接信号线的高低平和 1 孔接地屏蔽线；总线采用 0.75cm×2 的 4 芯双绞屏蔽电缆，首末两端分别配置一个 120Ω 的阻抗电阻。从主站卡开始，沿途每个分支节点配置一个本安型防爆接线盒采用"T"形分支连接；总线传播速率 250kbit/s，干线累计长度约 70m，最大分支长度 0.7m，分支累计长度约 7.7m。表 6.1 为现场 CAN 总线配置参数。

表 6.1 现场 CAN 总线配置参数

传输速率（kbit/s）	干线距离（m）	分支最大值（m）	分支线累计值（m）	匹配电阻（Ω）	通信介质	防爆接线盒（个）
250	70	0.7	7.7	120（2个）	屏蔽双绞线	12

对于某些大型或超大型的天然气场站，当传输距离超过规定的要求，可以使用 CAN 网桥进行中继延长距离；在某些电磁干扰非常严重的场站，还可以通过将 CAN 转换为光信号来传输，避免受到雷击浪涌等影响。

CAN 总线天然气计量系统，现场总线网络采用"T"型拓扑结构进行连接，构成非常简单，只用一条总线电缆连接流量计算机和现场仪表，现场仪表分别通过接线盒挂接到总线上，中间无须增加隔离器和信号避雷器。CAN 总线现场仪表与主站卡集 CAN 协议转换、避雷器、信号隔离、大气压力测量为一体，当场站遭受雷击时，现场仪表和流量计算机都同时能得到有效的保护，相比传统天然气计量系统的防雷、隔离方式更加可靠。室内的天然气流量计算机系统构成非常简洁，如图6.10所示。

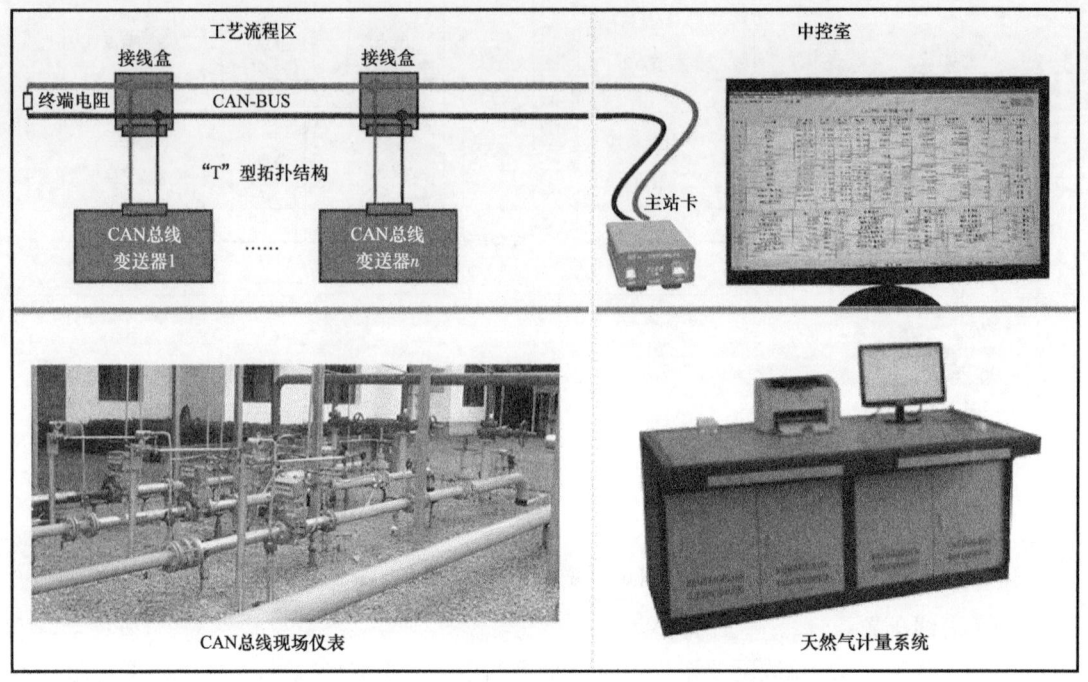

图6.10　CAN总线天然气计量系统拓扑结构图及实例

系统所使用的CAN总线仪表主要有CAN总线压力变送器，用于压力检测点使用；高准确度CAN总线数字温度计，测量误差优于±0.2℃；CAN总线复合差压、压力变送器，一个变送器能够同时测量差压和压力，流程简洁，并且具有优秀的单向过载能力，无须三阀组即可直接使用；CAN总线主站卡，集成高准确度数字式气压计，能够实时测量当地大气压，并参与流量计算，与输入固定大气压的传统计量方式相比，计量更准确、算法更科学。现场仪表集成了功能齐全的显示组件，可以通过仪表键盘进行操作，无须额外购买手操器，单人即可现场完成检表或系统联校等操作。

6.1.1.3　现场测量仪表测试结果

现场共计安装12台仪表，其中3台多参量数字压力计、6台单参量压力数字压力计和3只数字温度计。其中3只数字温度计必须采用标准温度检定装置中的恒温油槽和恒温水槽，故在生产现场无法实施校准，因而现场仪表测试工作只针对压力类仪表进行。由于压力现场检测条件与实验室不同，现场标准器采用了0.02级数字压力计，校准周期1个月。共计进行了三个周期的现场校准工作，除有一台单参数数字压力计由于一键校准功能键失效以外，其他仪表总体结果均在预期范围以内。

（1）多参量数字压力计。

现场共计安装多参量数字压力计3台，每个周期测量结果如图6.11和图6.12所示。

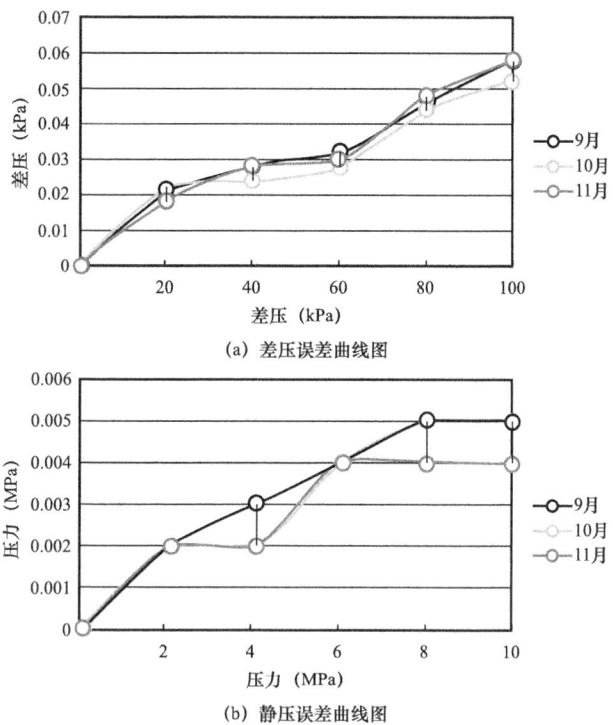

图 6.11 SGM2180002 多参量数字压力计周期检测结果对比图

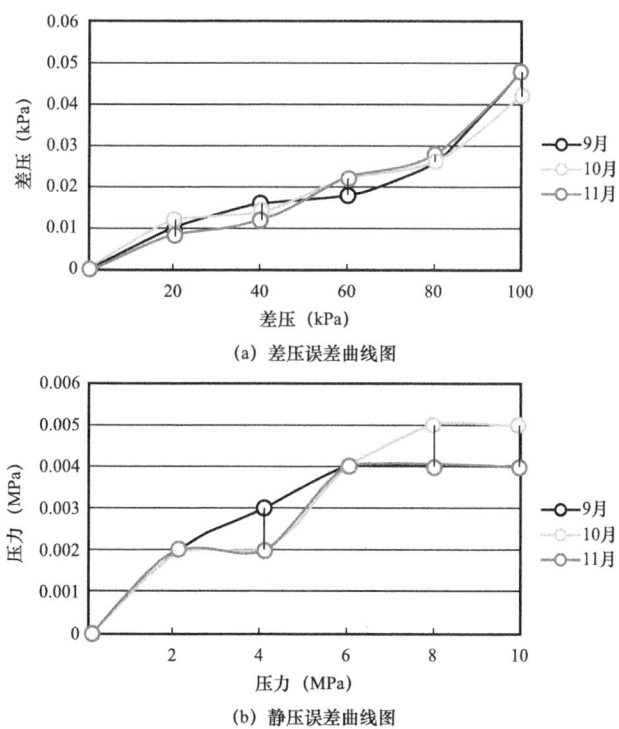

图 6.12 SGM2180003 多参量数字压力计周期检测结果对比图

编号SGM2180002多参量数字压力计，差压0~100kPa，压力0~10MPa；编号SGM2180003多参量数字压力计，差压0~100kPa，压力0~10MPa；编号SGM2180004多参量数字压力计，差压0~100kPa，压力0~10MPa。

（2）单参量数字压力计。

现场共计安装单参量数字压力计6台，每个周期测量结果如图6.13至图6.18所示。

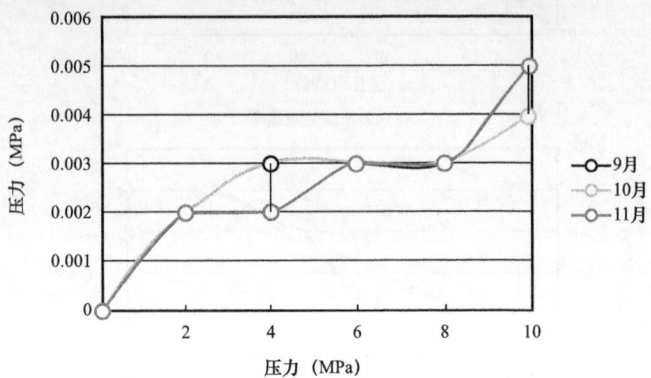

图6.13 SGM118010单参量数字压力计周期检测结果（静压误差）对比图

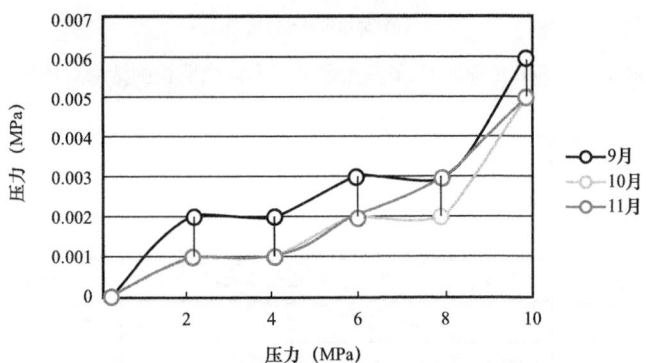

图6.14 SGM118011单参量数字压力计周期检测结果（静压误差）对比图

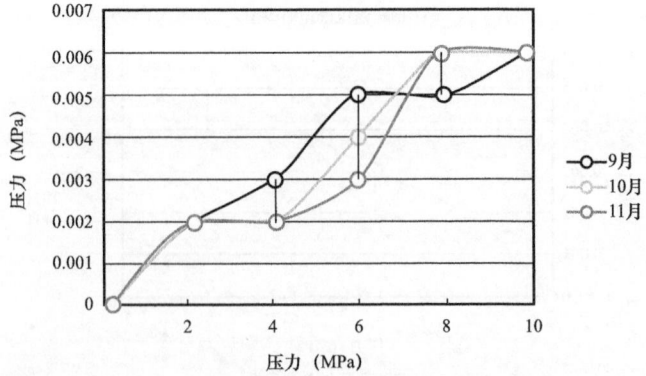

图6.15 SGM118012单参量数字压力计周期检测结果（静压误差）对比图

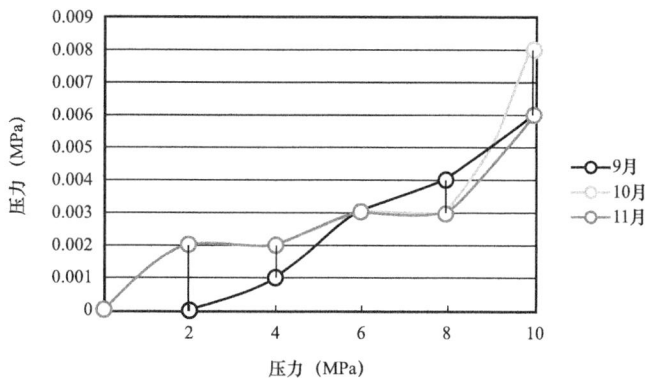

图 6.16 SGM118013 单参量数字压力计周期检测结果（静压误差）对比图

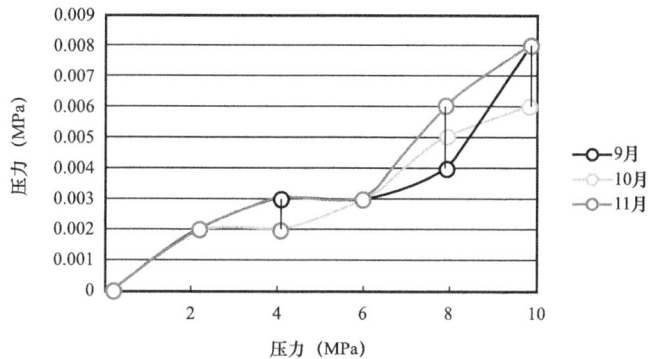

图 6.17 SGM118014 单参量数字压力计周期检测结果（静压误差）对比图

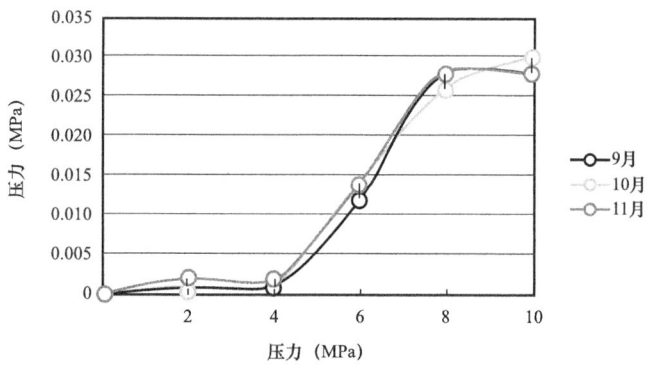

图 6.18 SGM118015 单参量数字压力计周期检测结果（静压误差）对比图

编号 SGM118010 单参量数字压力计，压力范围 0～10MPa；编号 SGM118011 单参量数字压力计，压力范围 0～10MPa；编号 SGM118012 单参量数字压力计，压力范围 0～10MPa；编号 SGM118013 单参量数字压力计，压力范围 0～10MPa；编号 SGM118014 单参量数字压力计，压力范围 0～10MPa；编号 SGM118015 单参量数字压力计，压力范围 0～10MPa。编号 SGM118015 单数字压力计校准结果不合格，原因是"一键示值校准"功能键失效，多次尝试进行示值校准无变化。

(3)现场仪表测试期间暴露的问题。

现场安装的 11 台仪表在安装初期出现过无故障死机情况,经拔插电源后恢复正常;具体表现情况是在检表过程中上位系统的显示值时有时无,以 SGM218015 为例,由于该仪表首次检定不合格,在 40kPa 处一键校准,校准结束后,计算机显示为"0",打压到 60kPa 处计算机显示仍然为"0",重启电源后恢复正常,如图 6.19 所示。

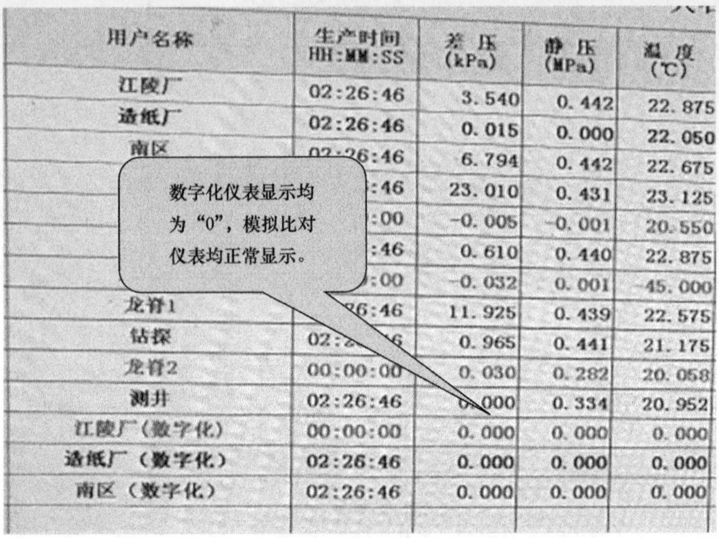

用户名称	生产时间 HH:MM:SS	差压 (kPa)	静压 (MPa)	温度 (℃)
江陵厂	02:26:46	3.540	0.442	22.875
造纸厂	02:26:46	0.015	0.000	22.050
南区	02:26:46	6.794	0.442	22.675
	:46	23.010	0.431	23.125
	:00	−0.005	−0.001	20.550
	:46	0.610	0.440	22.875
	:00	−0.032	0.001	45.000
龙脊1	:46	11.925	0.439	22.575
钻探	02:2	0.965	0.441	21.175
龙脊2	00:00:00	0.030	0.282	20.058
测井	02:26:46	0.000	0.334	20.952
江陵厂(数字化)	00:00:00	0.000	0.000	0.000
造纸厂(数字化)	02:26:46	0.000	0.000	0.000
南区(数字化)	02:26:46	0.000	0.000	0.000

(数字化仪表显示均为"0",模拟比对仪表均正常显示。)

图 6.19 现场仪表无故障死机信号中断显示图

由于本次故障属于偶发状况,后续多次模拟现场调校过程,均未出现该现象。通过与生产厂家的交流,估计故障原因可能是由于供电电压偶发性的不稳定与仪表调校节点同时出现导致出现的故障。

6.1.1.4 与现有场站温压仪表安装对比

通过对天然气生产场站温压仪表的研究,研发了以 CAN 总线为主的智能数字化温压仪表,通过上述的实验室测试和现场应用测试,其仪表性能完全能够满足生产现场的需求。通过研究充分了解了现场总线控制系统(FCS)具有接线简单,工程周期短,安装费用低,维护容易,可靠性高,稳定性好,抗干扰能力强,通信速率快,系统安全,符合环境保护要求等优点。现就以天然气计量系统为例进行全方位的比较。

目前,国内的天然气集输站场,现场仪表多采用 4~20mA 模拟信号的变送器,流量计算机采用 RTU 实现数据采集,用工控机或服务器进行流量积算和数据查看及打印报表等流量管理功能。以孔板流量计为例,每个计量回路由压力变送器、差压变送器、温度变送器组成,输出 4~20mA 模拟信号,分别经信号避雷器、隔离器、A/D 转换器,通过 RTU 采集通道信号,转换成数字信号进行流量计算,如图 6.20 所示。压力及温度检测点需要额外增加压力变送器,及系统预留 I/O 口。

由图 6.20 可以看出,现场变送器传输至 RTU,到转换成数字信号参与流量计算的过程,可以看出目前使用的天然气站控系统有以下不足:

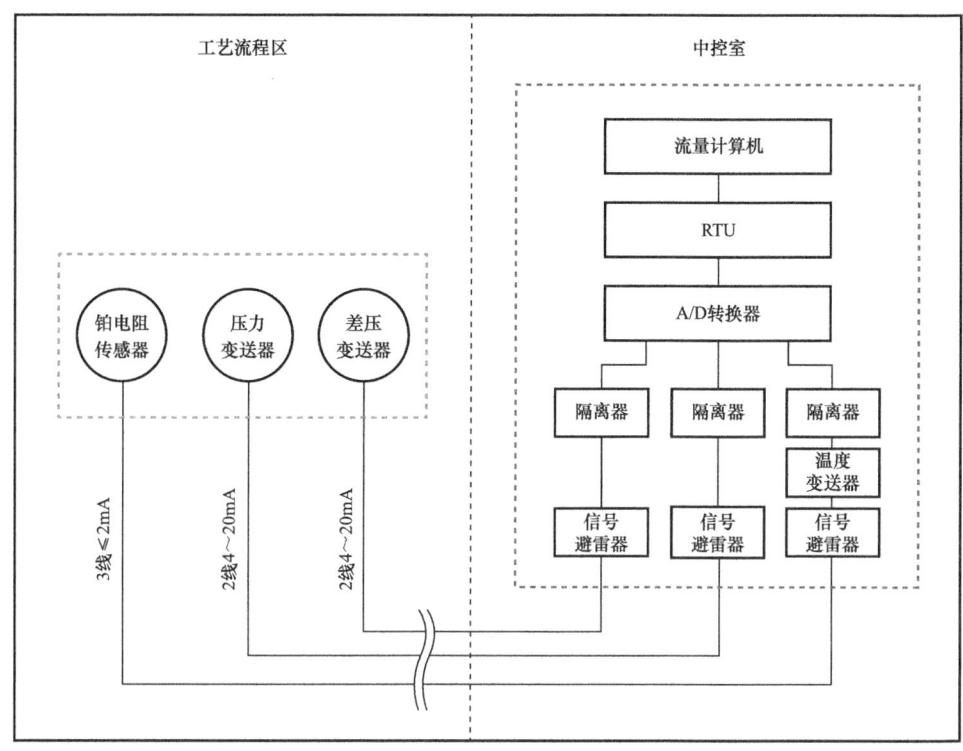

图 6.20 传统单个计量回路的结构图

（1）模拟信号的传输容易受到干扰，经过隔离器要损失准确度 ±0.1%～±0.5%，由模拟信号转换成数字信号还要损失准确度，最终的计量准确度难以提高；

（2）信号避雷器和隔离器都安装在室内的机柜里，距离现场仪表距离较远，当现场遭受雷击时，现场仪表难以得到有效的保护；

（3）电缆很多，每个现场仪表都需要独立的电缆与计量系统进行连接，以 10 个回路的计量站为例，至少有 30 根电缆由现场铺设至值班室内，需要较大规模的电缆沟或电缆桥架，施工量大、成本高；

（4）现场仪表维护成本高，要对变送器进行操作，必须使用专用的手操器，额外增加了维护费用；

（5）当对现场仪表进行系统联校时，现场人员无法看到计量系统上的实时数据，需要多人联合操作才能完成，或需增加防爆对讲机等通信设备，增加维护投入。

传统的天然气流量计量系统最终呈现，一个装满隔离器、信号避雷器和电缆的大型机柜，4 个回路的计量系统如图 6.21 所示，既占用了大量的空间，成本高能耗也高。

现采用 CAN 总线天然气流量计量系统的拓扑结构，CAN 总线站控计量系统以压力、温度和流量为测量对象，现场仪表采用 CAN 总线复合差压、压力变送器和 CAN 总线数字温度计作为计量回路的现场仪表，用 CAN 总线压力变送器做压力检测点用现场仪表，采用带 USB 接口的高性能主站卡，其结构如图 6.22 所示。

图 6.21 传统 4 回路计量系统外观结构

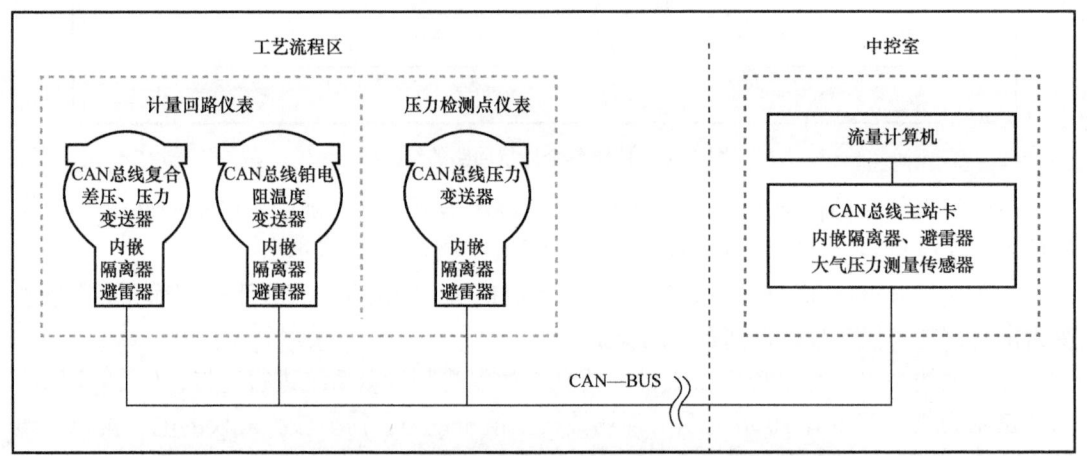

图 6.22 CAN 总线天然气计量系统结构图

现场总线网络采用"T"型拓扑结构进行连接，如图 6.23 所示。

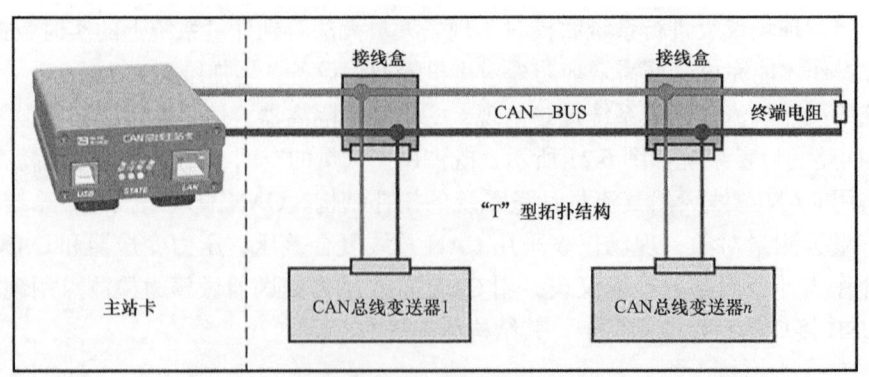

图 6.23 CAN 总线天然气计量系统拓扑结构图

由图 6.23 可以看出，CAN 总线天然气站控计量系统的构成非常简单，只用一条总线电缆连接流量计算机和现场仪表，现场仪表分别通过接线盒挂接到总线上，中间无须增加隔离器和信号避雷器。CAN 总线现场仪表与主站卡集 CAN 协议转换、避雷器、信号隔离、大气压力测量为一体，当场站遭受雷击时，现场仪表和流量计算机都同时能得到有效的保护，相比传统天然气计量系统的防雷、隔离方式更加可靠。因此，室内的天然气流量计算机系统构成非常简洁，如图 6.24 所示，仅需一个 CAN 总线主站卡就可以替代以前 126 个节点的大型机柜。

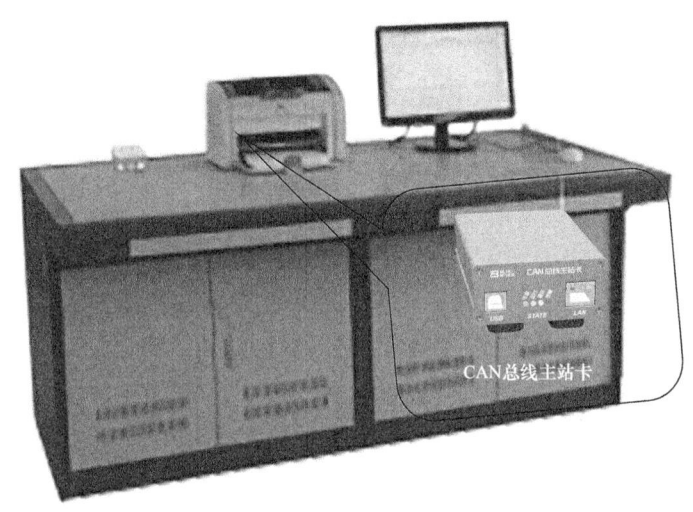

图 6.24　CAN 总线 63 回路流量计量系统外观结构

系统以 CAN 总线通信协议为基础，通过将通信隔离所需的诸多电路集成在一个模块中，使用时通过简单的过程连接，就可以得到优异的隔离性能和稳定的隔离效果，并且采用单电源供电，内置隔离电源。真正达到了化繁为简，减少生产场站的建设成本，提高计量准确度的效果。现场仪表集成了功能齐全的显示组件，可以通过仪表键盘进行操作，无须额外购买手操器，单人即可现场完成检表或系统联校等操作。

当计量场站增加计量回路或增加检测点时，只需要增加 CAN 总线现场仪表，无须预留系统 I/O 口，无须改造计量系统的硬件，既减少了成本投入，又减少了施工周期，这充分地体现了 CAN 总线系统使用的舒适性。同时也能大幅减少现场施工难度和施工材料。

采用现场总线模式可以减少 60% 的线缆敷设和土建工作量，在后期需要增加监测点时可以在总线就近的距离上直接挂接即可。

CAN 总线天然气站控计量系统数据传输的同步性和实时性上优势也很明显。例如天然气集输站内流程区距离值班室的距离一般小于 30m，现场仪表比较集中，因此最大的布线距离绝大多数会小于 100m。那么，假定 CAN 总线的长度为 100m，节点数为 126 个，以此为前提讨论数据传输的实时性具有普遍性。对于横截面积 0.75mm^2、长度 100m 的铜导线，理论上 CAN 总线最大传输速率约为 500kbit/s，现场仪表接入电缆横截面积为

0.5mm², 工程上一般取传输速率理论值的60%～70%，因此，计量系统采用符合这一要求的标准通信波特率250kbit/s，需要验证该波特率是否满足传输实时性要求。

首先计算位传输时间：按式（6.1）得，当f_{bit}=250kbit/s时，计算位传输时间为4μs。

$$t_{bit} = \frac{1}{f_{bit}} \tag{6.1}$$

式中　t_{bit}——位传输时间，s；
　　　f_{bit}——波特率，kbit/s。

每个CAN总线现场仪表每秒钟发送一个PDO数据，根据CAN协议规范给出的计算公式（6.2）可计算出1帧数据的总位数n：

$$n = 44 + 8N \tag{6.2}$$

式中　n——传输数据位数，bit；
　　　N——传输数据字节数，B。

对于CAN总线现场仪表而言，N=8B，总的传输数据位数为108bit。由于数据帧之间存在帧间间隔3个隐性位，故传输1帧数据所需最小传输时间可由式（6.3）计算得到，当n=108bit时可计算得最小传输时间为444μs。

$$t = (N+3)t_{bit} \tag{6.3}$$

式中　t_{bit}——位传输时间，s；
　　　N——传输数据字节数，B；
　　　t——传输时间，s。

那么，总共126节点的数据全部收完所用的时间为55.944ms，最大平均流量不大于30%负载，完全满足对计算周期的要求，并极大提高了速率。

与传统自控仪表系统的安装和配置上采用总线制仪表，还具备就近双重防雷，不但在生产现场的每个CAN总线变送器都内嵌了防雷模块，而且在中控室的CAN总线主站卡中又内嵌了大功率防雷模块。这些防雷模块都布置在需要保护的仪表内部，构成了内嵌式双重保护。隔离模块也采用了室内外双重隔离，对提高系统的安全性、可靠性和稳定性提供了强大的技术支撑。通信主站卡功能多元化，内嵌一路CAN总线接口，一路LAN网络接口，一路USB接口和气压检定接口。内嵌防雷、隔离、ESD、EMI❶等保护措施；支持CAN总线协议转换、CAN报文收发、大气压力实时测量、故障诊断等。系统的数据开放性，由于系统采用的是CAN总线，是指开放式、国标标准化、数字化、相互交换操作的双向传送、连接智能仪表和控制系统的通信网络。CANopen协议一致公开，任何遵守相同标准的其他测控系统都能够在CAN总线上接收到所有现场总线仪表数据，实现现场仪表数据信息共享。优劣比较见表6.2。

---

❶ ESD保护器是一种用于保护电子设备免受静电放电（ESD）损害的元器件。EMI滤波器是一种用于抑制电磁干扰（EMI）的元器件。这些元器件通常被用于电子设备中，以保护设备免受外部环境中的干扰和噪声的影响。

表 6.2 CAN 总线系统与传统系统的详细对比

对比项目	CAN 总线天然气计量系统	传统天然气计量系统
结构	一对多：一条通信电缆挂载多个设备或仪表，双向传输多个信号，采用多主工作方式，易达成冗余结构	一对一：一条通信电缆连接一台仪表，单向传输信号
诊断	具有可靠的错误、故障诊断和处理机制	需外加诊断系统
可靠性	可靠性好：具有双重隔离、位填充等结构功能数字信号传输抗干扰能力强，准确度高	可靠性差：模拟信号传输抗干扰能力弱，准确度低
大气压力实时测量	集成高准确度数字气压计，能够实时测量当地大气压，计量更准确，更科学	人为输入当地年度平均大气压值，数值不准确，不能实时更新
状态监控	操作员在控制室既可了解现场设备或仪表的工作状态，也能对设备进行参数调整，还可以预测或查找故障，是设备始终处于操作员的远程监控与可控状态之中	操作员在控制室既不了解现场设备或仪表的工作状态，也不能对设备进行参数调整，更不能预测故障，是操作员对仪表处于"失控"状态
现场仪表	智能仪表除具有模拟仪表的检测、变换、补偿功能外，还具有数字通信能力，并且具有控制和运算的能力，集成防浪涌保护和隔离器	模拟仪表只具有检测、变换、补偿等功能
经济性	成本低，相对于传统计量系统降低 50% 以上	成本高

6.1.2 设备监测管理应用

设备监测管理系统能查看天然气物联网网关连接设备采集到的所有设备基本信息，定时刷新显示现场设备的在线运行情况、异常情况、离线情况和 HART 设备情况。准时高效了解现场设备当时的状态。系统总貌主要分为：

（1）设备信息列表。在系统中显示网关中所有的设备基础台账信息，包括设备的所属区域信息、设备名称、设备通道号、设备的数字主变量、设备的模拟主变量、设备电流和设备的模拟电流等。并实时显示设备的在线、离线情况和通信报警情况。

（2）设备运行统计数据。通过物联网网关进行实时数据采集，并返回设备的报警设备信息、离线设备信息、异常设备信息以及 HART 设备的信息，并实时刷新设备的数字主变量值、模拟主变量值、设备电流、设备模拟电流等，以及显示设备的高高报警、高报警、低报警、低低报警的实时状态信息。

（3）网关事件列表。显示现场运行设备的黑匣子事件、HART 事件、巡检事件等历史操作事件信息以及查看事件的通信、报警状态。

6.1.2.1 设备管理

物联网系统具备设备静态数据录入和自动采集设备动态数据功能，并基于采集的设备数据自动生成电子台账，自动记录设备调校维修记录，自动记录设备参数变化，自动统计设备完好率，自动甄别故障设备、分类统计设备故障率，其设备管理主要功能包括：

（1）自动建立设备管理电子台账，具备静态数据+动态数据融合管理系统，有效对设备状态、参数变化进行有效的管理和数据更新。

（2）支持设备 RFID 标签管理，配合防爆手持终端，可将生产现场人工巡检等操作流程标准化、信息化管理。

（3）具备设备 RFID 标签数据集成功能，可实现设备 RFID 标签与设备动静态数据配对、查询等功能。

（4）设备运维数据管理功能。包括设备运维数据自动记录、查询和统计分析等功能。

（5）设备配置参数变化记录、查询等管理功能。

（6）基于实时诊断信息，自动生成设备完好率、故障率，并分析当前设备故障率较高设备，提示报警频繁设备。

6.1.2.2 系统展示

综合地展示物联网网关中连接设备的统计运行信息，并以文字和图表的信息展示。系统驾驶舱应包括以下设备信息：

（1）设备总数。现场物联网网关管理的所有设备数量。

（2）在线运行总数。现场物联网网关管理的正在运行中的设备数量。

（3）报警设备总数。现场物联网网关管理的报警设备数量。

（4）异常设备总数。现场物联网网关管理的异常设备数量。

（5）待巡检设备总数。现场物联网网关管理的正在待巡检的设备数量。

（6）HART 设备总数。现场物联网网关管理的智能设备数量。

（7）在线 HART 总数。现场物联网网关管理的在线智能设备数量。

6.1.2.3 实时数据

展现物联网所管理的设备在线运行情况，以及报警、通信实时的状态展示，并对所管理的设备运行情况进行数据分析。多设备趋势对比，直观地体现设备参数的变化趋势。支持数据的图形化展示。

支持设备的技术指标包括：HART 实时值、HART 电流、DCS 实时值、DCS 电流、设备状态、设备通信状态、设备型号（HART 设备）、设备量程、设备工作温度、设备报警状态、设备异常状态等。设备的在线运行情况如图 6.25 所示。

图 6.25 设备在线运行情况示例

展现设备的历史趋势曲线，支持自定义设备组实现多设备的历史曲线显示。设备实时数据趋势曲线无须组态，自动生成。

6.1.2.4 设备管理 App

设备管理 App 端是针对生产现场施工人员，通过手机 App 的方式，连接到生产现场工业物联网网关设备，读取到设备信息，进行前端展示，实现生产现场网关设备数据可视化操作。设备管理 App 端示意图如图 6.26 所示。

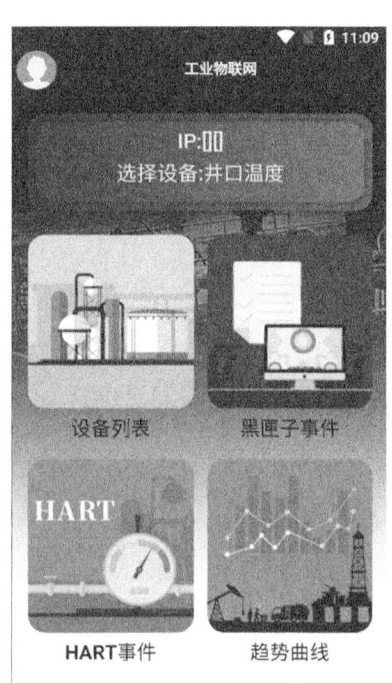

图 6.26　设备管理 App 端示意图

（1）设备列表。

获取物联网网关中设备信息，展示设备的设备名称、设备的 RFID、设备数字主变量、模拟主变量、设备状态等信息，并分别统计报警设备、异常设备、离线设备、智能设备的台数和占比情况，并且分别可以查看报警设备、异常设备、离线设备、智能设备的具体设备列表。可以通过页面右上角的功能按钮来设置列表显示的实时数据是实时值还是电流值。这个按钮可以用来切换显示模式。App 内设备列表如图 6.27 所示。

（2）报警设备。

点击报警设备功能，进入到报警设备列表页面，展示的报警设备在设备总数的占比情况图，并且以列表的形式显示了设备的名称、设备 RFID、数字主变量、模拟主变量等信息。页面的右上角功能按钮，可以设备列表显示的实时数据是实时值还是电流值。

（3）异常设备。

异常设备列表页面，展示了异常设备在设备总数的占比情况图，并且以列表的形式显示了设备的名称、设备 RFID、数字主变量、模拟主变量等信息。可以通过页面右上角的功能按钮来设置列表显示的实时数据是实时值还是电流值。这个按钮可以用来切换显示模式。异常设备列表页面如图 6.28 所示。

图 6.27　App 内设备列表示例

图 6.28　异常设备列表页面示例

（4）离线设备。

离线设备列表页面，展示离线设备在设备总数的占比情况图，并且以列表的形式显示了设备的名称、设备 RFID、数字主变量、模拟主变量等信息。可以通过页面右上角的功能按钮来设置列表显示的实时数据是实时值还是电流值。这个按钮可以用来切换显示模式。

(5) 设备简要信息。

设备简要信息有 11 项。

① 描述：设备的名称、设备 RFID。

② 状态：设备运行状态。

③ 实时值：设备的数字实时值、数字差量、数字模拟主变量。

④ 电流：数字电流、数字差值、电流模拟量。

⑤ 量程：设备量程、设备零点。

⑥ 工作状态：温度、通信状态。

⑦ 报警分析：设备报警分析趋势图。

⑧ 异常分析：设备异常分析趋势图。

⑨ 波动率分析：设备波动率分析图。

⑩ 离线率：设备离线率分析图。

⑪ 实时值：设备实时值分析图。

设备简要信息如图 6.29 所示。

图 6.29 设备简要信息示例

(6) 设备详情。

设备的详情信息，包括设备回路诊断、设备运行状态、设备异常状态、设备 HART 数据、设备的区域代码、设备的设置状态和物联网统计数据等信息。设备详情如图 6.30 所示。

(7) 黑匣子事件。

统计网关中所有的异常事件信息，主要包括设备的报警记录信息、操作记录信息、异常记录信息和参数变化记录信息等。App 功能可对单个设备事件记录检修查看，可选择事件记录发生的日期记录进行显示。

图 6.30 设备详情示例

6.1.3 管道监测应用

6.1.3.1 漏磁与电磁涡流管线检测案例

（1）小口径、低压管道漏磁检测技术现场应用。

① 小口径、低压管道漏磁检测案例 1。

a. 管道基本情况。检测管线于 2004 年建成投产，管道长度 9.08km，管材为 20#，管道规格为 $D159mm \times 7mm$，设计压力为 7.8MPa，设计输量为 $50 \times 10^4 m^3/d$，运行压力为 4.0~5.0MPa，实际输量为 $13 \times 10^4 m^3/d$，管道防腐层为二层 PE，输送介质为含硫湿气（硫化氢含量约为 $50g/m^3$）。

b. 现场检测情况。2021 年 6 月，对管道开展几何检测。管道运行压力为 4.9MPa，实际输量为 $12 \times 10^4 m^3/d$，经评估为最佳检测工况，但检测工具运行至 5.4km 处发生卡堵，通过多次增大检测工具前后压差的方式解堵均未能成功，随即对卡堵管段进行切割换管。2021 年 7 月，再次开展几何检测，检测工具顺利运行，检测数据完整，几何检测成功。管道几何检测卡堵图片如图 6.31 所示。

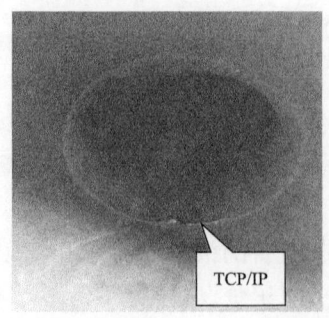 

图 6.31 小口径低压管道几何检测卡堵图片

2021年12月,对管道开展漏磁检测。管道运行压力为4.2MPa,实际输量为$11\times10^4\text{m}^3/\text{d}$,经评估为最佳检测工况,但检测工具运行至3.5km处发生卡堵,通过多次增大检测工具前后压差的方式解堵均未能成功,随即对卡堵管段进行切割换管。漏磁检测卡堵如图6.32所示。

 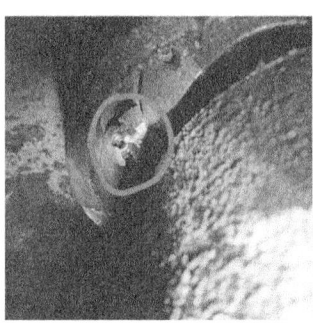

图6.32 小口径低压漏磁检测卡堵图片(一)

c.卡堵原因分析。几何检测卡堵原因:管线割开后发现管道内部焊缝处存在焊瘤,导致几何检测工具卡堵。

漏磁检测卡堵原因:检测工具运行过程中,经过焊缝或弯头位置时因运行速度较快,导致检测工具部分零部件掉落,掉落的零部件引起检测工具卡堵。

② 小口径、低压管道漏磁检测案例2。

a.管道基本情况。管线于1988年8月建成投产,管道长度9.23km,管材为20#,管道规格为$D159\text{mm}\times6\text{mm}$,设计压力为8.8MPa,设计输量为$10\times10^4\text{m}^3/\text{d}$,运行压力为1.5MPa,实际输量为$5\times10^4\text{m}^3/\text{d}$,管道防腐层为石油沥青,输送介质为含硫湿气(硫化氢含量约为0.2g/m^3)。该条管道属于小口径、低压管道。

b.设备详情现场检测情况。2021年10月27日,对管道开展几何检测。管道运行压力为1.5MPa,实际输量为$6\times10^4\text{m}^3/\text{d}$,检测工具顺利运行,检测数据完整,几何检测成功。

2021年11月24日,对管道开展漏磁检测。管道运行压力为1.5MPa,实际输量为$5\times10^4\text{m}^3/\text{d}$,经评估为漏磁检测极限工况,检测工具运行至收球站内发生卡堵,卡堵位置距离收球筒约50m。通过多次增大检测工具前后压差的方式解堵均未能成功,随即对卡堵管段进行切割换管。磁检测卡堵如图6.33所示。

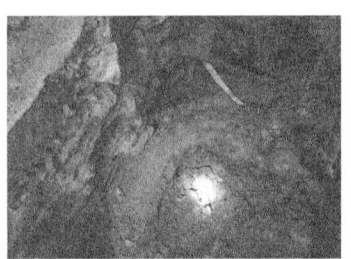 

图6.33 小口径低压漏磁检测卡堵图片(二)

c. 卡堵原因分析。检测工具受自身结构限制，无法通过 1.5D 90°弯头。

　　（2）小口径、低压管道电磁涡流检测案例。

　　① 管道基本情况。管线于 2007 年 6 月建成投产，管道长度为 20.03km，管材为 20#，管道规格为 $D219\text{mm} \times 7\text{mm}$，设计压力为 8.0MPa，设计输量为 $100 \times 10^4 \text{m}^3/\text{d}$，运行压力为 1.2MPa，实际输量为 $1.6 \times 10^4 \text{m}^3/\text{d}$，管道防腐层为三层 PE，输送介质为含硫湿气。

　　② 现场检测情况。首次检测前 12km 取得良好质量检测数据，检测出 20% 深度以上的缺陷有 20 处，但未获取缺陷对应里程。2018 年 4 月又对该条管线进行了两次检测，检测结果良好，检测出缺陷共计有 102 处（远大于同年 1 月提供的 40 处），且最大深度的缺陷为 61% 壁厚（与 2018 年 1 月的检测最大深度吻合）。现场检测结果如图 6.34 所示。

图 6.34　小口径低压管道电磁涡流现场检测结果

6.1.3.2　光纤振动预警案例

　　重庆气矿较早开展了应用光纤振动预警技术对管道管线进行沿线的保护，本案例以气矿天高线 B 段光纤预警监测为例。

　　（1）管线基本情况。

　　天高线 B 段万州末站至云安方向管道长度总计 22.7km，由于管道同沟敷设的光缆质量较差，原设想设计光缆维修后最少监控 10km，在接通了 6 个断点后发现 8.5km 处故障点在一个 20m 高的堡坎下面，要修复该断点土方量较大、费用较高、安全风险较高，最终决定变更光纤预警系统设计，变更光纤预警系统设计监控至 8.5km。利用与油气管道同沟敷设的通信光缆作为分布式土壤振动监控传感器，实时监测和分析脉冲光信号返回的时间延迟，在线监测管道周围土壤的振动情况，对可能威胁到管道安全的机械施工、人工挖掘和自然灾害等破坏性扰动进行预警和定位。

　　（2）光纤振动预警测试。

　　为验证光纤预警效果及准确性，模拟测试 30 次，其中人工开挖 15 次、机械振动 10 次、机械+人工同时开挖 1 次、人工+人工同时开挖 2 次、履带式挖掘机敲击 1 次、履带式挖掘机碾压 1 次。通过现场反复模拟试验，主要测试指标均达到要求，见表 6.3。

　　为保证光纤振动测试预警效果，进行多次测试并验证风险类型、定位精度等各项指标参数，具体测试结果见表 6.4。

　　（3）光纤振动监测结果。天高线 B 段管线预警测试记录 1 见表 6.4。

第 6 章 物联网应用技术与实践

表 6.3 光纤振动预警系统关键指标测试结果

测试类型：模拟机械挖掘、人工挖掘				测试时间：
序号	指标	性能指标要求	实际测量指标	备注
1	监控距离（km）	≥40	≤8.5	8.5km 以后的光缆质量不符合系统指标要求①
2	告警精度（m）	±10	±10	合格
3	灵敏度	人工挖掘≤5m；机械挖掘≤30m	人工挖掘≤5m；机械挖掘≤20m	合格
4	响应时间（s）	≤3	≤3	合格
5	漏报率	0	0	合格
6	误报率（%）	≤10%	0	合格
7	事件并发	同时满足以上指标	同时满足以上指标	合格

① 在符合光纤指标要求的情况下（单点损耗≤0.5dB，平均衰耗：≤0.25dB/km），单台监控主机可以实现 40km 监测。天高线 B 段万州末站至云安方向管道长度总计 22.7km，因管道同沟敷设的光缆质量较差，为保证效果变更光纤预警系统设计监控至 8.5km。

表 6.4 天高线 B 段管线预警测试记录 1

天高线 B 段光纤安全预警系统模拟测试记录								
测试时间		2019.04.11		现场负责人				
测试桩号		270m+43m		土壤情况		砂石		
测试类型		人工、机械		周边环境		砂石路＋农田、土坡		
测试情况记录								
序号	管道中心距离	告警位置（中控室）	挖掘位置（现场）	告警时间（中控室）	开始时间（现场）	告警类型（中控室）	测试类型（现场）	定位精度
1	0m	270m+43m	270m+43m	50s	2：26：45	人工	人工	0m
2	3m	270m+38m	270m+43m	55s	1：59：30	人工	人工	5m
3	5m	270m+38m	270m+43m	55s	2：01：00	人工	人工	5m
4	3m	270m+41m	270m+43m	21s	2：14：52	机械	机械	2m
5	3m	270m+40m	270m+43m	42s	2：47：43	机械	机械	3m
6	3m	270m+38m	270m+43m	25s	3：01：00	人工	人工	5m
7	5m	270m+38m	270m+43m	50s	3：02：30	人工	人工	5m
8 事件并发	0m	269m−20m	269m−25m	75s	2：33：45	人工	人工	5m
	0m	270m−44m	270m−47m	75s	2：33：45	人工	人工	3m

天高线 B 段管线预警现场测试及对照如图 6.35 所示。

(a) 现场模拟人工挖掘　　　　　(b) 现场模拟机械挖掘测试

图 6.35　天高线 B 段管线预警现场测试及对照图

（4）结果分析。

① 通过验证，光纤振动在监测管道遭到第三方破坏可能性预警方面具有较高的灵敏性，通过振动信号能够准确地预测到潜在威胁类型，同时能够预警发生的具体位置，为现场提供警示和依据。

② 建立了预警监测的人工挖掘、机械振动、车辆通行等数据模型，经过数据运行分析，持续完善管道沿线可能的第三方破坏的数据模型，进过修正、优化系统运行参数，降低系统误报率，提高管道预警的精度。

6.1.3.3　次声波泄漏监测案例

以重庆气矿天高线 B 段次声波泄漏监测结果为案例对次声波管道监测结果分析，以验证次声波管道监测在管道完整性管理中的有效应用。

（1）监测系统安装。

天高线 B 段次声波泄漏监测系统根据"2018 年油气田管道和站场完整性管理试点工程"设计要求完成 2 个分站系统（甘宁阀室、万州末站）和主站系统的安装调试。系统硬件安装调试符合国家及行业相关标准，设备防爆认证并进行防雷接地处理。YA012-1 井站外阀室分站系统安装、甘宁阀室分站系统安装与万州末站分站系统安装情况分别如图 6.36 至图 6.38 所示。

图 6.36　YA012-1 井站外阀室分站系统安装

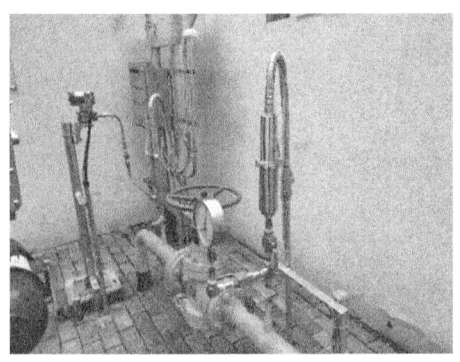
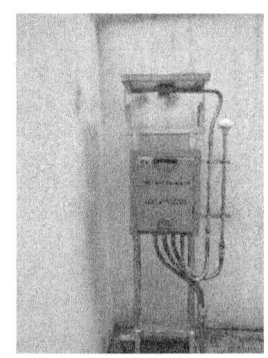

图 6.37 甘宁阀室分站系统安装

图 6.38 万州末站分站系统安装

（2）测试要求。

为验证重庆气矿天高线 B 段次声波泄漏监测系统准确性，设定相关测试项目并列定合格指标，可检泄漏孔径直径 2mm 以上，泄漏位置定位误差 50m 以内，报警准确率应保证 97% 以上，具体指标见表 6.5。

表 6.5 预定相关测试项及指标

测试项	合格指标
可检测灵敏度（mm）	泄漏孔径≥2
响应时间（s）	≤100
泄漏点定位的误差（m）	≤50
报警准确率（%）	≥97
误报率（次/a）	≤3

（3）未屏蔽中端传感器测试。

根据油气田管道和站场完整性管理设计要求和测试方案，本次在甘宁阀室、万州末站模拟泄放共计 33 次，其中未屏蔽甘宁阀室传感器测试 21 次，万州末站测试 12 次，报警率达到 100%。

① 未屏蔽甘宁阀室传感器。甘宁阀室和万州末站模拟测试数据见表 6.6 和表 6.7。

表 6.6　甘宁阀室模拟测试数据

序号	放气时间（时：分：秒）	报警时间（时：分：秒）	间隔时长（时：分：秒）	距离误差（m）	测试孔径（mm）	备注
1	11：14：50	11：15：37	0：00：47	14	2	报警率100%
2	11：20：11	11：20：53	0：00：42	15	2	
3	11：25：12	11：26：02	0：00：50	2	2	
4	11：30：15	11：30：55	0：00：40	17	2	
5	11：35：05	11：35：44	0：00：39	14	2	
6	11：40：09	11：40：46	0：00：37	4	2	
7	11：45：04	11：45：48	0：00：44	7	2	
8	11：51：02	11：51：37	0：00：35	12	2	
9	11：55：58	11：56：45	0：00：47	15	2	
10	12：00：37	12：01：19	0：00：42	16	2	
11	14：25：32	14：26：19	0：00：47	6	3	报警率100%
12	14：30：51	14：31：34	0：00：43	18	3	
13	14：35：11	14：35：58	0：00：47	17	3	
14	14：40：08	14：40：49	0：00：41	19	3	
15	14：45：05	14：45：40	0：00：35	2	3	
16	14：50：11	14：51：15	0：01：04	7	3	
17	14：54：56	14：55：50	0：00：54	2	3	
18	15：00：15	15：00：59	0：00：44	14	3	
19	15：05：18	15：06：15	0：00：57	3	3	
20	15：10：12	15：10：56	0：00：44	17	3	
21	15：50：43	15：51：25	0：00：42	2	5	报警率100%

② 测试结果分析。次声波测试过程中，调试放气孔径分别为 2mm、3mm 和 5mm，中端甘宁阀室模拟泄放测试结果见表 6.8。

末端万州站管道放气孔径 2mm 和 4mm，测试结果见表 6.9。

现场测试结果分析，测试结论满足测试要求及设定目标，结论见表 6.10。

在未屏蔽甘宁阀室传感器工况下，开展次声波监测天高线 B 段井站外阀室—万州末站总长 22.6km 管道泄漏预警，在孔径 2mm、3mm、4mm 及 5mm 泄漏时分别进行测试，报警率 100%，定位误差在 24m 内满足设定要求，平均出现泄漏响应时间 65s 以内，监测结果达到预期目标，能够很好地用在管道泄漏预警监测。

表6.7 万州末站模拟测试数据

序号	放气时间（时:分:秒）	报警时间（时:分:秒）	间隔时长（时:分:秒）	距离误差（m）	测试孔径（mm）	备注
1	17:52:05	17:53:09	0:01:04	9	2	报警率100%
2	17:57:55	17:58:57	0:01:02	24	2	
3	18:02:58	18:03:59	0:01:01	20	2	
4	18:08:20	18:09:18	0:00:58	8	2	
5	18:13:40	18:14:45	0:01:05	1	2	
6	18:19:45	18:20:47	0:01:02	5	2	
7	18:24:37	18:25:38	0:01:01	5	2	
8	18:29:45	18:30:49	0:01:04	21	2	
9	18:34:36	18:35:36	0:01:00	11	2	
10	18:39:32	18:40:30	0:00:58	15	2	
11	19:29:10	19:30:09	0:00:59	15	4	报警率100%
12	19:34:07	19:35:11	0:01:04	11	4	

表6.8 甘宁阀室模拟泄放测试结果

孔径（mm）	放气次数（次）	报警次数（次）	报警率（%）
2	10	10	100
3	10	10	100
5	1	1	100

表6.9 万州末站模拟泄放测试结果

孔径（mm）	放气次数（次）	报警次数（次）	报警率（%）
2	10	10	100
4	2	2	100

表6.10 次声波测试结论

测试项	设计指标	测试结果	结论	备注
可检测泄漏孔径（mm）	≥2	2	合格	
报警准确率（%）	≥97	100	合格	
定位误差（m）	≤±50	≤24	合格	以模拟泄漏点为基准
系统响应时间（s）	≤100	≤65	合格	
误报率（次/a）	≤3	现场测试无误报	合格	需长期跟踪分析数据

（4）次声波管道监测结论。

① 未屏蔽中端阀室传感器次声波监测在2mm、3mm、4mm及5mm孔径泄漏预警率100%，定位误差小于24m，泄漏响应时间间隔65s以内，能够很好地监测管道内泄漏预警；

② 屏蔽中端阀室传感器次声波监测在2mm、3mm及4mm孔径泄漏预警不理想，概率随泄漏点孔径的增大而增大，且预警不能保证100%预警；

③ 由此证明可知，在次声波进行管道泄漏测试过程中不可屏蔽中间阀室进行监测预警。

6.1.4 场站物联网电子巡检及视频联动应用

物联网电子巡检及视频联动为各系统融入、数据集成、分析、展示、智能应用。电子巡检以物联网系统为核心，深度融合SCADA系统和视频系统，从而实现SCADA工艺流程图信息、物联网信息和现场视频信息的无缝整合。系统能够瞬间提供指定设备的多角度的准确的现场视频。操作人员能够迅速准确地核对SCADA数据和现场数据，了解现场实际状况，犹如操作员眼睛的延伸。

电子巡检及视频联动包括手动视频巡检、自动视频巡检、电子巡检、视频联动、报警信息抓拍、报警视频联动、图文文字信息叠加等功能。

6.1.4.1 手动视频巡检

手动视频巡检（图6.39）是指操作员想及时查看生产现场情况时，在监控平台通过DCS系统手动触发视频巡检条件，使物联网网关控制摄像机完成特定设备的抓图→图片文字信息叠加→图片上传的功能。

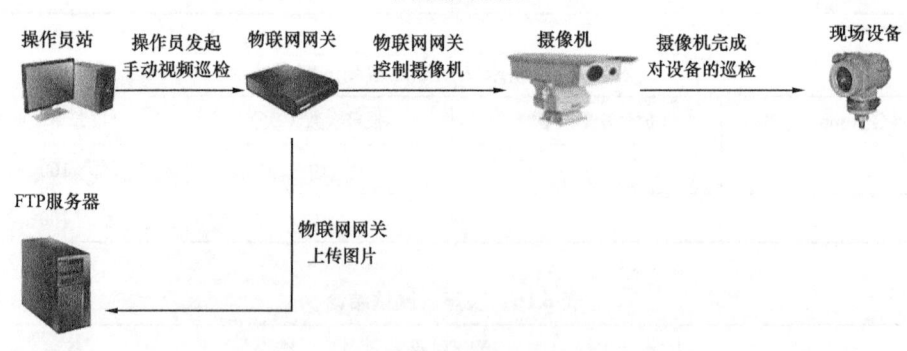

图6.39 手动视频巡检

6.1.4.2 自动视频巡检

自动视频巡检（图6.40）是指在不需要操作人员操作下，在巡检时间周期到来的时候物联网网关控制摄像机完成抓图→图片文字信息叠加→图片上传的功能，并自动生产巡检报告，数据在物联网系统上进行显示。

图 6.40　自动视频巡检

6.1.4.3　远程电子巡检

电子巡检通过生产数据自动比对和视频图片人工判读等方式，按需远程检查生产流程主要参数，实现人工巡检操作远程替代，提高生产效率、确保安全生产。

每 2h 对全站所有设备进行一次自动巡检，并根据融合数据自动对每个设备进行判读，部分重要设备需要人工进行审核。

通过电子巡检系统提高了巡检质量，保证了巡检记录的准确性，降低了员工的劳动强度。过去需要半个小时才能完成现场巡检，填写手工报表。现在只需要 3min 在值班室使用鼠标就能轻松完成，自动生成图文并茂的巡检报表，大大提高了员工的工作效率。

6.1.4.4　报警信息抓拍

系统能够在 SCADA 报警发生时自动对现场情况进行多角度抓拍。操作人员在查询报警记录时能够同时看到发生报警时候的现场情况。能够大大提升操作人员对报警记录的准确判断。

6.1.4.5　报警视频联动

在 DCS 报警发生时自动对现场情况进行多角度的抓拍。操作人员在查询报警记录时，能够同时看到发生报警的现场情况。能够大大提升操作人员对报警记录的准确判断。

在重要报警发生时候，自动弹出现场视频画面，操作员在处理报警过程中可以全程监控现场情况。

（1）同一个报警点可以使用多台摄像机拍摄不同角度的实时视频。

（2）支持最多 5 个视频窗口同时显示，视频窗口自动平铺。

（3）支持多角度、多视频窗口，支持上、下、左、右方向调节，Zoom❶，调节焦距，实时截图，语音对讲，视频录像。

（4）每个视频窗口提供快速跳转功能，可以快速跳转到需要的关注点。

（5）支持视频窗口全屏放大。

（6）每个报警视频窗口包括以下数据：

HART 设备包括：HART PV 值❷、Hart 电流、模拟量 PV 值、模拟量电流、设备运行状态等信息。

---

❶ Zoom 是一款云视频会议服务软件，将网络在线会议和移动视频会议集成到了易于使用的统一云端产品。Zoom 提供高清视频、音频和远程屏幕共享，可以接入传统的硬件视频会议而无须购买专用的设备，可以构建高清视频会议室而无须支付高昂费用。

❷ Hart 是一种同时提供两个通信信道的通信协议，一个是模拟信道，另一个是数字信道。主要测量值（PV）通过为仪器供电的线路作为电流的模拟值进行通信。

6.1.4.6 远程回路调校

系统使用 HART 协议作为远程仪表调校标准，使用 SCADA 数据作为参考值，远程高清视频提供现场仪表的显示状态。使得仪表工程师可以在中心站、RCC 和 DCC 任意地点就能够对仪表回路进行远程调校和设定。

能够完成以前仪表工程师必须在现场才能完成的仪表迁移量程、单位设定、调校回路精度、重启仪表、显示设置等需要手操器才能完成的任务。

传统的仪表调校工作需要至少 30min 才能完成一个仪表的调校，使用系统 3min 就能够完成一个回路的调校，大大提高了仪表工程师的工作效率。而且因为不用再去现场，节省了大量的路途时间，使得依靠少数仪表工程师完成大量井站的维护成为可能。

6.1.5 激光甲烷监测系统

6.1.5.1 应用需求

目前，天然气生产场站甲烷泄漏监测主要采用固定式气体监测仪。存在被动式监测、响应时间长、易受环境和天气的干扰影响等问题。据统计，实际监测发现泄漏仅为 0.4%，对一般泄漏和轻微泄漏的监测效果差。重庆气矿在 W 中心站试点安装 3 套激光甲烷监测仪，并深度融合物联网智能应用系统，通过大数据分析、视频智能联动实现了全方位实时扫描，能够及时发现微小天然气泄漏，同时满足了微小泄漏检测，并实现精确定位，提高员工识别、查找泄漏点效率，排除误报等需求问题。

激光甲烷监测仪为独立运行系统，记录的曲线仍然采用传统的"时间—值"的方式，由于监测的点位一直处于变化中，因此传统的曲线已经不能表达任何实际意义；报警记录只能提供报警时刻的甲烷浓度值和报警时的广角视频镜头，即使通过人工判读也较难得出准确的位置判断。因此，迫切需要融合气矿现有物联网智能应用系统，消除系统、数据孤岛现象，借助图形化大数据分析、场站视频系统联动，快速判断、精确定位泄漏点。同时，视频、数据控制等信息通过生产网传输至作业区调度室，实现单个应用系统融合进SCADA、物联网系统，跨平台传输，集中管控。

历史报警曲线与激光甲烷监测仪视频分别如图 6.41 和图 6.42 所示。

图 6.41 历史报警曲线示例

图 6.42 激光甲烷监测仪视频

6.1.5.2 智能融合

（1）数据整合。

以物联网服务器为核心，融合激光甲烷监测系统、视频系统和物联网系统，读取激光监测的控制数据、视频数据和报警数据实现跨平台的数据传输和展示（图6.43和图6.44）。

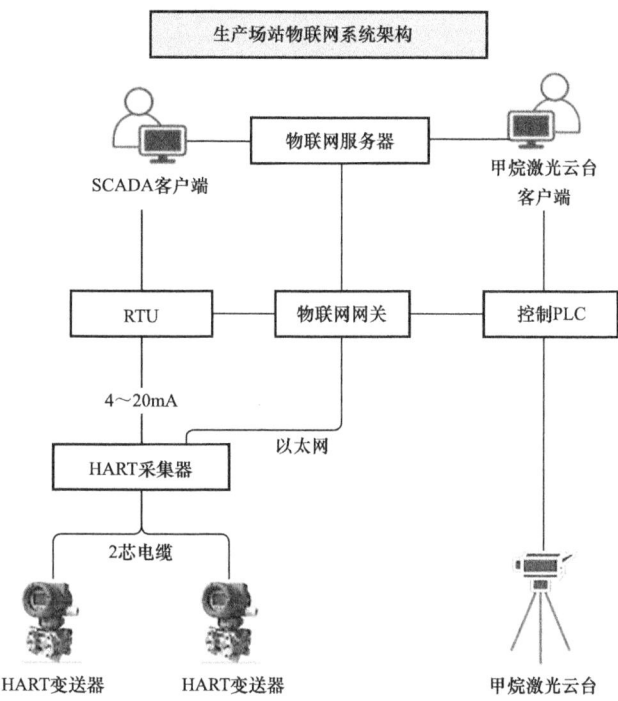

图6.43 融合后现场物联网系统架构

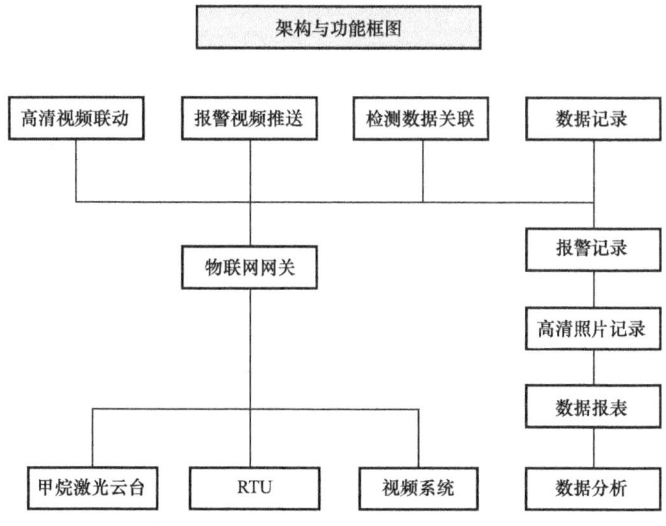

图6.44 物联网架构与功能框图

（2）精确定位。

利用激光甲烷检测系统的云台坐标数据，结合物联网系统和视频系统的数据进行分析计算，实现对现场报警点的准确定位，多角度联动、抓拍和记录。

（3）数据分析。

对激光甲烷检测仪的实时数据和物联网的关联数据进行大数据分析比对，并将分析结果通过图形化界面展示，辅助精确判断泄漏点位，消除误报。

6.1.5.3 应用方案

（1）系统融合。

解析激光甲烷监测仪通信协议，由 PLC 数据、控制命令和 H.265 视频流数据协议组成。物联网关通过开发相应的通信协议组件，实现与 PLC 控制器和摄像机数据交换、系统融合。

（2）空间坐标转换。

将激光甲烷监测仪采用的视频云台视角的空间坐标，通过设备预设定位转换为场站设备预设点位的投影坐标，实现空间线性定位和投影定位的转化，实现场站摄像头联动和报警数据分析，辅助定位。

（3）数据分析模型。

搭建报警浓度和设备预制点位的投影坐标图，通过单位时间报警浓度在坐标图中的分布，以及相对距离可以较准确地判断泄漏区域及点位，并且可以消除干扰引起的误报（图6.45）。

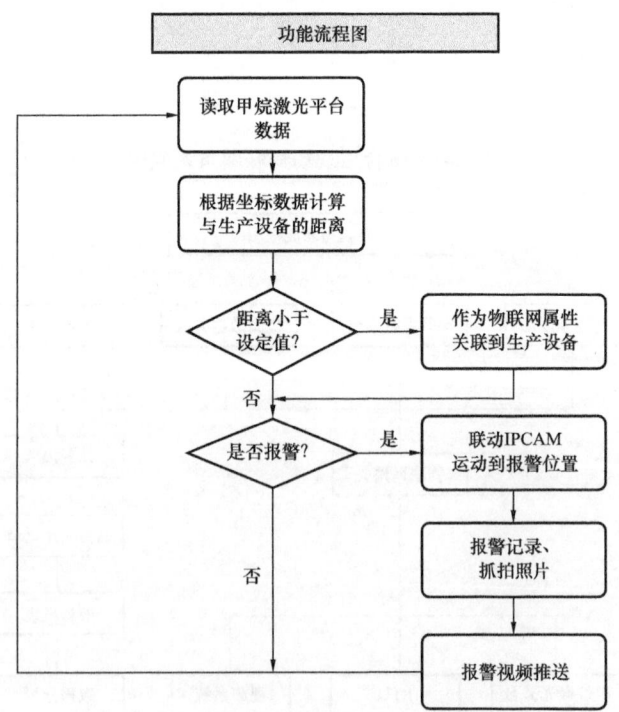

图 6.45 激光甲烷检测系统功能流程图

6.1.5.4 系统运行分析

（1）视频联动抓拍。

当现场出现天然气泄漏浓度超过报警高限设定时，甲烷激光监测仪会停止移动扫描，并报警。物联智能应用系统读取报警数据及视频图像，通过空间信息转换确定报警位置，智能计算现场最佳位置摄像机，立即进行跟踪、放大、对焦，抓拍报警位置的放大图片，在物联网系统中弹出报警画面，辅助操作人员判断泄漏位置（图6.46和图6.47）。

图6.46　厂房内安装视频放大报警画面

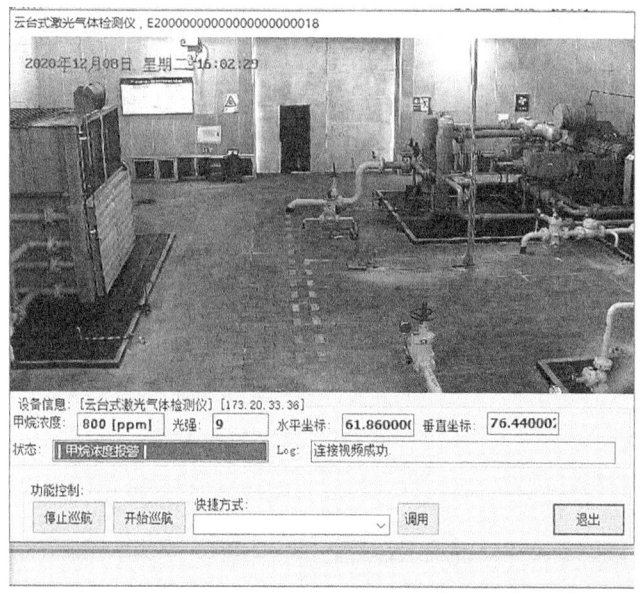

图6.47　激光甲烷监测仪视频报警画面

(2)图形化报警分析。

图6.48中的圆点代表生产现场的实际工艺装置(以激光甲烷监测仪视频拍摄的场站工艺装置预置监测点正投影画面)位置,方块代表设定时间内超过报警门限的甲烷浓度记录位置,每一个方块表示一条记录。因此根据方块的数量和密集程度可以说明甲烷浓度超标的集中情况,方块与圆点的距离可以说明这些甲烷浓度超标位置与实际的生产设备的距离情况。对于孤立的方块点位可以判断为干扰引起的误报。通过分析,可以快速判断出7#机组进气阀、排气阀及压缩缸范围内,及4#机组曲轴箱附近存在天然气泄漏,极大提高了操作员工判断、精确定位准确率,缩短处置时间,有效控制泄漏风险。

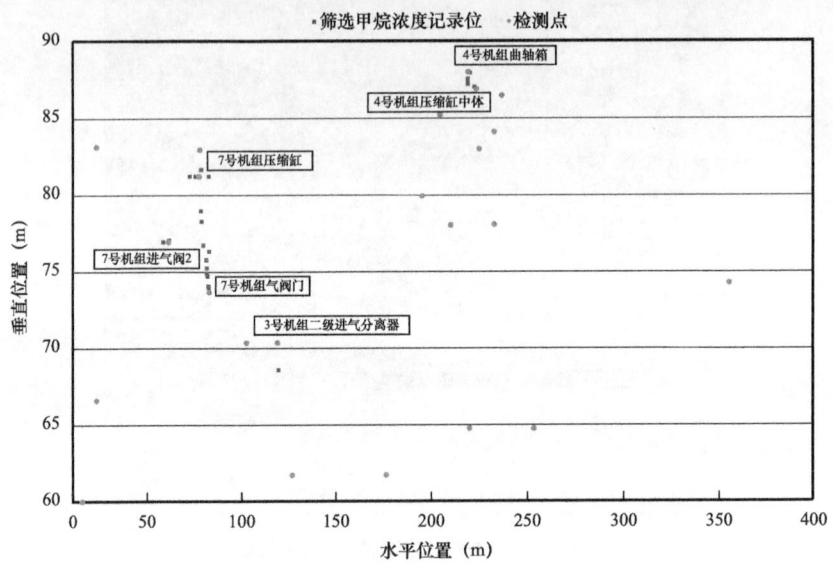

图6.48 云台式激光气体检测仪甲烷浓度分析——增压厂房

(3)跨平台数据传输和控制。

通过与现有物联网系统融合,激光甲烷监测仪系统作为物联网系统的一个功能调用,只需要与物联网关进行数据交换,不必关心生产网中各种组态系统,实现了在现有生产网各平台上传输和控制,提升了系统的可用性和适应性。

(4)应用效果。

重庆气矿在W中心站安装3套激光甲烷监测仪,其中增压机厂房2套、集输工艺区1套,实现了生产区域泄漏监测的全覆盖。通过试点应用有效监测了增压厂房内的一般泄漏点2处、集输工艺区一般泄漏点1处。由于泄漏气体扩散,通过激光线性扫描发现的位置大部分都不是实际泄漏位置,员工只能通过系统自带视频判断大致泄漏区域,还需要借助人工手持仪器现场监测,一步步缩小范围,最终找到泄漏点;对于电磁干扰形成的误报无法判断,现场验证费时费力。

W中心站通过图形化分析,某年12月10日发现厂房内500×10^{-6}以上报警点16处(图6.49中三角块为超过500×10^{-6},方块为超过1000×10^{-6}),通过人工核实、处理,到14日减少为2处(图6.50,本站操作人员无法处理,需压缩机厂家派人处理)。切实解决了压缩机组微小泄漏不易发现、难以准确定位的难题,对安全生产管控能力提升较大,实现"零泄漏"场站建设奠定了基础。

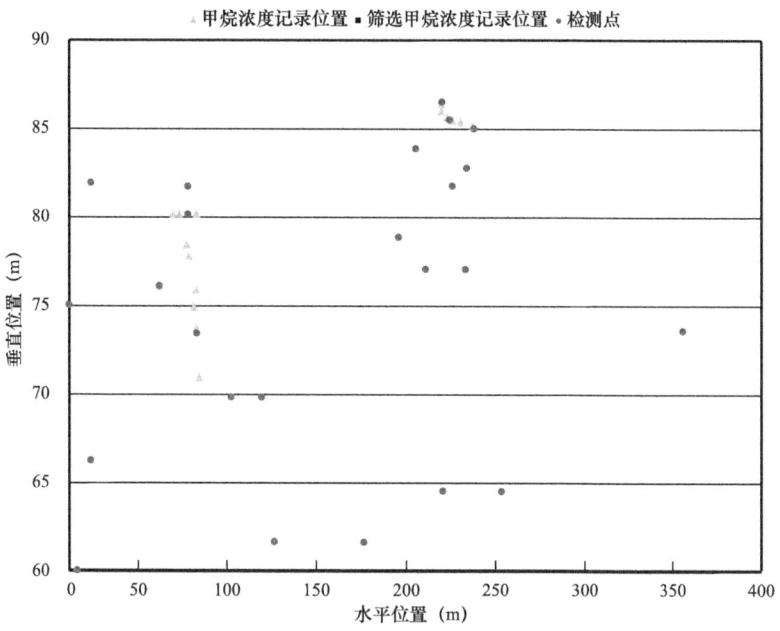

图 6.49　某年 12 月 10 甲烷浓度分析——增压厂房

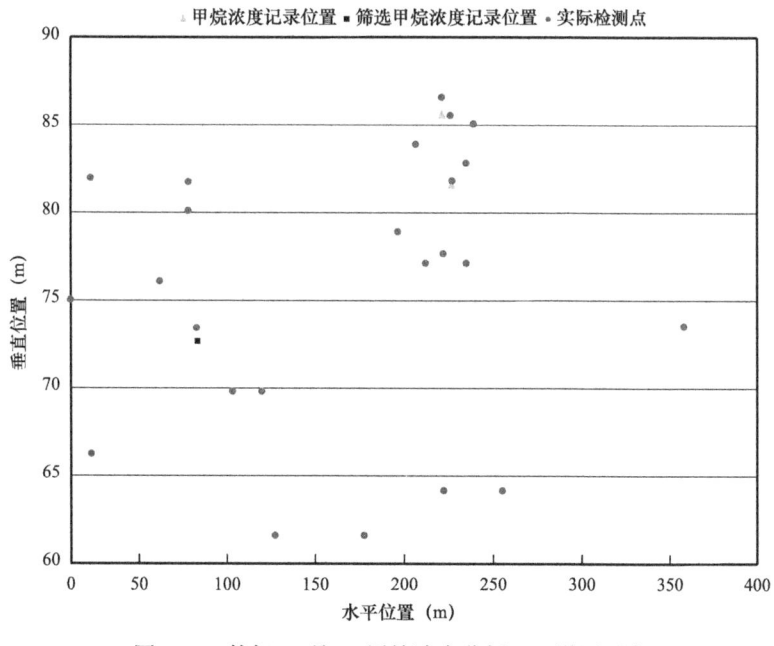

图 6.50　某年 12 月 14 甲烷浓度分析——增压厂房

基于物联网系统整合激光甲烷监测仪,充分发挥各系统的优势,实现 1+1＞2 的效果,对独立系统接入、智能应用起到了很好的示范作用。充分利用现有系统优势,着力大数据分析，切实解决生产运行中的难点、痛点，为西南油气田公司数字化转型的深入推进做了有益的探索。

6.1.6 智能开关井技术

6.1.6.1 现状

随着气井压力降低、产能递减，气井携液能力降低，越来越多的气井转为间歇生产，且气井基本以无人值守为主，分布不均，点多面广，距离中心井站路程较远，传统模式下低压间歇生产井的开关只能依靠人工现场操作，而目前国内主要石油公司改革模式下，井站员工数量减少较快，日益增加的操作频率与逐年减少的人力资源形成制约老气田开发的重要矛盾，因此，原有的人工开关井传统模式已不能较好地适应当前人力资源短缺、开关制度精准执行等状况。为适应新形势下信息化气田的建设，同时提高低压间歇井开井时率，有效发挥气井产能，借助信息化技术，实现数字化转型，对提升老气田气井的精细化管理水平尤为重要。通过智能开关井技术，可实现气井远程智能开关和产量调节，确保生产制度精准实施，提升人工劳动效率及间歇井采气时率，达到老井挖潜及降本增效的目的。

6.1.6.2 原理

（1）智能开关井装置设计及原理。

阀门智能电动控制装置主要在井口装置生产闸阀及针阀上安装智能电动控制装置，主要由智能控制器、角度传感器、直流无刷电动机、压力变送器、位置编码器、电源线、上位控制系统及下位控制元件组成。

该装置安装便捷，部署方便，不需要更换阀门，安装设备不与生产介质接触。智能控制器采集压力变送器和角度传感器的数据，然后根据控制器内部已经设置完成的工作模式或远程发送的控制指令来驱动直流无刷电动机，最后直流无刷电动机通过减速机和齿轮传动放大输出扭矩进而驱动阀门进行相关的开、关动作。现场部署主要采用井口装置针阀和生产闸阀同步安装，通过上位系统下发指令，执行逻辑和人工开关井模式一致。

（2）智能开关井控制模式设计。

结合现场生产实际，提出了高低压截断安全保护功能的研究，只要针阀下游压力大于设置的高压保护压力或小于设置的低压保护压力，针阀将关闭，保障气井安全生产。结合现场实际，开展了远程运行模式方法研究。阀门智能电动装置远程运行模式类似于现场人工开关井的控制逻辑，开井时先开井口装置生产闸阀，关井时先关针阀，再关生产闸阀。智能电动针阀设备工作的模式主要包括：常开常关模式、开度设置模式、定压模式、定时模式和暂停模式。在常开或常关状态，如果设置该井为常开或常关状态，则该井将开井或关井。在开度模式中，根据设置的开度进行开关井，当前阀门开度大于设置的开度时，阀门自动关至设置的开度；当前开度小于设置的开度时，阀门自动开至设置的开度。在定压模式中,根据设置的开井压力和关井压力(定油压)自动开关井,在定压关状态时,当下游压力达到开井压力时自动切换到定压开状态;反之,在定压开状态工作时,当下游压力达到关井压力时自动切换到定压关状态。在定时模式中,根据设置的开井时间和关井时间自动开关井,在定时关状态下工作时,当关井时间倒计时为零时自动切换到定时开状态;反之,在定时开状态下工作时,当开井时间倒计时为零时自动切换到定时关状态。在暂停模式下,无论处于何种工作模式,当设置为暂停模式时,针阀停止动作,将一直处于该阀门开度下。

目前智能开关井装置有三种类型:一是气动薄膜阀+自动控制,利用井口天然气或氮气通过智能控制器驱动薄膜阀自动开关;二是针阀电动控制,利用外供电源通过智能控制器驱动原针阀(闸阀)自动开关;三是智控阀控制,利用外供电源通过控制器驱动智控阀自动开关。

(3)气动控制装置。

在井口生产针阀后端采气管线上安装气动薄膜阀、截断阀及控制器,用以控制气井自动开关。智能控制器配套电子指挥器,可实现阀门缓慢开启、开度可控的功能;控制器内设定时开关井模式和压力控制模式。气动(薄膜阀)智能控制装置结构示意图如图6.51所示。

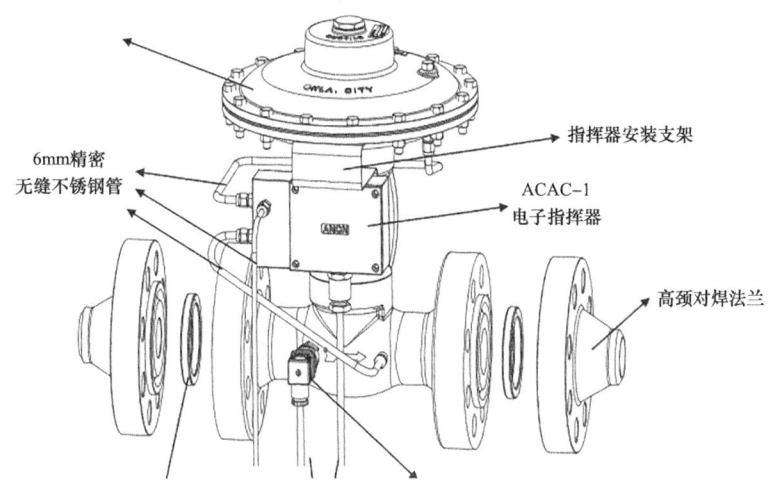

图 6.51 气动(薄膜阀)智能控制装置结构示意图

(4)电动控制装置。

针阀智能电动控制装置现场应用时,根据气井井口装置生产闸阀、生产针阀实际尺寸,定制加工后现场安装电动控制装置,主要由智能控制器、压力传感器、位置传感器、专用电动机、减速器及相关机械结构等组成。专用电动机配合减速器驱动针阀开关,智能控制器配合专用电路、位置传感器,可实现针阀正转、反转及开度控制。智能控制器内设常开常关模式、定时开关模式、定压开关模式、开度开关模式和暂停控制模式。智能电动控制装置安装示意图如图6.52所示。

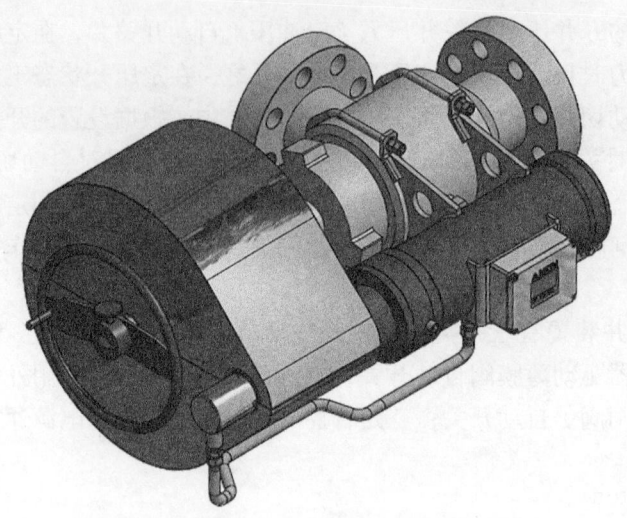

图 6.52　智能电动控制装置现场安装示意图

（5）智能控制阀控制装置。

智能控制阀主要由阀体、阀芯、阀座构成，现场测量气井井口装置生产针阀实际尺寸，定制生产加工智控阀，更换原生产针阀。智能控制器内设常开常关模式、定时开关模式、定压开关模式、手动控制模式和暂停控制模式。智能控制（节流）阀分为直通式和角式，结构示意图如图 6.53 所示。

(a) 直通智控节流阀

(b) 角式智控节流阀

图 6.53　智控节流阀结构示意图

智能控制器驱动电动机，通过减速器和齿轮传动放大输出扭矩驱动阀门，实现阀门开、关动作，在此过程中智能控制器需要实时采集压力变送器和角度传感器采集的数据，实现闭环控制。智控阀控制工作原理如图 6.54 所示。

综上所述，三种智能开关井装置均需配备智能控制器，控制器内设多种控制模式，根据预先设定的模式或上位指示实现气井自动开关井，生产制度设定、阀门开度调节等功能。此外，通过传感器检测的压力，可实现高压、欠压保护，恒定压力生产等功能。智能开关井工艺技术对比表见表 6.11。

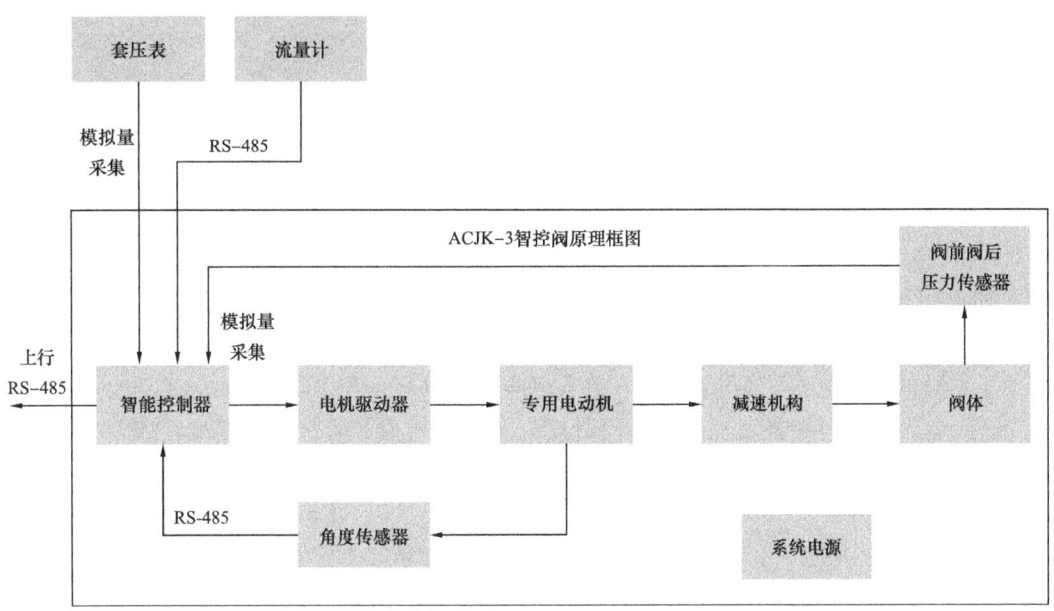

图 6.54 智控阀控制工作原理示意图

表 6.11 智能开关井工艺技术对比表

对比项目	气动薄膜阀	针阀控制器	智控阀
安装位置	采气树和安全截断阀中间	使用采气树针阀	采气树针阀、采气树下游
动力来源	管道气	10~30V 电源	10~30V 电源
开关一次消耗电池容量	微量气	0.375A·h	0.015A·h
适用压力	40MPa 以下井场	110MPa 以下井场	70MPa 以下井场
间隙井	0~100% 开度分段开关	5000 级细分开度	5000 级细分开度
高低压保护	独立判断完成	独立判断完成	不依赖外电独立切断保护
高低压保护时间	3s	10min	12s
含硫井	需要特殊型号	不增加成本和风险	阀芯兼容含硫
控制器	外置控制器	内置智能控制器	内置智能控制器
优点	耗电极低，可忽略不计，天然气动力无馈电担忧	借助原阀施工量小，风险小，内置智能控制器无缝升级柱塞，可用于高压力高硫化氢工况	不依赖外电独立切断保护，内置智能控制器无缝升级柱塞，综合成本低
缺点	开关需排气、气路需维护、不适合含硫	紧急关井时间 10s，安装需要根据现场阀门工况和尺寸。部分井口安装不了（阀门尺寸受限制和开关困难）	出砂出杂质的井，长时间对阀芯磨损会造成内漏，需要对阀芯进行更换

6.1.6.3 开井操作规程

（1）风险提示。

气井开井可能引起下游管线设备超压运行。严格执行调度配产指令，避免节流阀开度过大，气量、气质巨幅波动，导致下游管线设备超压、超硫化氢运行。

（2）应急处置。

若下游发生超压、失压等紧急情况，优先采用井安系统远程截断气源，然后采用智能控制系统关闭生产节流阀或生产闸阀。

（3）开井检查。

开井操作前核实井口压力及上下游工艺（自动排污、气田水空高、施工作业等）情况，通信是否通畅，确定远程开井阀门开度，利用高清摄像确认现场安全，确认下游工艺流程安全。

（4）开井操作。

① 设置井口针阀开度，点击开井。开井时针阀开度不宜过大，防止瞬产过高影响安全。

② 观察开井指令下达情况。在上位机监控闸阀和针阀开度变化及产量和压力变化情况，在视频中查看阀门运转情况。

③ 产量调节。在上位机系统调节节流阀开度，产量达到配产要求。

④ 检查确认。气流稳定后，对上位机系统中各节点压力和流量等数据，站场分离器、排污、气体检测仪等设备进行检查确认，确认运行正常。

⑤ 完善资料、记录。开井原因和时间以及开井前的其他指标，包括套压、油压、井口（大气）温度、实际开井产量等，并向调度室汇报及向上、下游相关井站通报开井主要情况。

6.1.6.4 关井操作规程

（1）风险提示。

严格执行调度指令，严禁未经许可擅自关井，造成下游气量和气质波动，操作全过程必须有人进行远程视频及数据监控。

（2）关井检查。

关井操作前核实井口压力、产气量和产水量，通过摄像头云台对现场四周进行环境检查，确认安全后开始关井操作。

（3）关井操作。

① 关井。在上位机系统点击关井，远程监控阀门运转情况，阀门关闭后确认瞬产下降为0，油压和套压开始缓慢上升，针阀下游压力稳定。

② 排污。站控人员通过分离器自动排污阀对分离器进行排污，如无自动排污，需定期巡检进行就地排污。

③ 检查确认。关井稳定后，对上位机系统中各节点压力、流量以及气体检测仪进行检查确认，确认正常。

④完善资料、记录。关井原因、时间、压力及产量等,向调度室汇报关井主要情况。

6.1.6.5 生产动态管理平台

(1)平台功能。

智慧气井生产动态管理平台,包括概览、数据监测及统计分析三个模块,通过大数据分析方法、气田开发经验算法及气井工况形成适合该井的开关井策略,实现生产数据实时监控、气井及设备异常报警、数据统计分析、智能开关决策及执行等功能。

(2)开关井策略。

当前井口处于关井状态,且满足以下任何两个条件,执行开井操作:

① 以采集时间间隔 t_1 为频率采集油压,当连续 n 个油压变化 Δp 小于设定变化阈值 p,则开井。其中 t_1、n 和 p 由计算机系统根据历史数据自动分析并持续修正优化,当采集数量小于 n,出现 Δp 大于 p,则 n 重新计数。

② 开始计时,当流逝的时间大于最大关井时间 t_2 则开井,其中 t_2 由计算机系统根据历史数据自动分析并持续修正优化。

③ 井筒无积液,则开井。井筒积液量由关井油压和套压,结合油管直径以及各项常量参数由计算机系统进行智能计算。

④ 关井后的油压恢复到最大井口压力,则开井。关井最大井口压力根据动态储量方程求取的当前地层压力计算而得,或者根据目前最大关井压力确定。

当前井口处于开井状态,且满足以下任何两个条件时执行关井操作:

① 当前阀门开度为 100% 且瞬时流量小于临界携液流量时执行关井操作,临界携液流量依据特纳模型由计算机系统根据当前状态进行智能计算。

② 当井底积液量大于开井时积液量的 20% 时执行关井操作;依据油压、套压、产气量和产水量,结合油管直径以及各项常量参数由计算机系统进行井底积液量的智能计算。

③ 当油压与输压的差值小于设定阈值,则执行关井操作。

(3)平台参数。

以气井运行历史数据为基础,对单井井况趋势和设备异常信息做出诊断。

① 单井实时数据。采集单井实时生产数据,经过边缘计算决策选择适当的开采模式;云端经过大数据分析,辅助决策当前单井开采模式和全区气井配产建议,减少人工工作量。

② 统计分析。以曲线图形式直观展现各项历史数据的变化趋势,同时在曲线图中标定每个数据对应的开关井状态,有助于用户更好地分析井口状况。

单个设备的开关井信息,包括开井前、开井后、关井前和关井后的开度、套压、油压、输压、时间信息。

③ 数据监控。以气井运行实时数据更新,显示平台下的所有气井的当前不同数值、生产模式、智能分析结果、设备状态,压力报警。其中,设备状态分为正常、离线、异常。压力报警分为正常、报警。

6.1.6.6 智能开关井技术应用效果

重庆气矿所辖气田位于四川盆地东部,截至 2021 年累计完钻井 1183 口,现有生产井 361 口,关停井 239 口,未建产井 236 口,回注井、观测井和永久封堵井共计 347 口。

目前气矿大部分气田已处于开发中后期,其中间歇生产井 94 口,约占气矿生产井总井数的 19.83%,日产量 $72 \times 10^4 m^3$,约占气矿日产量的 10%。随着气田地层能量降低,需关井复压间歇生产的气井还呈现出逐年增多的趋势。

针对老气田间歇生产井数量多、开关频率高等问题,在开州作业区自主开展智能开关井技术应用研究,在 MX001-X4 井等 3 口间歇生产井安装智能开关井装置,将专家经验转化为大数据辅助决策方案,实现智能开关井、产量智能调节,切实降低现场人工操作频次,生产制度从经验判断走向智能分析决策。截至 2020 年底,减少人工开关井频次 97 井次,多发挥产能 $52 \times 10^4 m^3/a$。

截至 2021 年 10 月,重庆气矿已在巫山坎、五里灯和五百梯等气田 30 口井投用了气动、电动、节流阀三种不同类型的智能开关井工艺,巫山坎区块试验了智能控制模式,其他区块采取定时、定压、远程开关井控制模式。重庆气矿智能开关井工艺实施情况见表 6.12。

表 6.12 重庆气矿智能开关井工艺实施情况表

区块	控制方式	气井井号	投运时间
巫山坎	电动控制、智控阀控制	MX001-H6、MX001-H7、MX001-X4、MX1、MX8	2020 年 3 月
五里灯	气动控制、电动控制	MX005-H3、MX005-H1、MX005-H2	2021 年 3 月
五百梯	电动控制、智控阀控制	TD53、TD11、TD61、TD002-X18、TD002-2、TD002-1、TD017-X2、TD017-X3、TD017-H5、TD017-H7、TD16、TD51、TD65	2021 年 5 月
卧龙河	电动控制	W83、W74	2021 年 4 月
檀木场	智控阀控制	WT1	2021 年 8 月
三岔坪	电动控制	YA006-3	2021 年 7 月
东溪	智控阀控制	D4、D4-1、DQ006-1-X1、DQ006-1-H3、DQ3	2021 年 9 月

2020—2021 年,在五百梯、五里灯、东溪、巫山坎等区块 30 口井推广应用智能开关井工艺技术,采取定时、定压、远程、智能控制模式,执行气井自动开关,累计增产天然气 $1223.8 \times 10^4 m^3$。

其中 MX001-X4 井自 2021 年 4 月 20 日开始成功试验智能化开关井控制模式,能够实现气井根据生产数据自主判断开关井时机,自主下达开关指令。在智能管理系统运行模式下日均增产 $1262 m^3$,日均增产幅度 4.55%,采气时率增加幅度 2.82%(表 6.13)。

表 6.13　MX001-H4 井智能开关井系统应用效果

日期	2021.2.27—2021.4.19	2021.4.20—2021.6.9
总开井时率（%）	88.77	91.28
采气时率增加幅度（%）	2.82	
日均产量（$10^4 m^3$）	2.7746	2.9008
日均增产幅度（%）	4.55	

6.1.7　三甘醇智能脱水装置预防性维护

6.1.7.1　现状与挑战

脱水装置是西南油气田公司重庆气矿的重要生产设备，对各场站的脱水装置进行有效的设备维护和管理对天然气生产具有重要的意义。现以七桥中心脱水站扩建 $100\times10^4 m^3/a$ 三甘醇脱水装置为对象，研究三甘醇脱水装置故障诊断与预测技术，以提高脱水装置管理维护水平。

6.1.7.2　设计原理

（1）脱水流程。

三甘醇（TEG）是一种吸水性强的有机液体，具有高温下易再生的特点，因此被广泛用于天然气脱水工艺中。三甘醇脱水装置脱水的工艺原理为：通过 TEG 对水吸附能力强的物理特性，除去含水天然气中的水分，并通过高温蒸馏除去含水 TEG 中的水分，而质量分数大于 98% 的贫 TEG 溶液，实现 TEG 的再生，以此循环往复，实现天然气脱水生产过程。

针对以过滤分离器、吸收塔、闪蒸罐、缓冲罐、重沸器、精馏柱和灼烧炉等设备组成的脱水装置的工艺流程主要分为三部分：原料气脱水系统、TEG 再生系统和辅助系统，如图 6.55 所示。

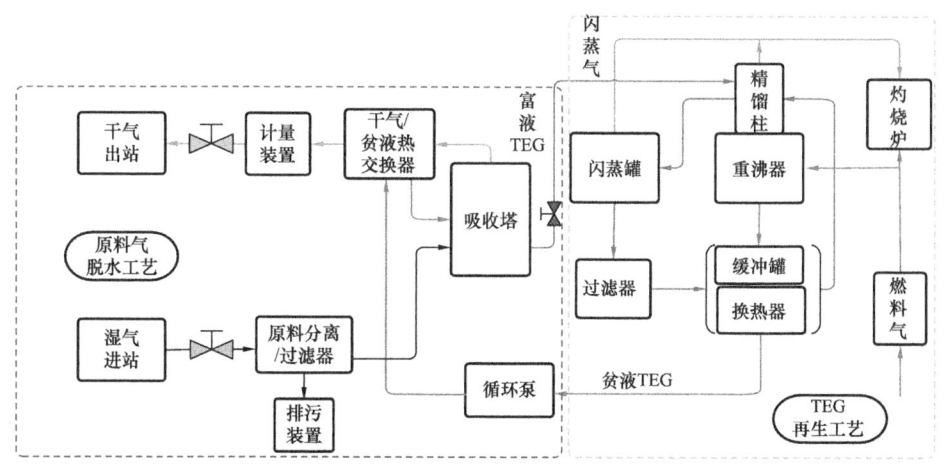

图 6.55　三甘醇脱水工艺流程图

（2）故障收集与典型故障集。

通过分析三甘醇脱水装置运行特征，因其设备运行特点和生产特点主要存在设备压力异常、设备堵塞、设备腐蚀穿孔、火灾风险、甘醇损耗异常及天然水露点不合格等异常。其中甘醇损耗异常和天然水露点不合格等反映脱水装置运行性能的关键指标的异常，属于工艺异常，其他则属于设备相关的异常或故障。

通过对三甘醇脱水装置典型故障的分析，结合《脱水装置常见故障原因分析及应对措施》相关内部资料，该装置的常见故障可归类为过滤分离器压差突变、三甘醇损耗增大和精馏柱盘管穿孔等21类故障，见表6.14。

表6.14 脱水装置典型故障

序号	故障名称	序号	故障名称
1	过滤分离器压差突变	12	精馏柱翻塔
2	三甘醇损耗增大	13	重沸器温度异常
3	天然气水露点超高	14	重沸器烟火管穿孔
4	游离水进入脱水装置	15	吸收塔堵塞
5	高、低压系统窜漏	16	重沸器排气口TEG溶液冲出
6	甘醇泵出口堵塞	17	重沸器烟火管结垢
7	闪蒸罐液位持续上涨	18	再生器管线和精馏柱堵塞
8	三甘醇品质下降	19	缓冲罐盘管结垢
9	三甘醇浓度偏低	20	缓冲罐盘管穿孔
10	精馏柱盘管穿孔	21	机械过滤器活性炭过滤器堵塞
11	RTU失去UPS供电		

（3）设备故障特性分析。

脱水装置在生产中是动态变化的过程，当某个环节出现故障，将可能打破原有装置的状态，但要重新建立一个新的稳定状态则需要一定时间，因此若脱水装置生产过程中出现故障，可能会有较多参数受到影响，但影响程度不一。脱水装置的平衡状态由相应的控制阀门自动调节，使脱水装置自动处于一个稳定状态，因此，在新的状态下，相关参数可能恢复到正常状态，而出现故障的设备的参数还未修复而继续处于故障状态。如过滤分离器堵塞，导致吸收塔差压、瞬时处理量等参数变小，由于通过相关阀的自动调节，使吸收塔差压又恢复到正常状态，而此时只有过滤分离器参数异常，而其他参数都恢复到正常状态。

通过设备的动态变化特性和设备典型故障总结，设备的故障特性可概括为多样性、连续变化性和传递相关性等。

① 多样性：三甘醇脱水装置设备种类繁多，各设备结构、工作机理不同，因此，当脱水装置故障时，表现出了多种形态。

② 连续变化性：三甘醇脱水装置故障是一个连续变化的过程，可分为急促变化故障

和缓慢变化故障两类,但这两类故障都具有连续变化的特性,即从正常到异常需要一定的时间,这种连续变化的特性,使得可以从监测参数中分析得到设备的状态,故障连续变化性也为技术人员发现故障苗头和隐患争取了时间。

③ 传递相关性:三甘醇脱水装置是一个动态变化的整体,当某个故障发生时,可能引起其他相关设备也发生故障,呈现出了设备故障的传递相关性。常表现出的状态为,一个参数异常,而引起三甘醇脱水装置多个参数异常。由于脱水装置是一个庞大的设备体系,这种传递性受到空间位置的影响,导致被异常引起变化的参数,变化具有一定延时性,当某异常发生时,需要一定的传递时间,才能引起其他监测参数也发生变化,同时根据设备特性和空间位置的考虑,不同的参数受到的影响不一致。

三甘醇脱水装置的典型故障和故障特性来自经验知识,包括故障与监测参数的关系,这种经验知识是通过故障发生时的相关参数的变化反应而记录,由于人员积累过程可能存在偏差,为了有效地和完整地分析设备故障的参数的关联关系,通过建立 HYSYS 仿真模型,通过仿真模型模拟相关故障以完善故障与参数的关联关系,完善设备故障树,为故障诊断模型奠定基础。

(4)典型故障参数映射研究。

在稳态仿真模型中,通过化工原理状态方程计算,分析参数间的影响关系,通过 HYSYS 仿真稳态模型,分析得到了表 6.15 所示的干气露点与相关影响参数的关系影响表。

表 6.15 干气露点与相关影响参数的关系影响表

序号	参数名称	相关影响参数
1	干气露点	进装置压力、吸收塔差压、甘醇循环量、瞬时处理量、重沸器温度、计量温度、重沸器压力
2	醇耗	进装置压力、甘醇循环量、出板式换热器富甘醇温度、重沸器温度、计量温度、重沸器压力
3	重沸器温度	计量温度、出板式换热器富甘醇温度、精馏柱顶部温度、出缓冲罐贫甘醇温度、三甘醇入泵前温度、干气露点、醇耗
4	甘醇循环量	计量温度、出板式换热器富甘醇温度、精馏柱顶部温度、出缓冲罐贫甘醇温度、三甘醇入泵前温度、干气干气露点
5	进装置压力	计量静压、计量温度、闪蒸罐压力、重沸器温度、精馏柱顶部温度、出缓冲罐贫甘醇温度、干气露点

通过设备异常和工艺异常的分析,并结合 HYSYS 仿真验证扩展,建立了 8 类典型异常/故障的故障树,如图 6.56 和图 6.57 所示。

三甘醇脱水装置是由脱水系统、再生系统和辅助系统组成的设备系统,主要包含原料气分离器、过滤分离器、吸收塔、闪蒸罐、重沸器、精馏柱、灼烧炉、缓冲罐和甘醇泵等 9 类主要设备。每个设备包含多种故障,以三甘醇脱水装置整体分析故障,由于参数间具有复杂的影响关系,难以准确识别故障。为了实现设备故障有效监测,检维修平台,将脱水装置以单个设备为子系统,分析故障与参数的映射关系,为故障定位提供基础。三甘醇仿真模型通过软件提供的控件创建，某些设备控件与实际设备的参数不同，因而不能完整地模拟所有的故障，所模拟故障见表6.16。

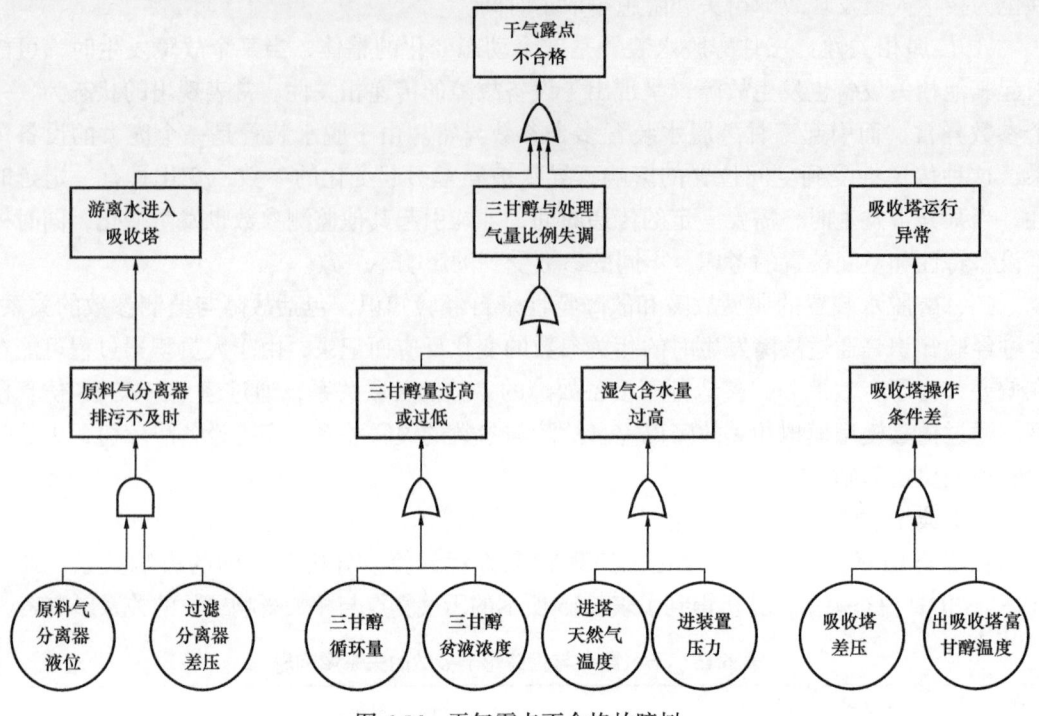

图 6.56 干气露点不合格故障树

表 6.16 脱水装置 HYSYS 模拟故障

序号	模拟故障名称	相关参数
1	吸收塔液位控制阀失效	吸收塔液位控制阀开度、吸收塔压差、计量压差、闪蒸罐液位、闪蒸罐压力、闪蒸罐液位控制阀开度、闪蒸罐压力控制阀开度、出吸收塔三甘醇压力
2	闪蒸罐压力或液位控制阀失效	闪蒸罐液位控制阀开度、闪蒸罐压力控制阀开度、闪蒸罐压力、闪蒸罐液位、重沸器温度、重沸器压力、重沸器温度控制阀开度
3	闪蒸罐泄漏	闪蒸罐液位控制阀开度、闪蒸罐压力控制阀开度、闪蒸罐压力、闪蒸罐液位、重沸器温度、重沸器压力、重沸器温度控制阀开度
4	精馏柱冲塔	精馏柱顶部温度、重沸器温度、闪蒸罐液位、闪蒸罐压力、三甘醇循环量
5	精馏柱穿孔	精馏柱顶部温度、三甘醇循环量、缓冲罐液位、缓冲罐液位控制阀开度
6	重沸器温度控制阀失效	重沸器温度控制阀开度、重沸器整体温度、精馏柱温度、缓冲罐液位、缓冲罐压力、缓冲罐液位控制阀开度
7	重沸器烟火管结垢穿孔	重沸器温度控制阀开度、重沸器局部温度
8	缓冲罐穿孔	缓冲罐液位、缓冲罐压力、缓冲罐液位控制阀开度、出缓冲罐贫甘醇温度
9	甘醇泵故障	三甘醇循环量、三甘醇入泵前温度、缓冲罐液位、吸收塔液位控制阀开度、吸收塔液位

第 6 章 物联网应用技术与实践

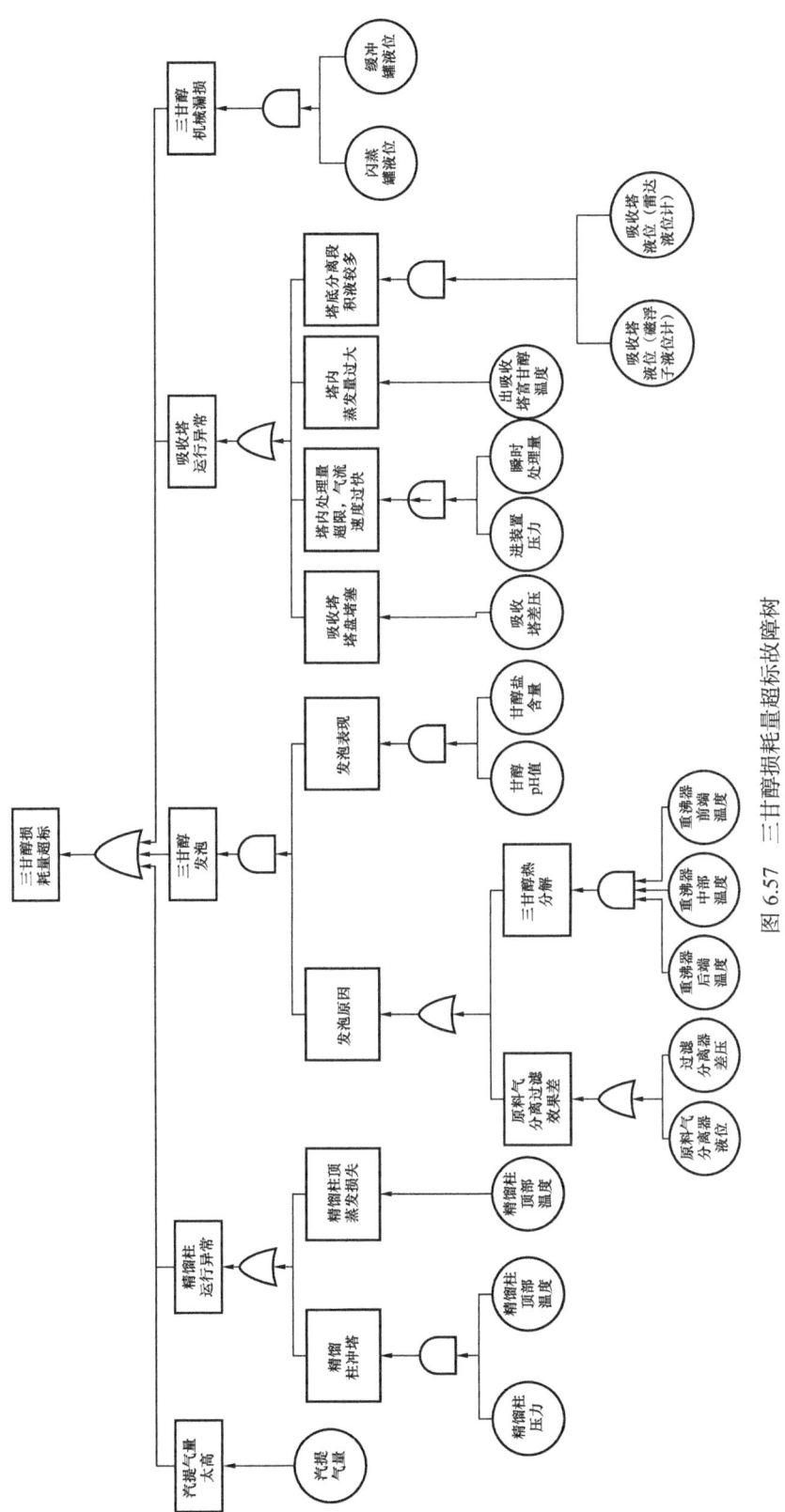

图 6.57 三甘醇损耗量超标故障树

HYSYS 仿真通过改变相关参数的状态模拟了部分故障发生的设备系统的变化关系，因此根据仿真结果、故障树和现有故障经验知识，原料分离器等设备的故障与参数映射关系图如图 6.58 至图 6.60 所示。

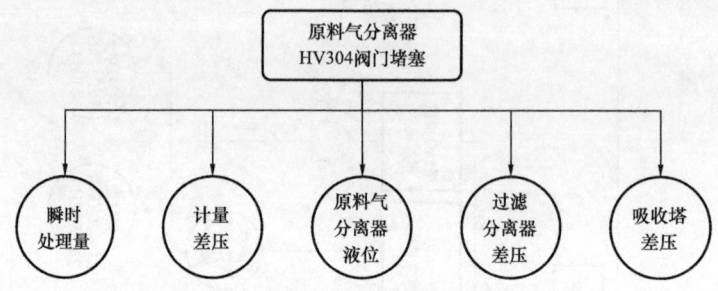

图 6.58　原料分离器参数与故障映射关系

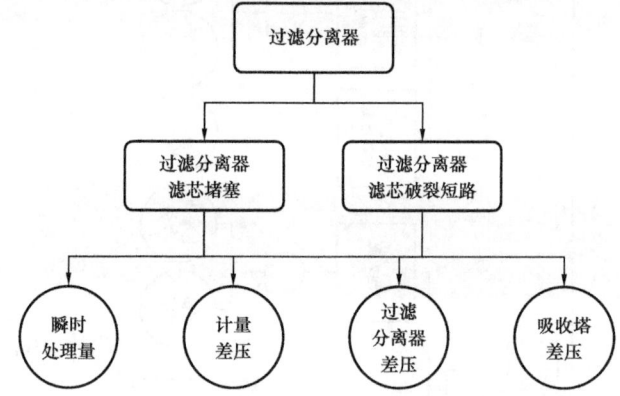

图 6.59　过滤分离器参数与故障映射关系

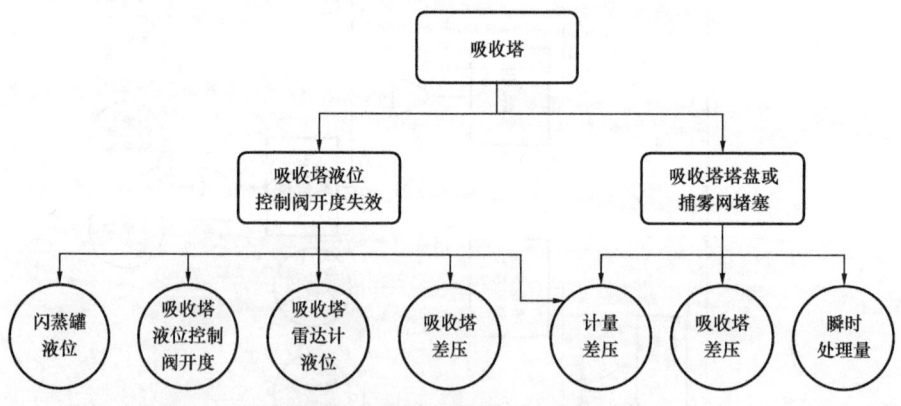

图 6.60　吸收塔参数与故障映射关系

（5）基于主成分分析的智能监测异常识别。

基于阈值的异常识别方法，不能提前预警异常。为实现设备异常的预警，根据三甘醇脱水装置故障传递相关性的运行特点，即针对某一故障，根据参数分类故障与监测参数间具有的影响关系，研究了一种主成分分析（PCA）异常识别方法。在参数分类的情况下，以设备为单位分析相应故障。

研究发现三甘醇脱水装置是静态设备，各设备异常时，都通过监测参数表征现象，因此，该方法不是针对某一特定故障的识别方法，而是适用于过滤分离器等设备相关故障的通用方法。同时提出了 PCA 模型的自适应更新方法，以适应三甘醇脱水装置智能监测与诊断对脱水设备的异常识别的需求，实现智能监测异常识别。PCA 方法只能识别设备子系统的异常状态，当识别出监测参数的异常后，可通过案例库故障案例数据识别故障，同时，也可根据符号有向图（SDG）推理故障路径识别定位故障。

脱水装置主成分智能监测异常识别分别包括系统异常识别、模型自动更新和参数异常识别三个部分，其流程图如图 6.61 所示。该智能监测异常识别方法：① 融合主成分异常监测、主成分统计量异常监测及阈值法，三者互为验证，实现对脱水装置复杂多样的故障智能监测，提高异常诊断准确率，降低告警虚报情况；② 模型自适应更新，保障训练基准数据跟随工况实时更新，提高异常识别模型的泛化能力及适应能力，提高异常智能监测精度；③ 融合基于主成分统计量累计残差贡献的异常参数识别方法，识别异常参数，为后续自动诊断提供基础。

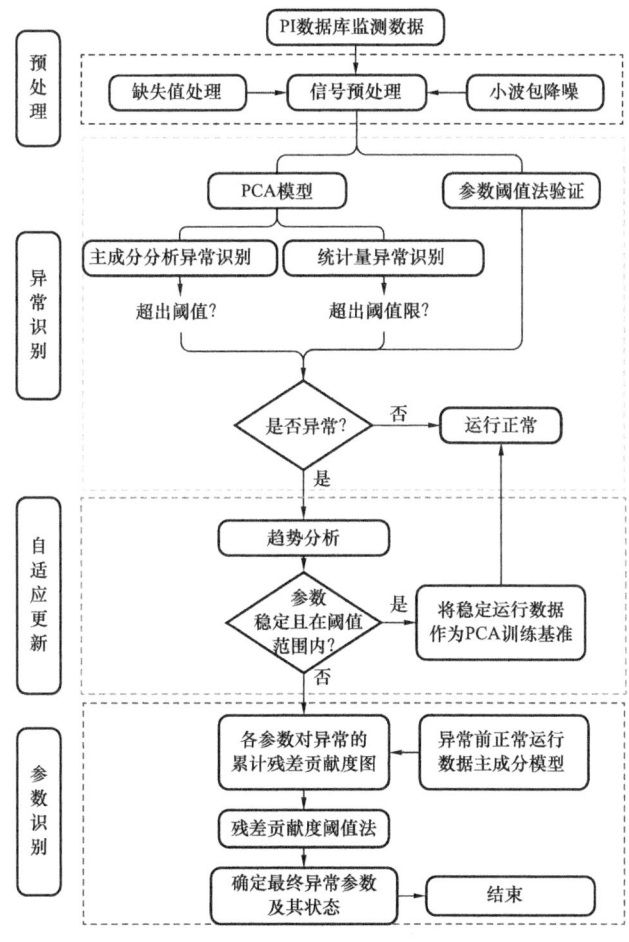

图 6.61 脱水装置主成分智能监测异常识别流程图

（6）基于符号有向图的三甘醇脱水装置故障定位。

PCA 识别了系统参数异常，但无法判断该异常发生的故障原因。符号有向图（SDG）模型能够表达复杂的因果关系，具有包含大规模潜在信息的能力，是一种完备性较好的故障诊断方法，在工业领域得到广泛的应用。虽然 SDG 模型中只包含系统的定性关系，但在很多实际的工业系统中，动态特性复杂，操作条件多变，而变量之间的逻辑定性关系是保持不变的，因此它具有良好的故障识别能力。

SDG 模型通过各单元之间的因果关系建立 SDG 网络，该网络能够准确反映出故障与异常参数之间的故障传播关系。通过建立三甘醇脱水装置 SDG 模型表征脱水装置故障与监测参数间的逻辑传递关系，然后利用 PCA 所识别出的异常参数，由 SDG 模型进行推理，解释故障传播路径，实现基于 PCA-SDG 的天然气脱水装置故障定位。

由于三甘醇脱水装置是大型复杂的静态设备系统，且积累了大量的经验知识，通过结合故障经验知识和 HYSYS 仿真故障与参数的映射关系，通过基于经验知识的方法建立三甘醇脱水装置 SDG 模型。SDG 故障诊断推理流程图如图 6.62 所示。

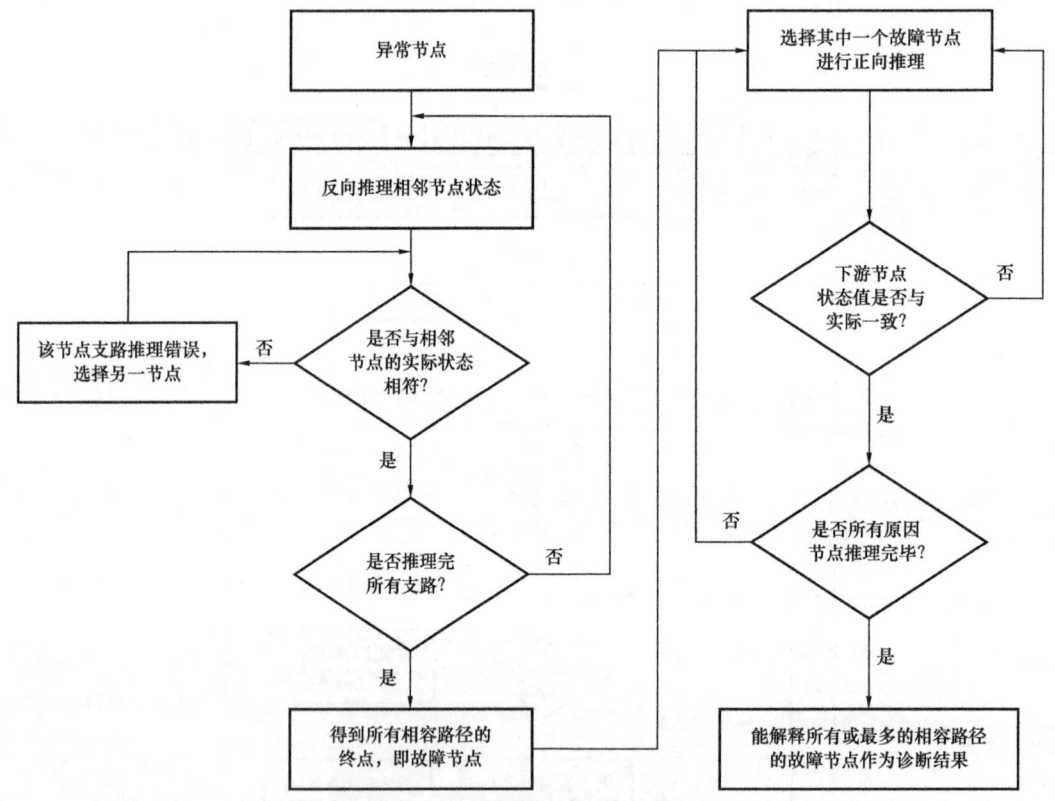

图 6.62 SDG 故障诊断推理流程图

SDG 模型的推理过程是在 SDG 模型中枚举所有的不重复的相容通路，主要有正向和反向两种推理过程。正向推理假设不知道 SDG 图中各节点状态，以故障节点为出发节点，找到故障发生后所引起的相关节点，会找到不同故障的多条相容路径；然后结合实际的节点状态，对多条相互独立的相容通路进行排查，找到能充分反映实际节点变化的相容路径，相容路径的终点就是故障源头。正向推理方法主要是发现系统中存在的潜在危险问题和验证故障诊断的正确性。反向推理则认为 SDG 图的节点状态信息已知，选择某一非 0 状态信息的参数节点，开始推理。结合该节点状态信息和对连接节点的正或负影响，推理出所连接节点的预测状态，并与所连接节点的实际状态进行比较。若一致，则为相容支路，则按照以上方式继续往前推，一直推到相容路径的终点，即为故障源；反之，则该支路不是相容支路，舍掉该支路，换另一条支路继续以上过程。反向推理通过结果来推理出原因，结合各支路节点的实际状态信息，反向推理至故障源，主要用于故障源定位。结合正反推理过程，两者都是通过找到 SDG 中的相容路径来定位故障源，常将两者结合，反向推理故障源，正向验证。

三甘醇脱水装置是大型复杂系统，同时由于对三甘醇脱水装置的认识积累有丰富的经验知识，三甘醇脱水装置 SDG 建模主要依据基于经验的方法建立，并结合 HYSYS 仿真修改和验证 SDG 模型，将脱水装置以单个设备为单位划分为子系统，分析故障与参数的映射关系，通过建立针对单个设备的每个故障节点的 SDG 模型，然后建立单设备 SDG 模型，最后连接各子系统 SDG 得到三甘醇脱水装置 SDG 模型，重庆气矿七桥中心脱水站扩建 $100\times10^4 m^3/a$ 三甘醇脱水装置 SDG 模型图如图 6.63 所示。

根据三甘醇脱水装置的设备参数动态联动特点，故障发生时对周围参数的影响有一定的响应时间，SDG 的故障识别过程以单个设备为单位，依次识别所有的设备子系统，最后得出异常报告，最先异常的设备是首要故障的原因。其识别过程为，首先通过 PCA 识别设备系统和参数异常，其次通过趋势分析获取参数状态表，最后通过 SDG 定位故障。

（7）基于案例库的故障识别。

案例库是三甘醇脱水装置故障案例数据组成的案例集合，由案例数据特征和标签组成，其数据特征为与故障发生时以设备为单位的子系统相关监测参数的数据，标签为所属设备和故障名称。三甘醇脱水装置通过建立案例库以储备故障案例数据，当异常发生时可通过与案例库故障数据对比而准确地识别故障。

基于主成分的智能监测异常识别，识别出异常后，首先基于案例库分析，当案例库中有相应异常时，可快速地定位故障，若没有相似故障，再根据 SDG 方法定位相应故障，如图 6.64 所示。

基于 SDG 的故障诊断方法与基于案例库的故障诊断方法相辅相成、互相补充，形成完备的脱水装置故障自动诊断方法，有效、快速且精准地对故障进行自动诊断，及时给予场站作业人员对应故障处理建议及方法，对保障脱水设备、天然气产品质量及操作人员的安全具有重要意义。

6.1.7.3　检维修平台开发

基于 B/S 三层应用体系结构、SOA 开发模型和三甘醇脱水装置的运行特点，三甘醇脱水装置检维修平台总体架构图如图 6.65 所示。按平台架构布局自下而上分为 4 层：数据源层、数据服务层、应用服务层和界面展示层。

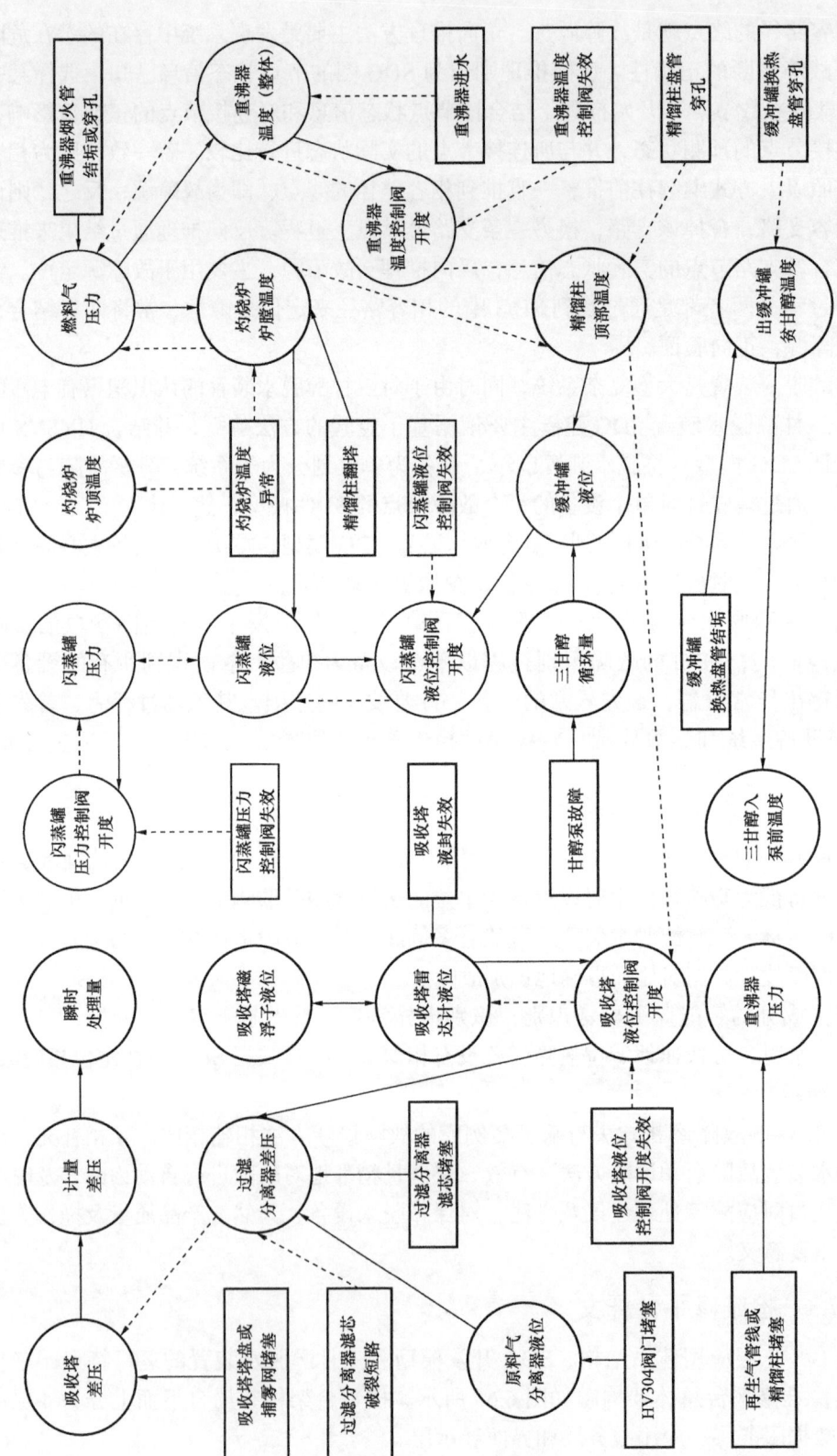

图 6.63 扩建 $100 \times 10^4 \mathrm{m}^3/\mathrm{a}$ 三甘醇脱水装置 SDG 模型

第 6 章 物联网应用技术与实践

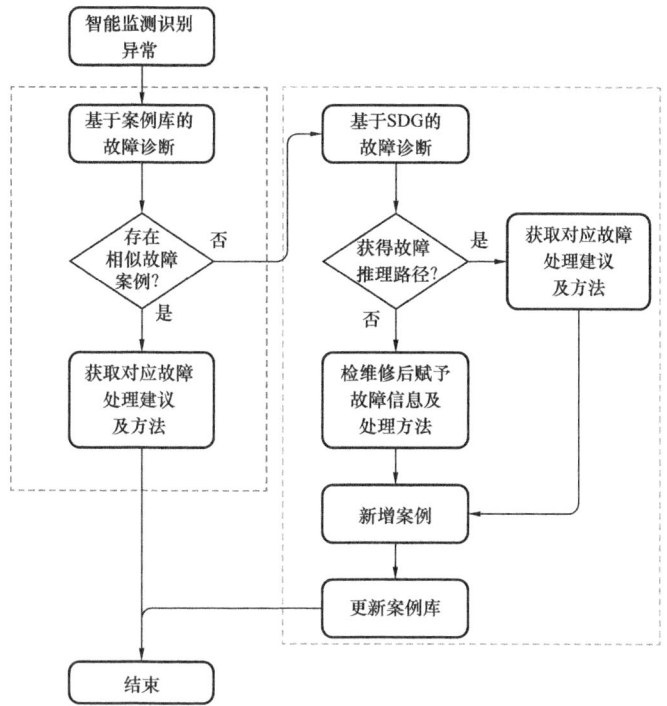

图 6.64　故障自动诊断方法流程图

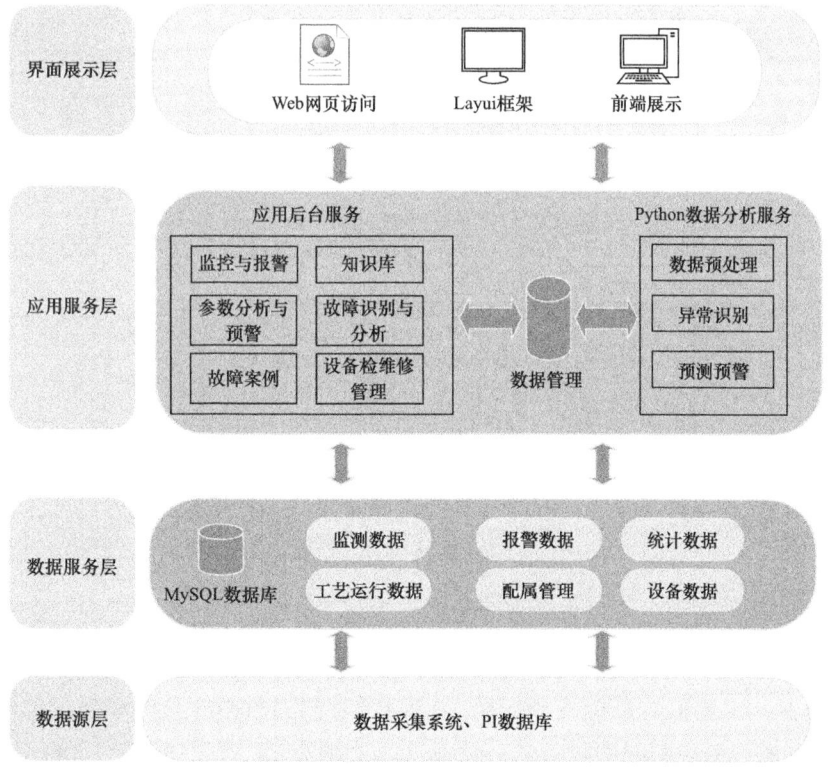

图 6.65　三甘醇脱水装置检维修平台总体架构图

三甘醇脱水装置检维修平台由多个模块组成，根据系统设计需求和 B/S 三层应用体系结构，系统将应用服务层分为应用后台服务和 Python 数据分析服务，应用后台服务是系统的逻辑框架，是系统的交互枢纽。应用后台服务采用 SOA 模式构建，同时为说明系统的各部分组成，以下分别对系统中的数据库、Python 数据分析服务的故障诊断和参数预测模块和界面展示层的系统前端模块进行模块化说明。

系统异常识别与参数预测是三甘醇脱水装置检维修平台的核心。这一模块对应系统总体架构应用服务层的 Python 数据分析服务。

在应用后台服务与 Python 数据分析服务交互时，应用后台服务通过与 Python 数据分析服务建立接口，不断地向 Python 数据分析服务传输脱水装置实时运行数据，并通过 Python 数据分析服务对脱水装置进行异常识别和参数预测，然后通过与系统后台服务建立通信接口，将分析结果以 json 格式返回并存储入数据库中，最后通过应用后台服务向用户呈现识别结果。异常识别技术包括数据预处理、阈值异常识别、PCA-SDG 故障诊断、案例库故障识别。参数预测基于向量自回归的参数趋势预测和工艺监测参数融合驱动的工艺指标在线预测方法。三甘醇脱水装置检维修平台的 Python 数据分析服务异常识别与参数预测的数据分析模型如图 6.77 所示，其系统技术架构如图 6.78 所示。其中，应用后台服务不断向 Python 数据分析服务发送脱水装置的监测参数运行数据和数据相关分析的数据，以实现对脱水装置的异常识别和参数预测预警，当分析结束时，将结果返回给后台应用服务，并将分析结果存入系统数据库中。

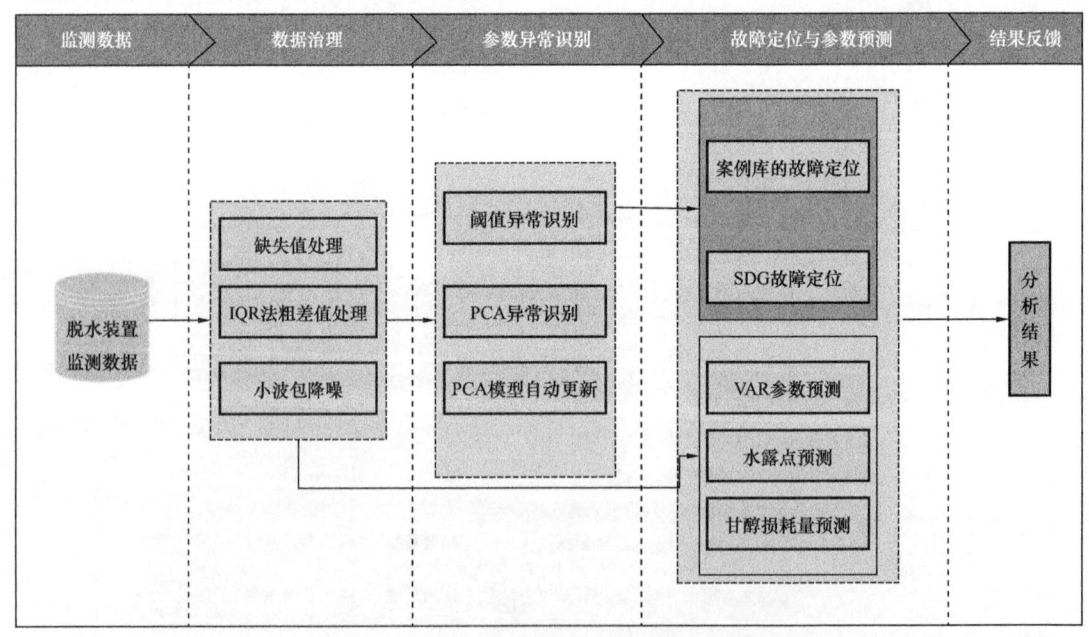

图 6.66 异常识别与参数预测数据分析模型

图 6.68 中，工艺参数指标的预测分为使用实时监测数据的预测和使用监测数据的预测对工艺指标做趋势预测的两种方式，使用实时监测数据反映了系统当前的工艺指标的状态，使用监测数据的预测反映了工艺指标的趋势变化。

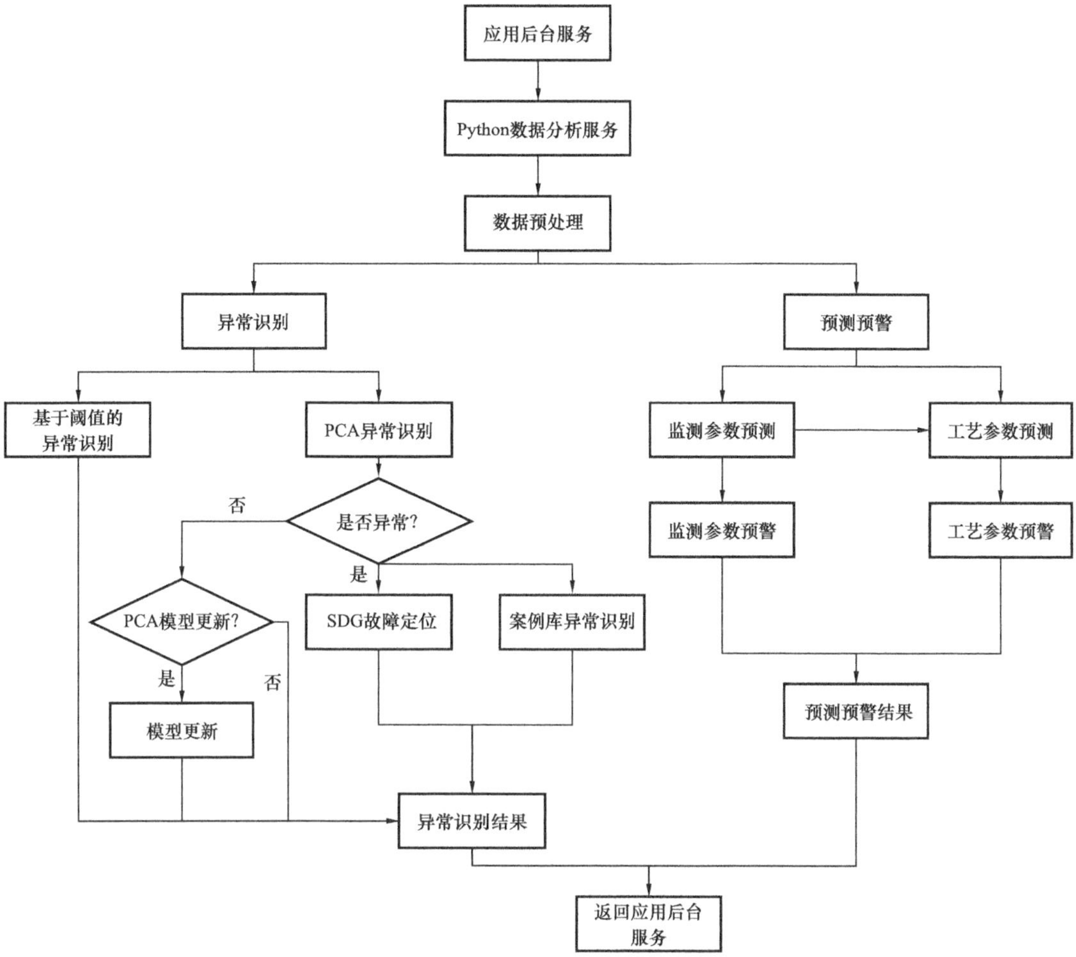

第6章 物联网应用技术与实践

图 6.67 异常识别与参数预测系统技术架构图

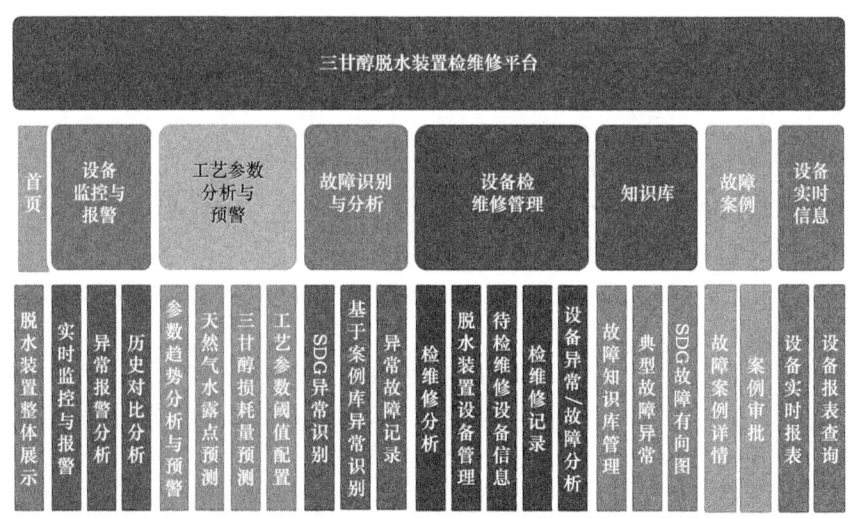

图 6.68 三甘醇脱水装置检维修平台功能模块简介

6.1.7.4 应用实践

目前，三甘醇脱水装置检维修平台已处于应用阶段，该系统已在七桥中心站扩建 $100 \times 10^4 m^3/a$ 三甘醇脱水装置、TD29 井脱水装置和黄 202 中心站上线运行。通过故障案例和预测案例说明三甘醇脱水装置检维修平台的应用效果。由于三甘醇脱水装置智能系统正处于测试阶段，还没有累积相关的故障案例。为验证相关案例，采用更改相关监测参数的方法模拟故障，共模拟了重沸器进水、缓冲罐换热盘管穿孔和重沸器烟火管结垢等 7 个故障。同时分析了 2017 年 6 月 14 日的七桥中心站扩建 $100 \times 10^4 m^3/a$ 三甘醇脱水装置 HV-304 阀门堵塞的历史故障案例和 2017 年 6 月 17 日的七桥中心站扩建 $100 \times 10^4 m^3/a$ 三甘醇脱水装置闪蒸罐压力调节阀失效的历史故障案例。

对于更改相关参数模拟故障的方式，由于这些模拟故障具有故障简单和有确定判定指标的特点，采用基于阈值的识别对其识别。此种基于阈值的方式只能在设备发生异常时进行识别，无法提前预测设备异常。而 2017 年 6 月 14 日 HV-304 阀门堵塞和 2017 年 6 月 17 日闪蒸罐压力调节阀失效故障采用 PCA-SDG 方法诊断，同时使用后台具体分析数据详细展示故障识别过程。

扩建 $100 \times 10^4 m^3/a$ 三甘醇脱水装置自 2016 年以来所保存的历史故障记录异常见表 6.17。由于历史数据的保存问题，只有 2017 年 6 月 14 日和 2017 年 6 月 17 日的故障保存有原始数据，对应的故障分别为闪蒸罐调压阀故障和 HV-304 阀门堵塞。

表 6.17 扩建 $100 \times 10^4 m^3/a$ 三甘醇脱水装置异常记录

序号	发现时间	异常情况	计划整改时间
1	2017.6.17	扩建 $100 \times 10^4 m^3/a$ 三甘醇闪蒸罐调压阀已坏，目前闪蒸罐压力无法进行自动调节	2017.6.25
2	2017.6.14	扩建 $100 \times 10^4 m^3/a$ 三甘醇脱水装置因上游清管通球时，带入污物，造成扩建 $100 \times 10^4 m^3/a$ 三甘醇脱水装置 HV-304 阀门堵塞，过滤分离器差压达高限，需要更换过滤分离器滤芯	2017.7.15
3	2016.1.11	扩建 $100 \times 10^4 m^3/a$ 三甘醇脱水装置压力调节阀内漏，导致闪蒸罐压力降低	2016.1.31

对于 HV-304 阀门堵塞故障，发生时间为 10 时 17 分 10 秒，验证时将 7—9 时的正常数据作为模型训练数据，并用 9—11 时的数据进行识别。三甘醇脱水装置 7—11 时的原始数据，数据采样频率 5s 一次，共有 1440 个数据点。基于脱水装置参数分组，对原料分离器进行 PCA 异常识别，识别结果见表 6.18，图 6.69（a）(b) 分别为 SPE 和 T^2 统计量❶，图 6.69（c）为监测参数残差贡献度。其中连续超出阈值的时间为设备异常时间，T^2 统计量早于 SPE 统计量出现问题，在 10 时 16 分 20 秒时，两个统计量均识别出了异常，因此异常时间为 10 时 16 分 20 秒，早于发现时间，并选取异常节点前后一段时间的数据进行

---

❶ SPE 统计量和 T^2 统计量都是用于多元过程控制的统计量，其中 SPE 统计量是用于检测多个变量的方差是否发生变化，而 T^2 统计量则是用于检测多个变量的均值是否发生变化。在多元过程控制中，T^2 统计量和 SPE 统计量通常是同时使用的，以便更好地监测多元过程的变化情况。

残差贡献度分析，如图 6.82（c）所示，此时原料分离器相关参数原料分离器液位、过滤分离器差压、吸收塔差压、计量差压和瞬时处理量均被识别为异常。

表 6.18 原料分离器 PAC 异常识别参数状态变化表

序号	参数名称	状态变化	序号	参数名称	状态变化
1	原料气分离器液位	+	9	闪蒸罐压力控制阀开度	+
2	过滤分离器差压	+	10	闪蒸罐液位	−
3	吸收塔差压	−	11	闪蒸罐液位控制阀开度	
4	吸收塔雷达液位		12	精馏柱顶部温度	
5	吸收塔液位控制阀开度		13	缓冲罐液位	+
6	计量差压	−	14	出缓冲罐贫甘醇温度	−
7	瞬时处理量	−	15	三甘醇入泵前温度	−
8	闪蒸罐压力	+			

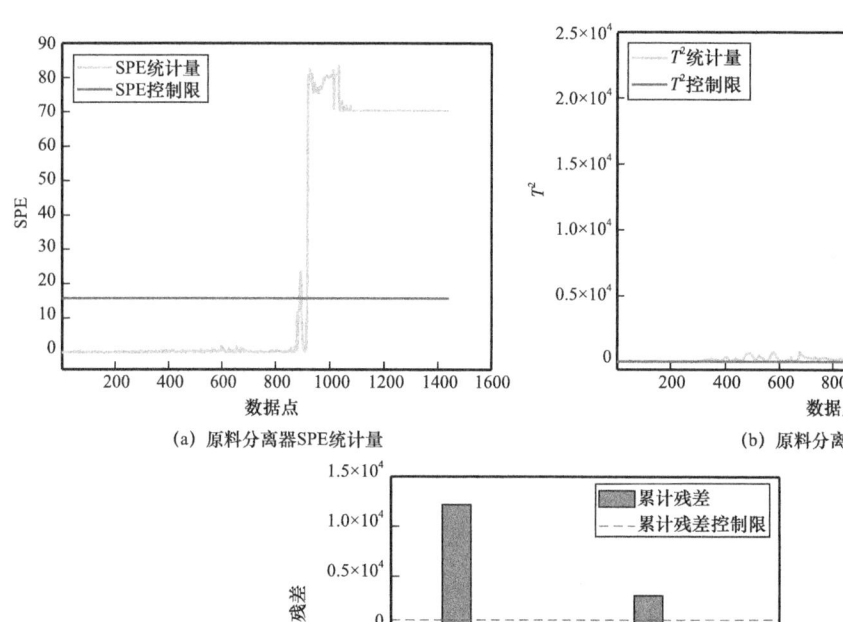

(a) 原料分离器SPE统计量　　(b) 原料分离器T^2统计量

(c) 原料分离器累计残差贡献度

图 6.69　原料气分离器 PCA 异常识别

当 PCA 识别出异常后，获取此时脱水装置监测参数的状态表，以便 SDG 推断故障路径。如表 6.18 所示，其中只显示了有状态变化的参数。SDG 原料气分离器故障诊断如图 6.70 所示。在图 6.70 中，由于只对原料分离器进行识别，其他参数的异常状态无法得知，导致不能进行 SDG 推断，只标出了与原料分离器相关的参数。SDG 故障路径中包含为划入设备分组的参数，因此当设备异常时得出了全部监测参数的状态量，在识别过程中从最远的异常节点出发，开始反向推理得到故障源，并正向验证，以确定故障。在原料气分离器的故障识别中，最远的异常参数为瞬时处理量，因此从瞬时处理量出发反向推理，最终，推出了 HV304 阀门堵塞和过滤分离器滤芯堵塞，并且由于该故障路径没有更多的参数节点，正向推理验证和反向推理结果相同，SDG 定位得出了 HV304 阀门堵塞和过滤分离器滤芯堵塞两个故障，这与故障记录相符，说明 SDG 故障定位的有效性。

对于相同时间内的脱水装置的其他设备，进行 PCA 异常识别，分别识别出了：（1）过滤分离器，其识别结果与原料分离器一致，两者异常均由 HV-304 阀门堵塞造成，由于 HV-304 阀堵塞导致过滤分离器也出现滤芯堵塞现象。（2）对于缓冲罐，识别出了出缓冲罐贫甘醇温度、精馏柱顶部温度和缓冲罐液位异常，并与 SDG 图中缓冲罐穿孔的故障路径相符，但由于缓冲罐是长期缓慢的故障过程，必须长期符合此趋势，才能认定该故障发生。（3）对于精馏柱，识别出了精馏柱顶部温度和缓冲罐液位异常，且满足精馏柱盘管穿孔的推理机制，但闪蒸罐液位控制阀开度与缓冲罐液位推理的逻辑不符，不符合精馏柱穿孔的故障经验。（4）对于重沸器，识别出了重沸器温度，重沸器温度控制阀和燃料气压力异常，但在同时的参数变化状态表中，结合其他参数的状态表的状态值，不符和 SDG 故障推理的任一条路径，且该异常很快恢复，因此不是设备异常而是如工作条件等原因引起的变化。通过 PCA-SDG 的故障定位案例分析，表明该方法能有效地识别设备异常并定位故障。

综上所述，三甘醇脱水装置检维修平台有利于提高气矿设备管理水平，设备管理人员也可通过系统应用不断提升设备管理水平。

6.1.8 泡排智能加注技术

6.1.8.1 现状与挑战

川东地区大部分气田已进入开发中后期，产出地层水，且现有气井以低压、小产气量、小产水量为主。由于气井自身能量较弱，必须依靠外力才能及时排出井内积液，才能维持气井正常生产。泡沫排水采气是最经济有效，也是应用最广泛的排水采气技术之一，已经成为有水气田（井）增产挖潜和稳产的重要手段之一。随着气井物联网的建设，在原加注工艺上增加电磁阀和深度液位计等设备，越来越多的气井逐步实现了人工远程自动加注，包含远程定时加注、设备启停、制度调整等。但是泡排加注制度的制定以现场经验摸索为主，受人为经验影响明显，存在药剂加注量过大或制度不合理的现象；另外，气井现场加注制度调整一般是由生产技术人员下达，往往存在时间滞后，气井已经开始积液，或积液已比较严重，尚未采取相应措施影响气井生产，甚至导致气井水淹停产。如何科学合

第6章 物联网应用技术与实践

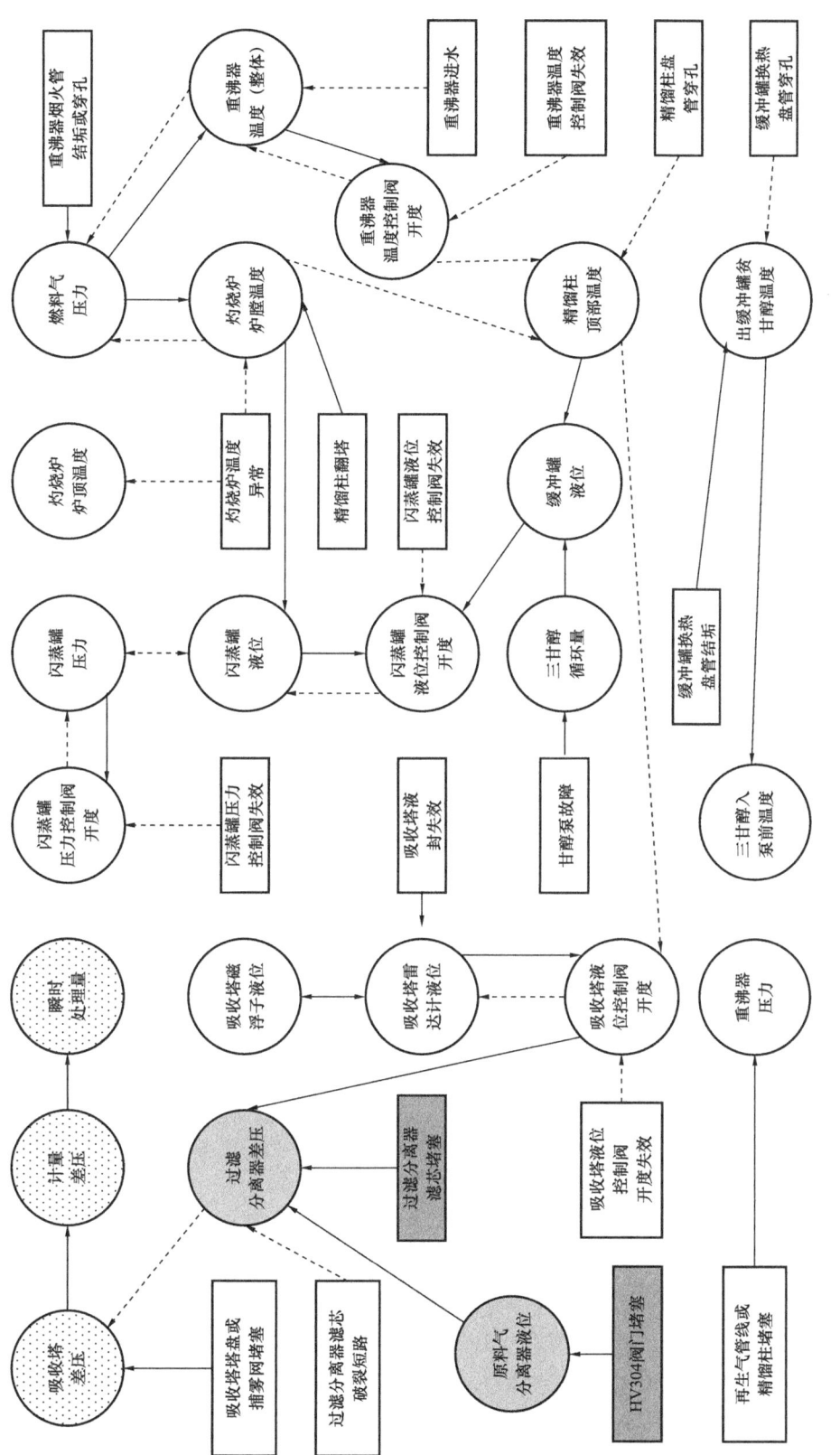

图 6.70 SDG 原料气分离器故障诊断图
○ 异常且状态为 "+"；● 异常且状态为 "−"；● 故障推论结果

理地制定泡排制度，如何根据气井生产变化及时调整泡排制度，是泡排排水采气工艺的核心技术，也是人工智能快速发展时代背景下，如何实现气井智能化管理急需解决的问题。

6.1.8.2 技术原理

（1）三甘醇脱水装置智能系统预测架构。

三甘醇脱水装置智能系统整体分为 7 个模块，数据获取模块、回归预测模块、剂量逼近模块、剂量补偿模块、天整体判断模块、天单一判断模块和数据记录模块。

系统整体的执行逻辑为：首先获取 15 天的历史数据（数据获取模块）用于判断当前生产状态是否稳定，此部分使用天整体判断模块，判断与历史修改剂量前 15 天的报表数据的相似程度，如相似则判断为不稳定，反之则为稳定。当判断当前状态后：① 对不稳定状态进行调整剂量值，即获取 2 个月的数据进行回归模型的预测（回归预测模块），在更新预测剂量后，需要对预测剂量进行评价，该系统对剂量的评价分为 2 个阶段，即连续判断 5 天内的每一天是否每天都稳定（天单一判断模块），如果 5 天内出现任意一天不稳定的情况则返回重新预测并进行补偿（剂量补偿模块），反之如 5 天内均稳定，则进入 5 天整体判断模块（天整体判断模块），当且仅当连续 5 天每天均稳定并且 5 天整体稳定的情况下，此新剂量才会被评价为能保证稳定生产的剂量值。在完成了新剂量的预测后，系统尝试对这个剂量进行优化（剂量优化模块），再得到优化剂量后，重复上述 5 天连续判断和 5 天整体判断，如均吻合条件，则继续优化，反之则返回上一个优化值并等待下一次不稳定生产状况。② 对稳定状态进行剂量优化调整，首先，系统会优先判断当前是否是第一次使用系统，此判断的目的是因为系统优化剂量的终止条件是获得不稳定的剂量，同时返回上一个稳定的剂量，假设系统已完成整体优化一次，即获取到了稳定的剂量值（例如 24），且此剂量值的下一个逼近值（例如 22）会使气井进入不稳定状态，在此种情况下，当前为 24 且稳定生产，如若继续优化，会得到一个逼近值 22 且不稳定生产，系统会返回 24 并等待下一次优化。此时经过了一段时间的待机，系统判断 24 条件下气井稳定生产，进入优化阶段，产生逼近值 22，气井会在 22 处于不稳定状态，然后再次返回 24。以上会产生气井连续的稳定和不稳定交替出现情况，为防止这种情况，加入了是否为第一次优化的判断标志，如若是第一次则进行优化，否则不进行优化直接进行记录（数据记录模块）。在判断完是否为第一次后进行与①相同的优化过程。大数据建模处理功能架构如图 6.71 所示。

系统核心为加注剂量的回归预测及气井稳定性判断，以下将对两模块功能实现进行详细介绍。

（2）加注量回归预测。

① 数据处理。系统首次构建模型所采集的数据为 2018 年 6 月至 2018 年 10 月生产数据，包含油压、套压、产气量、昨日累计产量、计量静压、计量差压和计量温度共 7 组原始数据，期间共进行了 5 次泡排剂量调整，采样间隔为 2s 1 条。原始数据特征仅 8 维，且因为连续生产存在多种相似特征，此种相似特征会很大程度影响模型精度，因此需要将低维度不可分特征投射到高维度空间，使其变得可分，即升维。

第6章 物联网应用技术与实践

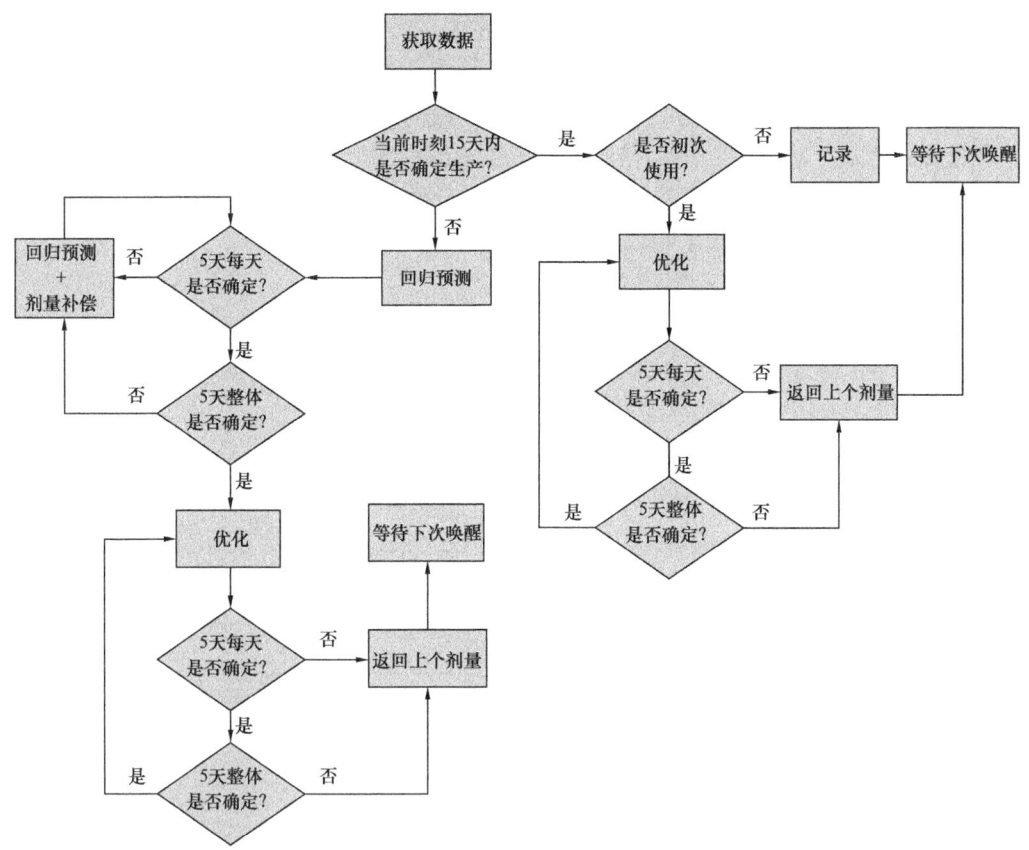

图 6.71 大数据建模处理功能架构

特征工程构造旨在升高数据维度，区别气井相似的生产状态。该系统利用固定时长的数据窗口制作新的特征，同时结合业务经验，构造油管与套管压差、变化率特征、分箱分层次特征、滑窗特征和差分特征等特征进行描述，提升特征维度进而区分相似样本，使相同剂量下的不可分样本变得可分。变化率主要是对 2s、30s、60s、10min、30min、1h、12h、1d、15d 和 1mon 不同时间段进行刻画。对原有 8 维数据进行特征构建，产出合计 188 维特征数据样本。通过 Pearson 相关度、F 检验及卡方检验三种方式对特征进行重要性评价，最终选取 88 维特征数据投入模型训练。各维数据构建的特征参数见表 6.19。

表 6.19 各维数据构建的特征参数

特征类型	特征构建内容
油套压差	计算油压套压的差值
变化率特征	计算一定时间内（2s、30s、60s、10min、30min、1h、12h、1d、15d、1mon）的变化趋势
分箱分层特征	连续特征离散化，根据一些频率较高的阈值或四分位等进行划分
滑窗特征	计算窗口内的变化趋势和统计特征，窗口的大小用时间（2s、30s、60s、10min、30min、1h、12h、1d、15d、1mon）刻画，同时以 1min 为步长进行前进
差分特征	计算连续时间的变化程度，即 2s 前的变化和 1min 前的变化

② 回归模型构建。在机器学习领域中常用的算法有以下几种基本种类：朴素贝叶斯、决策树、支持向量机（SVM）、AdaBoost❶等。气井数据具有非线性分布、多属性、数据量大等特点，需要精确程度相对较好的算法，因此 NBC❷ 和 SVM 方法并不适合处理，若选择决策树方法则存在单独构建决策树对准确性提升很低的问题，因此系统选取使用 AdaBoost 构造多决策树之后进行集成，构造强分类器的方法构造模型。该系统选取了 GITHUB❸ 上封装好的 XGBoost 模型，可以同时实现分类和回归，架设在大数据平台上，处理缺失值，分类效果相对于其他集成树效果相对更好。

使用 2018 年 6—9 月的瞬时数据训练模型，模型经过 11000 多次达到最佳，其 RMSE 为 0.018，即该模型共生成 11000 多颗树。为增加加注制度的多样性，期间对泡排制度进行调整，调整制度包含加注量 15kg、20kg、25kg、27kg、30kg 和 40kg。

（3）模型结果与实验。

针对该回归模型，设计了两种实验来验证模型的准确性。

实验一：从每种剂量值的样本中抽取 20% 作为测试集，其余用作训练集训练模型，并分析结果。主要用来分析回归模型的准确性，通过对已有的数据进行拆分，再进行测试，其结果将直接反映在误差上，进而反映出模型的准确率（图 6.72）。

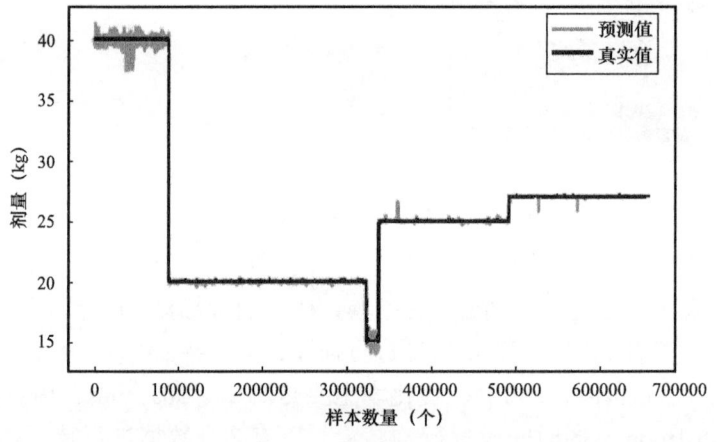

图 6.72　模型的准确率

第一段数据不准确的原因在于没有时间积累，导致前一部分的很多特征基本为空。从其余结果曲线可以看出，预测结果与真实值基本符合，偏差值在 0.05kg 以内。

实验二：抽取最后一个月的数据作为测试集，其余数据作为训练集训练模型，并分析

---

❶ AdaBoost 是英文"Adaptive Boosting"（自适应增强）的缩写。AdaBoost 是一种迭代算法，其核心思想是针对同一个训练集训练不同的分类器（弱分类器），然后把这些弱分类器集合起来，构成一个更强的最终分类器（强分类器）。

❷ 朴素贝叶斯分类（NBC）是机器学习中最基本的分类方法之一，是以贝叶斯定理为基础并且假设特征条件之间相互独立的方法。NBC 模型所需估计的参数很少，对缺失数据不太敏感，算法也比较简单。NBC 模型与其他分类方法相比具有最小的误差率。

❸ GITHUB 是一个基于云的 Git 存储库托管服务，为每个项目提供 Git 的分布式版本控制、访问控制、错误跟踪、软件功能请求、任务管理、持续集成和 Wiki。

结果。主要用来分析回归模型的稳定性，实验数据中，最后一个月的数据包含了新的剂量值，用这些值作为测试集将很好地分析模型对于新数据是否具有稳定性（图6.73）。

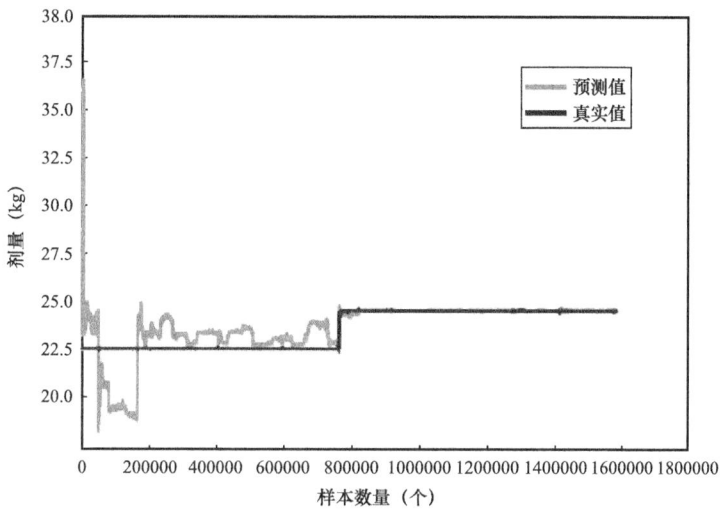

图 6.73 实验二预测结果

第一段数据不准确的原因在于没有时间积累，导致前一部分的很多特征基本为空。实验所预期的值为新加入的剂量，即 27kg 的预测基本准确，从图中可以看出，未加入 27kg 数据的训练集得到的模型预测的结果与真实值非常相近，同时也表明模型对新的剂量有一定的稳定性。

6.1.8.3 气井生产稳定性判断

整体判断模块是用于气井在执行新泡排制度时，判断气井生产是否处于稳定生产状态，如果稳定，则认为当前制度有效。如何判断气井生产稳定性，是三甘醇脱水装置智能系统的难点，不同生产阶段不同人员判断标准不一样，往往只能定性判断，很难定量判断。通过现场工作人员的讨论，结合 YH1 井历次泡排制度调整情况（YH1 井从 2012 年 4 月开始连续加注泡排剂以来，至 2017 年 12 月，共进行了 6 次泡排制度调整，图 6.74），以每次制度调整前 20 天为不稳定生产状态，通过当前阶段产气量和油管与套管压差，与历次泡排制度调整前的相似性进行判断，如相似，判断为气井生产不稳定，反之则稳定。

泡排制度执行后往往会有 5~7 天的观察期，以判断当前制度的有效性，因此系统以天整体判断模块实现根据当前时刻至 5 天前的数据，判断 5 天内的整体生产是否处于稳定状态。系统首先获取 5 天的整体的历史数据，对数据中的昨日平均产量和平均油管与套管压差进行处理。对两条曲线进行皮尔森系数计算，计算两段数据的相似性，相关系数用 r 表示，其中 n 为样本量，分别为两个变量的观测值和均值。r 描述的是两个变量间线性相关强弱的程度。r 的绝对值越大表明相关性越强。当且仅平均产量的相关系数平均值大于 0.6，并且平均油管与套管压差的相关系数平均值大于 0.6 时，才判断为不稳定。皮尔森相关系数（Pearscm Correlation Coefficient）也称皮尔森积矩相关系数，是一种线性相关系数，皮尔森相关系数是用来反映两个变量线性相关程度的统计量。

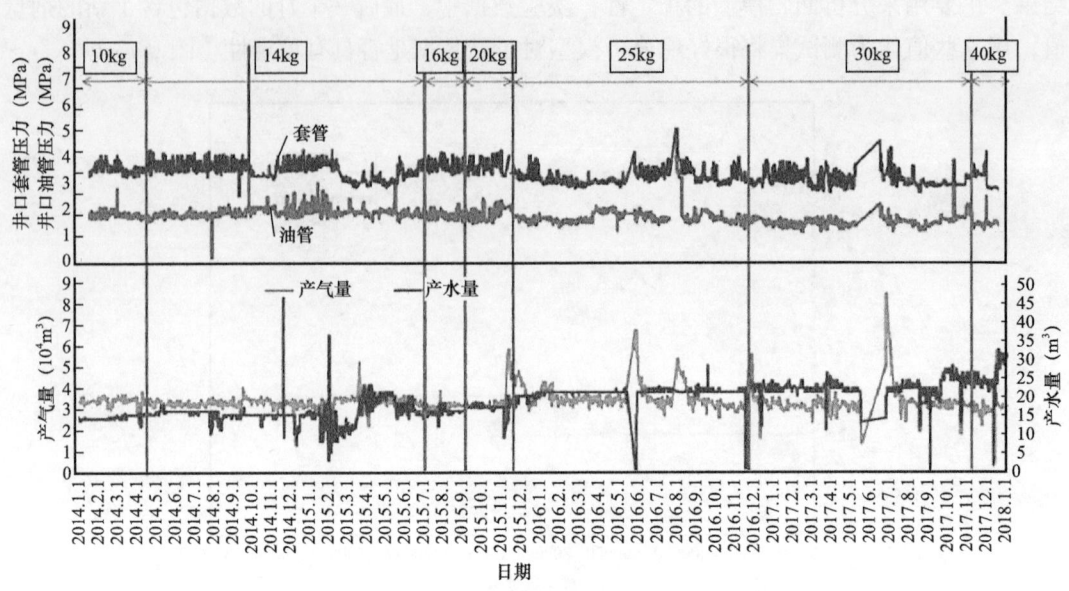

图 6.74 YH1 井 2014—2017 年采气曲线图

为了避免气井在当前制度下出现较大生产波动，而系统无法做出相应反应，因此系统还设置了单天气井稳定性生产判断模块，以产气波动偏差和油管与套管波动压差偏差不超过一定幅度为准，通过人为设定。为防止气井提前结束当前制度的试验，此处偏差可适当设置偏大，即气井生产允许的最大波动幅度，以 YH1 井为例，试验过程中产气偏差为 10%（$0.3×10^4m^3/d$），油管与套管压差偏差为 25%（0.3MPa）。

6.1.8.4 现场应用

YH1 井于 2019 年 2 月 2 日开始现场试验，2020 年 3 月 23 日试验结束，现场参数设置：可不调整偏差 5%，产气偏差 10%（$0.3×10^4m^3/d$），油管与套管压差偏差 25%（0.3MPa）。现场试验从制度制定到现场加注，实现了智能化加注，从生产情况来看，考虑气井自然递减的情况下，试验前后产气量产水量基本一致，确保气井稳定生产（表 6.20）。

表 6.20 YH1 井试验前后生产情况

条件	套压（MPa）	油压（MPa）	产气量（$10^4m^3/d$）	产水量（m^3/d）	加注量（kg）
试验前	2.49	1.25	2.97	19.0	32.1
试验后	2.64	1.37	2.77	21.0	32.6

YH1 井 2018 年 6—9 月采气曲线图如图 6.75 所示。

基于气井生产大数据气井智能化加注系统，从系统开发到现场部署，达到了初期智能化加注设计目的，包括从制度制定到现场自动加注，以及根据生产情况变化及时调整制度等系列智能化加注目的。作为将人工智能应用于气井排水采气工艺管理的探索性尝试，该系统距离推广应用仍然存在一些不足：一是历史数据标签的局限性，回归模型只能在当前训练集的最大值（40kg）和最小值（15kg）区间进行回归预测，无法准确地预测出远大于或远小于当前训练数据的剂量值。二是气井生产稳定性判别方法仍然值得进一步探究，如新上泡沫排水采气井如何判断气井生产稳定性。针对以上不足，建议将气井大数据与传统采气工艺理论相结合，引入井筒积液量数据，根据井筒积液量的变化作为气井稳定性判断依据，经过2~3周期的大数据模型训练和更新，并根据生产情况实时调整，可使泡排制度预测效果达到最佳。

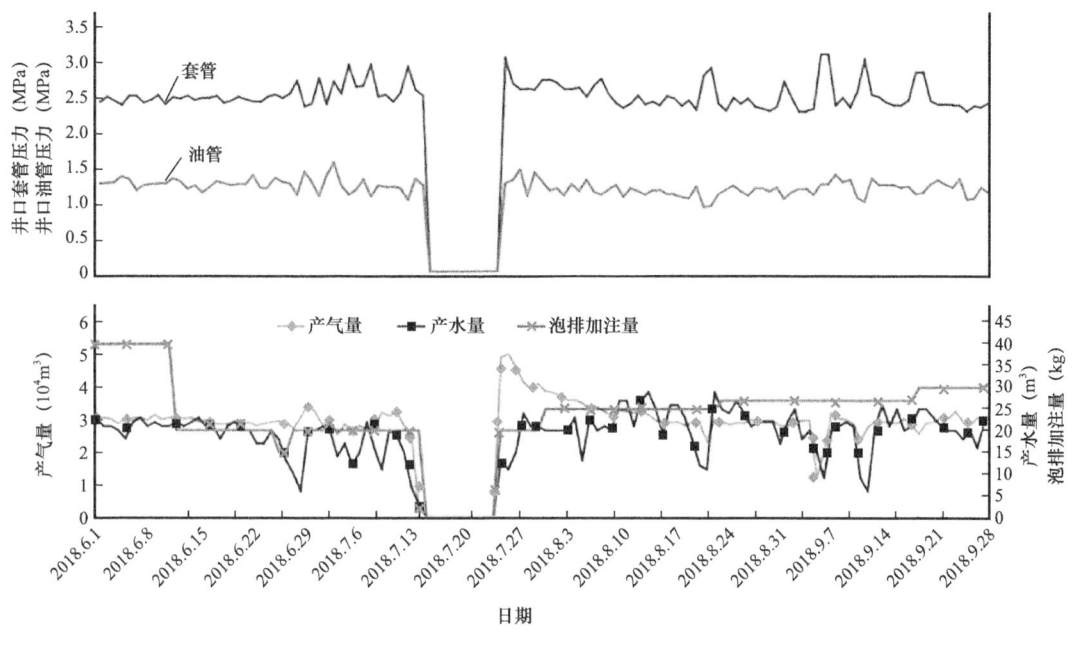

图 6.75　YH1 井 2018 年 6—9 月采气曲线图

6.1.9　压缩机组在线监测与故障诊断技术

6.1.9.1　现状与挑战

设备故障监测与诊断是近年来企业安全生产的主要手段之一，也一直是设备运维管理领域的研究热点。国内石油化工企业已普遍应用了设备故障监测与诊断系统，监测对象包括离心压缩机组、往复压缩机组、关键机泵等，但在实际应用过程中，故障的分析诊断依赖人工完成，故障预警诊断的自动化和智能化水平较低。

开展天然气四冲程发动机在线监测与故障诊断适应性改造，完善机组在线监测与故障诊断系统，将在线监测系统各类监测传感器安装在机组关键部件上（压缩机曲轴、曲轴箱、十字头、活塞杆、气缸，发动机曲轴箱、缸盖、齿轮箱、增压器与齿轮盘），获得机组运行状态信号，通过在线监测系统专用分析诊断软件，实现往复机械故障诊断、预警功能。系统建成后，能够在线实时分析诊断机组出现的典型故障，对机组安全运行及科学维修提供支持，辅助优化设备管理。

6.1.9.2 在线监测与故障诊断系统架构

燃气发动机—往复压缩机组设计的在线监测与故障诊断系统总体架构如图 6.76 所示。

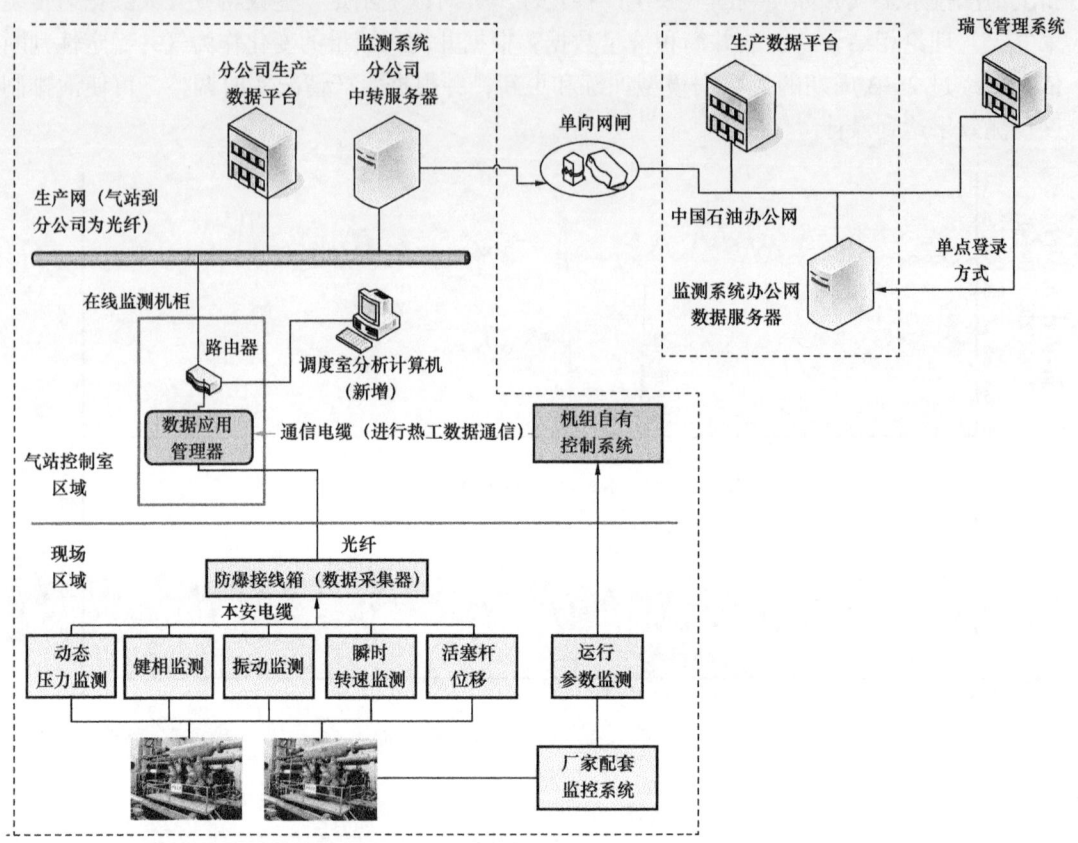

图 6.76 燃气发动机—往复压缩机组在线监测与故障诊断系统总体架构图

网络通信：分为办公网与生产网。

（1）在企业生产网内部，首先监测数据经传感器—数据采集器完成数据采集，然后存储在数据应用管理器中，经中国石油内网交换机上传至分公司的中转数据服务器。在生产网中，可通过数据通信、客户端登录、网页登录等方式，访问监测系统，完成故障分析诊断。

（2）生产网与办公网在分公司采用单向网闸进行数据传输，在办公网内部，可通过数据通信、客户端登录、网页登录等方式，访问监测系统，完成故障分析诊断。

未来在中国石油云服务器上安装客户端，连接办公网数据服务器，主机厂相关人员可以查看机组监测数据。对分体式燃气发动机—往复压缩机组进行在线监测与故障诊断适应性改造，安装的设备材料主要包括硬件和软件两大部分。硬件包括传感器、防爆箱、数据采集器、数据应用管理器、工业电源和路由器等。软件包括两大部分，即安装在数据采集器中的数据采集软件和安装在数据应用管理器中的网络化客户端软件。网络化客户端软件采用插件化设计，内含各类软件模块，主要包括：数据处理通信模块、专业图谱分析模块、中间件数据管理模块、报警管理模块、诊断报告及统计报表模块。系统组成见表 6.21。

表 6.21 燃气发动机—往复压缩机组在线监测与故障诊断系统组成

存放位置	硬件		软件	
现场	传感器		—	
	防爆箱（数据采集器）		数据采集软件	
控制室	机柜	数据应用管理器	网络版客户端软件	数据处理及通信模块
				专业图谱分析模块
				中间件数据管理模块
				报警管理模块
				诊断报告及统计报表模块
				设备结构组态模块
		工业电源		—
		路由器		—

燃气发动机—往复压缩机组设计的在线监测与故障诊断系统中，2# 和 3# 机组的常规运行参数通过数据通信的方式获取，为满足进一步监测诊断需求，新增监测点包括以下 11 项：

（1）发动机缸盖振动测点，用于监测发动机缸盖振动冲击，捕捉气缸内冲击故障；

（2）发动机曲轴箱振动测点，用于监测发动机曲轴箱振动，监测整机振动烈度；

（3）发动机传动箱振动测点，用于监测发动机传动齿轮箱振动，捕捉齿轮箱传动部件故障；

（4）发动机涡轮增压器振动测点，用于监测涡轮增压器振动，监测增压器气流、漏油等故障；

（5）发动机瞬时转速测点，用于监测发动机瞬时转速，区别于发动机现有平均转速信号，瞬时转速可监测发动机每个缸做功状态和瞬时的转速变化，采样率最高达到 51.2kHz；

（6）发动机键相测点，用于发动机监测测点的整周期采集，用于确定发动机每个气缸活塞的具体位置；

（7）压缩机缸内动态压力测点，用于监测压缩机各气缸内压力瞬时变化情况，可绘制动态压力曲线和示功图，反映压缩机各缸做功状态，监测泄漏类故障；

（8）压缩机十字头振动测点，用于监测压缩机十字头振动冲击，监测报警压缩机气阀、气缸、活塞杆等运动部件的冲击故障；

（9）压缩机活塞杆位移测点，用于监测压缩机各缸活塞杆运行状态和位移波动，监测气缸内部和十字头滑道的磨损故障；

（10）压缩机曲轴箱振动测点，用于监测压缩机曲轴箱振动，监测压缩机整体的振动烈度；

（11）压缩机键相测点，用于压缩机测点的整周期数据采集，压缩机与发动机工作冲程不一致，各缸活塞位置也不一致，因此压缩机、发动机信号整周期采集需要不同的键相信号，以触发参考。

上述测点对发动机和压缩机在线监测与故障诊断是必要的，不同测点的布置如图6.77所示。

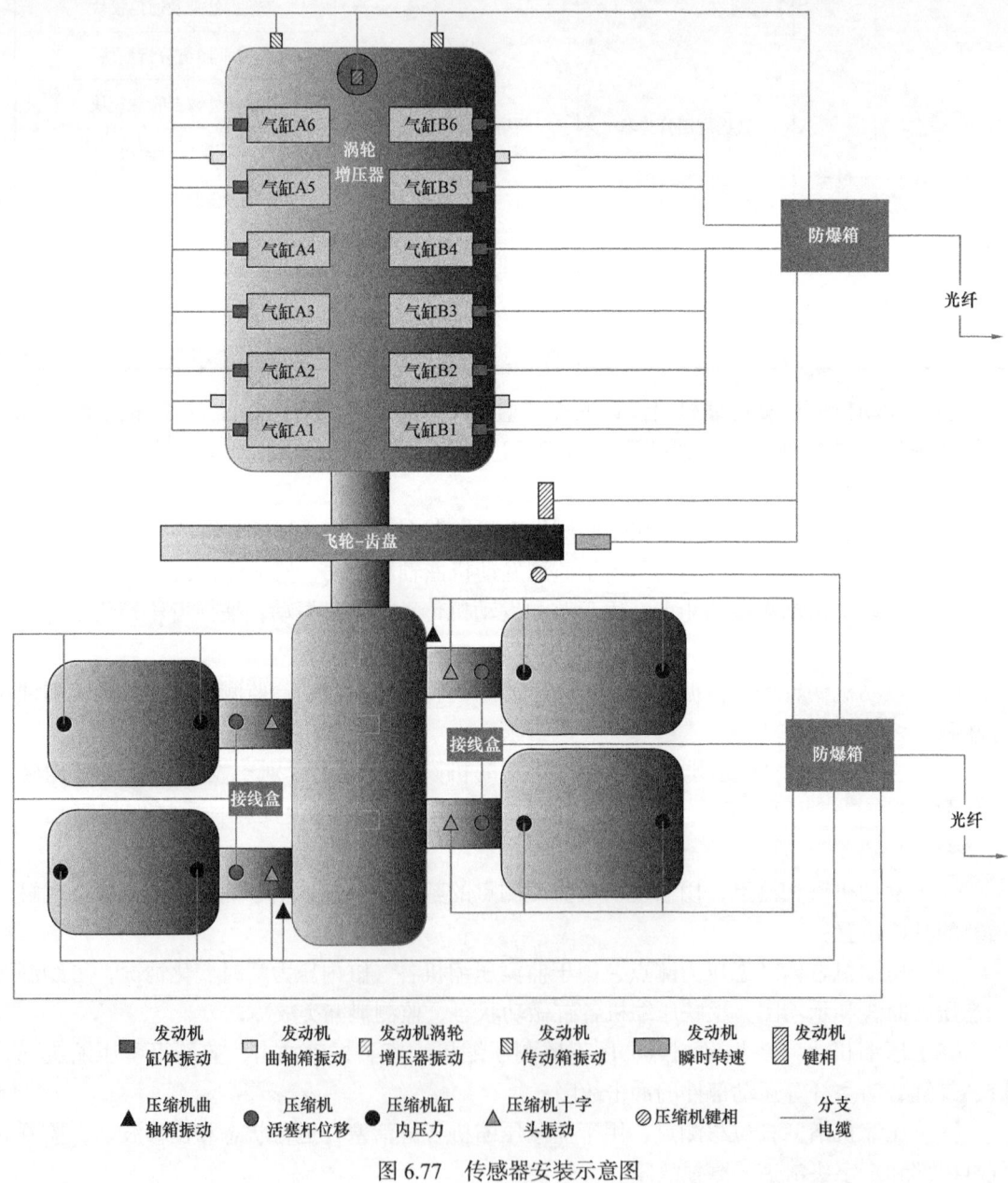

图 6.77 传感器安装示意图

单台机组设置40个各类传感器，两台机组共计80个传感器，统计见表6.22和表6.23。

表6.22　燃气发动机传感器统计

部件	测点定义	传感器选择	安装	
			安装部位	安装方式
发动机	缸盖振动	加速度传感器	气缸缸盖	粘贴底块螺纹安装
	曲轴箱振动	加速度传感器	曲轴箱两侧	粘贴底块螺纹安装
	传动箱振动	加速度传感器	传动箱壳体	粘贴底块螺纹安装
	涡轮增压器振动	加速度传感器	增压器壳体	粘贴底块螺纹安装
	键相	接近开关传感器	飞轮—齿轮	支架安装
	瞬时转速	电涡流传感器	飞轮—齿轮	支架安装

表6.23　往复压缩机传感器统计

部件	测点定义	传感器选择	安装	
			安装部位	安装方式
压缩机	缸内动态压力	缸压传感器	气缸示功孔	引压孔
	十字头振动	加速度传感器	十字头滑道上方	打孔攻丝
	活塞杆位移（沉降）	电涡流传感器	压缩机中体	支架安装
	曲轴箱振动	速度传感器	曲轴箱两侧	打孔攻丝
	键相	接近开关传感器	飞轮—齿轮	支架安装

6.1.9.3　功能要求

（1）在线监测与故障诊断系统各测点故障监测诊断功能。

对机组进行在线监测与故障诊断适应性改造后，能够在线实时分析诊断机组出现的典型故障，对机组安全运行及科学维修提供支持，辅助优化设备管理。在线监测与故障诊断系统测点与可监测故障关系见表6.24。

（2）在线监测与故障诊断软件。

在线监测与故障诊断的组态软件、分析诊断软件将以安装包或光盘方式提供。用户可通过B/S版客户端软件（Browser/Server，浏览器/服务器模式），访问数据应用管理器获得机组运行状态数据，不必安装客户端软件，简化操作方式。由于用户仅使用B/S版客户端软件系统获取机组运行状态数据，进行分析诊断，不存在对压缩机、发动机以及监测系统的反馈控制，因此用户使用相应的软件功能对机组和监测系统无任何不利影响，不存在因误操作导致软件崩溃、系统异常的发生。

表 6.24　在线监测与故障诊断系统测点与可监测故障关系

序号	设备类别	测点类别	可监测故障类别（人工分析）
1	发动机	缸盖振动	
2		曲轴箱振动	连杆断裂、曲轴断裂、连杆轴承磨损
3		传动箱振动	齿轮断裂、齿轮紧固螺栓断裂、凸轮轴断裂
4		涡轮增压器振动	涡轮增压器漏油、涡轮增压器积垢
5		键相	发动机监测测点信号四冲程整周期触发采集
6		瞬时转速	各缸失火、撞缸、火花塞异常等
7	压缩机	缸内动态压力	进气阀泄漏、排气阀泄漏、活塞环泄漏、填料泄漏等
8		十字头振动	十字头滑道磨损、连杆小头瓦磨损、十字头销断裂、连杆螺栓断裂、撞缸、气阀阀片断裂、气阀紧固螺栓松动等
9		活塞杆位移（沉降）	活塞杆运行失稳、拉缸、活塞组件严重磨损、活塞杆紧固元件松动、活塞杆断裂等
10		曲轴箱振动	撞缸、活塞杆断裂、连杆螺栓断裂等
11		键相	压缩机监测测点信号二冲程整周期触发采集

在线监测与故障诊断的软件功能应包括：

① 机组状态总貌图（图 6.78）。该功能可显示发动机和压缩机各个测点的基本信息，包括机组运行信息如时间、转速以及振动、温度、压力等参数（可通过总貌图上的测点直接进入到诊断模块）。

② 设备以及分析功能等为树状结构。该功能用于多个站场和多台机组的展示，可通过树状机构体现机组与站场的关系，并灵活选择目标对象机组进行数据查询与分析诊断。

③ 单/多值棒图。该功能通过棒图方式，展示不同测点数据的实时与历史变化，由棒图的高度变化直观体现特征参数的大小。

④ 分析诊断报告、报表自动生成系统。该功能可在监测系统内部完成故障分析诊断报告的撰写，监测系统中的各种图谱可通过软件插件化方式集成到电子版报告中；报表主要针对机组开停机与报警数据等情况进行自动统计，形成按时间区分的统计报表，方便设备管理人员查询应用。

⑤ 能量棒图及报警。该功能对相应的参数设置报警限值，当特征参数的能量棒图超过报警限值，监测系统通过改变棒图的颜色进行报警提示。

⑥ 智能报警功能。该功能可根据机组运行状态自适应学习报警限值，结合国家固定的限值完成机组故障报警，改变了传统单一报警线报警的方式；同时，该功能可自动捕捉机组特征参数快变与缓变特征，根据特征变化趋势进行自动报警；该功能解决了发动机变负荷运行状态下单一报警线、超限报警带来的误报、漏报等问题。

⑦ 多级报警管理功能。对报警限值进行分级管理，不同级别的报警可反映机组的故障危险程度。

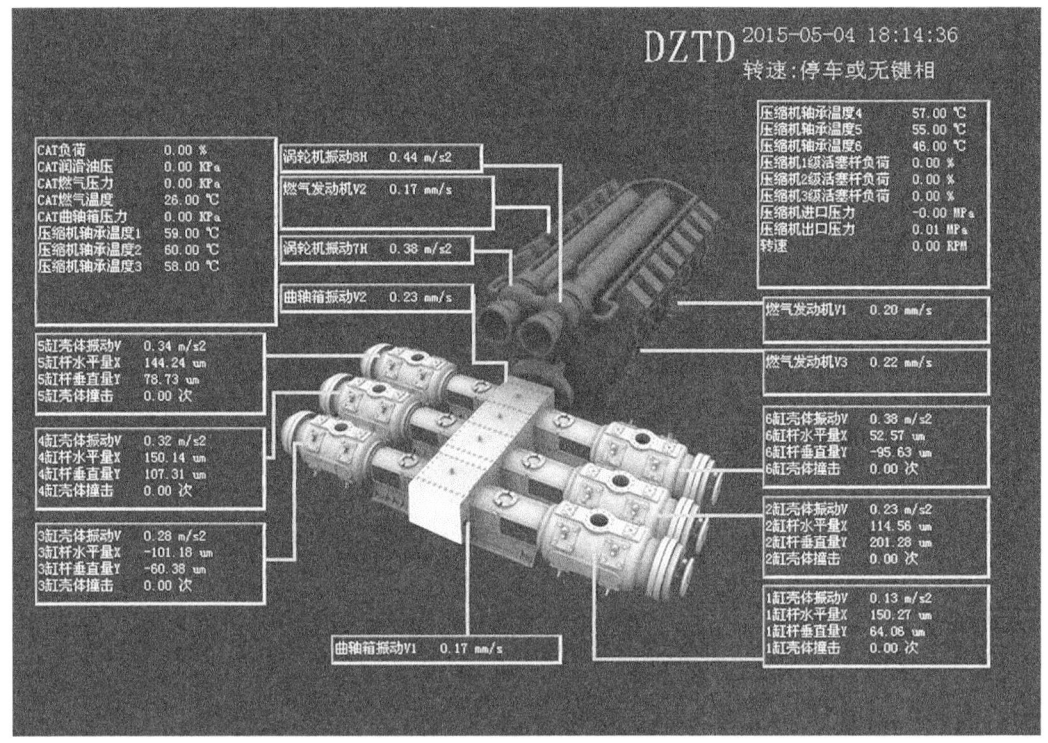

图 6.78 机组状态总貌图

往复压缩机分析图谱如下：

① 活塞杆位置监测。可实现活塞杆位置测点的趋势、波形和频谱分析及基本信息显示，从而分析诊断活塞环磨损、支承环磨损、拉缸、活塞杆断裂、十字头磨损等故障。

② 振动监测。可实现往复压缩机十字头/曲轴测点的趋势、波形和频谱分析及基本信息显示，分析诊断曲轴轴承磨损故障、十字头松动故障、十字头销/大小头瓦故障、拉缸、水击、撞缸等故障。

③ 冲击监测。可实现十字头测点冲击次数的趋势分析，分析诊断十字头松动、十字头销间隙大、十字头螺母松动、拉缸、水击等故障。

④ 其他参数实时/历史监测。可实现工艺量（各级进排气温度、各级进排气压力、气阀温度）的趋势分析。

⑤ 多参数分析。可实现振动波形和活塞杆位置波形联合分析，从而精确分析往复压缩机的机械类故障。

⑥ 综合监测。可将各种测点（振动、活塞杆位置、冲击次数、工艺量）的趋势、波形、频谱放于一个界面下联合分析。

⑦ 任意组合图谱分析功能。可实现任意图谱的组合，便于综合分析诊断。

⑧ 示功图。通过对动态压力的监测和处理，绘制 p—V 示功图，可精确分析诊断气阀各组件的状态（阀片、弹簧、阀座密封）、活塞环泄漏类故障、填料泄漏类故障。

⑨ 活塞杆载荷监测。可根据机组动态压力参数，结合机组活塞、活塞杆、十字头、

连杆等运动部件之间，计算往复运动部件的实时受力情况，结合振动信号特征分析十字头销的润滑状态，诊断大小头瓦磨损类故障、间隙过大类故障。

⑩ 往复压缩机典型故障自动诊断专家系统。

⑪ 发动机分析图谱。

⑫ 机组的运行状态分析。可在同一界面下，实现发动机各种测点特征值趋势分析，从而判断发动机关键部件（曲轴、气缸组件）的运行状态。

⑬ 历史比较图。可实现同一测点不同时刻的波形比较或不同测点同一时刻波形比较，从而对比分析气缸点火类故障、气缸磨损类故障、气缸爆燃类故障、曲轴轴承磨损类故障。

⑭ 振动监测。可实现各个振动测点的趋势、波形和频谱分析及基本信息显示，综合分析燃气发动机的机械类故障，并将气缸点火时间与相位相关联，准确定位分析各个气缸的做功情况和运行状态。

⑮ 瞬时转速分析。可实现对各个缸点火状态以及机组运行平稳性的分析诊断。

⑯ 多参数分析。可实现振动波形与工艺量（温度、压力、负荷等）趋势的联合分析，精确判断燃气发动机各个气缸点火类故障、主轴承磨损类故障、气缸活塞环磨损类故障。

⑰ 任意组合图谱分析功能。可实现任意图谱的组合，便于综合分析诊断。

⑱ 发动机典型故障自动诊断专家系统。

6.1.9.4　应用与实践

（1）在线监测数据分析。

① 发动机监测数据分析。相对机组原有控制系统的温度和压力趋势数据，安装的在线监测与故障诊断系统新增了大量可对发动机瞬时运行状态进行监测的振动、瞬时转速测点。如图 6.79 所示，以 R1 缸为代表，其振动信号波形可观察到在相应发火上止点有发火冲击（R1 缸在 220°左右），发火冲击的幅值大小可以直观反映出缸内燃气做功效果，例如对于失火或者缸内做功不良故障，该发火上止点附近的发火冲击峰值会明显小于正常情况，对此可以直观监测各缸工作情况。又如图 6.80 所示，可以进行多缸峰值趋势分析，实现缸体振动趋势分析和多缸之间的横向对比分析，提供各缸工作状态对比依据。如图 6.81 所示为瞬时转速测点信号，平均转速在 800r/min，在发动机单个工作周期内，由于缸内发火加速和阻尼减速的存在，瞬时转速会在一定程度波动，波动的程度（峰峰值）可以作为机组运行状态性能的一项指标。

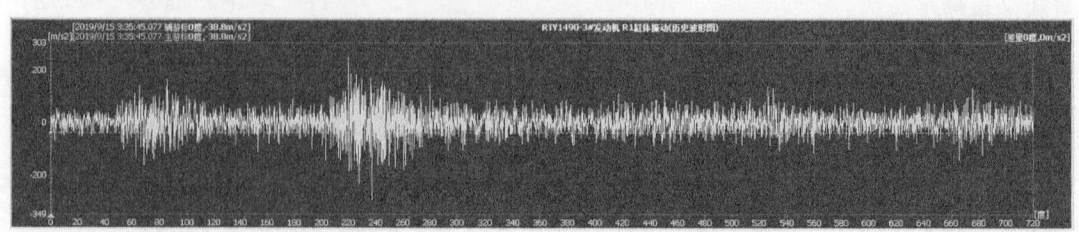

图 6.79　RTY1490-3# 发动机 R1 缸振动信号

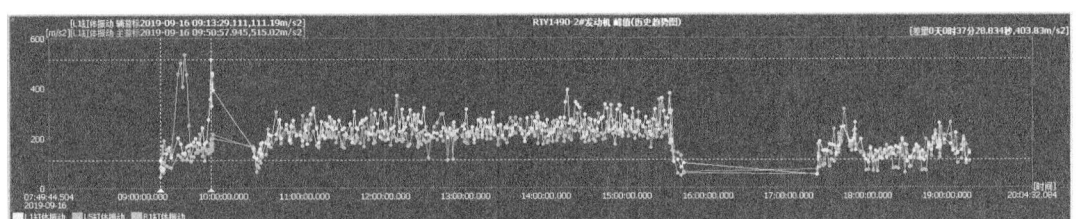

图 6.80　RTY1490-2# 发动机多缸峰值趋势分析

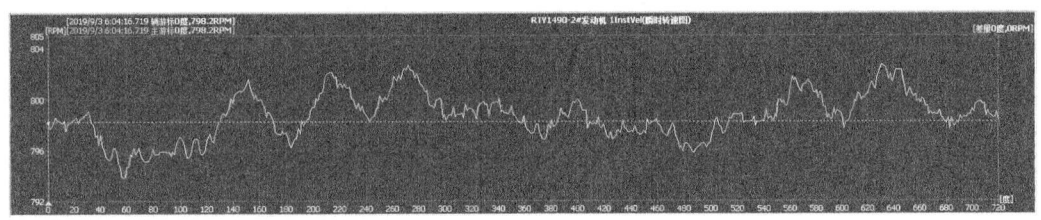

图 6.81　RTY1490-2# 发动机瞬时转速测点信号

② 压缩机监测数据分析。本次安装的在线监测与故障诊断系统新增了可对压缩机瞬时运行状态进行监测的振动、活塞杆沉降、动态压力等测点。如图 6.82 所示为 RTY1490-2# 压缩机 4 缸十字头振动测点信号，300°和 90°附近出现排气门冲击，冲击幅值的大小反映了排气门工作状态，对于监测排气门阀片故障有着重要作用。如图 6.83 所示为该机组 2 缸活塞杆沉降信号，活塞杆沉降信号是反映活塞杆来回运动时测点位置的沉降量变化，有效监测活塞环磨损量以及活塞杆断裂故障。活塞环磨损量增大则沉降量增大；活塞杆断裂故障则会导致沉降量的突变。如图 6.97 所示为该机组 1 缸动态压力 p—V 图，可根据缸内压力信号绘制示功图，对缸内做功情况进行计算评估，同时监测缸内压力数据。

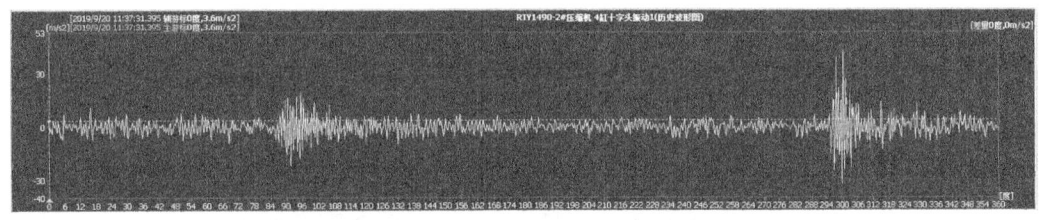

图 6.82　RTY1490-2# 压缩机 4 缸十字头振动测点信号

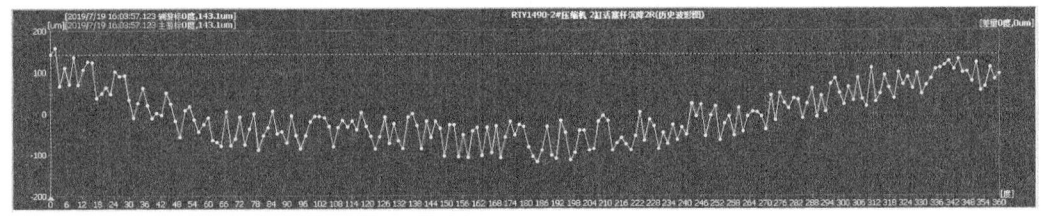

图 6.83　RTY1490-2# 压缩机 2 缸活塞杆沉降信号

③ 故障模拟效果验证与应用。为了检验在线监测与故障诊断系统的实际应用效果，通过机组实际数据对系统进行了发动机气门间隙调整试验与失火故障数据验证。

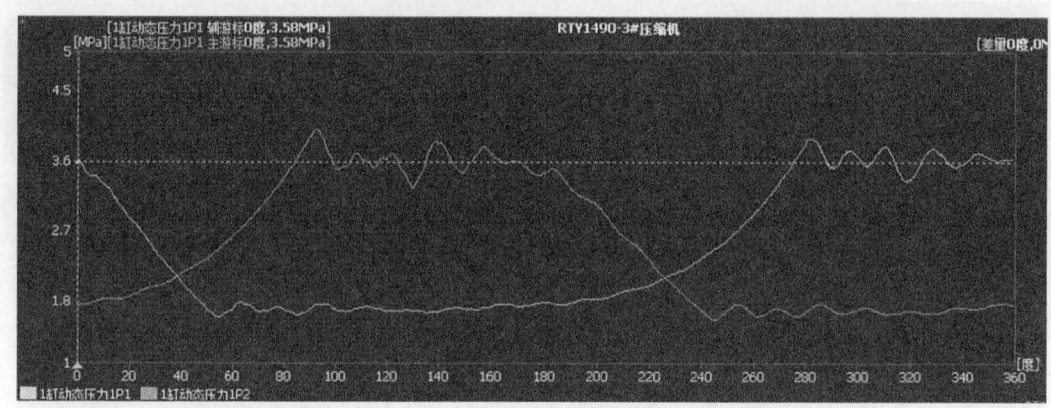

图 6.84　RTY1490-3# 压缩机 1 缸动态压力波形图

2019 年 9 月 21—23 日，现场对 RTY1490-2# 发动机气门间隙进行了调整，从监测诊断系统发现 2# 发动机缸盖振动出现了显著的增大，多个测点发生报警提示（图 6.85）。

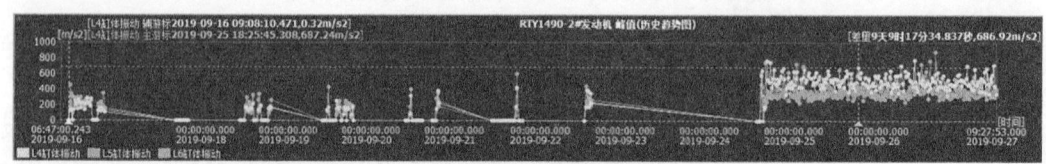

图 6.85　RTY1490-2# 发动机多个测点发生报警提示

使用振动波形分析功能，对单个周期振动信号进行分析（以 L5 缸与 R1 缸为代表），与调整间隙前振动波形对比，可发现在发动机 0°～720° 整周期工作角度内，出现了多个冲击特征，如图 6.86 所示。根据发动机各物理特征角度分析，发现在排气关闭的角度冲击最为明显。需指出，发动机 0°～720° 角度范围对应工作时间为 150ms 左右，监测诊断系统采集了超过 3800 个数据点，绘制振动波形，捕捉了气门开启、关闭的冲击信号。这是机组现有控制系统和监测系统不具备的功能。

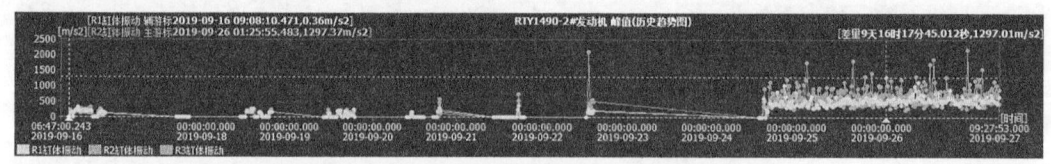

图 6.86　RTY1490-2# 发动机振动增大趋势图谱

通过上述分析可知，发动机在调整气门间隙后气门冲击显著增大，虽然气门间隙处于机组参数的允许范围内，但是冲击增大说明气门工作状态改变，需要密切关注机组运行状态趋势，防止出现磨损、断裂等故障。

（2）案例分析。

[**案例 1**]　2019 年 11 月 9 日上午 10 时 20 分左右，RTY1490-2# 发动机 L5 缸发生了失火故障，使用在线监测与故障诊断系统对各缸振动波形进行分析，发现 L5 缸在 10 时 17 分左右点火冲击相位振动值显著下降，振动波形异常之后一直持续。如图 6.87 至

图 6.89 所示，分别是正常点火、刚出现异常和故障后期的振动波形图，可见点火相位冲击显著降低。如图 6.90 所示，与其他缸相比，L5 缸失火特征明显。

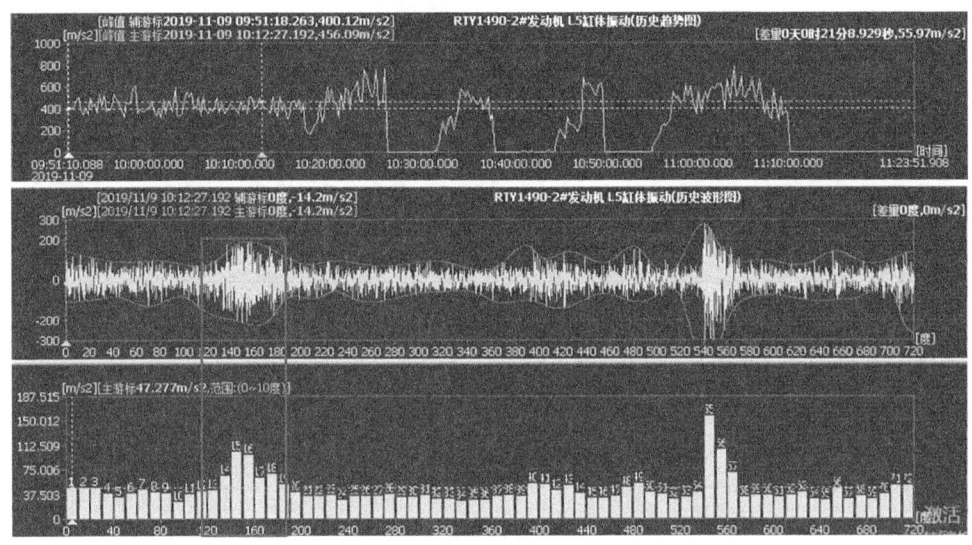

图 6.87　RTY1490-2# 发动机 L5 缸 0°～720°整周期振动波形图（正常点火）

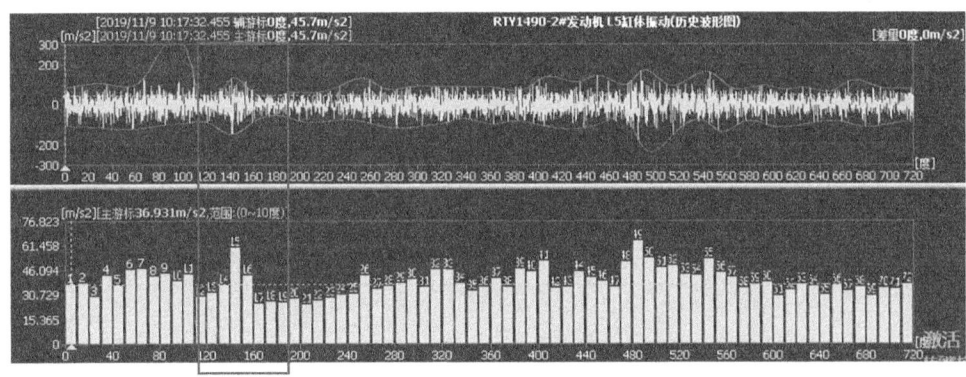

图 6.88　RTY1490-2# 发动机 L5 缸 0°～720°整周期振动波形图（刚开始失火）

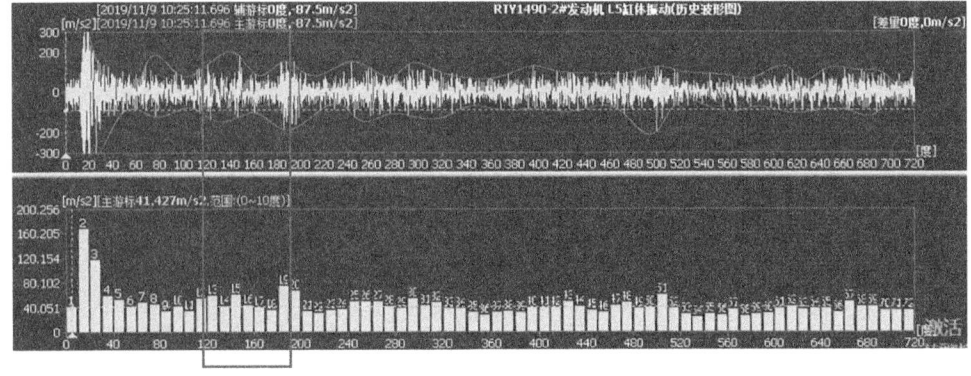

图 6.89　RTY1490-2# 发动机 L5 缸 0°～720°整周期振动波形图（故障后期）

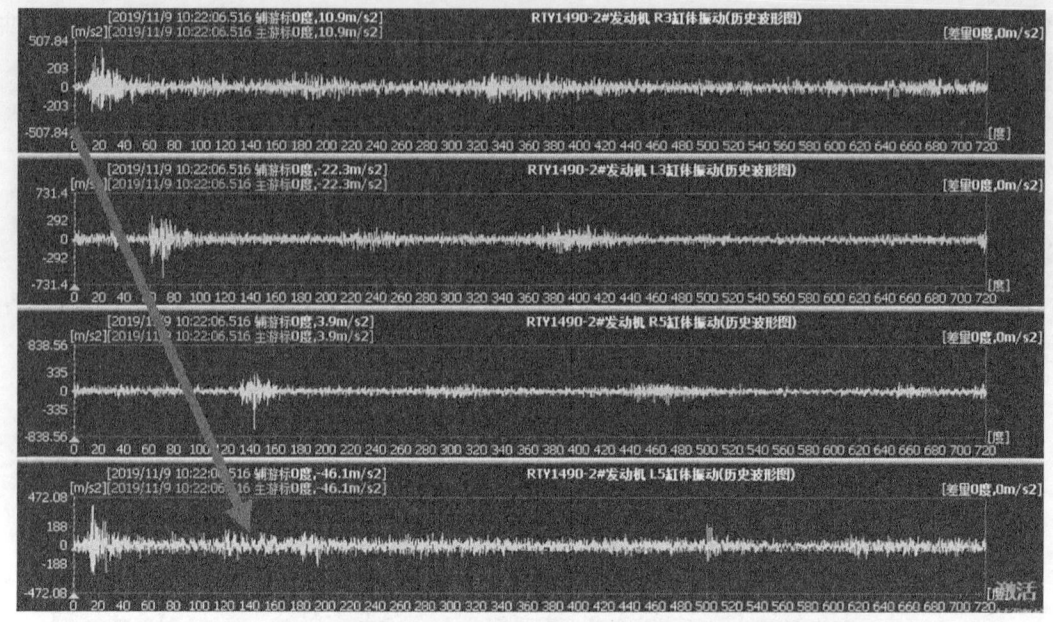

图 6.90　RTY1490-2# 发动机不同缸 0°~720°整周期振动波形图

对气缸温度趋势进行分析，如图 6.91 所示，可见 10 时 19 分左右，缸温才开始快速下降。相对缸温变化，发动机振动变化提前了 2min 左右。可见，监测诊断系统监测数据的有效性和实用性。

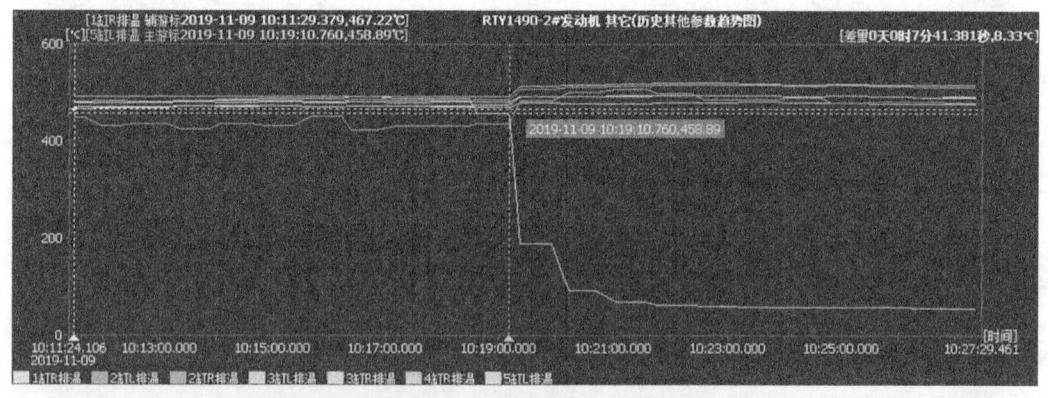

图 6.91　RTY1490-2# 发动机 L5 缸温度变化趋势

［案例 2］　由单流阀卡阻和火花塞磨损等造成的间歇失火或完全失火是沙坪场增压站 RTY1490 机组日常运行过程中最为常见的故障，发动机气缸点火不良会造成机组转速和扭矩波动增大、发动机和中冷器振动值升高等问题，严重时造成机组发生非计划故障停机等。

在线监测与故障诊断系统通过加速度传感器监测发动机各气缸振动变化情况，通过分析时域波形和频域特征，判断各气缸内的做功情况，进而诊断出气缸内有无失火故障。

如图 6.92 所示，RTY1490-2# 发动机正常点火运行情况下（21 时 21 分 50 秒），发动机各气缸在 0°～720°整周期内按照 R1 → L1 → R4 → L4 → R2 → L2 → R6 → L6 → R3 → L3 → R5 → L5 的点火顺序依次出现正常的点火相位冲击。

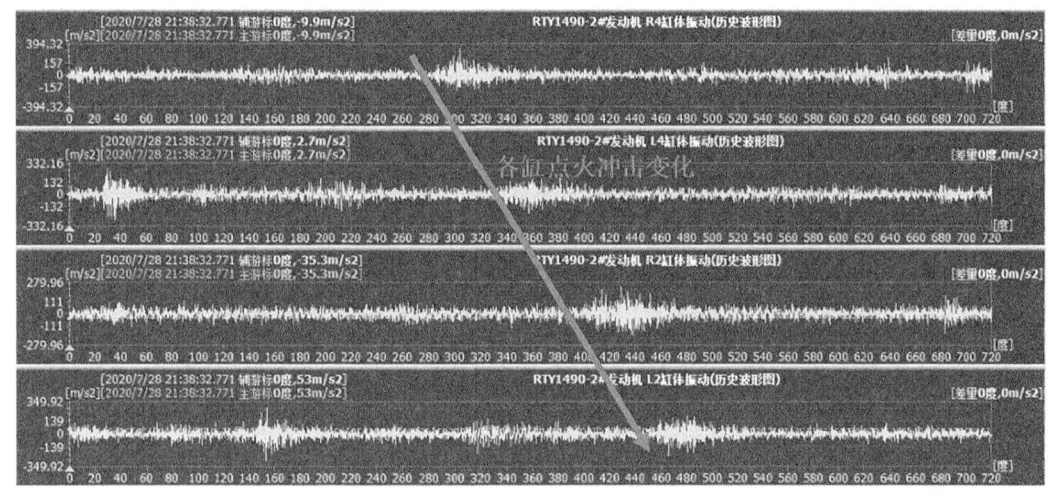

图 6.92　RTY1490-2# 发动机不同缸 0°～720°整周期振动波形图（正常点火）

21 时 42 分 06 秒，RTY1490-2# 发动机 R2 缸点火相位冲击明显降低，对比正常情况下各缸的点火波形图（图 6.93）可以判断出 R2 缸点火不良，监测诊断系统于 21 时 42 分 14 秒发出 R2 缸失火和做功不良的预警信息。

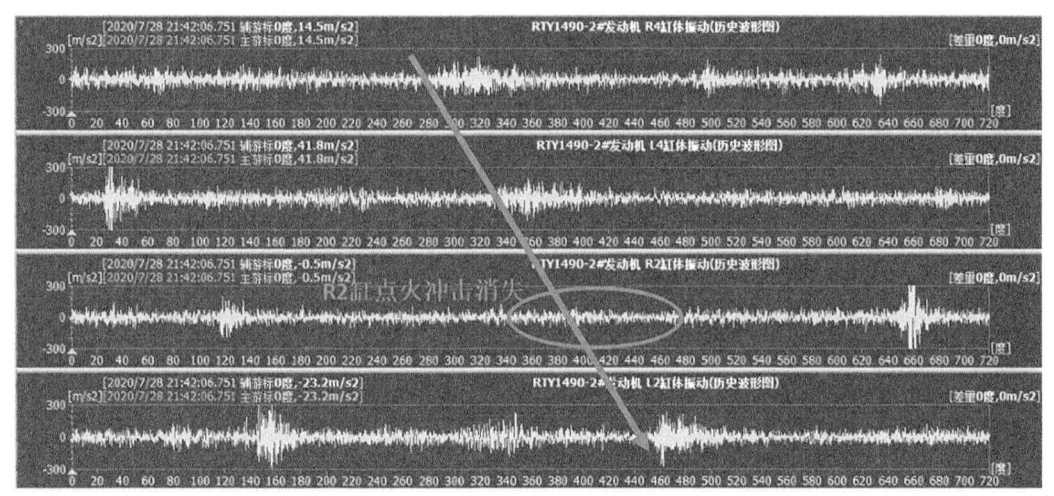

图 6.93　RTY1490-2# 发动机不同缸 0°～720°整周期振动波形图（失火）

在线监测与故障诊断系统在沙坪场增压站投入使用后，发现单缸失火、传感器异常等情况 40 次，协助现场人工处理故障共计 34 次，预警成功率达到 85%。

［案例 3］　气阀泄漏故障。气阀是往复压缩机组的心脏，压缩机组运行的经济性和可靠性在很大程度上取决于气阀的性能，气阀阀片是用来控制气体及时吸入和排除气缸的重要部件，阀片断裂后，由于气缸内漏气将导致压缩机组运行效率显著降低，气缸温度持续升高，甚至出现气缸、活塞和活塞环等部件损坏的故障。

为评价在线监测与故障诊断系统对压缩机典型故障的监测预警功能，通过人为处理沙坪场增压站 RTY1490-3# 压缩机压缩 4 缸吸气阀阀片（图 6.94），将其替换至压缩机组曲轴端气阀总成，开展气阀漏气故障模拟试验，造成运行时出现气阀轻微漏气的故障，以验证系统适用性和可靠性。

图 6.94　RTY1490-3# 压缩机压缩 4 缸吸气阀漏气模拟（曲轴端）

现场模拟试验中，更换破损阀片后的压缩机组于 16 时 43 分完成加载，加载后机组进气压力为 1.547MPa，排气压力为 5.209MPa。

在机组加载约 1min 后，在线监测与故障诊断系统于 16 时 44 分 30 秒诊断出压缩 4 缸吸气阀泄漏。对比故障前后监测诊断系统中压缩 4 缸的动态压力和示功图可以发现，压缩 4 缸的压缩和膨胀过程较正常状态下的示功图和动态压力出现明显异常，其中在压缩过程中滞后了近 25°，在膨胀过程中提前了 30° 左右，表明气缸存在外漏，气缸内高压状态无法持续。

现场模拟试验表明，在线监测与故障诊断系统能判断出气阀故障及部位，对气阀泄漏类故障具有较好的适用性，有利于提前发现压缩缸内气阀故障，避免故障的进一步恶化。

一级压缩（1 缸和 2 缸）正常状态下动态压力变化、二级压缩（3 缸和 4 缸）故障状态下动态压力变化与二级压缩（3 缸和 4 缸）正常和故障状态下示功图对比分别如图 6.95 至图 6.97 所示。

沙坪场站 2# 和 3# 机组状态在线监测与故障诊断系统新增的传感器覆盖了机组振动、位移、压力、转速等信号，对原有控制系统形成了重要补充，极大地提升了气矿设备管理人员对设备运行状态的感知能力。相对机组原有控制系统，设备管理人员现在可以对发动机气门、传动箱齿轮、涡轮增压器、压缩机活塞杆、十字头和气阀等运动部件进行有效的分析。

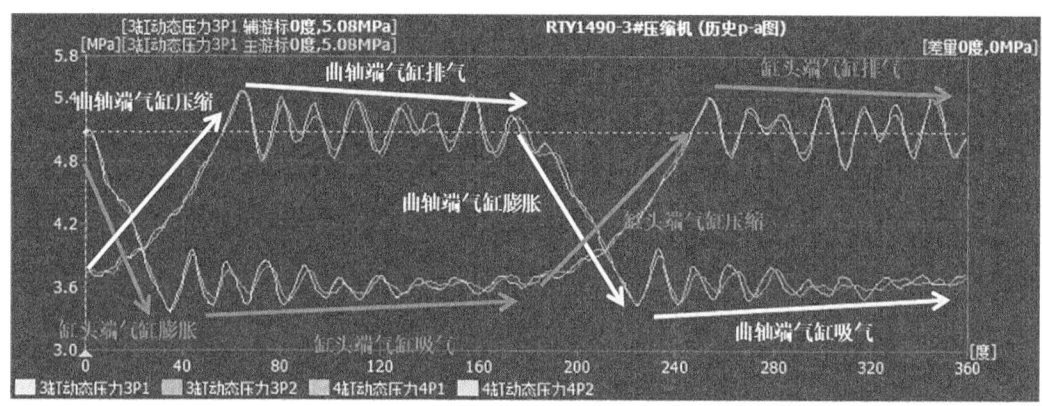

图 6.95　RTY1490-3# 压缩机一级压缩（1 缸和 2 缸）正常状态下动态压力变化

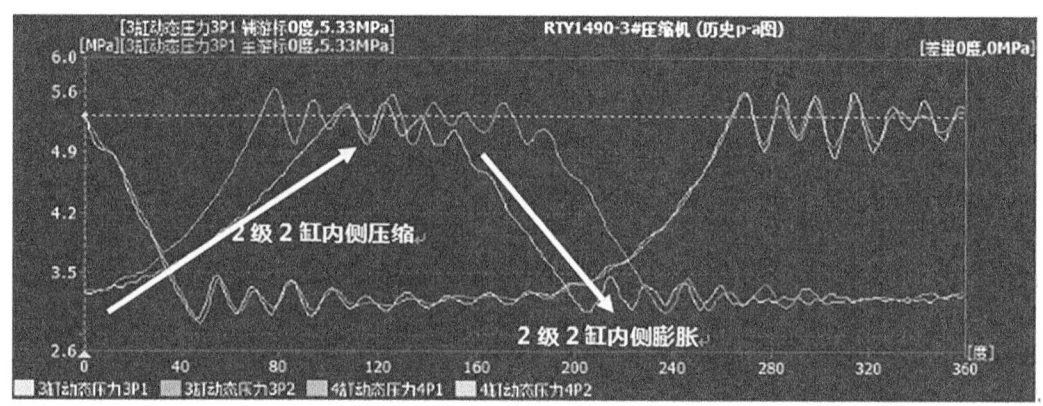

图 6.96　RTY1490-2# 压缩机二级压缩（3 缸和 4 缸）故障状态下动态压力变化

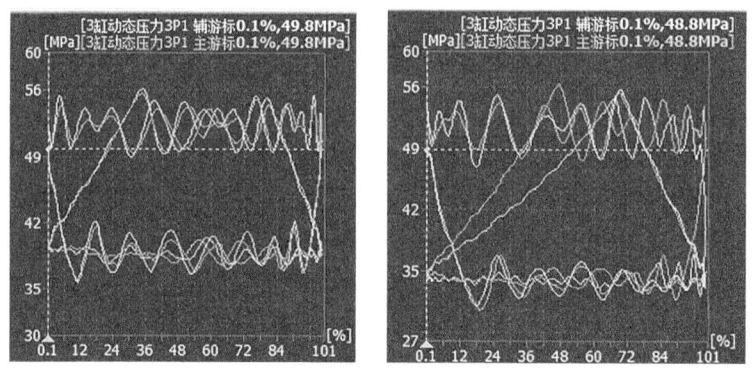

图 6.97　RTY1490-2# 压缩机二级压缩（3 缸和 4 缸）正常和故障状态下示功图对比

监测与诊断系统配备的智能预警与自动诊断系统已经投入运行，这是该技术在国内的首次创新应用，现场设备管理人员每天只需要按时启动软件即可实现对机组运行状态的自动分析诊断，极大地提升了现场故障诊断水平和效率。随着状态在线监测与故障诊断系统的不断应用，机组运行正常与故障案例数据的不断积累，故障智能预警与诊断专家系统模型将会不断得到修正和完善，应用效果也将不断提升。

综上所述，在线监测与故障诊断系统有利于提高气矿设备管理水平，设备管理人员也可通过系统应用不断提升设备管理水平。

6.2 业务管理应用

6.2.1 基于虚拟现实的可视化应用

6.2.1.1 现状

针对传统理论培训方式仅能使学员了解到相关理论知识，不能够清楚直观地了解到设备内部结构、内部工作原理，不能够直观体验具体的操作过程等问题，利用模拟仿真、虚拟现实等技术进行天然气生产操作的模拟培训系统开发，形成三维模拟培训、高含硫站场虚拟现实培训等技术，高度还原生产操作现场流程，模拟各类故障场景，丰富了培训手段，提高了培训质量，同时避免实际操作培训中可能出现的风险。

高含硫站场 VR 虚拟现实培训通过利用 Unreal 和 3DSMax 等软件用虚拟现实技术建立起天然气采气场站仿真培训平台可摆脱实物培训方式的局限，实现了在虚拟场景中开展日常巡检培训，能感受到火灾、爆炸等突发事件，在紧张、急迫的虚拟环境中进行事件应急处置，增强员工对于突发事件的应变能力，克服突发事件恐惧心理，为企业员工安全培训提供了崭新模式。三维模拟培训系统是一款融入了三维虚拟技术的学习、培训应用系统，主要实现了采输气工艺全流程三维模拟展示、生产操作模拟演练、设备结构动态展示等功能，用户可直观学习采输气工艺流程、设备结构原理并进行模拟操作训练。该技术的应用丰富了操作培训的手段、提升了员工参与培训的兴趣、降低了培训成本，有效提高了气矿采输气操作技能培训水平。

6.2.1.2 原理

虚拟现实技术（Virtual Reality）是利用计算机模拟虚拟环境给人以环境沉浸感，从而实现人机交互。虚拟现实技术具有以下三个主要特性：

（1）多感知性，指除一般计算机所具有的视觉感知外，还有听觉感知、触觉感知、运动感知等。

（2）交互性，指操作在虚拟环境所遇到的各种对象相互作用的能力。操作者能够像在自然环境中一样行走、拿取物件，甚至进行一些专业的操作，同时，虚拟环境能给出与真实环境相同的反馈。

（3）动作性，要求操作者以客观熟悉的方式在虚拟世界中操作，让其感受到眼前的是一个真实的环境。

6.2.1.3 应用与实践

（1）三维场站。

三维可视化是将真实场景通过建模等方式制作成虚拟仿真场景，让虚拟场景与真实世界一一对应，更符合人们认识世界的习惯，在特定的环境中对随着时间推移而不断变化的目标实体进行检测，可以直观、灵活、逼真地展示所处区域的情景和环境，可以快速掌握目标区域的整体态势，同时借助三维可视化，可以更加清晰有效地进行信息传达与沟通，辅助运营决策，提高效率。以3DGIS+BIM技术为基础，构建统一地理坐标系和空间参考框架的智慧气矿—作业区—井站等三维可视化平台。三维可视化井站通过3D建模技术（倾斜摄影、3D扫描、3D建模等），对井站进行等比例轻量化建模，构造虚拟现实的3维可视化平台，支持对虚拟井站的可交互式操作，具体如下：

虚拟井站包括设备设施、建筑、道路地形、周边环境等，利用3D可视化相关技术，进行三维可视化展示，利用数据库技术、数据采集与监视控制技术，将生产设备的运行状态参数实时地展示在虚拟电站系统中，可交互式的三维场景，可进行缩放、平移、旋转、多角度切换，高空视角，场景内各设备可以响应交互事件。

（2）GIS气矿—作业区。

地球立体全景的方式（GIS），对各建筑进行分级浏览展示，以直观互动的3D场景浏览技术，层次化递进地实现全球级浏览、国家级浏览、省区级浏览和城市级浏览，逐层以图标方式或数据板方式展现各层级范围内的节点。并且可以通过悬浮方式显示鼠标选中的建筑的相应示意图，进而支持以点击方式进入各个建筑的3D场景。这就对多建筑的查看非常便捷和灵活，有利于日常的管理。

（3）2D气矿—作业区。

以2D地图为底图，根据气矿下各作业区等作业单位的地理空间的位置坐标信息，按照3维的方式标注在2D地图的坐标位置（图6.98），同时结合气矿下每个独立作业区等的关键数据信息，通过3维统计图形（如3维柱状图、3维饼图等）的方式展示在对应的坐标位置，对整个气矿的所有作业区的关键统计决策数据信息进行统一、展示。

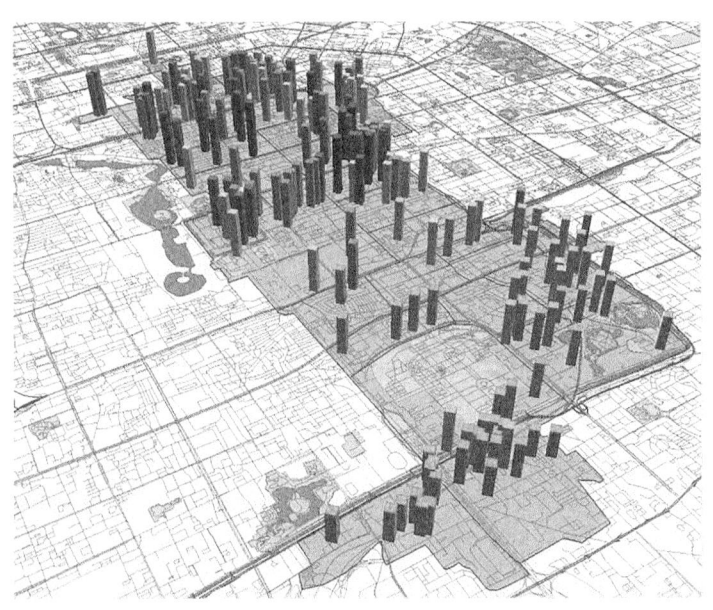

图6.98　2D地图的坐标位置

（4）3D 气矿—作业区。

以 3D GIS 地图为底图，根据气矿下各作业区等作业单位的地理空间的位置坐标信息，按照 3 维的方式标注在 3D 地图的坐标位置（图 6.99），同时结合气矿下每个独立作业区等的关键数据信息，通过 3 维统计图形（如 3 维柱状图、3 维饼图等）的方式展示在对应的坐标位置，对整个气矿的所有作业区的关键统计决策数据信息进行统一、展示。

图 6.99　3D 地图的坐标位置

（5）三维可视化场站。

通过 3D 建模技术（倾斜摄影、3D 扫描、3D 建模等），对场站进行等比例轻量化建模，构造虚拟现实的 3 维可视化平台，支持对虚拟场站的可交互式操作。

虚拟场站（图 6.100）包括设备设施、建筑、道路地形、周边环境等，利用 3D 可视化相关技术进行三维可视化展示，利用数据库技术、数据采集与监视控制技术，将生产设备的运行状态参数实时地展示在虚拟电站系统（图 6.101）中，可交互式的三维场景，可进行缩放、平移、旋转、多角度切换，高空视角，场景内各设备可以响应交互事件。

（6）运行监控可视化。

虚拟 3D 运行监控可视化（图 6.102）结合数据传输技术，整合区域内分散的各种专业的监控系统，如设备运行信息、安防监控、视频监控、网络监控、能耗监控、智慧消防监控等，把多种的监控数据融为一体，建立统一的监控视角，改变数据孤岛现象，改变由于二维信息维度不足而导致的报表与数据泛滥的情况，实现监控系统和监控数据的价值最大化，实现全面高效管理。

（7）设备资源可视化。

在三维虚拟场景中可实现对虚拟场站的浏览，也可实现对设备进行交互式的查询管理，当前设备资产数量庞大，种类众多，在传统的表格式管理方式中管理效率低下，实用性差，资产管理可视化采用创新的 3D 互动技术手段，将重要的资产信息纳入可视化平台，方便设备的状态查看和搜索定位。提高资产信息的掌控力和运维效率。

第6章 物联网应用技术与实践

图 6.100　虚拟场站

图 6.101　虚拟电站系统

图 6.102　虚拟 3D 运行监控可视化

根据图像、三维动画以及计算机程控技术与实体模型进行融合，实现对设备运行情况的模拟，使管理者对其所管理的设备有形象具体的概念，设备的外观形象、所处位置、运行参数一目了然，可以很大程度上减少管理者的劳动强度，进而提高管理效率和水平。

（8）异常告警可视化。

三维虚拟场景中设备实时动态展示设备运行情况信息、消防告警信息，对设备暂停、启动、关闭等情况进行可视化展示，对火灾、设备故障、运行异常等信息进行告警；告警信息采用 2D 结合 3D 或者 3D 的方式展示在虚拟三维井站中，用户可以直观地根据设备的外观形象、所处位置、当前运行参数、摄像头等监控视频快速做出判断和响应。

（9）场站漫游。

三维虚拟场景（图 6.103）增加无人机漫游视角以及第一人称视角的动画效果呈现，向用户展示更加透明直观的井站全场景；自动漫游可以结合巡检，全方位总览数据井站全貌及状态。

图 6.103　三维虚拟场景

6.2.2　基于数字孪生的完整性管理平台建设

6.2.2.1　现状

当前，随着新兴数字技术所引发、以智能化为标志的数字化转型方兴未艾，深度激发传统行业的发展潜力，创造出全新行业面貌。加之近年来全球疫情的冲击和影响，资本密集型的石油天然气工业正面临着"大规模人员变动"，因此正逐步对行业传统业务模式进行改革，尝试使用集成数字化技术以解决技能差距问题，实现产出和收入的最大化，同时减少 HSE（健康、安全、环保）风险、资本成本和运营成本。油气公司正在考量数字孪生技术在石油与天然气行业中所能发挥的作用。数字孪生系统的关键组成部分在石油天然气行业中早有运用，数据采集、数据建模和数据模拟等工作在石油天然气行业中也较为普及。然而，这些技术在石油天然气行业中的实施多见于单一性的应用，而非全行业的实施，这就大大限制了数字孪生技术的效用。

石油天然气行业中有一系列应用领域有望从数字孪生相关技术中受益。资产监控和维护、项目规划和生命周期管理都是数字孪生技术极具发展前景的应用领域。此外，协作和知识共享、钻井、虚拟学习和培训、海洋平台和基础设施相关研究、勘探和地质研究、管道、智能油气田和虚拟调试等也都是学术界重点关注的应用领域。

根据中国石油勘探与生产分公司统一部署，2015—2018年间，各油气田公司持续开展了油气田管道和站场完整性管理相关试点工程，不断探索完整性管理相关经验。在历年开展的各项试点工程中，贯彻了"以试点工程为载体，以点带面"的完整性管理推进模式，初步完成了技术探索、制度建设、标准制定等工作。

依据全流程、全区块和全生命周期完整性管理要求，西南油气田公司分别选择龙王庙气藏和万州作业区开展了建设期及运行期完整性管理相关试点工程。2019年，中国石油天然气股份有限公司要求完整性管理试点工程将体现示范工程的引领作用，深入推进完整性管理工作的实施，落实"一线一案、一区一案"的要求，突出"双高"（高效率、高质量）管理。近年来，在中国石油勘探与生产分公司的指导下，2015—2018年，西南油气田重庆气矿在万州作业对管道和站场完整性管理区开展了大量工作，进行项目试点，积累了卓有成效的经验及成果，完整性数字化管理就是基于《中国石油天然气股份有限公司气田管道完整性管理手册》相关标准和要求，对气矿管道完整性管理成果数据进行全面梳理、整合、提取，并按照"时间—空间—属性"对数据进行主题分类和组织，形成气田完整性管理大数据中心。利用大数据、机器学习、分布式并行运算、可视化及遥感识别等技术，建立气田完整性管理大数据分析平台。

在此基础上，结合气田管道日常管控、分析查询、辅助决策及可视化展示的实际需求，搭建业务应用系统，服务于气矿作业区、工艺研究所及各业务科室，实现资源数据展示可视化、完整性管理监控动态化、高后果区识别智能化、应急指挥科学化。

（1）气田管道完整性管理数据分散，需要通过信息平台进行数据集成。

气田管道完整性管理数据分散在各业务科部室和业务系统中，具有数据源多、数据量大的特点，需要通过数据集成整合，实现信息共享，并通过应用系统的建设体现数据价值。

（2）基于气田管道完整性管理大数据，通过大数据挖掘分析，辅助决策。

建立气田管道完整性管理数据建库标准，完善各项数据资源，建立气田管道完整性管理成果大数据中心，通过数据分层组织，统一管道完整性管理的数据查询展示入口，并通过大数据的挖掘分析，辅助决策。

（3）需要建立酸性气田管道全流程的应急指挥体系和工具。

通过气田管道完整性管理数字化成果应用平台的建设，为中国石油管道完整性管理平台提供数据支撑，探索管道完整性管理数据的深度应用场景，建设全流程的应急指挥体系和工具，实现应急演练及指挥数字化、可视化、科学化。

6.2.2.2 原理

近年来，对数字孪生技术（图6.104）的认知仅仅停留在物理世界的三维可视化层面。

该技术作为实现虚实之间双向映射、动态交互、实时连接的关键方法和途径,可将物理实体和系统的属性、结构、状态、性能、功能和行为映射到虚拟世界,形成高保真的动态多维模型,为观察物理世界、认识物理世界、理解物理世界、控制物理世界和改造物理世界提供了一种有效手段。当前,数字孪生备受学术界、工业界、金融界和政府部门关注。从不同的角度出发,研究人员对数字孪生的理解存在着不同认识,就石油与天然气行业而言,数字孪生技术更侧重于在产品全生命周期数据管理、数据分析与挖掘、数据集成与融合等方面的价值。

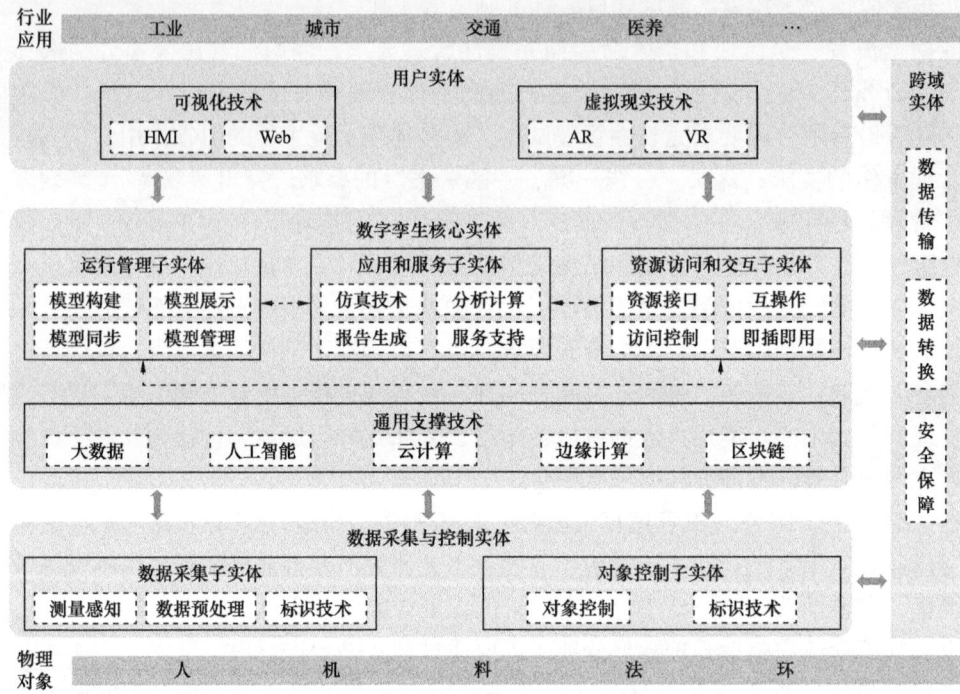

图 6.104 数字孪生技术示意图

数字孪生生态系统由基础支撑层、数据互动层、模型构建与仿真分析层、共性应用层和行业应用层组成。其中,基础支撑层由工业设备、城市建筑设备、交通工具、医疗设备等具体设备组成。数据互动层包括数据采集、数据传输和数据处理等。内容模型构建与仿真分析层包括数据建模、数据仿真和控制。共性应用层包括描述、诊断、预测和决策 4 个方面。行业应用层则包括智能制造、智慧城市在内的多方面应用。

(1) 管道完整性管理。

① 整合、集成管道完整性管理数据,建立管道完整性管理数据中心,提供数据采集、高后果区识别及风险评价、检测评价、维修维护及效能评价数据的可视化分析等功能。

② 多维度对管道完整性管理过程进行画像、监测、查询及关联分析,增强管道完整性管理工作的可预见性、针对性和指导性。

(2) 高后果区识别。

① 对接管道与场站管理系统,完成管道基本信息和空间数据的收集,并对管道与场

站管理系统中未包含的数据进行采集补充。

② 对管道沿线左右两侧 250m 的人居及特定场所进行数据调查和采集，完成人居及特定场所数据收集。

③ 按照地区定级标准和高后果区识别规则，建立基于地图的高后果区识别模型，利用大数据分析平台的机器学习技术，对管道两侧存在的高后果区进行智能识别。

（3）智能感知预警。

① 开发数据接口，完成与光纤安全预警系统、次声波泄漏监测系统、阴极保护电位远程监控系统、SCADA 系统[31]、视频监控闯入监测系统的对接，实现实时监测数据和报警数据的对接。

② 对监测设备台账和实时数据的管理，及时掌握监测设备空间分布和运行状态，并对监测设备的指标值设置不同的报警阈值。

③ 通过实时数据与阈值的智能运算，结合设备点周边历史报警情况、人居分布数据、特定场所数据、高后果区数据和视频监控等信息进行分析，辅助受控人员研判异常事件情况，实现警情的撤销与处置。

④ 通过对警情数据的查询和统计分析，利用表格、统计图和地图分布，对警情发生情况进行分析，辅助调度人员掌握警情发生的总体趋势。

（4）应急指挥。

① 对接智能感知预警平台，自动将险情推送至作业区调控中心；同时，气矿人员发现险情后，通过安全通 App 或电话向生产调度中心上报，提交险情描述、现场情况和位置等信息。

② 调度室人员收到险情后，通过人机交互和辅助分析进行研判，判断险情的影响情况，还可通过安全通 App 向气矿工作人员下达险情核实任务，如果险情不成立则撤销险情并向报警人员反馈，如果确认险情则准备启动预案。

③ 根据险情的影响大小，井站级事件根据井站应急处置卡向井站人员下达处置命令。作业区级应急事件，对接短信平台，根据时间的实际情况快速关联预案，并给应急人员发送短信通知，启动应急预案，生成事件简报，抄送给应急人员，实现应急事件响应；气矿级应急事件，在作业区应急响应的同时，向气矿调度室上报。

④ 结合事件位置和事件的特点，通过三维 GIS 分析技术[32]，快速分析出与该事件特点匹配的医疗机构、消防机构、应急物资以及最近的派出所和村委会，并集成实时交通路况数据，对事故周边的应急车辆、医院、消防机构等进行在线路径规划，自动推荐最优行进路线。通过指令下达、人员定位、在线通知、任务在线反馈等功能，实现指挥中心与现场人员的连接。

⑤ 根据事故位置、三维地形、天气信息、影响区域等因素，绘制警戒线、安置区、撤离路线、人员布置、车辆停放区域等要素，并利用警戒线建立电子围栏。

（5）数字化管理平台架构。

气田管道完整性管理数字化成果应用平台总体系统架构如图 6.105 所示。

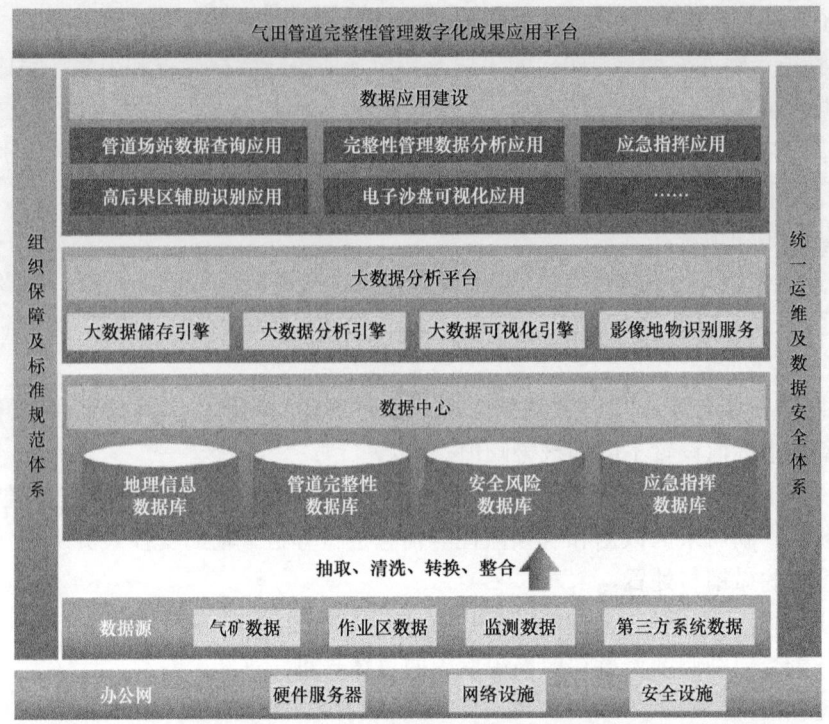

图 6.105　气田管道完整性管理数字化成果应用平台总体系统架构图

① 标准与规范体系。规范标准是贯穿于整个系统的标准架构，保证系统设计符合国际、国内相关标准，符合业务实际流程规范，保证系统的先进性及与其他系统的数据交换和信息共享。统一的地理空间框架、专题数据标准、服务应用规范和技术规范等，保证数据在一致的标准下能够实现服务与交换应用，应用系统和信息服务系统开发依据统一的技术规范开展工作。

② 安全保障体系。安全保障贯穿于整个项目的建设过程中，用于实现系统不同层次的安全需求，保证系统整体的安全性，包括网络安全、应用安全和数据安全。

③ 办公网。基础层是项目运行需要的基础支撑环境，通过充分利用现有基础环境，部署在办公网内。这部分主要包括网络环境、基础硬件环境和基础软件环境，即服务器、存储设备、安全设备、数据库软件等支撑基础平台运行的软硬件设备。

④ 数据层。数据层即数据中心架构层，是该系统的核心组成部分，数据层包括气矿数据、作业区数据、监测数据和第三方系统数据，通过抽取、清晰、转换和整合，形成地理信息数据库、管道完整性数据库、安全风险数据库和应急指挥数据库等子库，按照"时间—空间—属性"对数据进行主题分类和组织，形成气田管道数据中心，为气田管道完整性管理数字化成果应用的数据分析、数据报表、数据挖掘、数据应用和数据可视化提供数据支撑。

气田管道完整性管理数字化成果应用平台数据库总体设计结构如图 6.106 所示。

⑤ 大数据分析平台。以 BiGeo 空间信息大数据平台为底层平台架构，整合地理信息、管道完整性管理、风险管理、应急指挥等主题数据，并利用地理信息、分布式并行运算、

机器学习、大数据分析以及遥感技术，建立大数据分析平台，提供大数据存储引擎、大数据检索引擎、大数据分析引擎以及影像地物识别服务。

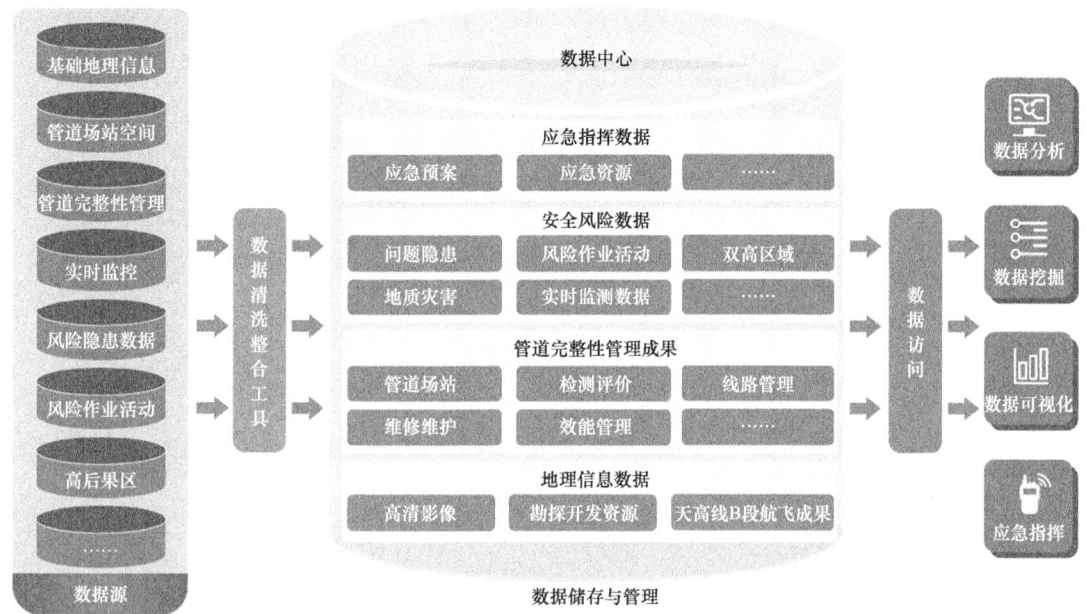

图 6.106　气田管道完整性管理数字化成果应用平台数据库总体设计结构

⑥ 应用层。结合业务功能的需求进行应用开发，应用层包括数据查询应用、完整性管理数据分析应用、应急指挥应用、高后果区辅助识别应用和电子沙盘可视化应用等业务应用系统。

6.2.3　电子沙盘系统

如图 6.107 所示为基于 2000 坐标系，汇聚作业区卫星影像、管道高清影像及完整性管理各类空间数据建立电子沙盘系统图，通过综合查询、数据分层、热点场景、三维漫游等功能，全方位、多角度展示作业区管道完整性管理数字化成果，实现各类时空数据、静态数据、动态数据的汇聚及三维直观可视。

6.2.4　管道完整性管理系统

根据《中国石油天然气股份有限公司气田管道完整性管理手册》规范，按照管道完整性管理"五步循环法"❶，全面整合管道完整性管理全过程、全要素数据，并通过大屏主题展示和数据挖掘，实现多维度对管道数据采集、高后果区识别及风险评价、检测评价、维修维护和效能评价进行画像和关联分析，增强管道完整性管理工作的可预见性、针对性和指导性。

---

❶ "五步循环法"是指：风险评估、完整性评估、缺陷评估、缺陷管理和完整性再评估。其中，风险评估是指对管道系统的风险进行评估，以确定管道系统的安全等级；完整性评估是指对管道系统的完整性进行评估，以确定管道系统的完整性等级；缺陷评估是指对管道系统中发现的缺陷进行评估，以确定缺陷的严重程度；缺陷管理是指对管道系统中发现的缺陷进行管理，以确保缺陷得到及时修复；完整性再评估是指对管道系统的完整性进行再次评估，以确定管道系统的安全等级和完整性等级是否符合要求。

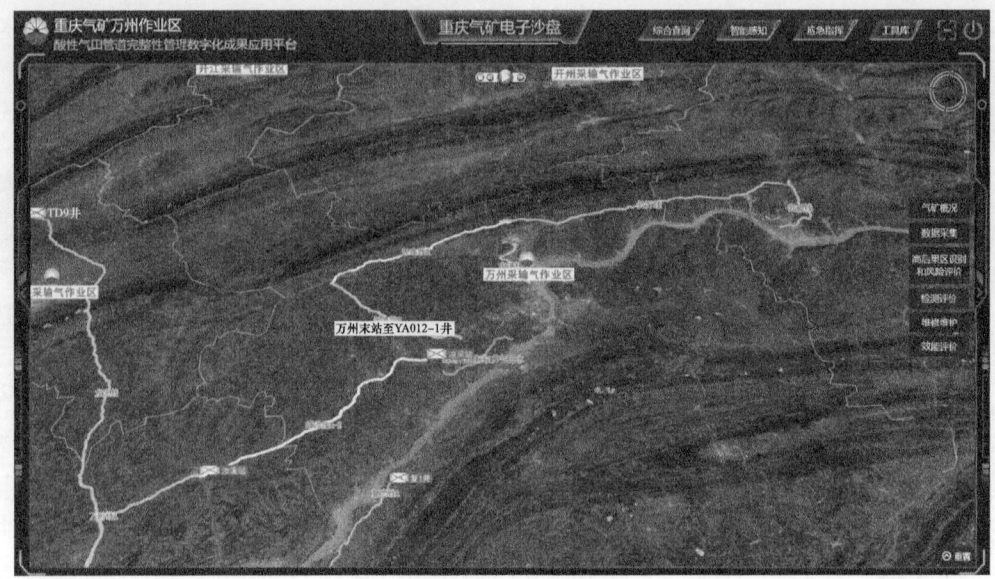

图 6.107 电子沙盘系统图

(1) 数据采集。

提供管道基本信息、附属设施、实时监测数据、运行数据、巡线数据的展示。以大屏可视化的方式渲染管线空间走向、起始场站的运行信息，通过列表和地图复合展示管线及附属设施，支持列表快速定位。管道空间走向如图 6.108 所示。

图 6.108 管道完整性管理系统——管道空间走向

(2) 高后果区识别和风险评价。

高后果区识别和风险评价包括管道最新的高后果区、风险评价的汇总及详情展示，如图 6.109 所示。

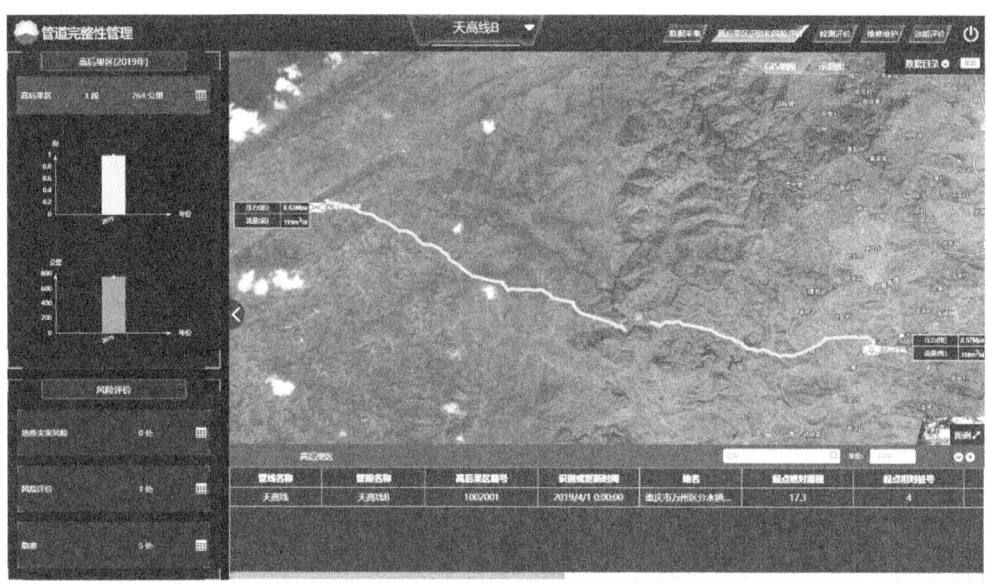

图 6.109　管道完整性管理系统——高后果区识别和风险评价

(3) 管道检测评价。

根据管道最新的检测评价结果，提供管道内检测、内腐蚀直接评价、外腐蚀直接评价、压力试验的展示，通过列表展示评价结果，通过地图展示空间位置。管道本体缺陷如图 6.110 所示。

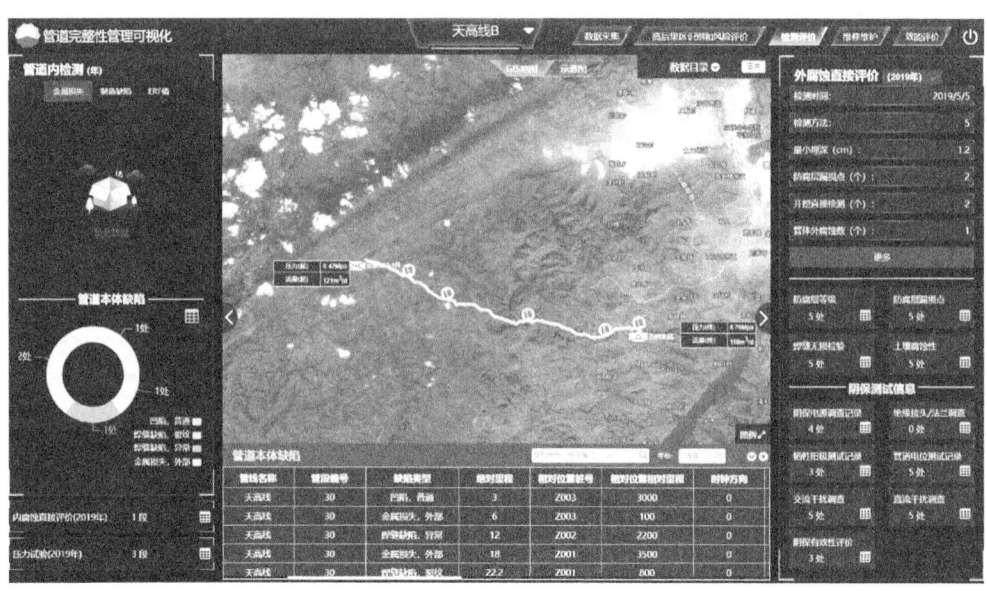

图 6.110　管道完整性管理系统——管道本体缺陷

(4) 维修维护。

展示绝缘层修复、本体缺陷修复、管道更换的汇总数量，通过环形图、直方图、列表、地图多角度直观展示管线修复更换情况，支持列表快速定位。维修维护图如图 6.111 所示。

图 6.111 管道完整性管理系统——维修维护图

（5）效能评价。

提供管道失效数据汇总（图 6.112），并以统计图方式展示全矿每千公里失效点位数及历史变化趋势，通过点击"失效数据"卡片，以数据列表的方式展示失效记录详情，包括管线名称、管段名称、地理位置、绝对里程、相对里程、失效时间、发现方式、失效长度、失效宽度、失效原因等，支持点击列表快速定位，点击"失效报告"按钮进行失效报告的在线查看。

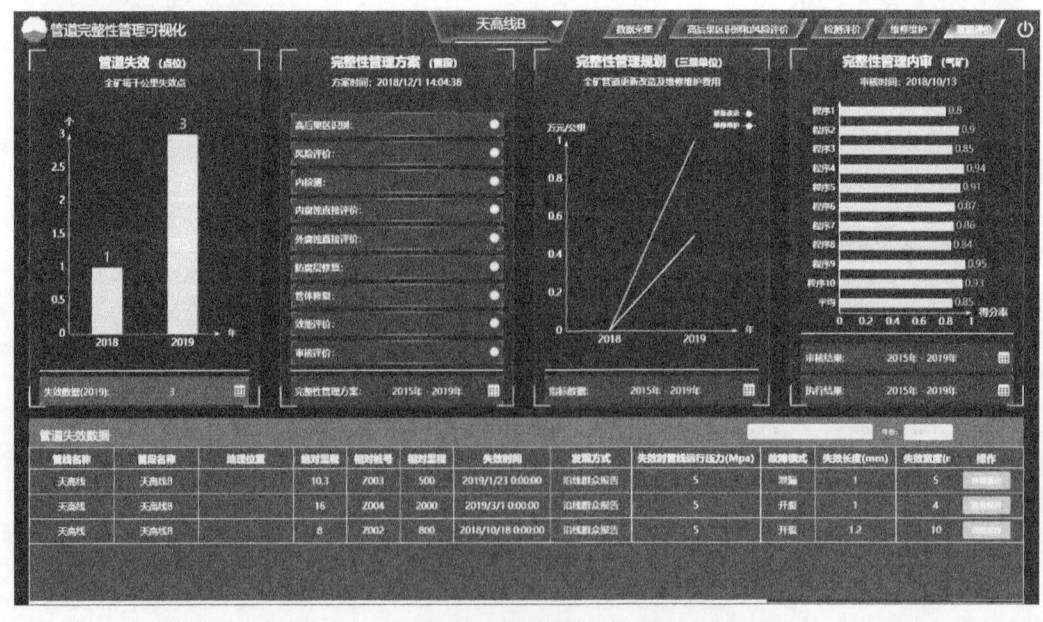

图 6.112 管道完整性管理系统——管道失效记录

6.2.5 高后果区智能识别系统

高后果区（HCA）[33]是指如果管道发生泄漏会严重危及公众安全和（或）造成环境较大破坏的区域。高后果区内的管段是实施风险评价和完整性评价的重点管段。根据中国石油勘探与生产分公司《气田管道高后果区识别和风险评价程序》（KT/GIM/CX-04）的标准和规范，基于0.8～2m卫星影像、管道中心线以及管道三桩数据，利用大数据分析、可视化展示等技术，对作业区高后果区进行智能识别、更新和管理。辅助作业区管理人员，实现高后果区识别智能化，管理高效化。

（1）数据管理。

提供根据高后果区的识别标准及要求，需要对管道沿线的人居和特定场所数据进行采集。系统提供采集功能，并通过列表和地图的方式进行采集结果的展示，为高后果区智能识别提供基础数据支撑。数据管理如图6.113所示。

图6.113 管道完整性管理系统——数据管理

巡线工通过对沿线人居、特定场所的调查，将调绘信息通过重庆气矿安全通小程序填入表单提交。数据提交后，由管理员通过系统Web端提供的数据审核功能，选择一条或多条信息记录，对数据进行审核。人居数据包括户主姓名、联系电话、地理位置、楼层数量、建筑面积、常住人数、修建年份、用途等；特定场所数据包括场所名称、场所类型、地理位置、联系人、联系电话、每日聚集人数、易燃易爆品等信息。

（2）智能识别。

根据高后果区识别准则，通过新建识别任务、选择识别管线，系统自动进行管道分段、地区等级划分、高后果区识别，形成高后果区识别成果，并提供高后果区数据导出、识别报告下载的功能，优化高后果区的识别流程，辅助基层人员快速完成高后果区识别，如图6.114所示。

（3）高后果区管理。

系统提供对高后果区的管理功能，支持高后果区的导入、新增、添加、编辑、删除等，实现高后果区的动态管理。可通过列表、地图复合的方式展示高后果区信息，并支持列表定位功能。如图 6.115 所示。

图 6.114　管道完整性管理系统——智能识别

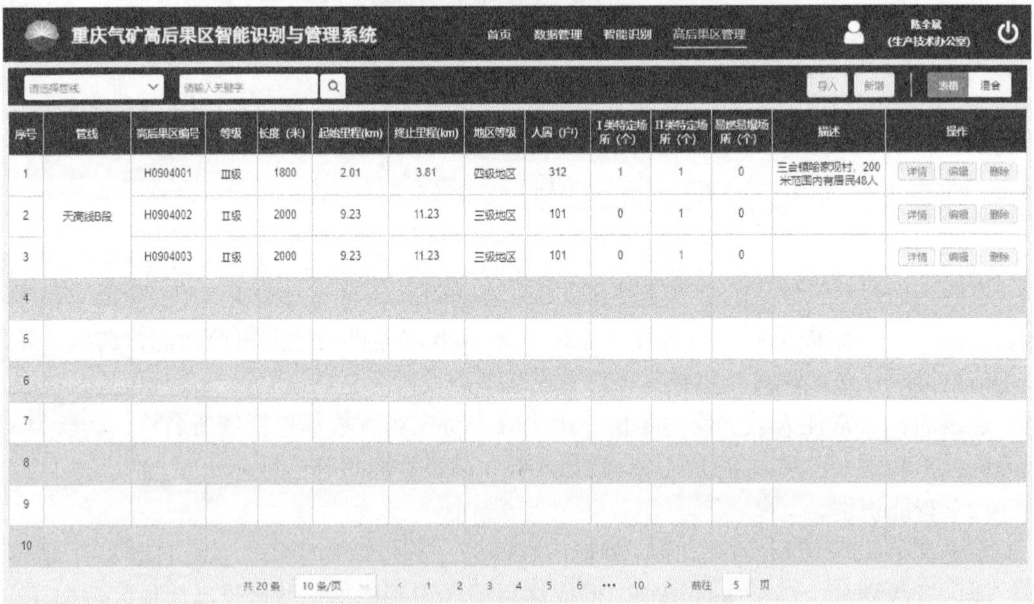

图 6.115　管道综合监测系统——高后果区管理

6.2.6　管道综合监测系统

整合智能阴极保护桩电位监测、光纤振动预警监测、次声波泄漏监测、地质灾害监测、监控视频、SCADA 数据等物联网感知数据，利用大数据关联分析技术，建立统一的管道综合监测系统，实现不同厂商、不同种类、不同批次监测设备统一集中管理，实现报警信息一网接入，在线处置，提升管道智慧化管理水平。

（1）综合分析。

通过阴保监测、视频监控、光纤预警、次声波泄漏监测和地质灾害监测 5 类监测数据，结合基础地理信息，宏观展示监测设备的分布。以统计图表的方式全方位展示辖区内的管道资产、双高汇总、设备覆盖情况、今日警情、设备运行情况。主要包括覆盖分析、设备运行分析。

① 覆盖分析。系统提供了辖区内管道、高后果区、高风险段的统计汇总及设备覆盖分析功能。其中管道按照介质、类别、干支线进行分类汇总，双高区域按照级别进行汇总，并分别分析设备在管道及双高地区的覆盖率。可以全面直观地掌握辖区内管道资产及设备覆盖情况，如图 6.116 所示。

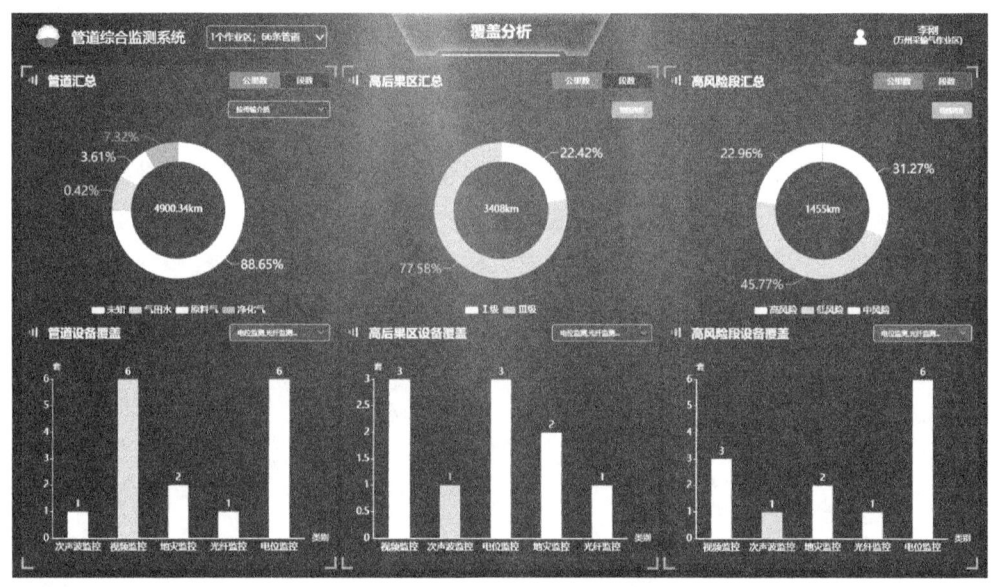

图 6.116　管道综合监测系统——覆盖分析

② 设备运行分析。提供设备运行情况的统计汇总信息，包括设备异常数量汇总、设备按管线统计汇总、异常设备列表、异常设备占比分析，支持异常设备地图定位。可以及时掌握辖区内设备的运行情况。

（2）警情分析与处置。提供 5 类监测设备本日、本月或本年的报警数量汇总，及警情的宏观分布，以统计图表的方式展示管线的警情汇总、报警事件的处置分析、历史报警趋势分析。可以及时掌握警情动态，为报警事件的处置提供数据支撑。

监测设备出现警情后，通过系统自动通知工作人员，一键可实现报警位置快速定位，还可以查看警情详细信息、报警管段基本信息、管段运行压力、周边影响、历史报警情况以及周边巡线人员等信息，辅助受控人员研判分析，确定为非警情时，撤销报警；确定为警情，则在完成处置后，修改警情处置状态。警情处置如图 6.117 所示。

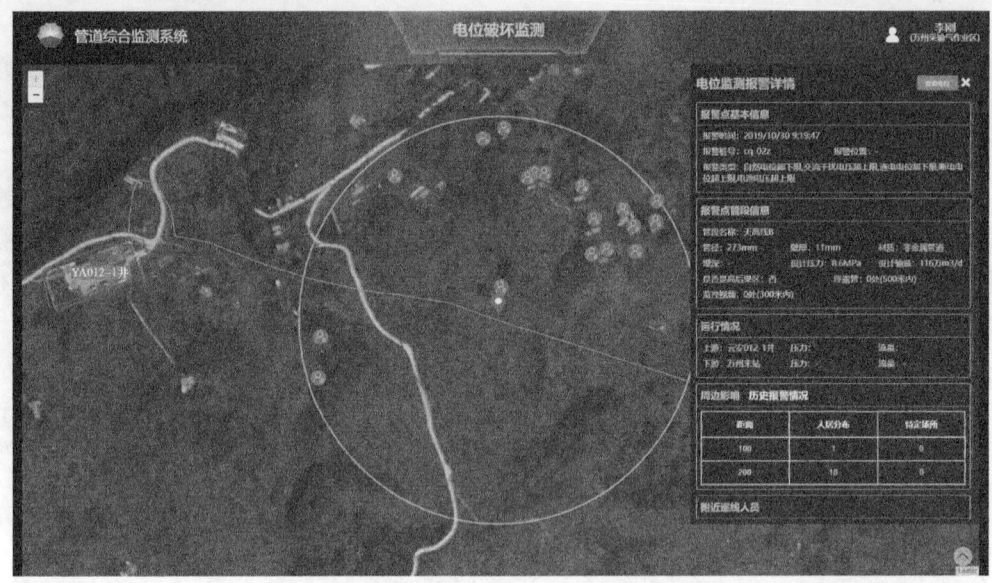

图 6.117 管道综合监测系统——警情处置

（3）电位监测。

电位监测主要包括恒电位仪实时监测数据、智能阴极保护桩远传监测数据和巡线人员上报的普通测试桩电位监测数据，通过实时监测、警情分析、设备管理等功能，实现电位监测的专题管理。阴极保护测试桩电位监测指标详情如图 6.118 所示。

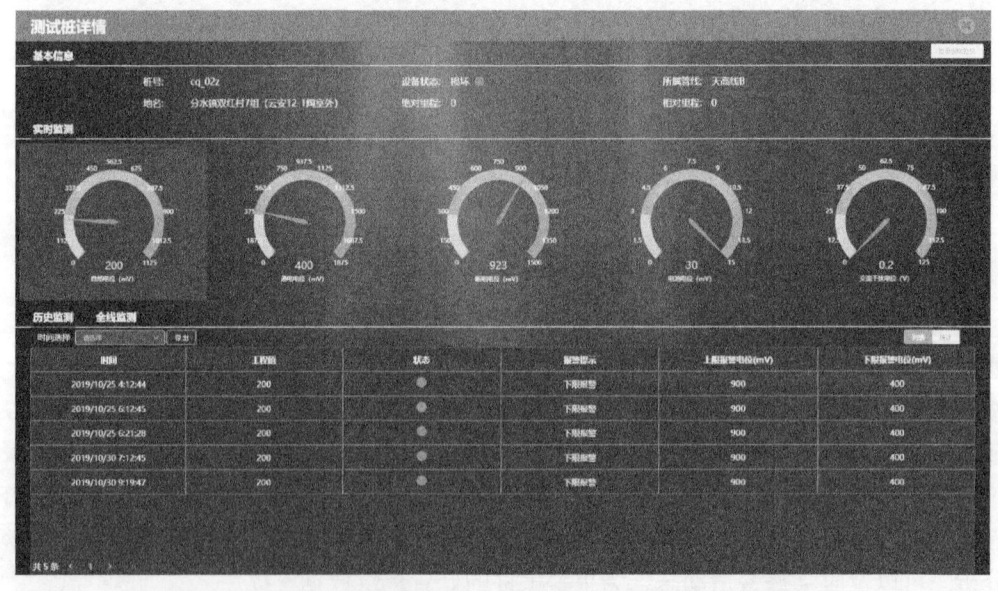

图 6.118 管道综合监测系统——阴极保护测试桩电位监测指标详情

（4）三类报警监测。

提供作业区、管道、监测时间（本日、本月或本年）选择对光纤预警报警、次声波泄漏监测报警、视频闯入监测报警情况进行过滤，利用表格、统计图和地图分布等方式，分析展示警情汇总情况、空间分布、处置情况、历史趋势等信息，辅助管理人员及时掌握光纤预警监测、次声波泄漏监测、视频闯入警情动态，为警情事件的处置提供数据支撑。

6.2.7 应急指挥系统

以三维地理信息为载体，全面集成作业区各类静态和动态信息、智能感知设备和应急资源，提供智能感知预警、一键报警、接警快速分析、事件智能分级、大数据协同指挥等功能，形成应急指挥闭环管理，为应急指挥提供辅助决策，实现应急抢险指挥一体化管控，提升处理突发事件的应急能力。应急指挥系统总体功能结构图如图 6.119 所示。

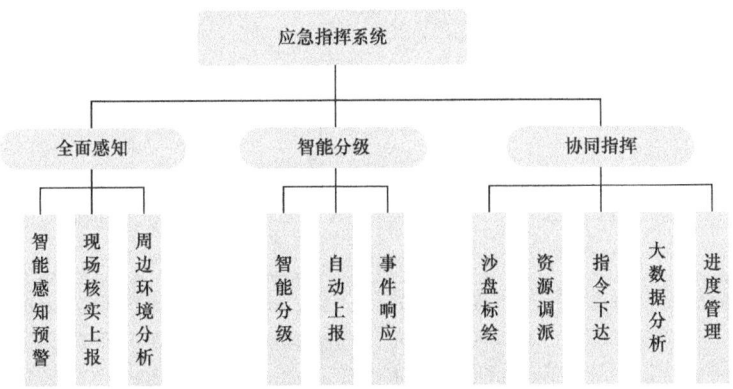

图 6.119　应急指挥系统——总体功能结构图

（1）接警上报及周边影响分析。

提供电话、安全通小程序、智能报警等方式上报险情，实现安全事件类型、位置、现场照片、视频、人员伤亡等信息一键上报；调度室人员接警后，系统自动进行周边分析，实现事件影响对象、上下游关系、周边影响、应急资源等信息智能分析，如图 6.120 所示。

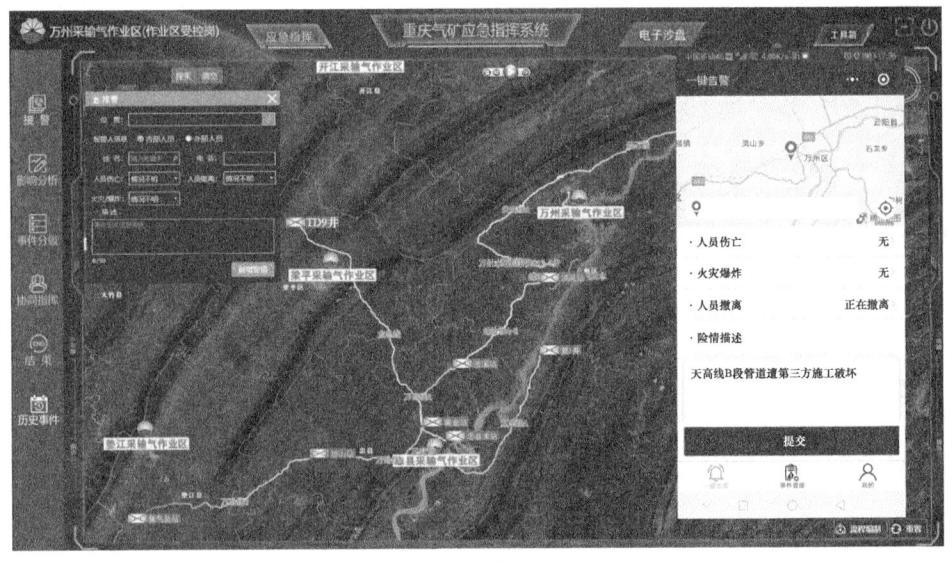

图 6.120　应急指挥系统——接警上报分析

（2）应急事件管理。

通过消息推送技术，将报警信息上报到作业区调控中心，在指挥首页通过警报声和弹窗方式进行提醒调控中心人员，支持快速在三维场景中定位突发事件和查看事件基本信息，同时可对历史事件进行查询展示，如图6.121所示。

图6.121　应急指挥系统——应急事件管理

（3）周边影响分析。

调度室人员接警后，通过三维空间关联分析，系统自动完成事件点周边的环境分析，主要包括周边影响情况、上下游影响情况和应急资源情况等，如图6.122所示。

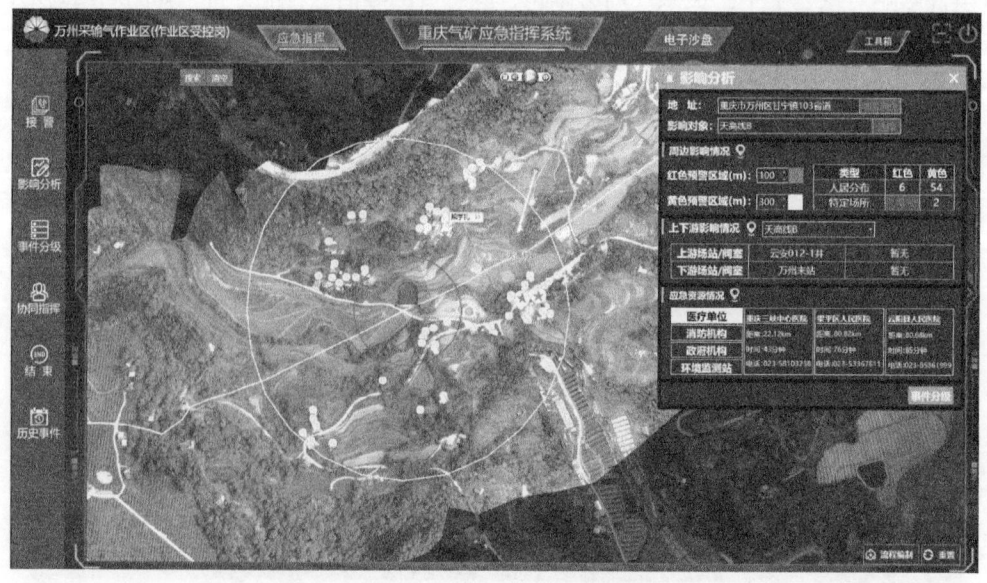

图6.122　应急指挥系统——周边影响分析

(4)人员调派管理。

系统提供指令下达、人员定位、在线通知、任务在线反馈等功能,实现指挥中心与现场人员的连接,各级调控中心能够快速查看现场文字消息、图片和视频,及时掌握事故现场动态,汇总任务反馈情况;现场人员可以通过安全通 App 上报人员疏散、气体监测和现场图片等情况。人员调派管理图如图 6.123 所示。

图 6.123　应急指挥系统——人员调派管理图

(5)应急资源调派管理。

结合事件位置和事件的特点,通过三维 GIS 分析技术,快速分析出与该事件特点匹配的医疗机构、消防机构、应急物资以及最近的派出所和村委会,并集成实时交通路况数据,对事故周边应急资源进行在线路径规划,获取导航路径、距离、所需时间等信息,自动推荐最优行进路线。应急物资分布与清单如图 6.124 所示。

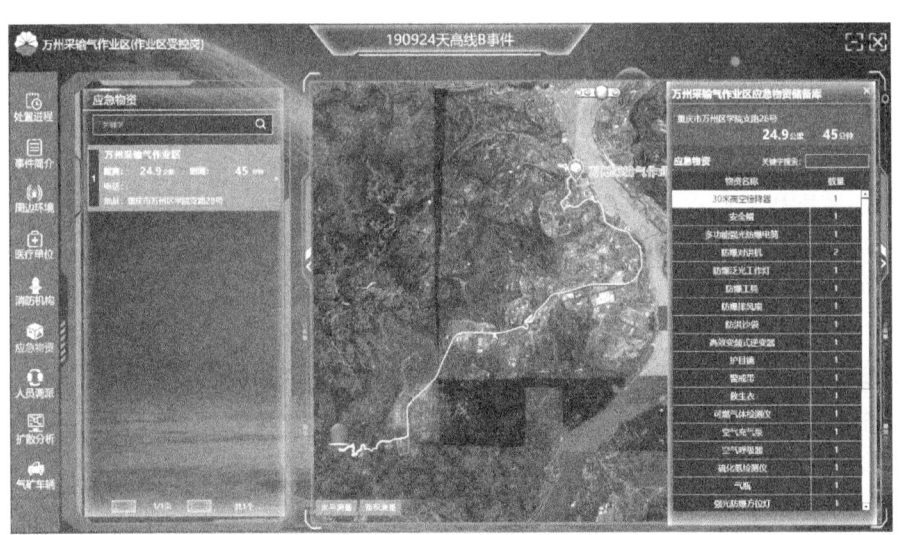

图 6.124　应急指挥系统——应急物资分布与清单

（6）应急处置进度管理。

提供应急指挥进度管理功能，操作专员根据指令下达和反馈情况，记录应急抢险指挥过程每个步骤完成时间、内容、人员，实现事件应急指挥进度情况的快速查看和复盘，为各级领导快速查看应急指挥进度情况提供支撑。主要包括应急处置流程编制、选择和查看。应急处置进程管理如图6.125所示。

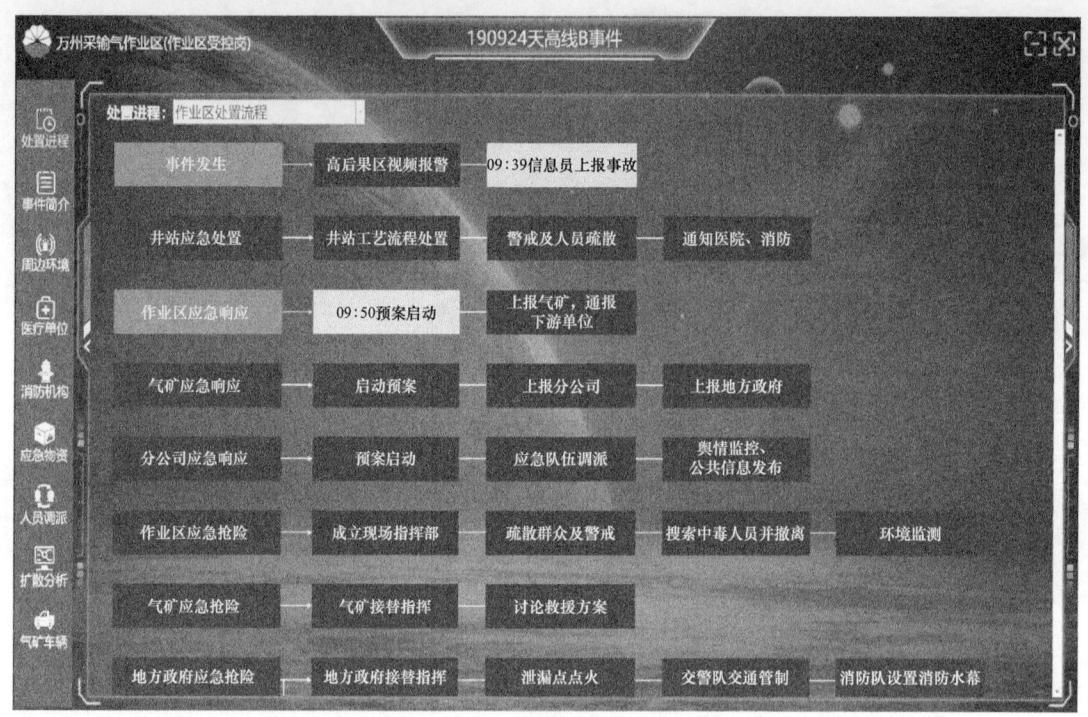

图6.125　应急指挥系统——应急处置进程管理

（7）现场处置管理。

根据事故位置、三维地形、天气信息、影响区域等因子，绘制警戒线、安置区、撤离路线、人员布置、车辆停放区域等要素，并利用警戒线建立电子围栏，若有现场人员（携带安全通）闯入，系统自动报警提示，辅助领导对现场情况的掌握。现场处置管理如图6.126所示。

（8）电子围栏。

系统根据警戒线（其中红色为一级警戒区域、黄色为二级警戒区域）形成事件电子围栏，当持有安全通App的工作人员进入电子围栏，大屏端和手机端同时报警，并持续对进入人员进行动态监控，同时根据高清影像和警戒线分布情况，设置及交通管制点，确保充分保障现场人员的人身安全。

（9）扩散分析。

对接第三方专业软件运算结果，实现扩散范围和点火爆炸范围的动态模拟，为领导决策提供数据支撑。

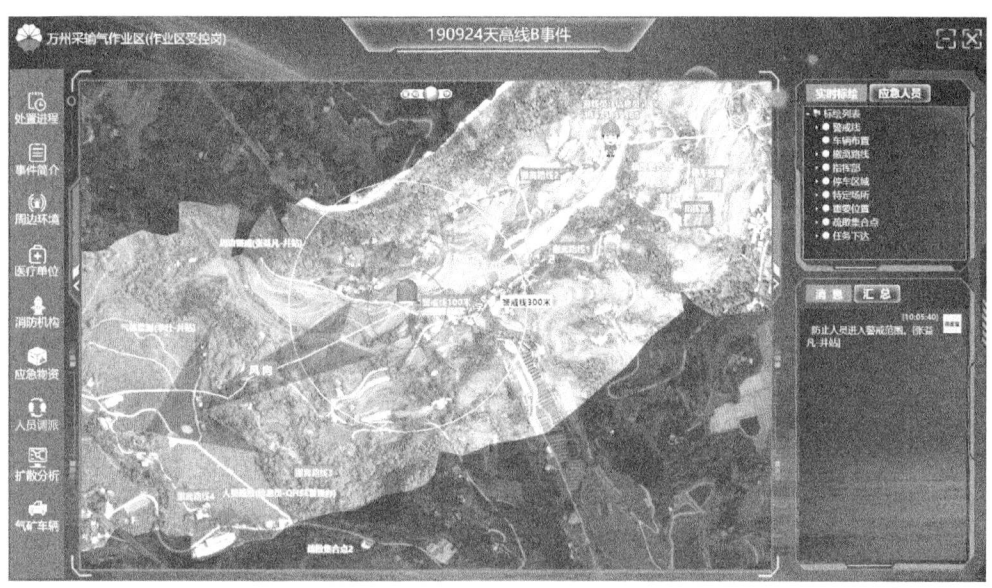

图 6.126　应急指挥系统——现场处置管理

6.2.8　数字化平台应用与实践

2019 年 12 月，重庆气矿以万州作业区为示范区，将历年试点工程成果集成启动了气田完整性管理数字化成果应用平台项目。2020 年 6 月，全面完成天高线 B 段设计采集、电子沙盘系统开发、管道完整性管理可视化系统开发和应急指挥系统开发和平台运行。气田管道完整性管理数字化成果应用平台（图 6.127）的建立是基于重庆气矿多年来在管道完整性管理上取得的成果，包括电子沙盘、管道完整性数据管理、高后果区智能识别、管道综合监测、应急指挥等，实现了数据展示可视化、查询分析智能化、风险监控动态化、应急指挥科学化。表 6.25 为气田管道完整性管理数字化成果应用平台系统建设成果。

图 6.127　气田管道完整性管理数字化成果应用平台界面

表 6.25 气田管道完整性管理数字化成果应用平台系统建设成果

序号	项目	主要功能
1	管道场站数据查询子系统	1套。提供管道、场站数据全要素在线查询、统计和空间分析等功能
2	完整性管理数据分析子系统	1套。提供数据采集、高后果区、风险评价、完整性评价、风险消减与维修、效能评价数据查询、统计、分析等功能
3	应急指挥子系统	1套。提供一键报警、接警及影响力分析、预案启动和协同指挥等功能
4	高后果区辅助识别子系统	1套。建立高后果区辅助识别数字模型，依托空间大数据实现高后果区智能辅助识别等功能
5	电子沙盘可视化子系统	基于三维地理信息，提供万州作业区勘探开发空间数据可视化、管道、场站大数据电子沙盘可视化等功能
6	三维 GIS 平台	1套。提供大场景漫游、海量数据加载及空间分析能力能基础平台支撑
7	大数据中心及分析平台	1套。提供大数据存储、管理和计算的平台框架
8	影像地物识别服务	1项。基于管线数据及卫星影像数据，利用机器学习及大数据分析技术，对天高线 B 段管线中心线两侧各200m 范围内进行自动识别服务

6.2.8.1 空间可视化应用

通过建设电子沙盘系统实现了完整性管理数据的空间可视化。电子沙盘基于2000国家大地坐标系，汇聚万州作业区全域范围4000km^{2}的三维地形场景和卫星影像，加载了天高线 B 段23km 管道中心线左右各250m 范围优于0.1m 分辨率的正射影像，并完成天高线 B 段23km 人居调绘，其中人居838户，特定场所10处。实现了管线数据以及场站数据的快速加载与漫游功能，通过数据分层展示、作业区总览、全景可视化，全方位、多角度展示万州作业区管线、场站空间走向及分布，微观实现管线、场站空间查询分析。目前，已入库管线1041段、场站631座。

6.2.8.2 完整性管理数据管理应用

通过运用先进的计算机可视化技术、地理信息技术、机器学习以及大数据挖掘技术，以管道完整性管理规范为依据，多维度对气田完整性管理过程进行画像、监测和关联分析，将各类数据按照主题和专题进行重新组织，并提供了空间数据分析引擎，如管道缓冲区分析、管道关联分析、影像自动识别、剖面分析等，有效将各类数据进行整合、关联性分析，盘活了气矿各类数据，提升数据利用率和价值，增强了气田完整性管理工作的可预见性、针对性和指导性。

6.2.8.3 高后果区辅助识别应用

通过建设高后果区智能识别系统实现了根据高后果区识别的方法和算法模型，结合0.8~2m 卫星影像和管道中心线左右两侧各200m 范围内的测绘调查数据，建立高后果区智能识别算法模型，按照高后果区识别规则，绘制管道识别距离线，逐一确认识别距离线范围内存在的高后果区，实现天高线 B 段示范区高后果区自动辅助识别，生成分析报告。

6.2.8.4　各类监测系统集成应用

通过整合光纤第三方破坏预警监测、次声波泄漏监测、阴极保护电位监测、地质灾害监测、生产数据（压力、流量、温度等）以及视频监控等物联网感知数据，利用大数据关联分析技术，建立统一的管道综合监测系统，提供监测设备资产统计、覆盖率分析、智能预警、警情分析以及设备运行监控等功能，实现不同厂商、不同种类、不同批次监测设备统一集中管理；实现管道监测设备一网接入、预警预测一网分析和警情信息一网处置，大大提升受控岗人员的工作效率，提升管道智慧化管理水平。

目前已经接入了 3 家厂商 16 套阴极保护电位监测设备，1 套光纤振动预警监测，1 套次声波泄漏预警监测，1 套地质灾害、恒电位仪，2 个视频点及 SCADA 数据。

6.2.8.5　应急指挥应用

通过建立万州作业区全流程应急指挥应用系统，涵盖了事前预防、事中指挥、事后分析三个维度，日常状态下实现数据管理及展示、风险上报及处置、双高区域动态监控及应急桌面推演；应急状态下实现 App 一键报警、接警快速分析、事件智能分级、协同指挥科学有效，可有效提升风险管理、应急指挥的准确性、时效性和科学性。

6.2.9　作业场所违规行为智能分析与预警技术

6.2.9.1　现状

重庆气矿自 2014 年起，为加强对人员和现场设备设施的安全监控，利用信息化建设为手段，逐步在气矿和作业区两级建立起了视频监控系统。在站场方面，目前已覆盖生产场站 500 余座，共有视频监控摄像机 1053 台，无人值守站 77%，有人值守站 23%，其中高清视频摄像机占比 21%（下步按计划将分 3 年对余下模拟摄像机全部更换为高清摄像机）；在管道方面，重点针对管道周边重点施工现场、高后区等，已设置管道视频监控点 66 处，摄像机 106 个（下步计划接入监控点 1000 个）。气矿利用现有远程视频监控系统，强化了对两个现场的安全管控，为气矿的安全生产提供了有力保障。

在前期已建视频监控系统基础之上，充分利用现有人工智能技术，把传统安全管理活动中的现场人防人守行为过渡到由摄像机代防代守，从目前业已进行的后端人工视频监控行为过渡到由前端或后端人工智能代为监控。

在人的不安全行为方面，基于视频的行为识别的关键技术进行研究，包括：运动目标检测技术、目标跟踪技术等，应用这些技术可构建实用的行为识别系统，及时识别出天然气生产、作业场所作业人员未正确穿戴工服、未正确佩戴安全帽、高处作业未正确系挂安全带、吸烟、接打手机等违章行为，有助于实现对两个现场作业人员不安全行为的智能视频识别、及时反馈提醒和制止违章行为，实现安全防范和预警功能，逐步推进气矿的"智能化"安全管理。

项目组通过现场调研，与相关职能部门、业务部门充分沟通，并结合项目批复资金实际情况，综合评估出了所需智能识别的 5 大类、共计 13 小类危险行为。分别是：火焰检测、入侵检测（人、动物、车）、着装检测、高处作业、移动吊装作业。不安全的 5 大类 13 个具体行为如图 6.128 所示。

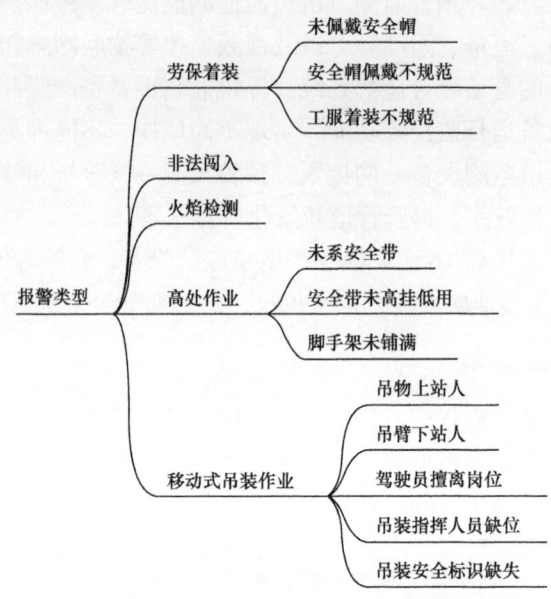

图 6.128　不安全的 5 大类 13 个具体行为

6.2.9.2　劳保着装规范检测算法

在室外施工过程中，规范员工着装不仅可以规范管理，分工明确，统一有序开展工作，加强员工对企业文化的认知和凝聚，体现一个企业的精神风貌向心力，更重要的是，规范的劳保着装可以很好地保护员工的生命健康与安全。当施工人员在室外进行作业时，如果着装不规范，可能会出现衣服卡进正在运行的设备中，进而对施工人员的生命健康安全以及气矿的财产安全造成重大的损失[34]。因此，为了保障施工人员的生命健康安全以及气矿的财产安全，需要对施工人员进行着装规范。但由于一些施工人员觉得施工不方便或者其他原因，往往在进行施工的时候会自主进行一些不规范的着装。

针对施工人员在进行施工时擅自不规范着装的情况，有必要提出一种对施工人员的着装规范检测算法来对施工人员的着装规范进行实时检测，并及时反馈给施工人员，使施工人员对其自身的着装进行规范化。

（1）StyleGAN。

StyleGAN[35]用风格（Style）来影响人体的姿态等，用噪声（Noise）来影响人体上穿着颜色等细节部分。StyleGAN 的网络结构包含两个部分：第一个是 Mapping Network，即图 144（b）中的左部分，由隐藏变量 z 生成中间隐藏变量 w 的过程，这个 w 就是用来控制生成图像的 Style，即风格，为什么要多此一举将 z 变成 w 呢，后面会详细讲到。第二个是 Synthesis Network，它的作用是生成图像，创新之处在于给每一层子网络都喂了 A 和 B，A 是由 w 转换得到的仿射变换，用于控制生成图像的风格，B 是转换后的随机噪声，用于丰富生成图像的细节，即每个卷积层都能根据输入的 A 来调整"Style"，通过 B 来调整细节。整个网络结构还是保持了 PG-GAN（Progressive Growing GAN）的结构。

此外，传统的 GAN 网络输入是一个随机变量或者隐藏变量 z，但是 StyleGAN 将 z 单独用 mapping 网络将 z 变换成 w，再将 w 投喂给 Synthesis Network 的每一层，因此 Synthesis Network 中最开始的输入变成了常数张量，如图 6.129 中的 Const 4*4*512 所示。

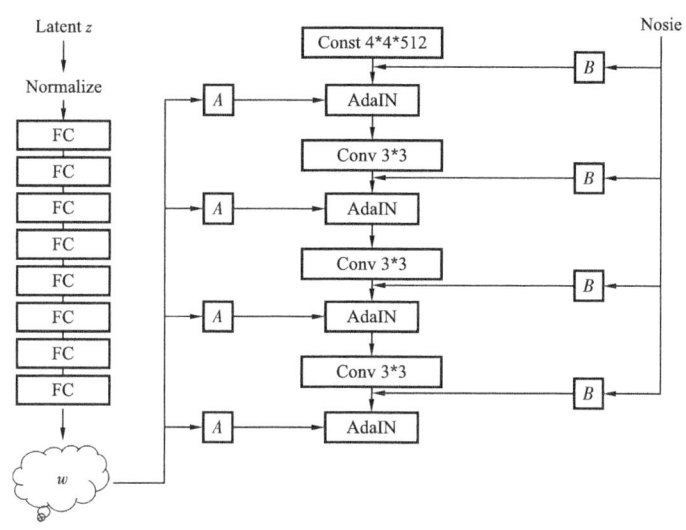

图 6.129 基本样式的生成器

FC—全连接层，在 FC 层中，每个输出神经元通过不同的权重连接到每个输入神经元；Conv—卷积；AdaIN—自适应实例归一化，是深度学习中的一种归一化方法

StyleGAN 首先重点关注了 ProGAN 的生成器网络，它发现，渐进层的一个好处是，如果使用得当，它们能够控制图像的不同视觉特征。层和分辨率越低，它所影响的特征就越粗糙。简要将这些特征分为三种类型：第一，粗糙的——分辨率不超过 8^2，影响人体的姿势等；第二，中等的——分辨率为 $16^2 \sim 32^2$，影响更精细的身体骨架等；第三，高质的——分辨率为 $64^2 \sim 1024^2$，影响人体穿着的颜色和微观特征。

然后，StyleGAN 就在 ProGAN 的生成器的基础上增添了很多附加模块以实现样式上更细微和精确的控制。

其中，Mapping Network 要做的事就是对隐藏空间（Latent Space）进行解耦。

Latent Code 简单理解就是，为了更好地对数据进行分类或生成，需要对数据的特征进行表示，但是数据有很多特征，这些特征之间相互关联，耦合性较高，导致模型很难弄清楚它们之间的关联，使得学习效率低下，因此需要寻找到这些表面特征之下隐藏的深层次的关系，将这些关系进行解耦，得到的隐藏特征，即 Latent Code。由 Latent Code 组成的空间就是 Latent Space。

StyleGAN 的第一点改进是，给 Generator 的输入加上了由 8 个全连接层组成的 Mapping Network[36]，并且 Mapping Network 的输出 W' 与输入层（512×1）的大小相同，如图 6.130 所示。

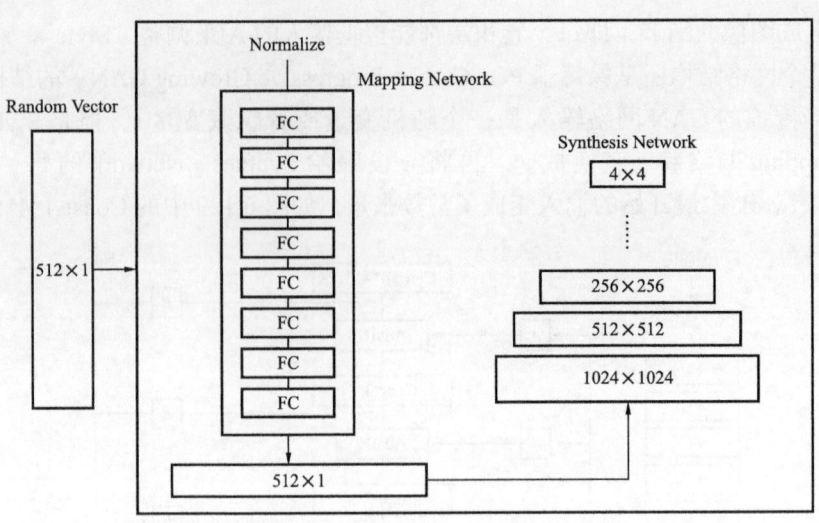

图 6.130 改进的基本样式的生成器

Random Vector—随机向量；Normalize—归一化；FC—全连接层；Mapping Network—映射网络；
Synthesis Network—综合网络

其中，添加 Mapping Network 的目标有三个：第一，将输入向量编码转为中间向量，并且中间向量后续会传给生成网络得到 18 个控制向量，使得该控制向量的不同元素能够控制不同的视觉特征。第二，如果不加这个 Mapping Network 的话，后续得到的 18 个控制向量之间会存在特征纠缠的现象——比如说想调节 8×8 分辨率上的控制向量（假设它能控制人脸生成的角度），但是我们会发现 32×32 分辨率上的控制内容（如肤色）也被改变了，这个就叫作特征纠缠。所以 Mapping Network 的作用就是为输入向量的特征解缠提供一条学习的通路。第三，简单来说，如果仅使用输入向量来控制视觉特征，能力是非常有限的，因此它必须遵循训练数据的概率密度。例如，如果黑头发的人的图像在数据集中更常见，那么更多的输入值将会被映射到该特征上。因此，该模型无法将部分输入（向量中的元素）映射到特征上，这就会造成特征纠缠。然而，通过使用另一个神经网络，该模型可以生成一个不必遵循训练数据分布的向量，并且可以减少特征之间的相关性。

StyleGAN 还将特征解缠后的中间向量 W' 变换为样式控制向量，从而参与影响生成器的生成过程，如图 6.131 所示。

生成器由于从 4×4 变换到 8×8，并最终变换到 1024×1024，所以它由 9 个生成阶段组成，而每个阶段都会受两个控制向量（A）对其施加影响，其中一个控制向量在 Upsample 之后对其影响一次，另外一个控制向量在 Convolution 之后对其影响一次，影响的方式都采用 AdaIN（自适应实例归一化）[37]。因此，中间向量 W' 总共被变换成 18 个控制向量（A）传给生成器。

其中 AdaIN 的具体实现过程如图 6.146 所示，将 W' 通过一个可学习的仿射变换（A，实际上是一个全连接层）扩变为放缩因子与偏差因子，这两个因子会与标准化之后的卷积输出做一个加权求和，就完成了一次 W' 影响原始输出 x_i 的过程。而这种影响方式能够实现样式控制，主要是因为它让 W'（即变换后的）影响图片的全局信息（注意标准化抹去了对图片局部信息的可见性），而保留生成人体的关键信息由上采样层和卷积层来决定，因此 W 只能够影响到图片的样式信息。

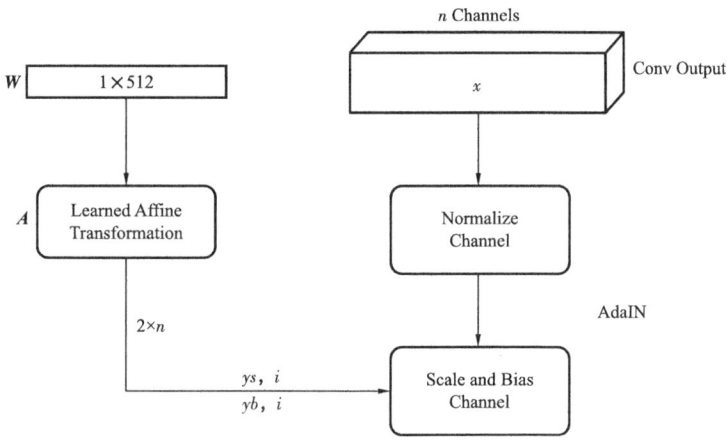

图 6.131 AdaIN 架构

Learnes Affine Transformation—学习仿射变换；Scale and Bias Channel—比例和偏置通道；Normalize Channel—归一化通道；Conv Output—输出卷积；AdaIN—自适应实例归一化；W—随机向量；A—学习仿射变换（一个全连接层）；n—通道数；ys—样式图；yb—样式偏置；i—输入图像的索引

并且 StyleGAN 删除了传统输入，既然 StyleGAN 生成图像的特征是由 AdaIN 控制的，那么生成器的初始输入可以被忽略，并用常量值 $4\times4\times512$ 输入替代。这样做的理由是，首先可以降低由于初始输入取值不当而生成出一些不正常的照片的概率（这在 GANs 中非常常见），另一个好处是它有助于减少特征纠缠，对于网络在只使用不依赖于纠缠输入向量的情况下更容易学习。为了进一步明确风格控制，StyleGAN 采用混合正则化手段，即在训练过程中使用两个随机潜码 W 而不仅仅是一个。在生成图像时，只需在 Synthesis Network 中随机选一个中间的交叉点，把一个潜码切换到另一个潜码（称为风格混合）即可。具体来说，通过映射网络运行两个潜码 z_1 和 z_2，得到相应的 W_1 和 W_2（分别代表两种不同的 style）控制风格，然后 W_1 被用在网络所被选择的位置点之前，W_2 在该位置点之后使用。StyleGAN 生成器在合成网络的每个级别中使用了中间向量，这有可能导致网络学习到这些级别是相关的。为了降低相关性，模型随机选择两个输入向量，并为它们生成了中间向量。然后，它用第一个输入向量来训练一些网络级别，然后（在一个随机点中）切换到另一个输入向量来训练其余的级别。随机的切换确保了网络不会学习并依赖于一个合成网络级别之间的相关性。虽然它并不会提高所有数据集上的模型性能，但是这个概念有一个非常有趣的副作用——它能够以一种连贯的方式来组合多个图像。该模型生成了两个图像 A 和 B（第一行的第一张图片和第二行的第一张图片），然后通过从 A 中提取低级别的特征并从 B 中提取其余特征再组合这两个图像，这样能生成出混合了 A 和 B 的样式特征的新人体。

根据交叉点选取位置的不同，Style 组合的结果也不同。主要分为三个部分：

第一部分是 Coarse Styles from Source B，分辨率（$4\times4\sim8\times8$）的网络部分使用 B 的 style，其余使用 A 的 Style，可以看到图像的人体特征随 Souce B，但是肤色等细节随 Source A；第二部分是 Middle Styles from Source B，分辨率（$16\times16\sim32\times32$）的网络部

分使用 B 的 Style,这个时候生成图像不再具有 B 的姿态特性;第三部分 Fine from B,分辨率(64×64~1024×1024)的网络部分使用 B 的 Style。

(2) Mosaic 数据增强。

在现有的目标检测算法中,都有一个很重要的技巧,就是 Mosaic 数据增强[38],这种数据增强方式简单来说就是把 4 张图片通过随机缩放、随机裁减、随机排布的方式进行拼接。根据论文的说法,优点是丰富了检测物体的背景和小目标,并且在计算 Batch Normalization 的时候一次会计算 4 张图片的数据,使得 Mini-batch 大小不需要很大,一个 GPU❶ 就可以达到比较好的效果。其中,具体的流程如图 6.132 所示。

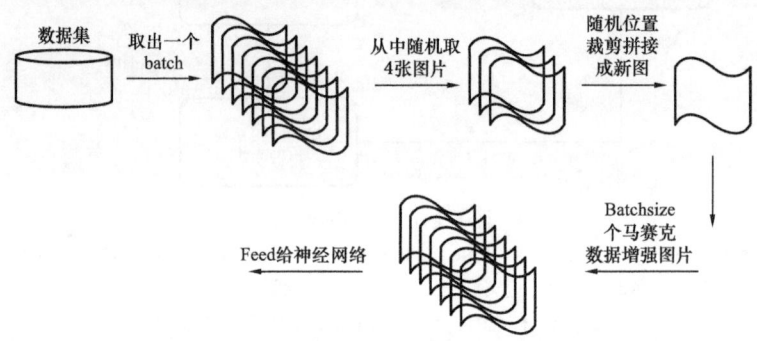

图 6.132　Mosaic 数据增强

其中,Mosaic 数据增强有一些优缺点需要说明一下。其中,优点:丰富数据集,随机使用 4 张图片,随机缩放,再随机分布进行拼接,大大丰富了检测数据集,特别是随机缩放增加了很多小目标,让网络的鲁棒性更好;减少 GPU,直接计算 4 张图片的数据,使得 Mini-batch 大小并不需要很大,一个 GPU 就可以达到比较好的效果。缺点:如果数据集本身就有很多的小目标,那么 Mosaic 数据增强会导致本来较小的目标变得更小,导致模型的泛化能力变差。针对取得的着装检测数据集得到的效果如图 6.133 和图 6.134 所示。

图 6.133　劳保着装规范检测样本图片

---

❶ GPU—图形处理单元,是一种专门的处理器,最初设计用于加速图形渲染。GPU 可以同时处理多条数据,使它们对机器学习、视频编辑和游戏应用程序非常有用。它们用于加速帧缓冲区中用于输出到显示器的图像的创建。

图 6.134　Mosaic 数据增强后的劳保着装规范检测样本图片

YOLOv5[39] 作为最新的目标检测网络，拥有超高的检测性能。YOLOv5 是一种单阶段目标检测算法。其中，网络具体由这几部分组成：第一部分，输入端，在模型训练阶段，主要包括 Mosaic 数据增强、自适应锚框计算、自适应图片缩放；第二部分，基准网络，主要包括 Focus 结构与 CSP 结构；第三部分，Neck 网络，目标检测网络在 BackBone 与最后的 Head 输出层之间往往会插入一些层，YOLOv5 中添加了 FPN+PAN 结构；第四部分，Head 输出层，采用了损失函数 GIOU_Loss，以及预测框筛选的 DIOU_nms。YOLOv5 架构图如图 6.135 所示。

其中，输入端表示输入的图片。该网络的输入图像大小为 416×416，该阶段通常包含一个图像预处理阶段，即将输入图像缩放到网络的输入大小，并进行归一化等操作。在网络训练阶段，YOLOv5 使用 Mosaic 数据增强操作提升模型的训练速度和网络的精度，并提出了一种自适应锚框计算与自适应图片缩放方法。

基准网络——基准网络通常是一些性能优异的分类器种的网络，该模块用来提取一些通用的特征表示。YOLOv5 中不仅使用了 CSPDarknet53 结构，而且使用了 Focus 结构作为基准网络。

Neck 网络——Neck 网络通常位于基准网络和头网络的中间位置，利用它可以进一步提升特征的多样性及鲁棒性。虽然 YOLOv5 同样用到了 SPP 模块、FPN+PAN 模块，但是实现的细节有些不同。

Head 输出端——Head 用来完成目标检测结果的输出。针对不同的检测算法，输出端的分支个数不尽相同，通常包含一个分类分支和一个回归分支。YOLOv5 利用 GIOU_Loss 来代替 Smooth L1 Loss 函数，从而进一步提升算法的检测精度。

Focus 结构如图 6.136 所示，Focus 结构首先将多个 slice 结果 Concat 起来，然后将其送入 CBL 模块中。

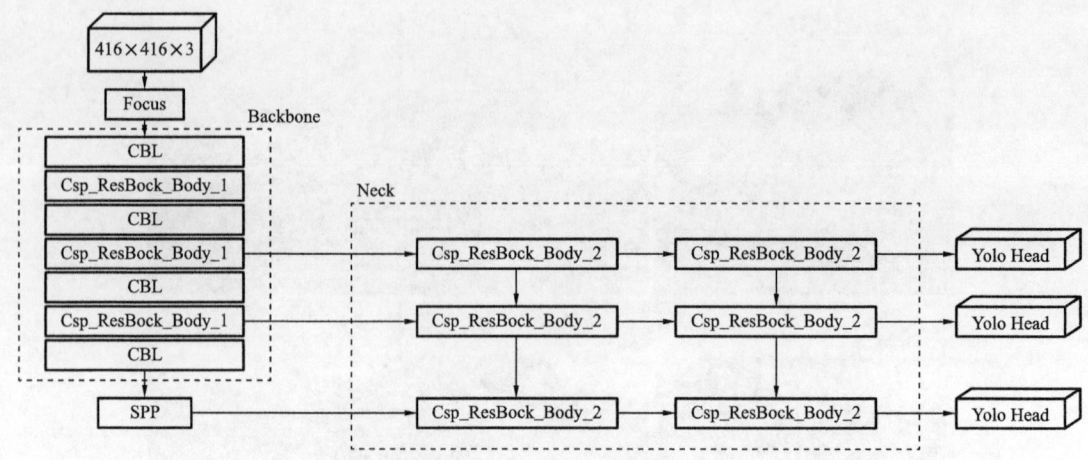

图 6.135 YOLOv5 架构图

CBL——一个模块，代表卷积、批量规范化和泄漏 ReLU，用于物体检测，由 Conv+BN+Leakyrelu 激活函数组成；Csp_ResBock_Body——YOLOv5 中的一个模块，表示卷积、空间金字塔池（SPP）、残差块（ResBlock）和瓶颈（Bneck），用于物体检测；Yolo Head——YOLO 对象检测算法的最后一层，用于对网络进行最终预测；Backbone——网络的主干网；Neck——网络的特征融合部分。

YOLO 的 neck 部分是指特征金字塔，它的作用是将多尺度的出入进行特征融合。YOLOv3 的 neck 部分使用的是 FPN，即 Feature Pyramid Networks，它可以提高小目标的检出。Backbone 部分输出的 Shape 分别为（13，13，1024）、（26，26，512）、（52，52，256）

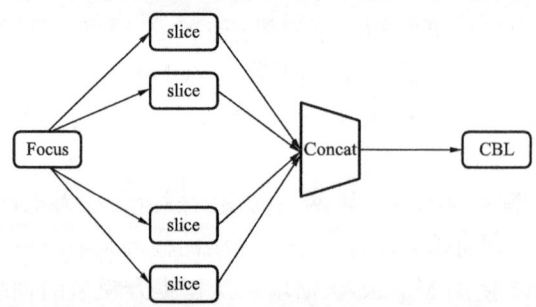

图 6.136 Focus 结构图

Focus——一种用于骨干网络的结构，用于通过切片操作来裁剪输入图像；slice——切片操作，YOLOv5 中的切片层用于将张量沿着给定维度拆分为多个较小的张量；Concat——拼接操作，将不同的特征图拼接在一起

SPP 采用 1×1、5×5、9×9 和 13×13 的最大池化方式，进行多尺度特征融合，如图 6.137 所示。

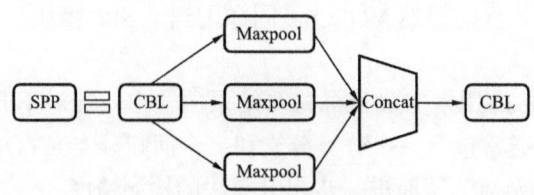

图 6.137 SPP 架构图

SPP 模块——使用切片层将输入张量拆分为多个较小的张量，然后在不同的尺度上对每个张量进行最大合并；Maxpool——卷积神经网络中的一层，通过将输入划分为矩形池化区域并计算每个区域的最大值来执行下采样

Csp_ResBock_Body_1 借鉴 CSPNet 网络结构，该模块由 CBL 模块、Res unit 模块以及卷积层、Concat 组成，如图 6.138 所示。

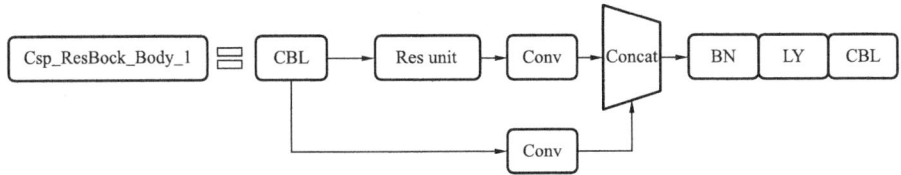

图 6.138　Csp ResBock_Body_1 架构图

Csp_ResBock_Body——YOLOv5 中的一个模块，表示卷积、空间金字塔池（SPP）、残差块（ResBlock）和瓶颈（Bneck）；Res unit——YOLOv5 神经网络中的残差单元；BN——批量归一化；LY——LeakyReLU；CBL——卷积块层

Csp_ResBock_Body_2 借鉴 CSPNet 网络结构，该模块由卷积层和 X 个 Res unit 模块 Concate 组成而成，如图 6.139 所示。

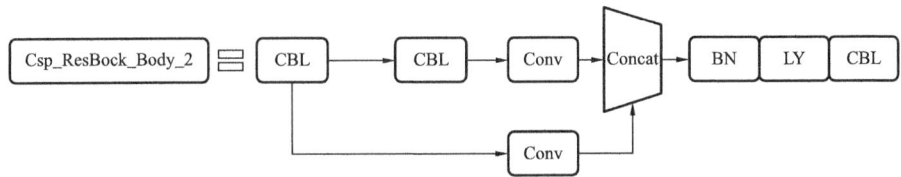

图 6.139　Csp ResBock_Body_2 架构图

Resunit 借鉴 ResNet 网络中的残差结构，用来构建深层网络，CBM 是残差模块中的子模块，如图 6.140 所示。

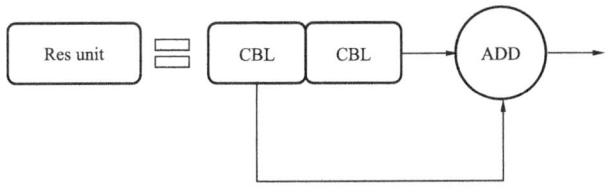

图 6.140　Resunit 架构图

自适应锚框计算——在 YOLO 系列算法中，针对不同的数据集，都需要设定特定长宽的锚点框。在网络训练阶段，模型在初始锚点框的基础上输出对应的预测框，计算其与 GT 框[1]之间的差距，并执行反向更新操作，从而更新整个网络的参数，因此设定初始锚点框也是比较关键的一环。在 YOLOv3 和 YOLOv4 检测算法中，训练不同的数据集时，都是通过单独的程序运行来获得初始锚点框。YOLOv5 中将此功能嵌入到代码中，每次训练时，根据数据集的名称自适应地计算出最佳的锚点框，用户可以根据自己的需求将功能关闭或者打开，具体的指令为 parser.add_argument（'-noautoanch or'，action='store_true'，help='disable autoanchor check'），如果需要打开，只需要在训练代码时增加 –

---

[1] GT 框是 Ground Truth 框的缩写，是指标注人员标注的真实目标框。在目标检测中，模型预测的目标框与 GT 框之间的差距可以通过计算它们之间的 IoU（Intersection over Union）来衡量。如果 IoU 大于一定阈值，则认为模型预测正确，否则认为预测错误。在训练过程中，模型会根据预测结果和 GT 框之间的差距来更新整个网络的参数，从而提高模型的准确率。

noautoanch or 选项即可。

自适应图片缩放——针对不同的目标检测算法而言，通常需要执行图片缩放操作，即将原始的输入图片缩放到一个固定的尺寸，再将其送入检测网络中。YOLO 系列算法中常用的尺寸包括 416×416 和 608×608 等尺寸。原始的缩放方法存在着一些问题，由于在实际的使用中的很多图片的长宽比不同，因此缩放填充之后，两端的黑边大小都不相同，然而如果填充得过多，则会存在大量的信息冗余，从而影响整个算法的推理速度。为了进一步提升 YOLOv5 算法的推理速度，该算法提出一种方法能够自适应地添加最少的黑边到缩放之后的图片中。具体实现有三步骤组成：

第一步，根据原始图片大小与输入到网络图片大小计算缩放比例，其效果如图 6.141 所示。

图 6.141　劳保着装规范检测算法——计算样本缩放比例效果

第二步，根据原始图片大小与缩放比例计算缩放后的图片大小，其效果如图 6.142 所示。

图 6.142　劳保着装规范检测算法——按比例缩放样本图

第三步，计算黑边填充数值，其效果如图 6.143 所示。

图 6.143　劳保着装规范检测算法——计算黑边填充数值

在训练过程中，得到了通过摄像头实时获取的数据集样本和经过改进后的 stylegan 得到的数据集样本分析图，可以看到数据样本拥有很好的可利用性，部分检测结果图如图 6.144 所示。

图 6.144　劳保着装规范检测算法——检测效果

6.2.9.3　周界入侵检测算法

在最近几年中，国内外在视频监控的入侵目标检测技术的研究方面取得了显著的成就。在此期间，计算机硬件、通信技术和传感器设备逐年加强，保证了智能监控视频技术的提升。目前，国外对智能监控的研发和应用实施一直都处在前沿。2000 年左右，美国国防高级研究项目建立，联合十几所高等院校和科研机构参加了智能视频重大项目。该监控系统采用三帧差分法检测入侵目标，然后进行入侵目标跟踪，用自适应模板匹配的跟踪算法,并且可以从检测出的目标的形状、大小和颜色等其他信息属性对目标进行分类识别,再通过计算机视觉相关技术对数据进行智能理解和分析,利用相关的通信技术对未知的场景进行实时的监管。

几所著名的大学和企业公司由欧洲几个国家资助进行了联合研究,法国控制研究院、法国国家计算机科学研究院等机构都在智能监控方面进行了深入研究,从已有的视频数据中能够得到更多的有关周界入侵的数据,为司法部门提供基于检测目标的监控数据,保证了司法机构的公正性。

为了保障本国的公共安全,日本最近几年也研发了许多基于视频的智能监控系统。其主要的项目有:基于学校、超市、教堂以及居民生活场所等公共环境的图像监控。

国内企业也开始发展智能监控的产品。例如黄金眼,但还是无法精确检测到入侵目标,只能进行简单的预警,更不能进行入侵目标的行为分析,不能成为完全的智能监控。总之,入侵目标检测在国内的研究还处于实验初步阶段,相关技术还不够成熟,还需要更多的研究人员进行更深层次的研究,我们在智能监控的检测技术研究上还要更上一层楼,争取几年内追上国外发达国家的技术研究水平。

从最近几年国内外对智能监控视频的研究,可以发现入侵目标检测与跟踪、入侵目标的分类、行为分析、多角度和摄像机的融合、摄像机静止与入侵目标检测等多方面是监控视频的主要研究方向,通过众多研究者近几十年对目标检测技术的学习研究,背景差分算法在智能监控和检测方面由于极好的检测效果而被广泛应用。

对于周界入侵的定义,要求操作者在监控画面中首先手动划定兴趣域。当检测目标进入兴趣域,将其标定并向用户发出警报。在本书研究中,需要检测到的目标为人、车、猫和狗。

对于周界入侵的工作原理,获取视频流后,使用 opencv 技术,对每一帧的图像使用 YOLOv5 网络进行检测,识别到当前画面中的人、车、猫和狗。由于 YOLOv5 网络检测到的目标物都会标定检测框坐标,因此对于每个检测到的目标物都进行一次判断,分析目标坐标是否位于兴趣域内。对于判断位于兴趣域内的目标物,使用 opencv 技术将其标定,并发出警报。

考虑到检测方法需要同时满足多个摄像头的识别要求,同时不同场景下硬件设备不同的客观情况,对于周界入侵的多路检测,针对不同的硬件设备设计了两种检测方法。针对中心服务器,由于硬件设备配置较高(nVidia 公司 RTX 3090 显卡,24GB 显存)。因此将多路摄像头压缩为一个张量由 YOLOv5 网络进行检测即可。对于在基层作业区设置移动检测车进行检测的情况,由于硬件设备内存较低(显存一般为 2GB 或者 4GB),为了满足多个摄像头的实时检测,设计了通过拼接画面实现多路摄像头检测的方法。即将使用 opencv 技术将多个摄像头当前帧画面通过矩阵拼接得到一张大的图片,YOLOv5 网络识别该图片以完成多路检测的目的。具体设计流程图如图 6.145 所示。

(1)数据集制作。

研究数据主要来自西南油气田重庆气矿大竹作业区以及梁平作业区。数据主要通过两种方式获取:一种取自气矿作业区以往的历史监控视频,另一种通过现场拍摄。除上述两种主要数据,还有少部分数据来源于移动检测车在实地场景的拍摄,用于对模型的迭代更新(表 6.26,图 6.146 至图 6.149)。

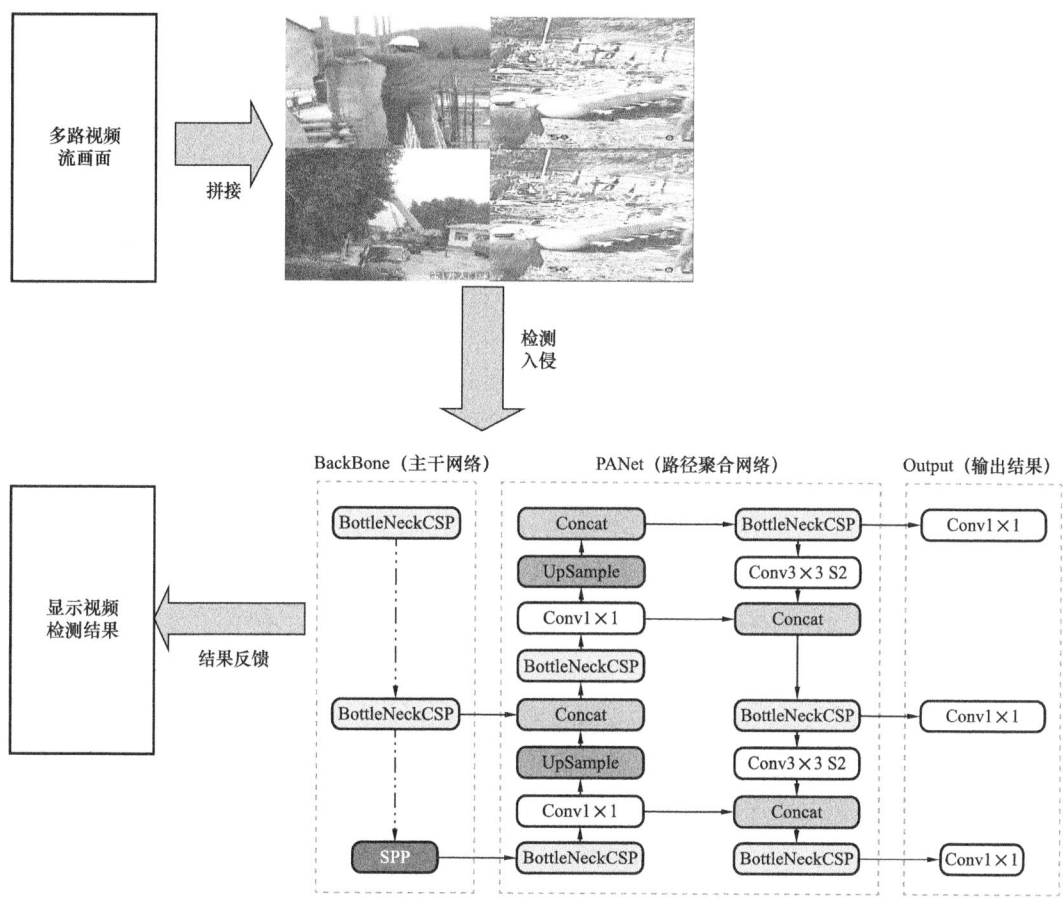

图 6.145　多路周界入侵检测流程图

BottleNeckCSP—YOLOv5 体系结构中使用的一个模块,它是两个模块的组合:瓶颈和跨阶部分连接(CSP);BottleNeck 模块—用于减少特征图中的通道数量,同时保持空间分辨率;CSP 模块—用于连接 BottleNeck 模块的输入和输出;SPP 模块—使用切片层将输入张量拆分为多个较小的张量,然后在不同的尺度上对每个张量进行最大合并;Concat—拼接不同大小的特征图;UpSample—上采样是一个增加特征图空间分辨率的层,用于通过在每对相邻像素之间插入零,然后应用卷积层来插值缺失值,从而使特征图的大小加倍

表 6.26　数据集样本来源及数量

样本来源	训练集样本数(张)	测试集样本数(张)
大竹作业区	2500	500
梁平作业区	2500	500
大竹作业区	1500	500
梁平作业区	1500	500
移动检测车	400	100

图 6.146　大竹作业区现场拍摄

图 6.147　梁平作业区现场拍摄

图 6.148　天东监控视频提取

图 6.149　移动检测车数据提取

（2）算法流程。

对于周界入侵，研究中使用的检测网络为深度学习卷积神经网络中的 YOLOv5。经过多次版本迭代,该模型比一些经典的神经网络模型(如 AlexNet、SSD 等)在精度上有了巨大提升;而且,可同时对多个区域进行检测,相比其他采用滑动检测框的单一检测方法,它的检测速度也更具优势。

YOLOv5 网络架构在图像特征提取部分,边缘提取以及纹理、颜色等潜层特征与其他网络相类似,因此这一部分借鉴了 VGG 网络、深度残差网络等模型。在特征增强部分,参考了 FPN 和 PANet 等模型。检测头部分,为了得到输出结果,通过反卷积层进行反卷积操作从而得到检测框,实现结果输出。

在入侵检测中,既要实现对入侵目标的识别,也要实现对检测目标的实时跟踪。采用传统算法,跟踪效果易受光线强弱、背景颜色变化等因素的影响,效果不佳。在此采取滤波与深度学习相结合的方法,用 Deep sort 算法实现多目标跟踪。在当前帧检测到目标的情况下,下一帧根据当前目标所在位置对其进行预测,通过合适的匹配策略对预测框的归属进行分配,从而实现目标跟踪。

(3)训练效果。

通过筛选共计得到超过 6000 张的周界入侵数据集。研究要求能较高精度地检测到人、车、猫和狗,因此训练的时候采用了 YOLOv5 网络提供的预训练权重(YOLOv5m)作为基础。该权重自身就具有一定的识别效果,再针对性地引入周界入侵数据集,可以对作业区场景下上述 4 种目标实现有效识别。

共进行 300 轮训练,取得较好的训练效果。训练过程中平均识别精度曲线如图 6.150 (a)所示,可以看出该曲线呈现快速下降之后快速上升的变化,在 30 轮以及 50 轮有明显下降趋势并在 50 轮左右到达最低。30 轮以及 50 轮呈现下降趋势的主要原因是使用了 YOLO v5 网络提供的预训练权重,自身具有一定的平均识别精度,因此当周界入侵数据集被引入后会做较大的调整。在 50 轮左右,训练曲线呈现快速提升,并在 70 轮左右趋于拟合。在 300~700 轮训练过程中,平均识别精度曲线趋于平稳,并且非常接近 100%,证明模型有较好表现。

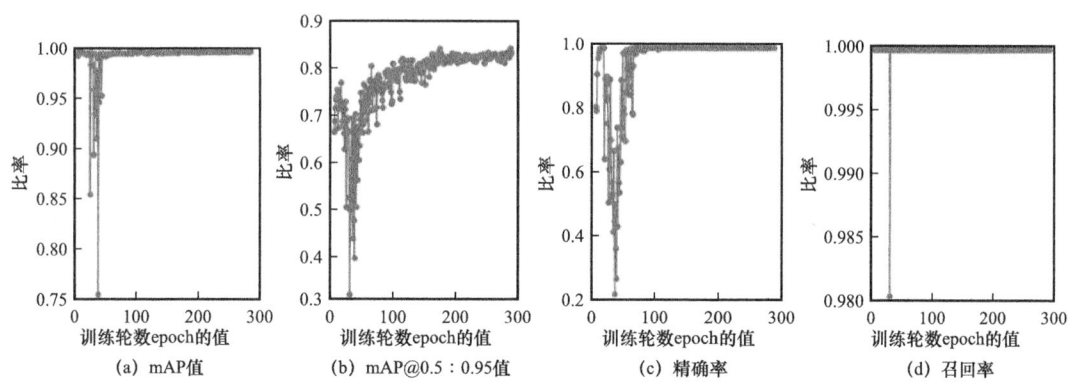

图 6.150 周界入侵检测算法训练过程中平均识别精度曲线

训练过程中阈值为 95% 时平均识别精度曲线如图 6.150(b)所示,可以看出该曲线同样呈现快速下降之后快速上升的变化,在 50 轮左右到达最低,也符合平均识别精度的变化情况。前50轮呈现下降趋势的主要原因是使用了YOLOv5网络提供的预训练权重，自身具有一定的精确率，因此当周界入侵数据集被引入后会做较大的调整。在50～100轮过程中，训练曲线呈现快速提升，100～200轮时上升趋势放缓并在200轮左右趋于拟合。在200～300轮训练过程中，精度曲线趋于平稳，并且比较接近100%，证明模型有较好表现。

训练过程中精确率曲线如图6.150（c）所示，可以看出该曲线呈现V字形的变化，在50轮左右到达最低。前50轮呈现下降趋势的主要原因是使用了YOLOv5网络提供的预训练权重，自身具有一定的精确率，因此当周界入侵数据集被引入后会做较大的调整。在50～100轮过程中，训练曲线呈现快速提升，并在100轮左右趋于拟合。在100～300轮训练过程中，精确率曲线趋于平稳，并且非常接近100%，证明模型有较好表现。

训练过程中召回率曲线如图6.150（d）所示，可以看出该曲线呈现仅在50轮左右极速下降很快又极速复原的变化，在50轮左右到达最低。整个训练过程除50轮左右出现下降，其余过程均保持平稳，并且非常接近100%，证明模型有较好表现。

将周界入侵训练好的模型部署在中心服务器上，通过获取信息中心各作业区的视频流进行识别。周界划定通过在监控界面手动选定，为进行选定即默认为全画面作为兴趣域。如图6.151和图6.152是针对各作业区进行部分应用。

(a) TD87井-工艺区-01

(b) TD31井-井口区-01

图6.151 天东作业区识别效果

图6.152 七桥中心站及培训基地移动检测车效果图

第 6 章 物联网应用技术与实践

如图 6.151 和图 6.152 所示，周界入侵检测分别在场站固定摄像头以及移动检测车两个应用场景进行检测。效果图中框出来的区域为人工选定的兴趣域，可以支持任意边数的不规则区域划定。当检测对象进入该兴趣域内则进行标定，不在兴趣域中的检测对象则不进行标定显示。可以看出，对于进入兴趣域的目标，模型可以进行有效识别。

6.2.9.4 高处作业检测算法

高处作业是目前气矿施工工地中广泛存在的施工行为，然而高处作业由于需要施工人员攀爬到高处进行作业，其行为存在着危险性。如果将深度学习算法应用到在实际的生产过程中，需要准确地分辨出地面人员和离地人员，然后再对离地人员进行行为识别和分析。

高处作业是目前气矿施工工地中广泛存在的施工行为，然而高处作业由于需要施工人员攀爬到高处进行作业，其行为存在着危险性。如果将深度学习算法应用到实际的生产过程中，需要准确地分辨出地面人员和离地人员，然后再对离地人员进行行为识别和分析。

（1）离地人员检测。

根据实际场景，提出使用检测标记法来区分地面人员的离地人员，如图 6.153 所示。首先需要对场景进行标记摆放，其摆放的位置应该处于较为显眼的位置且高度可以根据实际情况进行调整（方便算法进行识别检测）。考虑到现场实际背景复杂，设计两种外观特征明显的标记置于场景中，算法首先检测两个标记（如果背景实在过于复杂导致算法仅能检测一个标记，那就以这一个标记为准），再根据两个标记进行等高线绘制，等高线上面的即表示离地人员，等高线下面的表示地面人员。根据以上流程，算法只要能检测到两个标记中其中一个，均能绘制等高线。

图 6.153　YOLOv5 检测标记

（2）安全带检测。

高处作业检测的一个重要应用是检测离地人员是否正确佩戴安全带。针对这一问题，采用区别名称标注法分别对离地人员（标记为 aqd）和地面人员（标记为 xr）进行标准。如此分开标记，可以使得算法能够轻易地区分开地面人员和离地人员，为后续的工作做准备。

(3)指挥人员检测。

高处作业施工过程中需要地面有指挥人员进行现场监督和指导，因此算法也需要对指挥人员进行实时检测，以确保高处作业人员能够正确并安全地工作。针对此问题，提出将数据集中的指挥人员单独作为一类标签进行标注（标记为zhry）。如此一来，算法经过训练后会获得检测施工现场指挥人员的能力。

(4)脚手架未铺满检测。

针对目前气矿施工工地存在着由于脚手架未铺满导致施工人员在施工过程中发生踩空跌倒等一系列事故，提出使用深度学习目标检测YOLOv5算法进行脚手架未铺满检测。脚手架未铺满检测的工作任务包括：

首先，实地现场录制并搜集数据集，包括脚手架铺满的视频数据和未铺满的视频数据。其次，再将视频数据集进行整合并且使用Python算法进行每隔10帧的频率进行抽帧并且保存。再次，将得到的图像数据进行筛选，过滤掉一些背景过于模糊和其他无用的图像数据。最后，使用Lableme工具将得到的210张图像数据集进行标注。具体方法为：如果该图像里面有未铺满的脚手架图像，则将该位置的缺陷进行矩形方框标注为defect；如果该图像里面没有未铺满的脚手架图像，则跳过该图像，即不对该图像进行任何标注。由于需要尽量保证模型的检测精度高，但是数据集数量又偏少，所以将标注后的210张数据集按照9∶1的比例进行训练集和数据集划分，即9/10的训练图像和1/10的验证图像。最后，将训练数据输入到YOLOv5网络训练，并且将训练好的模型在验证集上进行精度评估。

将实地现场录制的数据集进行视频抽帧并且进行标注，最终得到1215张数据集，按照9∶1的比例将数据集进行训练集和数据集划分，其中训练集1093张，验证集122张。在训练YOLOv5网络之前，需要对数据集的标注框进行分析，查看标注是否合理。在训练集中行人（xr）和安全带（aqd）的标签数量最多，分别大约有4000个和1500个，因此网络对区分这两者有着绝对的性能优势。虽然标记1（bj1）和标记2（bj2）的数量最少，大约为250个，但是标记的特征都很明显，所以较少的标签也不会对算法检测精度造成影响。指挥人员（zhry）的标签数量达到500个，其数量也较合理。

由于数据集本身就有很多的小目标，如果使用Mosaic数据增强会导致本来较小的目标变得更小，导致模型的泛化能力变差。因此，仅仅使用CutMix增强的方式简单对数据进行增强。

绝大多数标签框为竖直的方框，而且大部分的标签框面积偏小（小目标）。数据集中的标签框大小广泛分布在高度0.6、宽度0.1的范围。结合分析，训练数据集数量大且数据标签分布均匀且合理（极端值较少），该数据集利于算法网络的训练和收敛。

将实地现场录制的脚手架数据集进行视频抽帧并且进行缺陷标注，最终得到210张数据集，按照9∶1的比例将数据集进行训练集和验证集划分，其中训练集189张、验证集21张。在训练YOLOv5网络之前，需要对数据集的标注框进行分析，查看标注是否合理。由于脚手架未铺满的缺陷数据偏少，所以在训练集中的标签数量大约100个。

绝大多数脚手架缺陷的标签框为竖直的方框，仅有小部分的缺陷框面积偏小（小目标)。数据集中的缺陷框大小广泛分布在高度0.8、宽度0.2的范围。虽然训练数据集偏少，但是数据标签分布均匀且合理（极端值较少），该数据集利于算法网络的训练和收敛。

YOLOv5的Mosaic数据增强参考了CutMix数据增强方式，是CutMix数据增强方法的改进版。不同于一般的数据增强的方式是对一张图片进行扭曲、翻转、色域变化，CutMix数据增强方式是对两张图片进行拼接变为一张新的图片，然后将拼接好了的图片传入神经网络中去学习。CutMix的处理方式比较简单，对一对图片做操作，简单讲就是随机生成一个裁剪框Box，裁剪掉A图的相应位置，然后用B图片相应位置的感兴趣区域（Region of Interest，ROI）放到A图中被裁剪的区域形成新的样本，计算损失时同样采用加权求和的方式进行求解。例如将图A一部分区域裁剪掉但不填充0像素，然后随机填充训练集中的其他数据的区域像素值，分类结果按一定的比例分配。

Mosaic数据增强则利用了4张图片，对4张图片进行拼接，每一张图片都有其对应的框，将4张图片拼接之后就获得一张新的图片，同时也获得这张图片对应的框，然后将这样一张新的图片传入神经网络当中去学习，相当于一次性传入4张图片进行学习。Mosaic数据增强详细的计算流程如下：首先，从收集到的数据集中每次随机读取4张图片备用。其次，分别对4张图片进行翻转（对原始图片进行左右的翻转）、缩放（对原始图片进行大小的缩放）、色域变化（对原始图片的明亮度、饱和度、色调进行改变）等操作并将原始图片按照一定规则排列，即第一张图片摆放在左上，第二张图片摆放在左下，第三张图片摆放在右下，第四张图片摆放在右上四个方向位置。最后，在完成4张图片的摆放之后，利用矩阵的方式将4张图片固定的区域截取下来，然后将它们拼接起来，拼接成一张新的图片，新的图片上含有标识框等一系列的内容。

由于采集到的脚手架未铺满数据偏少，因此将数据集进行马赛克数据增强，其优点为：

① 丰富数据集。随机使用4张图片，随机缩放，再随机分布进行拼接，大大丰富了检测数据集，特别是随机缩放增加了很多小目标，让网络的鲁棒性更好。

② 减少GPU。直接计算4张图片的数据，使得Mini-batch大小并不需要很大，一个GPU就可以达到比较好的效果。

如图6.154和图6.155所示，经过Mosaic数据增强后的训练输入图像丰富了数据的多样性，对提升脚手架这一类训练数据少的算法具有更好的泛化性，同时提升了YOLOv5的鲁棒性。

为了方便展示YOLOv5模型在验证集上的真实性能，给出了三个真实场景下的检测结果图，详细的结果展示如图6.156所示。

根据图6.156的展示结果可见，YOLOv5模型经过本书提出的数据集制作和增强方式等一系列的训练方式，YOLOv5模型能够理想地检测出验证集的各个类别（安全带、指挥人员、行人），其中对安全带和指挥人员的检测性能最好，置信度均超过0.9。

为了方便展示YOLOv5模型在脚手架验证集上的真实性能，给出了三个真实场景下的检测结果图，详细的结果展示如图6.157所示。

图 6.154 马赛克数据增强集 1

图 6.155 马赛克数据增强集 2

第 6 章 物联网应用技术与实践

图 6.156 作业场景效果展示

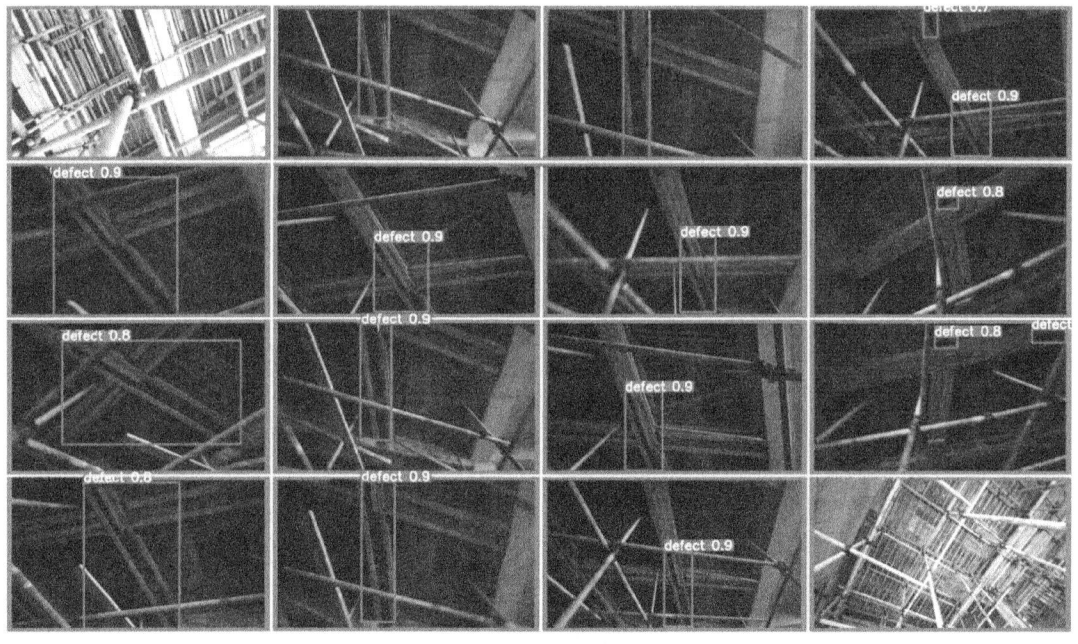

图 6.157 脚手架场景检测

根据图 6.157 的展示结果可见，YOLOv5 模型在经过本书提出的数据集制作和增强方式等一系列的训练方式，模型能够理想地检测出验证集的缺陷并且置信度高（0.8 以上）。

6.2.9.5 吊装作业检测算法

起重吊装作业[40]是指将机械设备或其他物件从一个地方运送到另一个地方的一种工业过程,属于特种作业,具有作业环境复杂、技术难度大的特点。起重机械在石油和天然气行业得到广泛应用,在减少人力资源和提高施工效率方面发挥出巨大作用。然而有起重机械参与的吊装作业作为工地上一项非常危险的作业种类,确保其作业安全,能有效保障施工设施的质量和施工人员的生命财产。

针对气矿作业区环境复杂,施工工人安全意识不足、行为不规范,传统的监控难以及时做到对危险区域的入侵检测和工人违规行为的识别,导致人员伤亡事故的发生等问题,利用人工智能和神经网络等技术学习图像数据中的浅层、深层特征,和特征与动作之间的映射关系,提出基于机器视觉的气矿作业区违规行为检测方法,实现对吊装作业中常见违规行为的及时检测和预警。

采用深度学习的技术实现对吊装作业中的起重作业时吊臂下站人、起重作业时吊物上站人、吊装作业期间驾驶员擅离驾驶室、吊装作业安全标识缺失或不规范等4种违规行为进行检测。

作业场所违规行为智能分析与预警系统主要基于YOLOv5神经网络实现,YOLOv5的主要改进点[41]有:在输入端的Mosaic数据增强、自适应锚框计算、自适应图片缩放,在Backbone阶段的Focus结构和CSP结构,在Neck阶段的FPN+PAN结构和Prediction阶段的GIOU_Loss。

(1)输入端。

① Mosaic数据增强。YOLOv5的输入端采用了和YOLOv4一样的Mosaic数据增强的方式,它是基于CutMix数据增强的方式,但CutMix只使用了两张图片进行拼接,而Mosaic数据增强则是对4张图片采用了包括随机缩放、随机裁剪和随机排布等方式进行拼接,它的优点有:

a. 丰富数据集。随机使用4张图片,随机缩放,再随机分布进行拼接,大大丰富了检测数据集,特别是随机缩放增加了很多小目标,让网络的鲁棒性更好。

b. 减少GPU。可以直接计算4张图片的数据,使得Mini-batch大小并不需要很大,一个GPU就可以达到比较好的效果。

② 自适应锚框计算。在YOLO算法中,针对不同的数据集,都会有初始设定长宽的锚框。在网络训练中,网络在初始锚框的基础上输出预测框,进而和真实框groundtruth进行比对,计算两者差距,再反向更新,迭代网络参数,因此初始锚框也是比较重要的一部分。YOLOv5中将自适应锚框计算嵌入代码中,每次训练时,自适应地计算不同训练集中的最佳锚框值。

③ 自适应图片缩放。在常用的目标检测算法中,不同的图片长宽都不相同,因此常用的方式是将原始图片统一缩放到一个标准尺寸,再送入检测网络中。比如YOLO算法中常用416×416和608×608等尺寸。在项目实际使用时,很多图片的长宽比不同,因此缩放填充后,两端的黑边大小都不同,而如果填充的比较多,则存在信息冗余,影响推理

速度。YOLOv5 对原始图像自适应地添加最少的黑边,在推理时,计算量也会减少,即目标检测速度会得到提升。

(2) Backbone 阶段。

① Focus 结构。以 YOLOv5s 的结构为例,原始 608×608×3 的图像输入 Focus 结构,采用切片操作,先变成 304×304×12 的特征图,再经过一次 32 个卷积核的卷积操作,最终变成 304×304×32 的特征图。而 m、l 和 x 其他三种结构,使用的卷积核数量有所增加。

② CSP 结构。CSPNet 全称是 Cross Stage Paritial Network,主要从网络结构设计的角度解决推理中计算量很大的问题。推理计算过高的问题是由于网络优化中的梯度信息重复导致的。因此采用 CSP 模块先将基础层的特征映射划分为两部分,然后通过跨阶段层次结构将它们合并,在减少了计算量的同时可以保证准确率。

YOLOv5 中设计了两种 CSP 结构,以 YOLOv5s 网络为例,CSP1_X 结构应用于 Backbone 主干网络,另一种 CSP2_X 结构则应用于 Neck 中。它的优点有:

a. 增强 CNN 的学习能力,使得在轻量化的同时保持准确性。

b. 降低计算瓶颈。

c. 降低内存成本。

(3) Neck 阶段。

YOLO5 现在的 Neck 和 YOLOv4 中一样,都采用 FPN+PAN 的结构。FPN 层自顶向下传达强语义特征,将高层的特征信息通过上采样的方式进行传递融合,得到进行预测的特征图,而特征金字塔则自底向上传达强定位特征,从不同的主干层对不同的检测层进行参数聚合。

YOLOv4 的 Neck 结构中,采用的都是普通的卷积操作。而 YOLOv5 的 Neck 结构中,采用借鉴 CSPnet 设计的 CSP2 结构,加强网络特征融合的能力。

目前大部分的目标检测算法都是独立地检测图像中的目标,如果模型能学到目标之间的关系,模型的检测效果也会得到提升。因此,在检测过程中可以通过目标关系模块学习目标之间的相互关系,这种关系既包括相对位置关系也包括图像特征关系。

目标关系模块以注意力的形式附加到原来的特征上进行回归和分类,优化检测效果。若引入至 NMS 操作中,不仅能实现真正意义上的端到端训练,而且对于原本的检测网络也有提升。目标关系模块和网络结构的耦合度非常低,输出的维度和输入的维度相同,因此可以比较方便地插入到其他网络结构中,而且可以叠加插入。

在 YOLOv5 中引入目标关系模块,识别画面中各物体之间的相对关系,同时提升网络的检测精度。

目标关系模块的原理图如图 6.158 所示,它将注意力模块和原始图像特征融合,学习到各目标之间的相对位置关系和图像特征关系。

目标关系模块插入进两个全连接层的示意图如图 6.159 所示,在全连接层之后会基于提取到的特征和 ROI 的坐标构建注意力,然后将注意力加到特征中传递给下一个全连接层,再重复一次后就开始做框的坐标回归和分类。

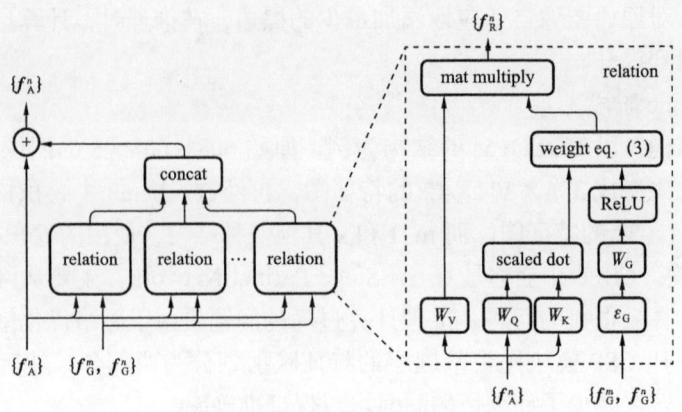

图 6.158 目标关系模块

concat—按照一定的维度连接在一起,进行特征融合;relation—目标关系模块;f_G—几何特征向量;f_A—外观特征向量;m, n—给定目标的特征索引值;W_V, W_K, W_Q—线性变化,embadding 后的不同向量;scaled dot—计算特征之间关联程度的注意力机制;W_G—几何权值;ReLU—激活函数;mat multiply—矩阵相乘,计算目标关系模块中的关系特征;f_R—关系特征向量

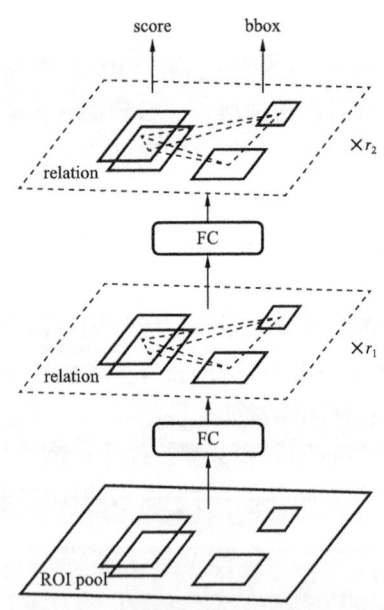

图 6.159 目标关系模块使用示意图
ROI pool—一种池化操作,从特征图提取感兴趣的区域;FC—全连接层;r_1, r_2—目标关系模块重复的次数;score—目标类别得分;bbox—预测框,包含坐标信息

基于 YOLOv5 网络模型,通过对自定义数据集进行训练,得到可用于检测多种目标的模型,包括起重吊车、起重吊臂、起重吊物、作业人员等目标。该模型能检测图像中各目标的二维坐标。

使用的数据来源于西南地区某气田的作业现场实拍数据,通过对镜头脏污、角度偏离、强光污染、场景过暗等视频片段的筛选去除,其最终包含约 600min 的有效监控视频内容,将视频按照 2 帧/s 均匀抽帧,获得约 72000 张图片。数据集的部分标签预览如图 6.160 所示。

其中人员标签共计超 8000 个,起重吊车、起重吊臂和起重吊臂操作室标签均超过 1700 个,货物标签超 800 个。

在 Anchor 先验框中,如上述所说的自适应锚框计算,为实现对特定场景中目标有良好的检测精度和性能,YOLOv5 会根据数据集中的各标签的位置和大小,计算出最适合该数据集的 Anchor 先验框,因为自制数据集与其最终实际应用场景相似,因此最终得到模型能有效、准确检测出实际场景中的各目标。

观察目标检测框在所有画面中的分布情况,可见目标位置标签主要集中在画面中部偏上的区域,该区域也即是该功能所要求的现场摄像头视角指向与起重工作的工作区之间的典型相对空间位置关系。

图 6.160　数据集部分标签预览

观察目标检测框的大小分布，由于数据集中人员标签占大多数，所以标签多具有相对较小的尺寸。

如上述所说的 YOLOv5 数据增强，在此次自制数据集上进行随机缩放、随机裁剪、随机排布等操作的 Mosaic 数据增强后，放入 YOLOv5 网络中训练的部分数据预览如图 6.161 所示。

同时，为实现对吊装作业现场的安全警示标识缺失进行检测，还额外采集了许多现场的警示牌数据集，如图 6.162 所示。

但由于现场警示标识的种类和数量都有限，为使模型能有较好的检测精度，将 GB 2894—2008《安全标志及其使用导则》和 SY 6355—2010《石油天然气生产专用安全标志》中的相关安全标志裁剪出。如图 6.163 所示，为从两个标准文件中裁剪出的部分安全标识。

图 6.161　Mosaic 数据增强数据预览

图 6.162　现场安全标识

图 6.163　部分安全标识

将裁剪出的安全标识进行随机缩放和随机透视变换，透视变换是将图片投影到一个新的视平面，也称作投影映射。透视变换原理图如图 6.164 所示。

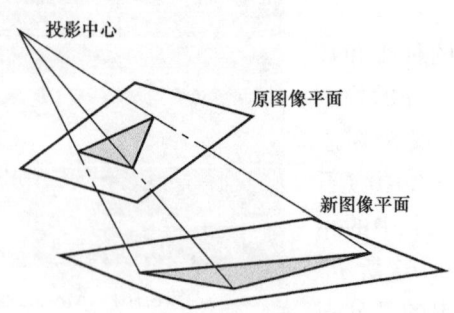

图 6.164　透视变换原理图

透视变换的本质是将图像投影到一个新的视平面，其通用变换公式为：

$$\begin{bmatrix} X \\ Y \\ Z \end{bmatrix} = \begin{bmatrix} a_{11} & a_{12} & a_{13} \\ a_{21} & a_{22} & a_{23} \\ a_{31} & a_{32} & a_{33} \end{bmatrix} \begin{bmatrix} x \\ y \\ z \end{bmatrix}$$

其中(x, y, z)是原始图像像素点的齐次坐标，(X, Y, Z)为变换之后的齐次坐标。其透视变换矩阵为：

$$Transform = \begin{bmatrix} a_{11} & a_{12} & a_{13} \\ a_{21} & a_{22} & a_{23} \\ a_{31} & a_{32} & a_{33} \end{bmatrix} = \begin{bmatrix} \begin{array}{cc|c} a_{11} & a_{12} & a_{13} \\ a_{21} & a_{22} & a_{23} \\ \hline a_{31} & a_{32} & a_{33} \end{array} \end{bmatrix} = \begin{bmatrix} T_1 & T_2 \\ T_3 & a_{33} \end{bmatrix}$$

其中，$a_{11} \sim a_{33}$为仿射变换参数，T_1表示图像线性变换，T_2用于产生图像透视变换，T_3表示图像平移。

所以，给定透视变换对应的4对像素点坐标，即可求得透视变换矩阵；反之，给定透视变换矩阵，即可对图像或像素点坐标完成透视变换。

透视变换是为了让模型检测摄像头从各个角度观察的安全标识时都能很好地将其检测出。如图6.165所示，为经过数据增广后的部分安全标志。

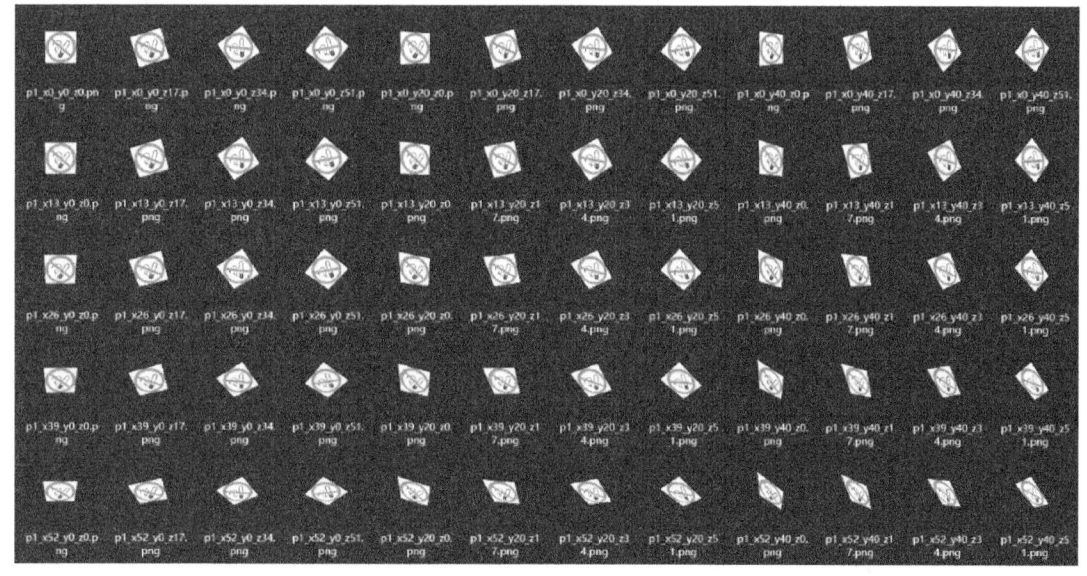

图6.165 安全标识数据增强

为了防止模型仍然可能对裁剪的数据集过拟合，此外还下载了中国交通标识检测数据集（CCTSDB）。由于这两个数据集中的警示标识具有一定相似性，且CCTSDB数据集图片数量非常多，将数据增广后的安全标识在不覆盖的情况下随机插入CCTSDB数据集的图片中，然后放入YOLOv5网络中训练。

通过检测起重吊臂和吊车等目标，识别两者在画面中的几何位置关系，来判断起重吊臂是否抬起，以此检测吊车是否处于工作状态。当起重吊臂位于吊车上方，即起重吊臂目标框的中心点高于吊车的目标框时，则认为该吊车处于工作状态。

为实现对吊装作业中违规行为的检测，通过现场数据测量和参数标定，初步实现了吊装作业的场景建模，并配合目标检测、动作识别等方法，实现该场景下的违规行为检测。

如图6.166所示，当吊车在工作时，其起重吊臂处于抬起状态，抬起的起重吊臂在地面具有一定的覆盖范围，为保证有足够的安全范围，同时结合现场摆放示意图可知，起重吊臂投影在地面上的覆盖区域，其形状与圆形非常相似，而由于摄像头观测和透视关系等原因，显示在摄像头画面中的起重吊臂覆盖区域实际上是圆形经过三维旋转后投影到摄像头上的椭圆形。

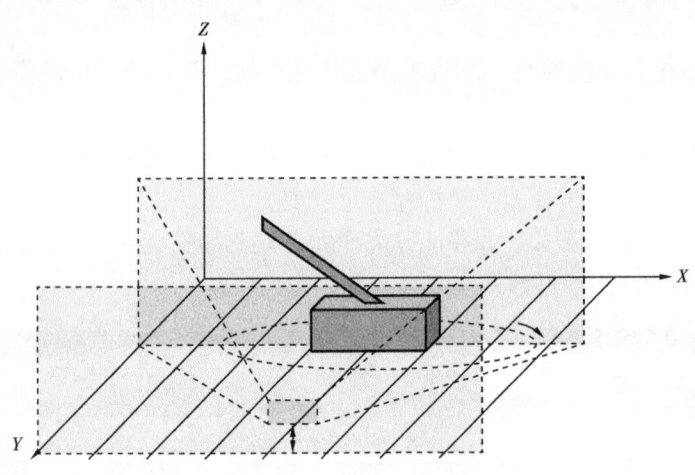

图6.166　现场摆放示意图

根据起重吊臂与吊车的几何位置关系，可以确定起重吊臂在地面上的实际覆盖范围为圆形的某一半区域。在图6.166中，向Z轴负方向观察X—Y平面，设定X正半轴方向为0°，度数随顺时针方向增加，以吊车所在位置为零点，对起重吊臂投影在地面上的实际覆盖区域重新建立二维坐标系。

如图6.167所示，在摄像头位置进行观察，当起重吊臂位于吊车左侧时，起重吊臂的实际覆盖范围为圆形的左半部分，即图中90°～270°的深色区域；当起重吊臂位于吊车右侧时，起重吊臂的实际覆盖范围为圆形的右半部分，即图中270°～90°的深色区域；当起重吊臂位于吊车上方，且中心点坐标没有超过吊车目标框左右两侧时，此时认为起重吊臂朝着摄像头所在方向，起重吊臂实际覆盖范围为椭圆形的下半部分，即图中0°～180°的深色区域。

对于每辆吊车，其覆盖区域在画面中均显示为椭圆形。首先是找到椭圆的几何中心。OpenCV在画面中建立的坐标系与常见的坐标系不同，YOLOv5检测摄像头画面中各个目标的类别和位置，得到的目标框坐标是以目标框的左上角和右下角点坐标的形式返回。如图6.168所示，以吊车目标框的最下方的中心点坐标作为椭圆形覆盖区域的中心点。

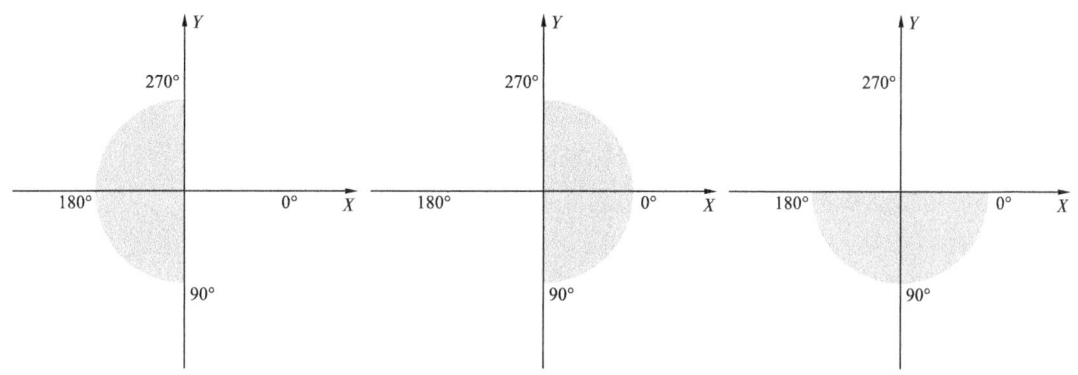

图 6.167 起重吊臂覆盖区域

图 6.168 起重吊臂覆盖区域中心点

椭圆的长轴应与起重吊臂在画面中的长度相当。由于可以得到起重吊臂目标框的坐标，换算成起重吊臂目标框的长和宽后，通过勾股定理，计算得到斜边的长度，即起重吊臂在画面中的长度和覆盖区域椭圆形的长轴。这样，随着起重吊臂的起降和伸缩，投影在摄像头画面中的椭圆形覆盖区域的长轴也会随之变大或变小，能与起重吊臂动态适应。

椭圆的短轴受起重吊臂和透视关系的共同影响。在图 6.168 中，向 X 轴负方向观察 $Y—Z$ 平面，得到剖面图 6.169，以摄像头的落地点为零点，重新建立二维坐标系。

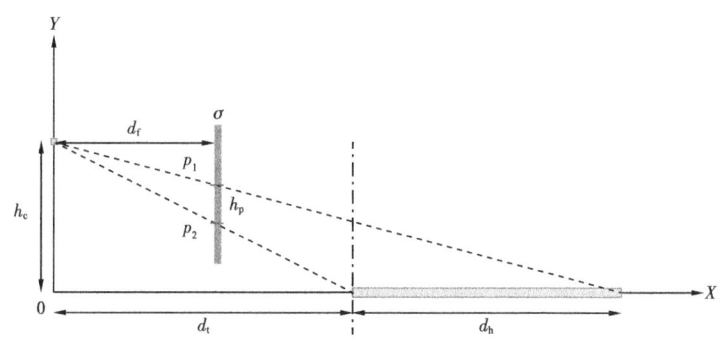

图 6.169 现场剖面图

σ—画面；h_p—起重吊臂实际覆盖区域距在画面中的投影范围；h_c—摄像头观测点高度，摄像头观测视线与 X 轴平行；d_h—起重吊臂的实际覆盖区域原型的直径；d_f—摄像头的成像焦距；d_t—摄像头观测点与实际覆盖区域的最短垂直距离；p_1 和 p_2—起重吊臂实际覆盖区域距摄像头最近点和最远点在画面中的投影位置

经过实地考察，通过对现场数据测量和参数标定，摄像头观测点固定，观测点高度 h_c 和摄像头成像焦距 d_f 已知，吊车施工区域固定，摄像头与起重吊臂实际覆盖区域的最短

垂直距离 d_t 已知，吊臂实际覆盖区域圆形的直径 d_h 已知。作辅助线分别连接摄像头和起重吊臂实际覆盖区域距摄像头的最近点和最远点，根据三角形相似原理，可以得到 p_1 和 p_2 在该坐标系中的 Y 轴坐标，两者相减则为椭圆区域的短轴。

确定起重吊臂覆盖区域后，以人目标框的中下方点作为依据判断该点是否处于椭圆区域内，若点在该区域内，则认为人处于起重吊臂下。

起重吊臂下站人的具体检测效果如图 6.170 所示，吊臂下高危区域的三位施工人员被用红框标出，而位于吊车驾驶室内、驾驶室旁等非覆盖区域的三位施工人员则并未被标出，达到预期效果。

图 6.170　起重吊臂下站人

吊物上站人的具体检测效果如图 6.171 所示，站在吊物上的施工人员被用红框标出，而位于地面的其他两位施工人员则用绿框标出，达到预期效果。

图 6.171　吊物上站人

驾驶员离岗的具体检测效果如图 6.172 和图 6.173 所示，由于加入了通过检测起重吊臂是否抬起对起重吊车工作状态的判断，图 6.172 中驾驶员从未工作的起重吊臂驾驶舱离岗时判定为安全离岗，图 6.173 中驾驶员从工作中的起重吊臂驾驶舱离岗时判定为违规离岗，达到预期效果。

图 6.172　驾驶员安全离岗

图 6.173　驾驶员违规离岗

安全标识最终的检测效果如图 6.174 所示，最终的模型能够很好地将现场中的警示牌及上面的警示标识都检测出来，达到预期效果。

图 6.175 所示为作业现场观测点摄像头位置布置图。

图 6.174 安全标识最终检测结果

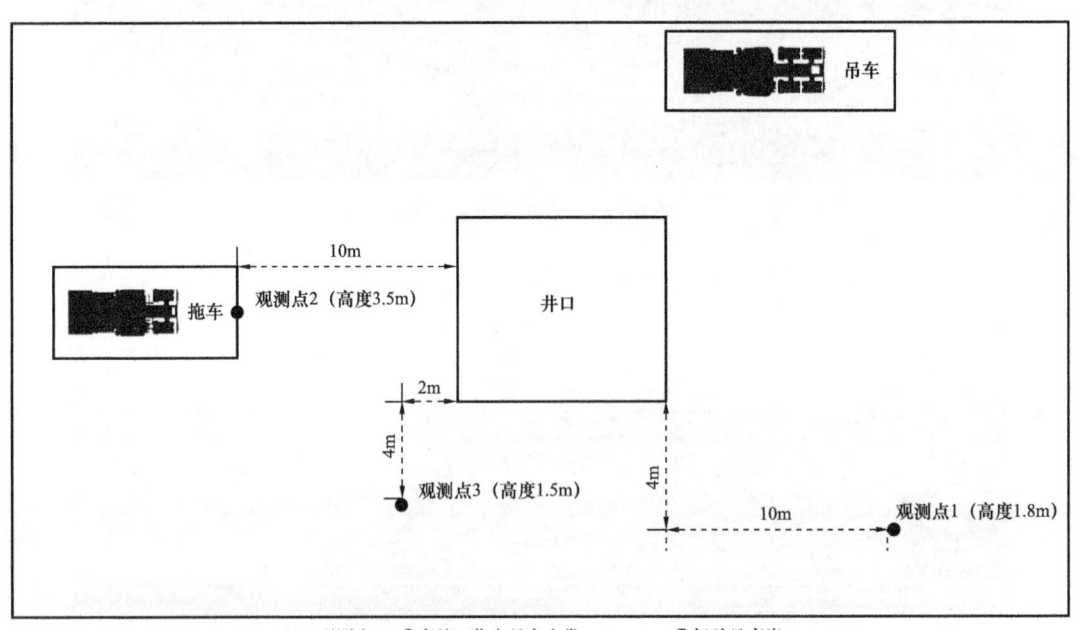

观测点1：①高处工作人员安全带　　②驾驶员离岗
观测点2：①指挥人员检测　　　　　②吊臂下站人
观测点3：①吊物上站人　　　　　　②驾驶员离岗

图 6.175 作业现场观测点摄像头位置布置

6.2.9.6 火焰检测算法

火灾本身具有不确定性、复杂性和快速性等特征，一旦发生容易造成严重的经济损失和人员伤亡。准确火焰预警可以极大地减少损失。随着智能监控处理能力的提升，基于视频的火焰自动检测方法不断涌出，其中，利用颜色进行火焰检测是最早的方法。但该方法需要大范围火焰区域。为了提高火焰识别的准确率，研究人员在颜色特征的基础上加入了火焰的运动特征[42]，提高了火焰识别的准确率，但误检率仍旧较高。

随着深度学习技术的高速发展，基于深度学习方法的烟火检测也得到了广泛应用。不同于传统的烟火检测方法，基于深度学习方法的烟火检测不需要投入巨大的人力，有着高适应性、高精度的检测特点。利用深度学习相关方法实现对烟火的有效检测，利用基于深度学习的烟火方法进行识别处理，将识别结果发送给后台服务器，完成对烟火的有效检测。火焰检测技术路线如图 6.176 所示。

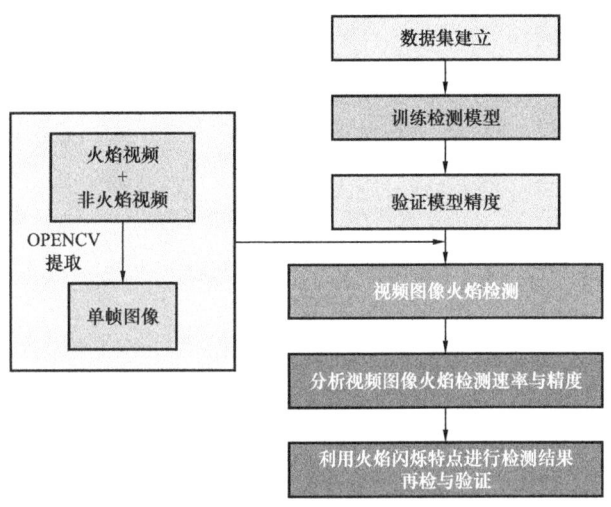

图 6.176　火焰检测技术路线

首先，在特征提取阶段，通过进一步融合多尺度特征提高网络对图像浅层信息的学习能力，以实现小火焰区域的精准识别；其次，在目标检测阶段，利用改进的 K-means 聚类算法优化多尺度先验框以适应火焰不同尺寸；最后，使用 YOLOv3 对视频中火焰进行检测，利用火焰特有的闪烁特征对检测结果中的误检帧进行排除，进一步提高检测精度。

通过网络获取图像和视频，对视频进行单帧提取，构建数据集，并对数据集中图像进行 Resize、归一化处理。因 Darknet-53 中存在 5 次步幅为 2×2 的下采样过程，会将特征图缩小 32 倍，故要将图像大小 Resize 为 32 的倍数。将数据集图像 Resize 为 416×416 像素的尺寸。图像归一化处理主要是在不改变图像信息的前提下，把图像从 0～255 像素变成 0～1 像素的范围，以加快训练网络的收敛性。

其次，利用改进的 YOLOv3 网络以网格法分割图像并分别输出特征图，学习图像中火焰深层语义信息和浅层位置信息，并利用 4 个尺度特征融合实现精确实时的视频图像火焰检测。

最后，利用火焰的闪烁特征，排除火焰视频图像检测结果中误检的情况，以提高火焰检测精度。火焰特征图如图 6.177 所示。

YOLOv3[43] 是集成了 SSD（多尺度预测）、FCN（全卷机）、FPN（特征金字塔）和 DenseNet（特征通道 concat）网络的大成之作。YOLOv3 的主干网络 Backbone 称为 DarkNet，主要有 DarkNet-21 和 DarkNet-53，区别在于每层的 ResidualBlock 个数不同，YOLOv3 网络结构如图 6.178 所示。

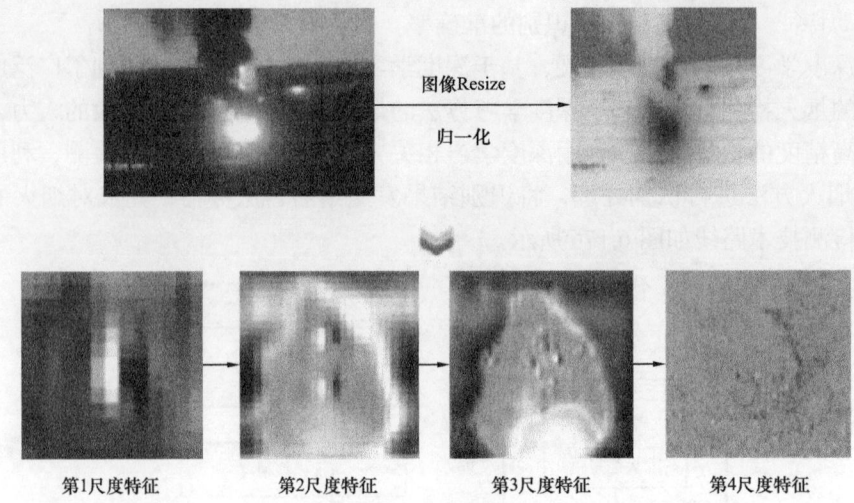

图 6.177 火焰特征图

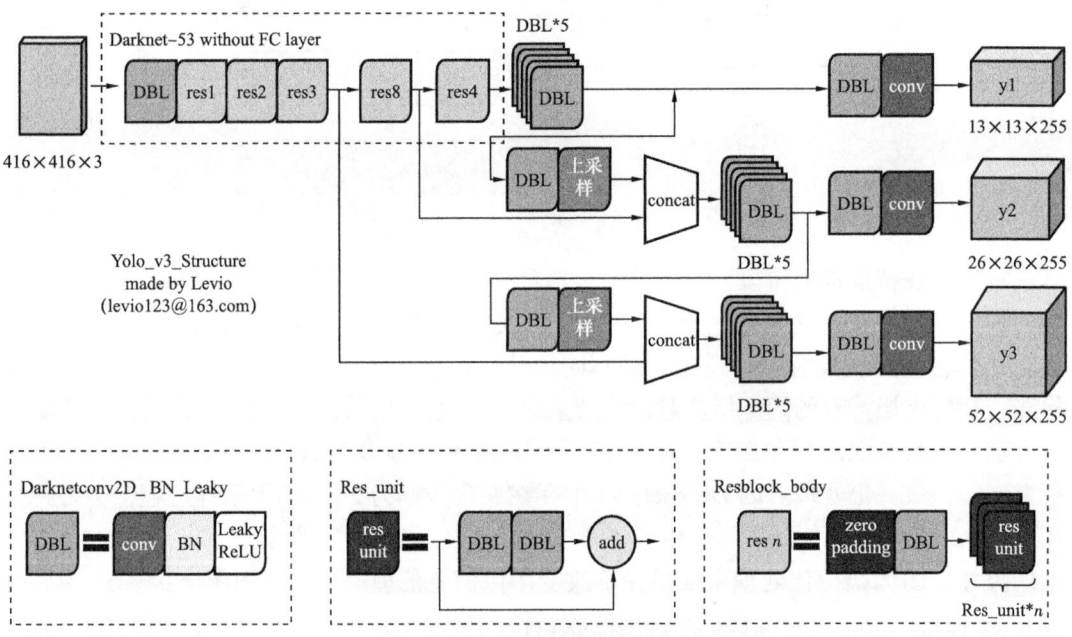

图 6.178 YOLOv3 网络结构

Darknet53—YOLOv3 继续吸收了当前优秀的检测框架的思想，如残差网络和特征融合等提出 DarkNet-53 网络结构；DB—卷积、BN 及 Leaky ReLU 三层的组合，在 YOLOv3 中卷积都是以这样的组合出现的，构成了 DarkNet 的基本单元，DBL 后面的数字代表有几个 DBL 模块；res n—res 代表残差模块，后面的数字 n 代表有几个串联的残差模块；上采样—上采样使用的方式为上池化，即元素复制扩充的方法使得特征图尺寸扩大，没有学习参数；concat—上采样后将深层与浅层的特征图进行 Concat 操作，即通道的拼接，类似于 FPN，但 FPN 使用的是逐元素相加；zero padding—在输入图像矩阵的边缘使用零值进行填充，这样可以对输入图像矩阵的边缘进行滤波；y1，y2，y3—Yolov3 输出的三个不同尺度的特征图

YOLOv3 主要特征如下：

（1）提出新的特征提取网络 Darknet-53。

将残差网络的思想和 DarkNet-19 相结合得到 DarkNet-53，它主要是由卷积核为 1×1 和卷积核为 3×3 的卷积层组成，在每个卷积层后加入 BN 层和 Leaky ReLU 函数层防止过拟合，而残差网络中残差边的引入会增加网络的深度，加强网络的检测能力。DarkNet-53 的基本组件为 DBL，即卷积层 +BN 层 +Leaky ReLU 层，最大组件 res_unit 为 DBL 组成，输入两个 DBL 基本组件，再借鉴残差的思想与原输入加和 add。残差思想的使用能够提取到层数更深的特征，并且还能避免出现梯度消失等问题。DarkNet-53 相比 DarkNet-19 没有最大池化操作，而是利用步长为 2 的卷积层完成下采样操作，并且加入了 BN 层和 Leaky ReLU 层防止过拟合，并将网络中间层的特征和后面层的特征上采样后拼接在一起，实现特征融合的效果。

（2）利用特征金字塔结构实现多尺度预测。

在 YOLOv3 中为了实现多尺度预测，借鉴了特征金字塔的思想。在网络结构的不同位置设计了不同尺寸的输出特征图，利用 3 个尺寸不同的特征图检测目标。其中，$N \times N$ 表示的是图像的尺寸；C 是需要检测类别的个数；数字 3 指的是每个网格需要 3 个锚框；数字 4 代表了边界框的中心坐标和宽高值 4 个参数，数字 1 表示了边界框的置信度。经过一次 DBL 操作、5 个 Resblock_body 模块后，再经过 6 次 DBL 操作和一次卷积，可以得到数量为 $13 \times 13 \times [3 \times (C \times 4 \times 1)]$ 的输出 y_1；而 y_2 输出则需要将 5 次 DBL 操作后的特征再进行 DBL 和上采样操作，再和第 4 个 Resblock_body 模块后的特征沿通道进行进行拼接，然后将拼接后的特征图进行 6 次 DBL 操作和 1 次卷积即得到输出 y_2，其输出张量为 $26 \times 26 \times [3 \times (C \times 4 \times 1)]$；$y_3$ 输出也可经过类似的处理得到，其输出为 $52 \times 52 \times [3 \times (C \times 4 \times 1)]$。因此网络依次在 32 倍、16 倍和 8 倍降采样时完成检测，实现网络的多尺度检测。

（3）利用逻辑回归函数进行分类。

YOLOv2 中，在使用 softmax 函数分类时，它会检测该目标仅仅属于一个类别，只能做到单标签分类。但 YOLOv3 中使用逻辑回归函数进行分类，它主要使用了 sigmoid 函数将输出限制在（0，1）之间，如果某个特征图的输出通过 sigmoid 函数处理后大于设定的阈值，即可以认为属于这个类别。

本研究烟火检测数据由从公开的火焰数据集 ImageNet、BoW-Fire、实际现场采集获得，以及通过互联网下载图像，构成本研究的训练集。训练集数据分为火焰图像和非火图像。

数据集共计有 10202 张图片，其中烟雾火焰图片 5867 张，负样本图片 4335 张，负样本包括天空、阳光、路灯、车灯、街道、室内、室外、森林等，部分火焰数据集如图 6.179 所示。

基于改进的 YOLOv3 算法，火焰识别的查准率为 92.4%，误检率为 3.5%，漏检率为 1.1%。说明本算法对火焰检测精度较高。

利用研究的模型进行视频火焰检测，查准率可达 97.6%，误检率为 5.3%，漏检率为 1.1%。研究的视频图像火焰检测结果验证如图 6.180 所示。

图 6.179 部分火焰数据集

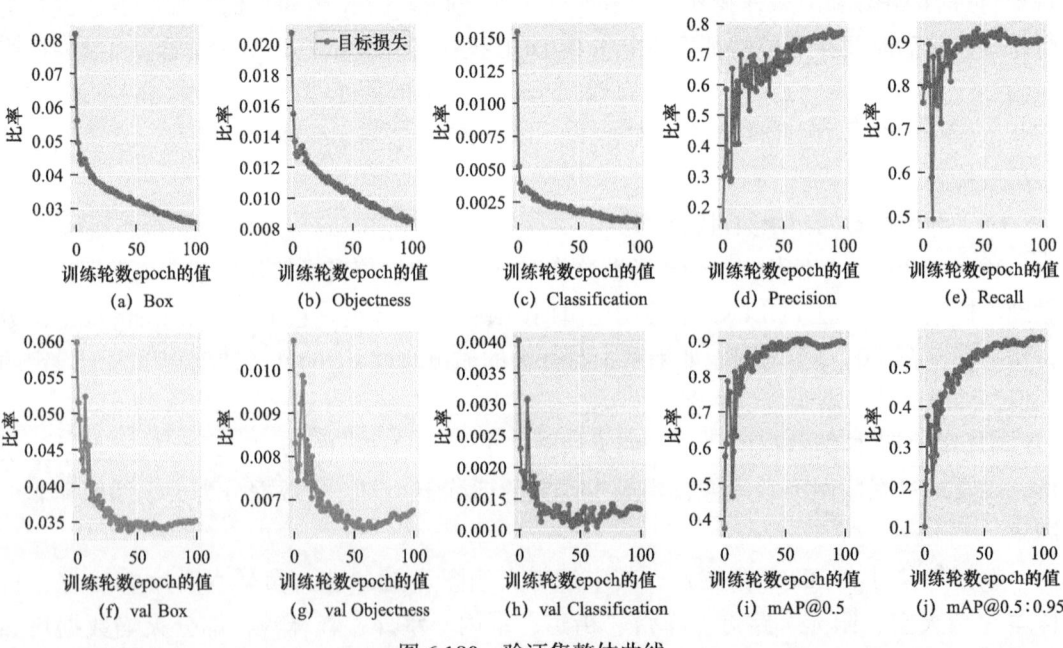

图 6.180 验证集整体曲线

模型检测效果如图 6.181 所示,其中标注框左上角的数字代表模型判定该区域为火焰的概率。检测中出现的误检情况主要是闪烁灯光及阳光等类火对象的干扰所致,为排除这些情况造成的干扰,引入了火焰特有的闪烁特征,排除非火对象,降低视频火焰识别的误检率,优化检测精度。

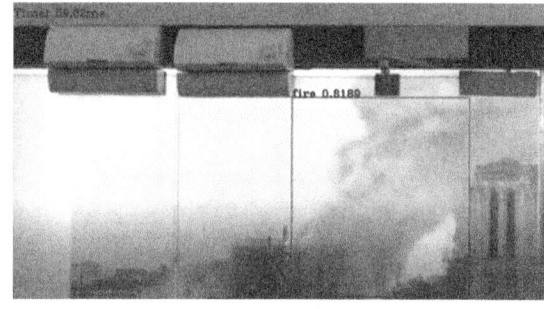

图 6.181　烟火检测效果图

6.2.9.7　安全帽检测算法

根据调查统计显示，施工安全事故造成的死亡原因主要包括坠落、滑到、被物体撞击、触电等。其中施工人员头部受高处坠落物撞击以及工人从高处坠落导致头部撞击硬地板是引起施工安全事故死亡的主要因素。这类因素主要会造成工人头部与颈部创伤，并且此类创伤在各类安全事故中是最为严重甚至致命的。美国安全统计显示，2003—2010 年期间美国有 2210 名建筑工人死于创伤性脑损伤，占工事故死亡总人数的 24%[44]。由于安全帽能有效地避免和缓解施工作业人员在生产活动中遭受坠落物对头部的损伤，可以显著缓冲物理撞击，因此它是一种安全文明施工必备的防护用品。土木工程施工现场作业人员佩戴安全帽是一种必要的安全防范措施，能够有效地保证施工人员的生命安全，因此在施工现场检测施工人员是否佩戴安全帽具有重要意义。

然而，在施工生产活动中，由于工人安全防范意识淡薄，时常出现施工人员未按照生产规范佩戴安全帽，形成巨大的安全隐患。因此，及时保障施工现场安全帽的有效佩戴，对减少安全事故中的人员伤亡具有重要意义。施工企业对于施工现场作业人员佩戴安全帽的管理大多以人工的方法为主，即在施工现场设置安全生产监督员，然而该方法自动化程度低，成本高昂，难以实现全场实时监测。通过实时监控视频以及监控视频记录不仅可以记录施工竣工进度，随时捕捉施工现场各种生产活动，还可以用于调查建筑事故原因、提供安全培训和教育媒体资源、分析现场作业生产效率、促进生产质量检查。将基于监控视频的非接触式检测方法应用于施工现场，可以为企业带来很好的投资效益。基于此目的，目前视频监控以及远程视频监控技术逐步应用在施工现场检测工人是否佩戴安全帽，有效监督并提高施工人员的安全意识。随着国家对土木工程安全文明施工的逐渐重视，一些企业在生产管理方面也越来越规范，并且会在施工现场安装多个摄像头，实时人工监控生产活动中出现的不安全行为。

本书以解决施工现场存在的实际问题为主要目的，分析了施工现场检测安全帽的特点和难点，在多种的检测算法中，比较了传统的图像处理算法、基于传感器的安全帽识别和基于深度学习的图像处理算法，在这三种方法中，传统的图像处理算法检测精度较低，检测不稳定，经常出现误报，不足以运用在实际工地中；而基于传感器的安全帽识别虽然相对准确，但是价格相对昂贵，不具有普适性，最终选择了最为合适实际运用且高效便捷的基于卷积神经网络的检测算法YOLOv4[45]，技术路线图如图6.182所示。

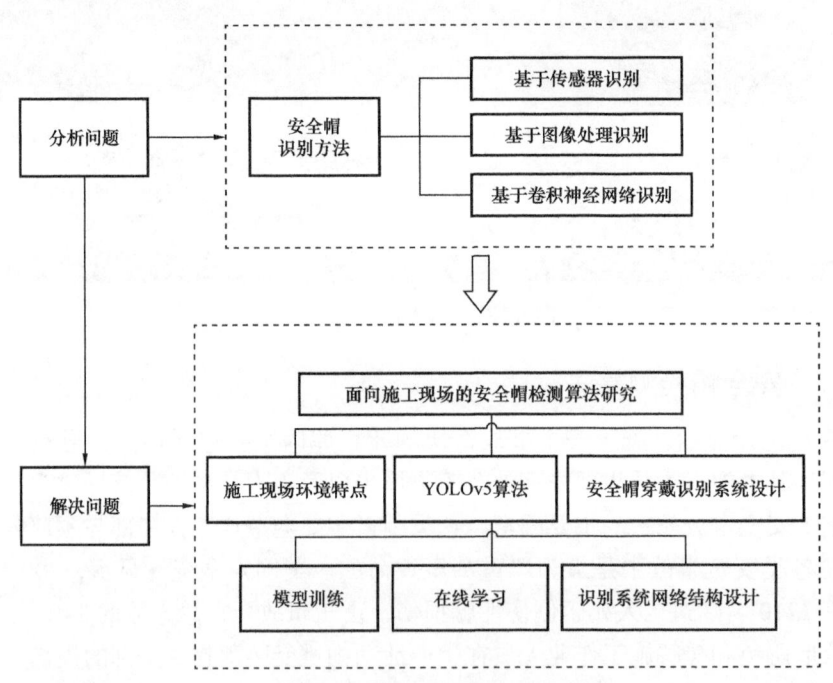

图6.182 安全帽检测技术路线

（1）算法原理。

近年来，卷积神经网络在目标检测和目标识别等计算机视觉领域取得了丰硕成果，对后期人工智能的发展具有不可估量的意义。卷积神经网络是由许多神经网络组成的，通常情况下以卷积层（Convolution Layer）之后是池化层（Pooling Layer），之后又是卷积层这样的交替形式出现，可交替出现多次，是由模型的需要来确定。在若干的卷积层+池化层之后会有一个全连接层（Full Connected Layer）。卷积层以及池化层的主要作用是进行特征提取，而全连接层则是将多次提取的特征进行映射，然后将二维特征图转化为一维向量，传入分类器。

卷积神经网络相比于全连接神经网络而言，参数量大大减少。这是卷积神经网络的两大特点——稀疏交互（Sparse Interaction）和权值共享（Parameter Sharing）所带来的。卷积神经网络除了有上述优点外，还能对平移、缩放和旋转等操作具有不变性。在传统的神经网络中，图像与相邻神经元之间的连接方式为全连接。

卷积神经网络中，输入图片的大小往往比卷积核的大小高出很多，每一个输出神经元仅仅和上一层特定局部范围内的神经元交互，这称之为稀疏交互。假设网络中相邻两层的输入层和输出层数目分别为 m 和 n，全连接网络权值矩阵拥有 $m*n$ 个参数。而对于卷积网络，假设每一个输出和前一层神经元的连接数目为 k，则该层的参数数目仅为 $k*n$。

参数共享不言而喻是指在同一个网络模型中，不同模块之间使用相同的参数，它是卷积操作的固有属性。卷积神经网络中，假如有一个大小确定的卷积核，它适用于待检测图片的某一区域的特征，就可以确定对于该图片的其余区域，这个卷积核同样适用，即在图片的不同位置可以采用相同的卷积核进行特征提取。不同权值的多个卷积核用于学习图像特征，可以将图片底层特征更好地挖掘出来。权值共享使得训练参数大幅度减少，网络的学习难度降低，与此同时可实现并行训练，且提高了网络的泛化能力。

YOLOv4 是现阶段检测精准度和检测速度表现都比较优异的检测算法，为了提升检测的性能，同时为了依据检测结果对安全帽进行跟踪，在 YOLOv4 基础上采用研究的轻量化 CSP 模块代替原来的 CSP 模块，减小模型的计算量，同时采用 DenseNet 模块替换特征金字塔中三个 5 次卷积模块，减少了网络之间的复杂度，在保证检测精准度的情况下提升检测速度，同时对聚类算法进行了改进，采用 K-means++ 聚类算法替换原模型的 K-means 算法，稳定了聚类效果。YOLOv5 官方检测网络共有 4 个版本，依次为 YOLOv5x、YOLOv5l、YOLOv5m、YOLOv5s。其中 YOLOv5s 是深度和特征图宽度均最小的网络，另外三种可以认为是在它的基础上，进行了加深、加宽。下文以 YOLOv5s 为主线进行论述。

① 增加 Focus 结构。Focus 结构的核心是对图片进行切片操作。图 6.183 以一个的简单的 3×4×4 输入图片为例。对于红色的区域，不论宽还是高，都从 0 开始，每隔两个步长取值；黄色的区域，不论宽还是高，都从 1 开始，每隔两个步长取值；依次类推，对三个通道都采取这样的切片操作。最后将所有的切片，按照通道 concat❶ 在一起，得到一个 12×2×2 的特征图。

YOLOv5s 以 3*608*608 的图片作为输入，经过切片操作（图 6.183）后，变成 12*304*304 的特征图，最后使用 32 个卷积核进行一次卷积，变成 32*304*304 的特征图。

---

❶ concat（）方法用于连接两个或多个数组。

图 6.183 切片操作

② CSP 结构。YOLOv4 中仅在 Backbone 中使用了 CSP 结构，而 YOLOv5 中在 Backbone 和 Neck 中使用了两种不同的 CSP。在 Backbone 中，使用带有残差结构的 CSP1_X，因为 Backbone 网络较深，残差结构的加入使得层和层之间进行反向传播时，梯度值得到增强，有效防止网络加深时所引起的梯度消失，得到的特征粒度更细。在 Neck 中使用 CSP2_X，相对于单纯的 CBL 将主干网络的输出分成了两个分支，后将其 concat，使网络对特征的融合能力得到加强，保留了更丰富的特征信息。YOLOv5s、YOLOv5m、YOLOv5l 和 YOLOv5x 按照其所含的残差结构的个数依次增多，网络的特征提取、融合能力不断加强，检测精度得到提高，但相应的时间花费也在增加。

（2）模型改进。

① Mosaic-9 数据增强。一个成功的神经网络，大都需要大量的数据。然而，获取新的数据这项工作往往需要花费大量的时间或者人工成本，那么数据增强就提供了一种有效的增加数据量的方式。比如缩放、平移、翻转、旋转、色彩变换等都是被广泛使用、较为常见的增强数据的方法。这样一方面能够增加用于训练的样本的数量，得到泛化能力较强的模型；另一方面，噪声数据也被增多，模型的泛化能力得到提升。YOLOv5 中除了使用基本的数据增强方法外，还使用了 Mosaic 数据增强方法，其主要思想很简单，就是将 4 张图片，进行随机裁剪、缩放后再随机排布拼接后形成一张图片，实现丰富数据集目标的同时，增加了小目标样本，提升网络训练速度；在进行归一化操作时，也会一次性计算 4 张图片，Mini-batch 则不需要很大，使得模型的内存需求降低。Mosaic 数据增强的流程如图 6.184 所示，本书采用 Mosaic 方法的增强版——Mosaic-9，即对 9 张图片随机裁剪、随机缩放、随机排列组合成一张图片，其细节如图 6.185 所示。

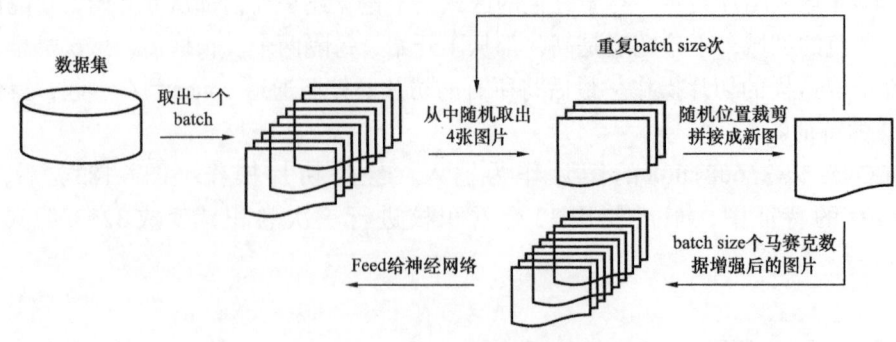

图 6.184 Mosaic 数据增强流程

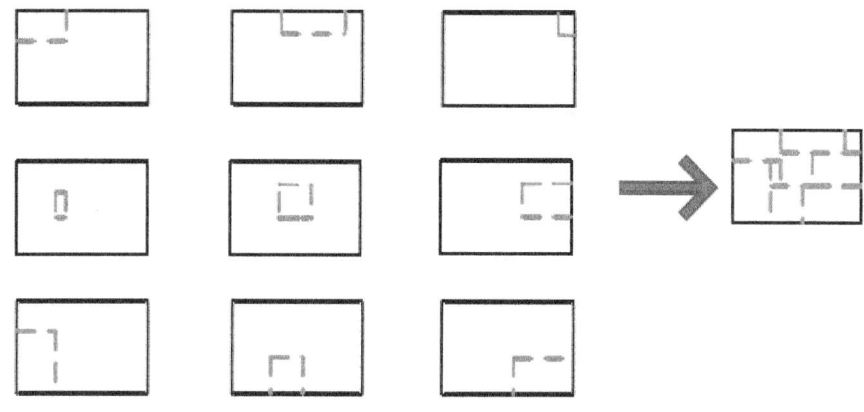

图 6.185 Mosaic-9 数据增强细节

② Label Smoothing。Label Smoothing 标签平滑最早应用于分类算法中，后引入目标检测算法中。目标检测算法分为分类与回归两个分支，其主要作用于分类分支，属于正则化方法中的一种。它的主要思想是对真实标签（ground truth）的分布进行改造，使其不再遵循 one-hot 形式。在 YOLOv5 的 Prediction 层引入 Label Smoothing 标签平滑方法。

③ 注意力机制。人类的注意力是人类视觉所特有的大脑信号处理机制。人类通过快速扫描全局图像，获得需要重点关注的目标区域，得到注意力焦点，而后对这一区域投入更多注意力，以获取更多所需要关注目标的细节信息，从而抑制其他无用信息。这是人类利用有限的注意力资源从大量信息中快速筛选出高价值信息的手段，是人类在长期进化中形成的一种生存机制，极大地提高了视觉信息处理的效率与准确性。比如给某人看一张印有图片的报纸，那人会先去看报纸的标题，然后会看醒目的图片。注意力机制与人的视觉注意力很相似。引入 CVPR2017 的 Squeeze-and-Excitation Networks 一文中提到的 SENet 模块，图 6.186 为 SE 模块的工作原理。

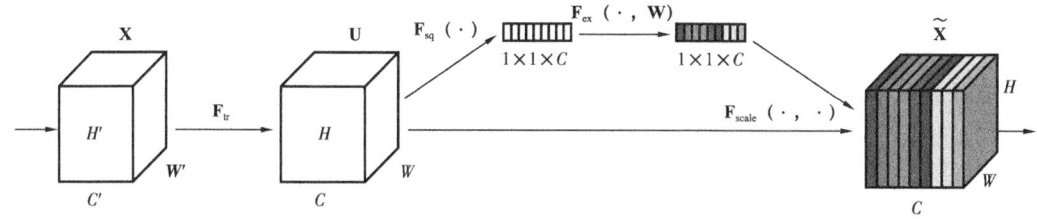

图 6.186 SE 模块工作原理示意图

X—输入特征图；H′—特征图高度；C′—特征图通道数；W′—特征图宽度；F_{tr}—卷积算子，用以实现对任意给定的变换，即 X 经过卷积算子后变换为 U；F_{sq}—全局平均池化，将每个通道的二维特征（$H×W$）压缩为 1 个实数，将特征图从 $[H, W, C] \Longrightarrow [1, 1, C]$；$F_{ex}$—给每个特征通道生成一个权重值；$F_{scale}$—将前面得到的归一化权重加权到每个通道的特征上；$\widetilde{X}$—输出特征图

从图 6.186 中可以看到，SE 模块主要包含 Squeeze 和 Excitation 两部分。给定一个输入 x，其特征通道为 c_1，通过一系列的卷积变换成一个特征通道数为 c_2 的特征，接下来通过三个操作来重标定前面得到的特征。首先通过 Squeeze 操作，在空间上映射 feature 信息，产生一个通道的描述向量。这个描述向量的作用是产生一个嵌入在通道层次特征响

应的全局分布，从而允许来自网络全局感受野（Receptive Field）的信息被其所有层使用。聚合之后是 Excitation 操作，采用一种简单的自门控机制，该机制将嵌入作为输入并产生每个通道对应权重的集合。将这些权重应用于 U，从而生成 SE Block 的输出，然后送给后续的网络。在 YOLOv5 的 Bankbone 中引入 SENet 注意力机制，Backbone 模块引入 SENet 注意力模块前后可以表示为图 6.187 所示。

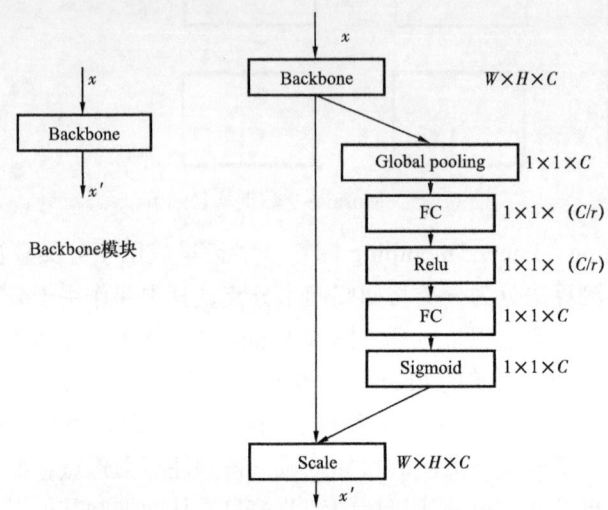

图 6.187　Backbone 端引入 SENet 注意力机制示意图

Backbone—主干网络；$W \times H \times C$—宽 × 高 × 通道数；Global pooling—全局池化；FC—全连接；Relu，Sigmoid——函数；Scale—尺寸

（3）训练与测试。

数据集标签对检测性能有较大影响，如图 6.188 数据标签统计图所示，本模块安全帽相关标签超过 20000，足够达到训练良好模型的目的。

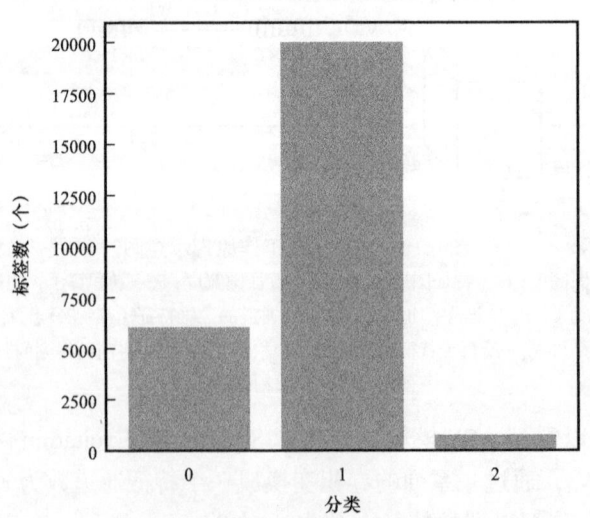

图 6.188　安全帽数据集标签统计

横坐标分类，0—人体；1—安全帽；2—头

如图 6.189 数据增强所示，采用 Mosaic-9 数据增强让数据更具泛化能力，加强对小目标的检测能力。

图 6.189　数据增强

本模块为了兼顾检测速度和精度，选用 YOLOv5l 为基础训练，训练 300 轮后精度效果见表 6.27，效果检测如图 6.190 所示。

表 6.27　安全帽模型精度示意图

分类	P	R	mAP@0.5
总体	0.892	0.919	0.906
人体	0.956	0.914	0.897
头部	0.933	0.913	0.901
安全帽	0.967	0.953	0.946

注：P—精度度；R—召回率；mAP@0.5—目标检测中的一个指标，是指当 IoU（Intersection over Union）为 0.5 时，计算每一类的所有图片的 AP，然后所有类别求平均，即 mAP。

图 6.190 安全帽检测效果

6.2.10 天然气生产场站无人巡检系统

6.2.10.1 现状

目前,油气田站场巡检主要以人力巡检为主,存在劳动强度过大、恶劣环境和气候条件下无法保障工作持续性等问题。人工巡检记录和互传的信息准确性和及时性不能保证,涉及硫化氢环境和高处作业等岗位安全风险高,一旦出问题进入现场难度大,应急指挥效率低,信息无法及时共享。

由于天然气生产场站的安全性要求,尤其是高含硫生产场站的特殊性,利用无人巡检系统这一新兴安全科技手段有效代替人工巡检,通过综合人工智能化和机械智能化的产品参与到天然气生产场站巡检中来,使人工管理更安全、更高效、更稳定。智能巡检管理系统可以支持不同时间段比如每日、多日、每周或者每月等灵活的排版考核方式,能够按照区间进行体检或者计划模板生产工作计划。这样人们的工作就会更加井然有序,更加高效简便。对于工作人员进行实时数据统计,记录所有工作人员的工作情况,出勤情况还有工作状态,包括工作计划完成情况、手持终端电量、统训练状态等。可以支持出勤数据的保存和备份,提供历史的轨迹回放、工作情况等的重现和可追溯,能够随时调阅历史工作资料,进行各项工作的过程重现、轨迹等分析统计工作等。在出现安全隐患问题的时候,智能巡检管理系统配有闪烁与音效来提示管理人员进行处理和调度,并且能够图文并茂地展现隐患现场和工单打印,结合产品地图掌握隐患分布,调整区域巡查力度,能够实时掌握工作重点,可会设置隐患高发区并进行单独管理,以防再次发生隐患。智能巡检系统不仅可以在 PC 端显示使用,同时还支持移动端,管理人员在手机上就可以看到设备的各个时间点的工作状态、GPS 状态、通信状态及电量等。

巡检机器人将可以在无人值守的情况下按照预先设定好的时间和位置定时定点地执行巡逻任务；通过高清摄像机模块采集现场仪表信息，将实现对现场各类型仪表数据和状态进行精确检测；通过对机器人的传感器的数据进行综合分析，能够判别生产环境、设备、管线是否处在不安全状态，从而保障生产安全平稳地运行。利用 5G 通信技术的优点，在高含硫生产场站搭建 5G 通信技术智慧控制平台，建立高含硫场站 5G 技术应用管理模块，实现无人机智能巡检、AR 智能辅助作业、智能机器人巡检等功能，实现油气生产网络化运行、智能化管理，减少人员在高风险环境下的工作时间，提高安全性，实现气田无人值守安全生产，以信息化推动基层安全环保管理水平的提升，确保企业油气生产全过程、全方位安全受控，实现油气生产由传统管理模式向智能化管理模式转变。

6.2.10.2 面向天然气生产场站的 5G 基础架构设计原理

完成 5G 通信技术[46]应用项目需求的确认工作及细化分析，为目前正在编制的《现有高含硫气田 5G 应用企业标准草案》提前进行储备。完成 5G 通信网络的技术优势研究及在重庆气矿 5G 通信技术在高含硫天然气生产场站推广应用的基础架构设计。

如图 6.191 所示，SD-WAN 网关硬件架构[47]为 X86 通用架构，多种网络功能通过虚拟机或 docker 容器方式部署至网关，实现网络功能与硬件解耦。SD-WAN 产品通过集中管理平台，对全网网关进行功能的自动编排和配置下发，实现"一点受理、一键开通、全网可视"。产品支持基于业务场景的精细化管控，提供差异化的网络服务；支持链路级、设备级的冗余保护以及数据加密，提供可靠的网络安全保障。

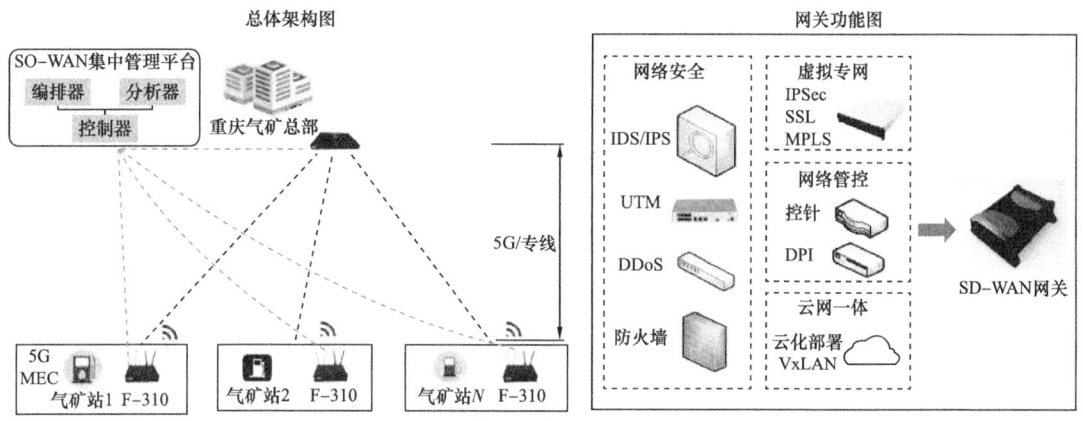

图 6.191　5G 网络总体架构及网关功能设置

F-310—无线路由器型号；5G MEC—5G 边缘计算技术；IDS—入侵检测系统；IPS—入侵防御系统；UTM—统一威胁管理；DDoS—分布式拒绝服务；DPI—深度包检测技术；IPsec（缩写 IP Security）—保护 IP 协议安全通信的标准，它主要对 IP 协议分组进行加密和认证；SSL—Secure Socket Layer，即安全接口层；MPLS—多协议标记交换；VxLAN—虚拟扩展局域网；SD-WAN—Software Defined Wide Area Network，即软件定义广域网

天然气生产场站的 5G 网络总体划分为天然气生产现场的内网部分与外网部分及现场控制中心部分。通过提供的数据接口读取现场数据存储到大数据平台，利用 5G 边缘计

算,在大数据平台进行数据分析,大数据分析系统具备清管周期预测、管网阀门压力预测、腐蚀速率预测、防冻剂加注预测等功能,并提供数据可视化、辅助决策、危险预警等服务。5G 网络部署示意图如图 6.192 所示。

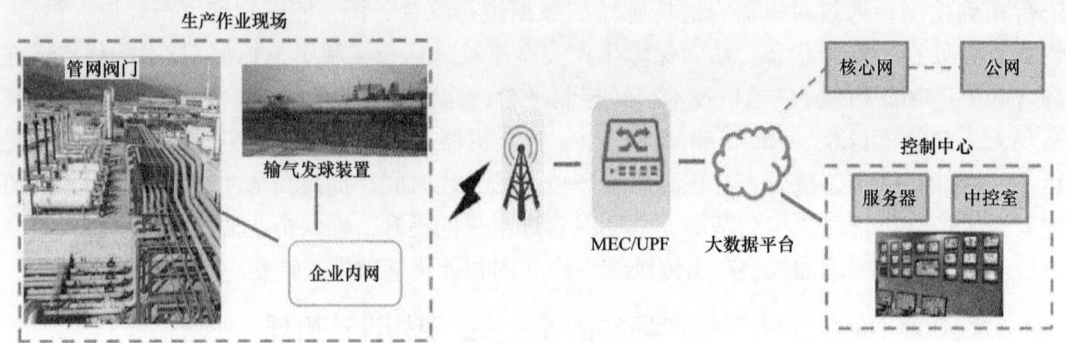

图 6.192　5G 网络部署示意图
MEC—移动边缘计算或多接入边缘计算；UPF—用户平面功能

6.2.10.3　应用与实践

（1）5G 无人机巡检、推广实施方案编制及功能开发。

目前,重庆气矿已经在大猫坪中心站完成了 5G+ 无人机智能巡检现场勘察,完成了应用 5G 通信技术进行无人机巡检设计、推广实施方案,以及软件设计和功能开发。拟定以大猫坪中心站作为无人机巡检中心,覆盖 YA012-X8 井站、YA012-6 井站、YA012-2 井站、YA012-X7 井站及站间管线。计划在大猫坪中心站现场进行无人机自动机场与无人机的布设,运用无人机巡检子系统软件控制无人机进行全自动巡检作业,利用现场的 5G 专网进行无人机巡检画面的实时回传。无人机巡检子系统由巡检无人机主机、智能自动机场、本地控制系统服务器和无人机巡检子系统软件 4 部分组成。

依据管道转角点坐标和各站点的 GPS 坐标建立航迹点,同时结合地面对管线的人工探查和测量,确定管线的准确位置,调整无人机的巡检飞行航点和云台摄像机的设置信息。确定航迹沿线及航拍位置建立航点和巡检动作,形成巡检线路任务,并保存至无人机巡检管理平台。

航线规划以大猫坪中心站为起始点,依次飞往各个分支站,路线为：大猫坪中心站→YA012-X8 井站→YA012-6 井站→YA012-X7 井站→YA012-2 井站→大猫坪中心站。按照既定线路总巡检飞行里程约为 8.8km,速度约 40km/h,巡检飞行时间约为 13min,每个站点环绕 1min 巡检,则整个巡检流程完成时间约为 18min。5G 智能巡检无人机路线规划图如图 6.193 所示。

（2）5G 智能机器人巡检原型设计。

根据现场勘察情况确认了二维码导航和激光导航两种可行的导航方式,适合于不同的场景。二维码导航（路径导航）：在地图上配置和设置导航点和路径后,机器人根据系统规划出的路径进行运行。

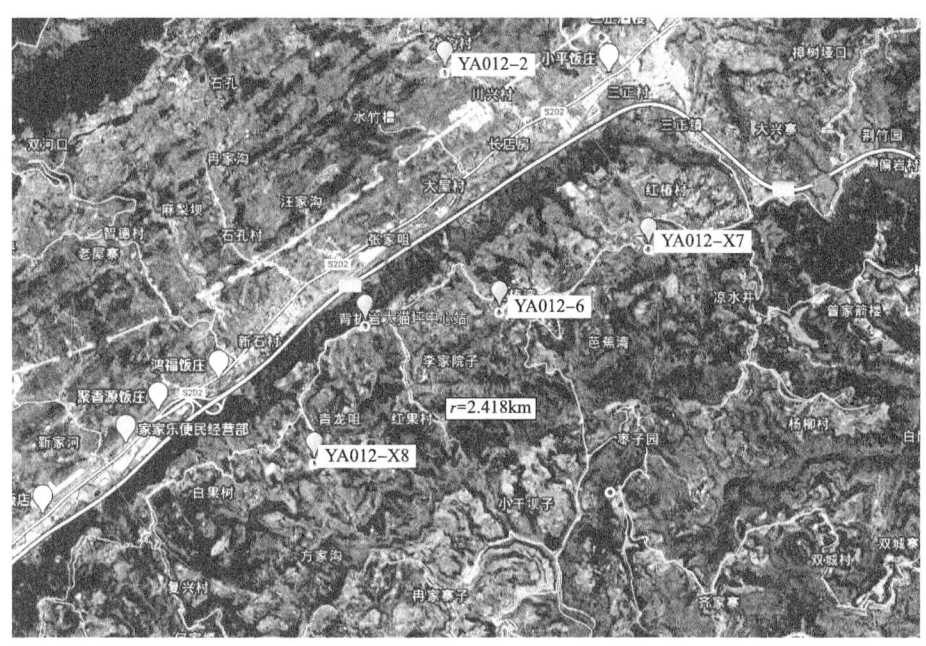

图 6.193　5G 智能巡检无人机路线规划图

激光导航包括路径导航和自由导航。路径导航和二维码导航一样，机器人需要根据调度系统规划的路径进行运行。自由导航不需要路径，只需要在地图上确定目标点，机器人会动态规划路径并进行移动，在移动过程中会进行自主避障和动态规划。5G 智能巡检机器人导航规划如图 6.194 所示。

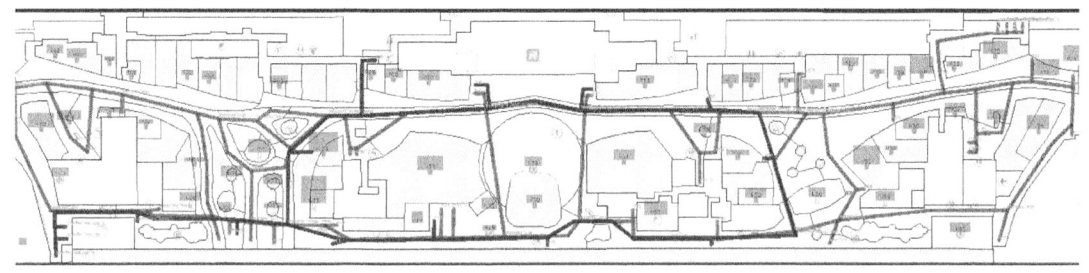

图 6.194　5G 智能巡检机器人导航规划图

5G 智能巡检机器人功能规划及梳理，智能巡检机器人方案中设计功能如下：

① 智能领工。引领运维人员到达指定地点。

② 安保系统。密码认证登入机器人、账号登入机器人。

③ 智能随工监视。历史录像查看。

④ 远程操控。实现内网远程操控。

⑤ 定点巡检。指定地点巡检工作。

在设计的方案中，场站 5G 智能巡检机器人可结合微环境管理要求，在以下方面实现微环境管理功能：

① 监控后台软件总体功能。总体友好性、易用性、稳定性。

② 温湿度分析。温湿度显示准确性。
③ 空气环境检测。实现场站气体温湿度检测。
④ 热成像分析。软件平台展示热成像图像。
⑤ 语音交互。实现运维人员与后台控制中心语音交互，语音报告当前环境状况，场站人员可以主动进行语音交互，向后台人员汇报巡检的情况、动力环境的实时情况、设备故障情况等；具有过滤噪声能力，在60dB的背景噪声下，能够准确、快速地进行语音采集。
⑥ 整体环境监测——具备多点的温度、湿度、热成像等多点监测。可实时监测噪声以及空气中的温度和湿度的大气参数，可进行地面是否有水的判断。包括但不限于：

a. 指示灯状态识别。具备设备红、黄报警指示灯的状态识别。
b. 开关及仪表识别。具备开关闸、阀门、仪表等的外观、位置及状态数值识别。
c. 远红外监测。集成远红外摄像头，实现机房内所有设备、线路及接口处发热温度监测。

图 6.195 5G 智能巡检机器人测温展示界面

5G 智能巡检机器人测温展示界面如图 6.195 所示。机器人巡检温湿度监测功能可集成温湿度监测传感器，实现机房微环境温湿度监测。通过噪声监测集成噪声监测传感器，实现机房微环境噪声分贝值及频谱特征的监测。通过巡检机器人可实现场站无死角、无盲区的动力环境的实时监测，并可以集成接入原有的动环系统，提供多种方式的报警。机器人巡检对设备和动环设备的指示灯及面板状态进行识别检测，可实现对多品牌多型号设备状态灯的识别，并将检测到的异常结果进行实时报警。在同一机柜安装多型号设备时，即使在故障灯位置不同的情况下，也能识别故障灯。

对巡检机器人异常状态的报警功能的设计包括了实时检测控制模块、通信模块、超声波模块、动力模块的状态信息，一旦某一模块状态异常时，会停止巡检工作并向集控中心发出报警信号，提醒工作人员进行及时检查，并根据实际情况选择解除报警或者检修设备。

智能巡检机器人能够实时监测电池电量，当电量低于预设值时，会停止巡检工作，自动返回充电房进行充电，并向集控中心发送报警信号，提醒工作人员机器人已终止巡检工作并开始充电。电量充满后再次向集控中心发出信号，并自动开始执行之前中断的巡检工作。智能巡检机器人通过两个金属触点自动对位连通电源，无须人工管理。在非充电时间电极不带电，保障用电安全。充满一次电最大续航时间可达 5h。根据智能机器人充电方案设计,智能充电系统检测到电量不足时,将自动返回充电站充电。5G 智能巡检机器人自动充电系统如图 6.196 所示。

图 6.196　5G 智能巡检机器人自动充电系统

6.2.11　5G+VR/AR 辅助作业设计

管理人员可通过 5G 应用门户系统进入作业区数字化管理平台将作业前准备、流程规范、操作步骤、风险提示、关联数据等按任务模式配置,还可配置作业相关辅助资料供作业人员在执行过程中参考学习,继而形成本地化个性定制管理。对于关键作业节点,5G+AR/VR 智能辅助作业方案可要求作业人员借助手持终端提供操作照片或作业数据,严格把控安全。5G+AR/VR 辅助作业实施方案功能示意如图 6.197 所示。

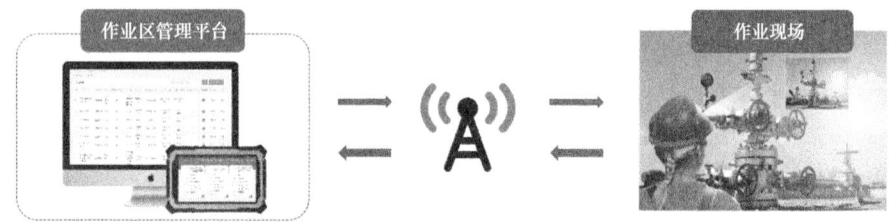

图 6.197　5G+AR/VR 辅助作业实施方案功能示意图

一线工作人员只需要穿戴头戴式计算机即可通过语音指令开始执行工单,在执行过程中作业人员通过头戴式计算机扫描必检点二维码进行扫码定位,管理层可以随时查看作业人员的实时位置,以及现场作业人员的巡检轨迹。巡检完成后自动上传工单,后续可在作业区数字化管理平台 PC 端、手持终端对工单数据进行查看。佩戴 AR 智能扫码必检点及定位示意图 6.198 所示。

 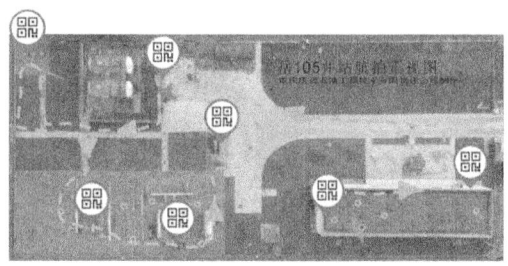

图 6.198　佩戴 AR 智能扫码必检点及定位示意图

在执行过程中,数字化、流程化作业流程为操作人员进行步步提示。内置麦克风、扬声器、集成无线通信模组可以通过云计算或本地计算将文字信息转化为声音信息,将作业提示等信息进行语音播报。另外,头戴式计算机随时可以检测到作业人员的声音,及时响应作业人员的指令进行下一步作业、拍照等操作,给应用配上"耳朵"。

使用头戴式计算机替代手持终端,将作业指导的多维信息实时叠加至操作部位,实现作业指导"可视化",联动语音提示模块,可自动播报作业要点与难点,形成全方位指导,提升作业质量,降低误操作风险。AR智能辅助作业工单界面示意图和AR智能辅助作业界面示意图分别如图6.199和图6.200所示。

图6.199 AR智能辅助作业工单界面示意图   图6.200 AR智能辅助作业界面示意图

对于复杂、关键操作,附图不能直观、清楚地表达作业要求及步骤的时候,通过5G+AR/VR智能辅助作业方案中的视频、3D模型来解释说明。该实施方案不仅使作业人员能在平时操作中提升自己、加固技能知识,还能保证作业的标准化和规范化,保障作业安全。AR智能识别查询界面示意图如图6.201所示。

图6.201 AR智能识别查询界面示意图

视频及3D模型查看方案如图6.202所示。管理人员在作业区数字化管理平台PC端对相应设备信息进行维护,并将三维制作软件建立的虚拟三维数据的模型信息、视频解说录入平台后,员工在作业过程中或平时学习过程中,可通过扫描设备二维码或智能实体识别进行设备信息查询。

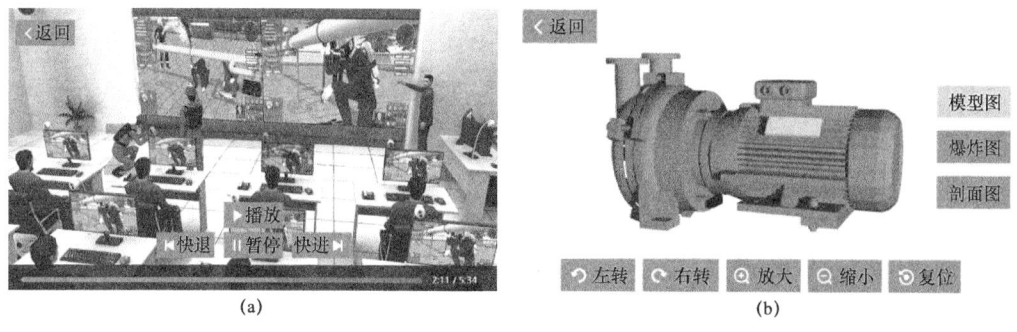

图 6.202　视频（a）及 3D 模型（b）查看方案

在 5G+AR/VR 规划方案中设备信息包括设备文字介绍、3D 模型解析、设备视频解说。文字介绍主要包括设备的重要信息，例如设备名称、设备类型、安装日期、维护时间等数据，这些方案规划功能确保员工可以随时查看、跟踪设备生命周期，达到设备全生命周期管理的目的。3D 模型解析包括设备 3D 图、爆炸解析图、剖面图，可以通过旋转、放大缩小命令进行灵活控制。设备查询功能也可用于新员工培训讲解，让理论与实际相结合，理论知识变得更易理解。设备 3D 剖面图查询界面功能如图 6.203 所示。

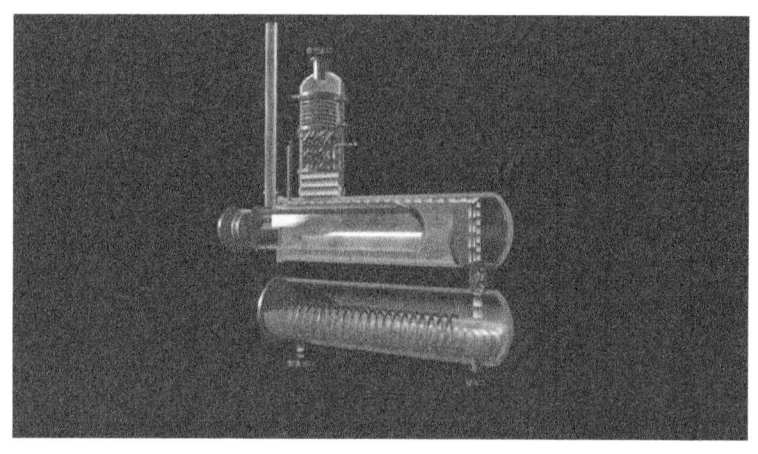

图 6.203　设备 3D 剖面图查询界面功能

智能辅助作业系统可精准识别仪器仪表读数，系统可自动与云端历史数据、现场自动化采集数据进行对比，验证"三表"（仪器仪表读数、云端数据、自动化采集数据）是否合一，检验自控系统的可靠性，通过 AI 的感知与计算优势，快速发现人工巡查难以发现的风险与隐患。AR 智能仪表识别界面和设备状态智能判断如图 6.204 所示。

对于高风险或关键作业步骤，管理人员可在作业区数字化管理平台 PC 端配置作业标准，在规定的某些步骤内进行数据采样，当作业人员操作到这些步骤时，头戴式计算机将自动全程记录操作过程，并同步到云端，以便追溯和分析。助力企业技术经验与知识财富的沉淀，为培训新员工提供丰富的演示案例。头戴式计算机录像方案场景应用如图 6.205 所示。

图 6.204　AR 智能仪表识别界面示意图（a）和设备状态智能判断（b）

图 6.205　头戴式计算机录像方案场景应用

AR 远程协同作业中远程可视化解决方案，基于现场即时远程沟通的实际需求，通过结合 AR 技术，借助 AI 眼镜，通过 AR 云端进行数据采集和预处理，为远程求助方提供可视化的信息服务，实现专家级远程协助的远程可视化解决方案。

场站人员遇到问题时，可通过远程协助系统向云端的作业区或专家支持中心请求即时远程支持，提供第一视角高清视频直播，引入增强现实标注、视觉识别技术高效精准交流，让问题交流更直接、更高效，免去了现场服务人员与专家的出差烦扰，节约企业成本。远程协同作业方案包括主叫模式（图 6.206）（主叫模式是指一线工作人员通过头戴式计算机主动向远程支持中心发起呼叫，专家支持人员对现场进行远程协助）及被叫模式（图 6.207）（被叫模式是指远程支持中心主动发起远程连接，直接启动作业人员手持终端的摄像头和麦克风设备、头戴式计算机对讲功能）。

第 6 章 物联网应用技术与实践

图 6.206　AR 远程协同作业主叫模式　　　图 6.207　AR 远程协同作业被叫模式

第 7 章 智能化气田展望

长期以来，提高油气开采效率、减少人工支出及降低成本一直是石油企业提高竞争力和抗风险能力的目标。各大石油企业都希望通过数据分析、实时监测和自动化来提升全产业链的决策质量和管理水平。在油气行业，近年来一些国际性的大型石油公司也提出了"智能油气田"的概念，着力开始"智能油气田"的相关理念提出、实施规划编制及解决方案的制订，并从不同角度、有重点研究、建设和实施"智能油气田"。

其中，挪威国家石油公司是全球"智能油气田"的先行者和实践者，该公司与IBM公司合作全面设计规划"智能油气田"，并形成了系列解决方案，已经实现了对油气田现场状况及运行效率的监控、自动化关井、停井管理、可视化协作等多方面智能化运行和管理。其他国际石油公司虽然没有全面、系统规划和建设"智能油气田"，但实际上各公司已经从不同方面实施了"智能油气田"的项目。如，雪佛龙公司重点实施了"智能完井、实时生产监控与优化"等；壳牌石油公司重点是通过实时作业中心（RTOC）建设，实现了井下复杂油气藏的实时监控；英国石油公司（BP）重点实施了钻井业务流程、运营自动化和重点井的全部实时监控；埃克森美孚公司则重点实施了全球钻井数据中心、多个可视化协作中心建设，研究应用了油藏模型仿真，实现了全球标准化生产现场运行监控。IBM公司作为世界"智慧化"创始者和倡导者，推行"整合一体化运行和操作"（Integrated Operations），并与世界多个石油公司合作研究、实践了"智慧油气田"诸多解决方案。当前，有关智能油气田的规划发展及核心技术也逐渐成为研究的热点。

在这一背景下，人工智能技术以软件、智能装备及作业平台等形式在勘探开发、施工现场到管理等多个环节得到了广泛应用，"人工智能+"已成为油气行业的共识。各大石油公司相继开展了各类智慧油田项目，如壳牌石油公司的智能油气田、英国石油公司的未来油气田、挪威国家石油公司（Statoil）的"整合运营项目"、科威特石油公司的数字油气田建设、中国石油的勘探开发"梦想云"和中国石化的"石化智云"等。

中国各大油气田经过多年信息化建设，已基本实现了信息的数字化，且积累了大量数据资产。同时，随着5G时代的到来，万物互联（智能手机、网络技术及传感器技术等）将为油气领域的数据带来质的飞跃，很多过去效果不够好的机器学习模型或算法迎来了大幅提升的机遇。因此，在未来很长一段时间，如何构建算法对海量数据进行精确分析，实现人工智能与油气行业深度融合，将是相关从业人员研究的热点。

机器学习是人工智能的一个子集。在石油和天然气工业中，从地表和地下收集各种类型的数据，以便了解碳氢化合物的开发生产潜力。传感器大量收集这些数据，再通过技术分析这些数据。机器学习方法提供输入变量之间的关系并预测输出。在机器学习中，首要的问题是通过已识别标记所指分类结果的训练集合，来识别新的未标记输入数据的标记。

可以使用数据挖掘与分析、人工智能、监督和无监督学习以及其他项目管理方法,建立一个基于机器学习的框架和路线图作为对石油和天然气行业的解决方案。

7.1 典型人工智能算法在油气生产中的应用

7.1.1 人工神经网络

人工神经网络[48]是解决复杂问题的有效的机器学习方法。在石油与天然气行业中,神经网络最广泛地应用于线性关系无法解决的非线性问题以及其他复杂问题。前馈神经网络(FF-ANN)向前传输信息,包括隐藏的神经元。神经网络可以应用于石油工业的领域包括地震模式识别、钻头诊断、气井产量提高、砂岩岩相识别、井动态预测和优化等。具体地,神经网络模型有助于预测管道状况,使作业者能够对管道状况进行评估和预测。Tabesh 等于 2009 年讨论了利用 ANN 等方法预测管道故障率和机械可靠性[49]。机器学习模型可用于储层含砂百分比的计算。以地震阻抗、瞬时振幅和频率作为输入。该模型可以在更短的时间内预测出含砂率,并增强了可视化效果[50]。利用 ANN-广义自回归条件异方差(ANN-GARCH)机器学习方法还可以预测油价波动[51]。机器学习架构如图 7.1 所示。

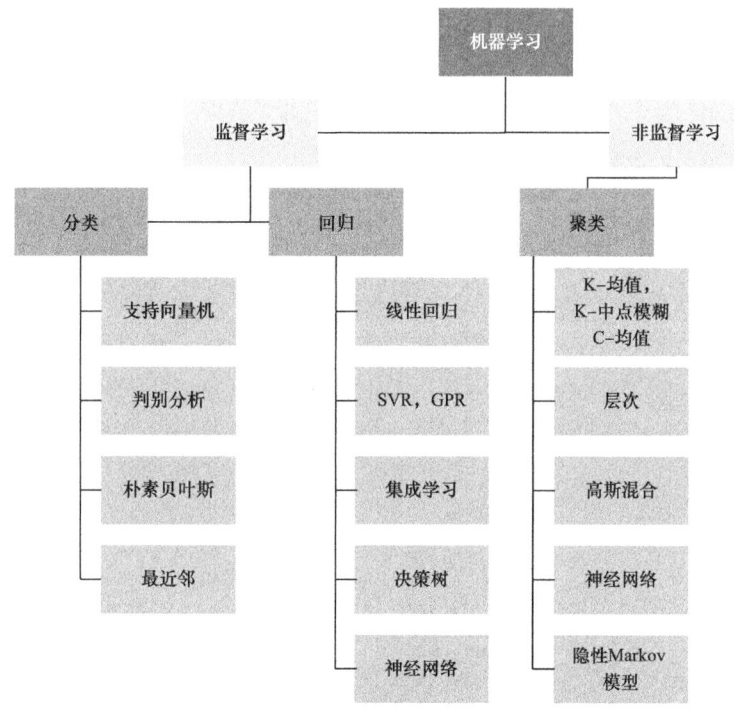

图 7.1 机器学习架构

7.1.2 模糊逻辑

模糊逻辑算法一般用于研究井位优化。研究发现,神经—模糊方法的井位布置时间更短[52]。Ilkhchi 等针对伊朗三口海上气井建立了储层模糊逻辑模型[53]。他们预测了气藏中岩石的渗透率。该方法可用于从大数据中识别数据中的规律。它代表了储层的特性，是一种油气开发中经济、高效的采收率方法。

7.1.3 遗传算法

遗传算法（Genetic Algorithm，GA）是一种启发算法，使用了查尔斯·达尔文（Charles Darwin）提出的自然进化概念。该算法使用了自然选择的过程。最好的后代被考虑作为下一代种群。Al-Mudhafer 和 Shaheed 在 2011 年使用两种遗传算法方法来识别钻探的最佳储层性能，得到了相同的结果[54]。他们使用了带有遗传算法的井位布局框架求解三维油藏中多分支井的优化问题，该算法可以处理不同数量的生产井[55]。遗传算法（GA）还用于油区开发、生产调度、地震反演和不同储层的特征[56]。

7.1.4 线性回归

线性回归是一种统计方法。在线性回归中，变量之间存在相关性。基于线性回归和非线性回归的模型被用来预测全球石油产量。与其他方法相比，逆回归模型表现出了优异的性能。基于线性回归的结果，Aydin[57]预计 2020 年全球石油产量为 4593×10^4 t。此外，可以采用多元线性回归模型对真实测井资料进行解释，该模型对油气层模式的识别是有效的[58]。Wang 和 Liu 对原油未来经济的影响因素进行了回归分析并使用统计软件建立回归模型[59]。

7.1.5 主成分分析（PCA）

主成分分析利用大数据中常见的模式和趋势，将其用于生产预测。主成分分析法通常用于预测富含油气的页岩储层的产量。Makinde 和 Lee 采用奇异值分解（SVD）方法计算主成分，并利用这些计算出的主成分来预测石油产量，该模型具有较好的预测精度[60]。Chen 等采用基于累积分布函数的主成分分析（CDF-PCA）方法对油藏进行可视化建模[61]。结果表明，采用 CDF-PCA 的沉积相、储层物性和产量预测模型具有较好的一致性。Dong 等采用主成分分析法对天然气可持续性指数进行了识别和评价[62]。结果表明，从 2008 年到 2013 年，由于需求和供应的增加，可持续性不断上升。机器学习流程如图 7.2 所示。

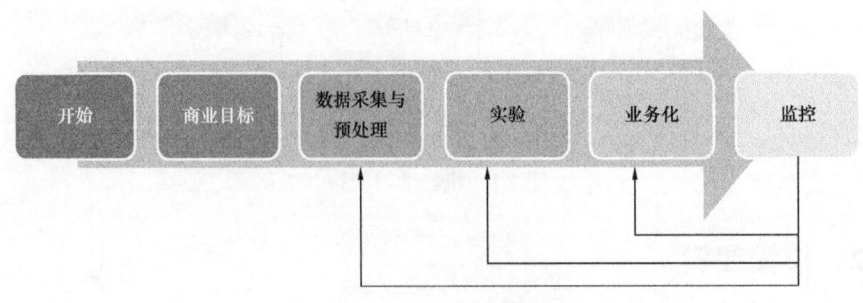

图 7.2 机器学习流程

7.2 "物联网+人工智能"技术在油气生产中典型应用展望

随着油气行业的竞争日益激烈和不可预测，各公司都在积极寻求创新方法，通过精简生产、降低成本、提高工人安全等方式来提高效率。许多公司都在寻求数字化，以避免受市场冲击，在低油价下保持盈利，并在经济复苏期间具有一定的竞争优势。未来将会更多地利用人工智能（AI）和基于机器学习的技术，促进现实世界中其在油气行业中的应用。

7.2.1 优化地下数据分析

为了提高日常作业的效率，石油和天然气公司必须在钻进地层前后收集和研究大量的数据，并且需要解决复杂的勘探和生产问题，以免出现浪费大量资金钻到一口产量极低的井上的情况发生。2018年，法国一家油气公司与谷歌Cloud合作，共同开发人工智能解决方案，为勘探和生产优化地下数据分析。

早在20世纪90年代，道达尔公司就开始应用人工智能和机器学习算法来表征油气田。2013年他们已经实施了涡轮、泵和压缩机的预测性维护技术，从而节省了数亿美元。他们利用计算机视觉技术解释地震资料，使得后续研究地层图像成为可能。总之，这些解决方案将使道达尔公司能够更快、更有效地勘探和评估油气田。

7.2.2 使用人工智能机器人检测漏油

埃克森美孚公司[63]是石油和天然气巨头之一。2016年，这个行业巨头与麻省理工学院（MIT）合作，设计用于海洋探索的人工智能机器人，他们计划使用这种深海人工智能机器人来提高其自然渗透检测能力。据美国国家海洋和大气管理局称，从海底自然渗出的石油是世界海洋的最大石油来源，占每年排入海洋环境的漏油的一半。埃克森美公司的人工智能机器人将能够探测这些漏油，从而大大降低勘探风险，减少对海洋生物的伤害。

埃克森美孚公司的研究人员和工程师正与麻省理工学院的计算机科学和人工智能实验室（CSAIL）合作，开发用于探测水下海洋的自主学习潜水人工智能机器人。机器人通过编程，将使它们能够在极端条件下独立工作，并自行调整任务设置，以调查意外异常。新技术未来将会应用到观察海洋，绘制深海区域图像，研究它们如何随时间演变，评估它们的状况等。

7.2.3 智能精密钻孔

壳牌石油公司是另一个在人工智能应用方面广泛应用的行业巨头。该公司采用强化学习来控制其钻井设备，本质上是使用基于人工智能选择的奖励系统。例如，机器学习模型是根据该公司大量钻井记录中的历史数据进行训练，并通过模拟来引导钻头进入地下。它还考虑了地震勘探、温度、压力和其他来自钻头的数据。然后，地质导向器或操作钻机的人员可以通过奖励或惩罚功能的输入，以帮助机械适应不断变化的地下条件。这有助于地质转向器更好地了解其工作环境，从而获得更快、更准确的结果，并减少对机械设备的损耗。

7.2.4 关键设备预测性维护

对于海上油气平台来说，计划外的停工可能是灾难性的，因为意外的设备故障，一天的损失可能高达 2300 万美元。不少公司抛弃以前的方法，促使研究人员在做维护决策时强调数据和分析。Aker BP 公司是一家独立的挪威上游油气公司，该公司与 Spark Cognition 公司合作，在其无人驾驶的 Tambar 平台上部署了一种人工智能驱动的预测性维护解决方案，该平台的一个关键多相泵的问题导致了大量计划外停机。

Spark Cognition 公司开发了多相泵的正常行为模型，并部署到该公司人工智能驱动的预测维护软件中，然后预警子系统正常行为的偏差。在 6 个月的时间里，人工智能软件提醒 Aker BP 公司的运营商和中小企业，由于密封失效可能导致多相泵跳脱，此前的故障导致超过 1000 万美元的产量损失。Aker BP 公司和 Spark Cognition 公司的模型能够防止泵故障，每避免一天的停机时间，就能增加数十万美元的产量。

Aker BP 公司正在采用 Spark Cognition 公司的分析工具 Spark Predicton 海上生产设施，作为一项新的改造计划的一部分，通过出色的预测结果以及维护技能提高生产力。Aker BP 公司的全部生产平台将由 Spark Cognition 公司的人工智能系统补充，该系统将监测 30 多个海上结构的所有中心线和海底系统。凭借强大的人工智能算法，利用机器学习技术分析传感器信息，在设备低效的时候和即将发生的故障发生之前识别它们。

人工智能与油气行业融合发展，必将引领油气技术的颠覆性创新，推动油气工业从数字化迈向智能化。在当前国标油价持续走低的大环境下，它可促使油气田企业实现真正的降本增效。因此，无论是现在还是未来，机器学习的算法和模型在油气领域的应用都值得高度重视，石油人必须紧跟步伐，掌握关键技术，推动油气领域的智能化发展。

参 考 文 献

[1] 张锦跃. MPLS PWE3 多段 PW 体系结构的研究与实现 [D]. 南京：南京邮电大学，2011.
[2] 林伟杰. 基于节点行为模式的 PSN 网络节点相似性指标 [D]. 南昌：南昌航空大学，2018.
[3] 刘千里，魏子忠，陈量，等. 移动互联网异构接入与融合控制：学术中国·院士系列·未来网络创新技术研究系列 [M]. 北京：人民邮电出版社，2015.
[4] 丁青锋，奚韬，高鑫鹏，等. 高速铁路车地间多跳协作通信技术 [M]. 成都：西南交通大学出版社，2021.
[5] 周辉. 基于 FPGA 的 MPLS-TP 承载 TDM 接口板的设计与实现 [D]. 北京：中国科学院大学，2016.
[6] 梁宇. 基于 GMPLS 实现的 ASON 实验平台的自动发现和链路资源管理实现与研究 [D]. 北京：北京邮电大学，2007.
[7] Prakash Anurag, Chhillar Mohit. Systems and Methods for Statistical Multiplexing with OTN and DWDM：EP2963852 [P]，2019-08-07.
[8] 谢宝帅. 基于 MPLS-TP 的分组传送网络与 OTN 联合组网的业务带宽调整机制研究 [D]. 北京：北京邮电大学，2014.
[9] 赵新胜，陈美娟，陈国华，等. 路由与交换技术 [M]. 北京：人民邮电出版社，2018.
[10] 魏杰. 分组传送网中 MPLS-TP OAM 机制的研究与实现 [D]. 武汉：武汉理工大学，2014.
[11] 黄文辉. PTN 技术及其在云浮移动的建设应用 [D]. 北京：北京邮电大学，2011.
[12] 程建华，洪文，胡本田，等. 统计学原理与应用 [M]. 北京：人民邮电出版社，2013.
[13] 罗芳盛，林磊. IUV-三网融合承载网技术 // IUV-ICT 技术实训教学系列丛书 [M]. 北京：人民邮电出版社，2016.
[14] 孙学康，毛京丽. SDH 技术 [M]. 北京：人民邮电出版社，2015.
[15] 章伟. 交换机 MSTP 多进程设计与实现 [D]. 武汉：武汉邮电科学研究院，2022.
[16] 金梦颖. 基于 MSTP 的 SDH 传输网应用研究 [D]. 北京：华北电力大学，2015.
[17] 迟永生，王元杰，杨宏博，等. 电信网分组传送技术 IPRAN/PTN [M]. 北京：人民邮电出版社，2017.
[18] 成嘉. PTN 在通信网络中的组网应用 [D]. 北京：北京工业大学，2017.
[19] 高军诗，沈艳涛，王云，等. 光通信技术与应用 // 全国信息通信专业咨询工程师继续教育培训系列教材 [M]. 北京：人民邮电出版社，2016.
[20] 沈庆国，邹仕祥，陈茂香. 现代通信网络 [M]. 北京：人民邮电出版社，2017.
[21] 李允博. 光传送网（OTN）技术的原理与测试 [M]. 北京：人民邮电出版社，2013.
[22] Meng Xiangping, Pian Zhaoyu. Intelligent Coordinated Control of Complex Uncertain Systems for Power Distribution Network Reliability [M]. Elsevier Science_RM, Amsterdam, Netherlands, 2015.
[23] 白可. 基于移动汇聚节点的 WSNs 能量优化路由算法研究 [D]. 开封：河南大学，2022.
[24] 李伦伊. 一种分布式路由器中间件结构及其负载均衡研究 [D]. 武汉：华中科技大学，2005.
[25] 吴纯. ZigBee 和 WiFi 的双向跨协议通信技术研究 [D]. 合肥：合肥工业大学，2022.
[26] 吴小军. 基于 NB-IoT 的无线传感器网络技术研究 [D]. 上海：东华大学，2019.
[27] 戴博，袁弋非，余媛芳. 窄带物联网（NB-IoT）标准与关键技术 [M]. 北京：人民邮电出版社，2016.
[28] Kulik J, Heinzelman W, Balakrishnan H. Negotiation-based Protocols for Disseminating Information in Wireless Sensor Networks [J]. Wireless Networks, 2002, 8（2/3）：169-185.
[29] 任杰. 移动网络应用的"性能—功耗"优化研究 [D]. 西安：西北大学，2017.
[30] 岳胜，于佳，苏蕾，等. 5G 无线网络规划与设计：国之重器出版工程 [M]. 北京：人民邮电出版

社，2019.

[31] 曹瑞. 综采工作面SCADA系统的设计与实现[D]. 北京：中国矿业大学，2022.

[32] 涂齐亮. 昆明城市地质数据三维GIS分析与可视化平台研究[D]. 吉林：吉林大学，2007.

[33] 李娇. 陆上输气管道高后果区识别与可靠性研究[D]. 西安：西安建筑科技大学，2019.

[34] 符烨. 污染修复环境下基于深度学习的人员着装规范及行为检测方法[D]. 天津：天津理工大学，2021.

[35] Ofir G, Cohen D. Improving Retinal Images Segmentation using StyleGAN Image Augmentation[C]. Computer-Aided Diagnosis, 2021.

[36] Liu M, Wang H, Zhou H, et al. A Mobility Management Method for Space-Earth Integration Network based on Identity Mapping System[C]. World Conference on Computing and Communication Technologies. IEEE, 2021.

[37] Sendik O, Lischinski D, Cohen-Or D. Unsupervised K-modal Styled Content Generation[J]. ACM Transactions on Graphics, 2020, 39(4): 1-10.

[38] Li Z, Yang Y H. Mosaic Image Method: a Local and Global Method[J]. Pattern Recognition, 1999, 32(8): 1421-1433.

[39] Shi X, Hu J, Lei X, et al. Detection of Flying Birds in Airport Monitoring Based on Improved YOLOv5[C]. The 6th International Conference on Intelligent Computing and Signal Processing(ICSP), 2021.

[40] 蒋孙锋. 起重吊装作业常见事故起因及对策研究[J]. 中文科技期刊数据库（文摘版）工程技术，2022(1): 3.

[41] Wang J, Chen Y, Gao M, et al. Improved YOLOv5 Network for Real-time Multi-scale Traffic Sign Detection[J]. arXiv e-prints, 2021.(https://arxiv.org/abs/2112.08782.)

[42] 丁浩，王慧琴，王可. 基于动态形状特征提取及增强的改进YOLOv3火焰检测算法[J]. 激光与光电子学进展，2022, 59(24): 241-243.

[43] Redmon J, Farhadi A. YOLOv3: An Incremental Improvement[J]. arXiv e-prints, 2018.(https://arxiv.org/abs/1804.02767.)

[44] 杨贞，朱强强，彭小宝，等. 基于深度级联模型工业安全帽检测算法[J]. 计算机与现代化，2022(1): 8.

[45] 王建波，武友新. 改进YOLOv4-tiny的安全帽佩戴检测算法[J]. 计算机工程与应用，2023, 59(4): 8.

[46] 胡浩. 试析5G通信网络场景需求与技术演进[J]. 通讯世界，2017(23): 2.

[47] 王斌，李鹏，王建国，等. 5G+SD-WAN物联网技术实现与应用研究[J]. 数字通信世界，2022(12): 5.

[48] Hsu K L, Gupta H V, Sorooshian S. Artificial Neural Network Modeling of the Rainfall-Runoff Process[J]. Water Resources Research, 1995, 31(10): 2517-2530.

[49] Tabesh M, Soltani J, Farmani R, et al. Assessing Pipe Failure Rate and Mechanical Reliability of Water Distribution Networks using Data-driven Modeling[J]. J. Hydroinf., 2009, 11(1): 1-17.

[50] Chaki S, Routray A, Mohanty W K. A Novel Pre-processing Scheme to Improve the Prediction of Sand Fraction from Seismic Attributes using Neural Networks[J]. IEEE Journal of Selected Topics in Applied Earth Observations and Remote Sensing, 2015, 8(4): 1808-1820.

[51] Kristjanpoller W, Minutolo M C. Forecasting Volatility of Oil Price using an Artificial Neural Network-GARCH Model[J]. Expert Syst. Appl., 2016, 65: 233-241.

[52] Zarei F, Daliri A, Alizadeh N. The use of Neuro-fuzzy Proxy in Well Placement Optimization[C].

Intelligent Energy Conference and Exhibition. Society of Petroleum Engineers, 2008.

[53] Ilkhchi A K, Rezaee M, MoallemiS A. A Fuzzy Logic Approach for Estimation of Permeability and Rock Type from Conventional Well Log Data: an Example from the Kangan Reservoir in the Iran Offshore Gas Field [J]. J. Geophys. Eng., 2006, 3 (4): 356-369.

[54] Al-Mudhafer W J M, Shaheed M. Adopting Simple & Advanced Genetic Algorithms as Optimization Tools for Increasing Oil Recovery & NPV in an Iraq Oil Field [C]. SPE Middle East Oil and Gas Show and Conference. Society of Petroleum Engineers, 2011.

[55] Yeten B, Durlofsky L J, Aziz K. Optimization of Nonconventional Well Type, Location, and Trajectory [J]. SPE J., 2003, 8 (3): 200-210.

[56] Velez-Langs O. Genetic Algorithms in Oil Industry: an Overview [J]. J. Petrol. Sci. Eng., 2005, 47 (1-2): 15-22.

[57] Aydin G. Production Modeling in the Oil and Natural Gas Industry: an Application of Trend Analysis [J]. Petrol. Sci. Technol., 2014, 32 (5): 555-564.

[58] Peng Z, Yang H, Pan H, et al. Identification of Low Resistivity Oil and Gas Reservoirs with Multiple Linear Regression Model [C]. The 12th International Conference on Natural Computation, Fuzzy Systems and Knowledge Discovery (ICNC-FSKD). IEEE, 2016: 529-533.

[59] Wang K, Liu H.. Regression Analysis of Influencing Factors on the Future Price of Crude Oil [C]. Research on Modern Higher Education, 2017: 97-101.

[60] Makinde I, Lee W J. Principal Components Methodology-A Novel Approach to Forecasting Production from Liquid-rich Shale (LRS) Reservoirs. Petroleum 5, 2019: 227-242.

[61] Chen C, Gao G, Honorio J, et al. Integration of Principal-Component-Analysis and Streamline Information for the History Matching of Channelized Reservoirs [C]. SPE Annual Technical Conference and Exhibition. Society of Petroleum Engineers, 2014.

[62] Dong X, Guo J, Hoook M, et al. Sustainability Assessment of the Natural Gas Industry in China using Principal Component Analysis, 2015, 7 (5): 6102-6118.

[63] 李晓春. 埃克森美孚的战略管理 [J]. 中国石化, 2006 (7): 3.